中等职业学校教学用书（计算机应用专业）

中文 CorelDRAW 12 案例教程

(第 2 版)

沈大林　王荣欣　主编
刘　璐　季红益　张凤红　等编

電子工業出版社
Publishing House of Electronics Industry
北京 · BEIJING

内容简介

本书是在《CorelDRAW 12 案例教程》一书的基础上修订而成，全书共 7 章，较全面地介绍中文 CorelDRAW 12 的基本使用方法和使用技巧，采用了大量的实例和 14 个综合实例。其中综合实例介绍 Photoshop 与 CorelDRAW 在实际工作中的综合应用。全书重点介绍这个软件新增功能的使用方法和使用技巧。在进行教学和自学时，建议通过实例，边制作边学习操作方法和使用技巧。这样可以引导学生快速步入 CorelDRAW 的殿堂。

本书可以作为中等职业学校计算机专业的教材，也可以作为初学者自学的读物。

为了方便教师教学，本书还配有电子教学参考资料包（包括教学指南、电子教案、习题答案），详见前言。

图书在版编目（CIP）数据

中文 CorelDRAW 12 案例教程 / 沈大林，王荣欣主编. —2 版. —北京：电子工业出版社，2012.1
中等职业学校教学用书. 计算机应用专业

ISBN 978-7-121-15406-5

Ⅰ. ①中… Ⅱ. ①沈… ②王… Ⅲ. ①图形软件，CorelDRAW 12—中等专业学校—教材 Ⅳ. ①TP391.41

中国版本图书馆 CIP 数据核字（2011）第 253404 号

责任编辑：柴　灿　　文字编辑：张　广
印　　刷：北京捷迅佳彩印刷有限公司
装　　订：北京捷迅佳彩印刷有限公司
出版发行：电子工业出版社
　　　　　北京市海淀区万寿路 173 信箱　邮编 100036
经　　销：各地新华书店
开　　本：787×1 092　1/16　印张：17.75　字数：454.4 千字
版　　次：2012 年 1 月第 2 版
印　　次：2023 年 6 月第 18 次印刷
定　　价：29.00 元

凡所购买电子工业出版社图书有缺损问题，请向购买书店调换。若书店售缺，请与本社发行部联系，联系及邮购电话：（010）88254888，88258888。

质量投诉请发邮件至 zlts@phei.com.cn，盗版侵权举报请发邮件至 dbqq@phei.com.cn。

本书咨询联系方式：（010）88254550，zhengxy@phei.com.cn。

前　言

作为矢量绘图和图像处理软件中的佼佼者，CorelDRAW 已经成为电脑美术设计中不可缺少的图形图像设计软件，广泛应用于网页制作、包装装潢、商业展示、服饰设计、广告宣传、建筑及环境艺术设计、多媒体制作、视频合成、辅助三维动画制作和出版印刷等领域。

本书是在《CorelDRAW 12 案例教程》一书的基础上修订而成。本书介绍了中文 CorelDRAW 12 的基本使用方法与使用技巧，同时结合知识点介绍了大量的实例（共 56 个）。本书结构合理、条理清楚、通俗易懂，便于初学者学习，而且信息含量高。在进行教学和自学时，建议通过实例，边制作边学习操作方法和使用技巧。

本书的作者大多是学校的计算机教师、计算机公司的培训工程师和图形图像制作公司的创作人员，主要作者还是 Corel 公司的培训讲师。他们不仅具备丰富的教学经验，还具有新颖的创意和实际制作能力，培训了众多的图形图像设计与制作人员。通过长期的教学与实践，他们将这个软件的使用方法很好地进行了总结和归纳，并总结出一套理论联系实际的案例教学方法，即学生在计算机前一边看书中实例的操作步骤，一边进行操作。在完成实例制作的过程中，学习各种操作方法和图形处理技巧，从而提高灵活应用能力和创造能力。采用这种方法学习的学生，掌握知识的速度快、学习效果好，可以用较短的时间，引导学生快速步入 CorelDRAW 的殿堂。

参加本书编写工作的主要人员有：沈大林、王荣欣、刘璐、季红益、张敬怀、卢宁、张凤红、于向飞、吕向红、韩德彦、高献伟、康胜强、尚义明、曾鹏、于金霞、姜树昕、丰金兰、李斌、李俊、靳轲、章国显、何侠、胡玉莲、王小兵、曲彭生、刘锋、苏飞、于占江等。

本书可以作为中等职业计算机专业教学用书，也可以作为初学者自学的读物。

由于作者水平有限，加上编著、出版时间仓促，书中难免有疏漏和不妥之处，恳请广大读者批评指正。

为了方便教师教学，本书还配有教学指南、电子教案及习题答案（电子版），请有此需要的教师登录华信教育资源网（www.hxedu.com.cn）免费注册后再进行下载，在有问题时请在网站留言板留言或与电子工业出版社联系（E-mail:hxedu@phei.com.cn）。

编　者

2011 年 11 月

目　录

第 1 章　初识中文 CorelDRAW 12

【导读】

中文 CorelDRAW 12 是 Corel 公司出品的最新版本的矢量图形制作工具软件。这个图形工具给设计师们提供矢量动画、页面设计、网站制作、位图编辑和网页动画等多种功能，极大地提高了专业设计人员的生产力。无论创作印刷品、网站还是跨媒体的作品，CorelDRAW 12 卓越的功能都将鼓舞艺术家的创造力，它性能稳定，可以实现与现有的工作流程完美的结合。

中文 CorelDRAW 12 是一个功能强大的图形处理软件，其操作界面非常友好。它为用户创建各种图形对象提供一整套的工具，而且这些工具除了有形象的图标外，还都具有工具提示。当鼠标在一个工具上停留几秒后，该工具的工具提示就会出现。利用这些工具可以快捷轻松地绘制出各种图形对象，或者编辑处理图形文档。

1.1 工作界面与基本操作

1.1.1 中文 CorelDRAW 12 工作区的设置

1. 启动中文 CorelDRAW 12

正确安装中文 CorelDRAW 12 以后，在"开始"菜单的"程序"选项中，单击 CorelDRAW Graphics Suite 12→CorelDRAW 12 菜单命令，即可启动中文 CorelDRAW 12。第一次启动中文 CorelDRAW 12 时，将在屏幕上出现一个"欢迎到 CorelDRAW（R）12"对话框，如图 1-1-1 所示。

图 1-1-1 "欢迎到 CorelDRAW（R）12"对话框

（1）在“欢迎到 CorelDRAW（R）12”对话框中提供了六个选项。

◎ 新建图形：单击此选项可以创建一个新的图形文件。

◎ 打开上次编辑的图形：单击此选项，可以打开上次编辑过的图形文件，图形文件名就出现在该文件夹的上方。

◎ 打开图形：单击此选项可以打开已经存在的图形文件。

◎ 模板：单击此选项可以选择 CorelDRAW 12 为用户准备的绘图模板。

◎ CorelTUTOR（Corel 教程）：单击此选项可以启动 Corel 教程，此教程可以引导用户进行一系列的练习，从而学习和掌握 CorelDRAW 12 的使用技巧。

◎ 有什么新功能？：介绍 CorelDRAW 12 的一些新增功能。

（2）在以后对 CorelDRAW 12 的操作中，如果不希望这个欢迎画面每次都出现，可以将画面左下角的“启动时显示欢迎屏幕”复选框中的“√”取消即可。

2．工作界面简介

当启动中文 CorelDRAW 12 后，在欢迎界面中单击“新建图形”选项，就会出现如图 1-1-2 所示的工作界面。中文 CorelDRAW 12 所有的绘图工作都是在这里完成的，熟悉工作界面，是熟练使用中文 CorelDRAW 12 绘图的开始。

由图 1-1-2 可以看出，中文 CorelDRAW 12 的工作区主要由标题栏、菜单栏、标准工具栏、属性栏、绘图窗口、工具箱，以及状态栏、调色板、垂直标尺和页计数器等内容。

绘图窗口中包括两个部分：一是绘图页面，二是绘图页面以外的部分。我们可以在绘图窗口中的任意位置绘图，并进行保存；如果要将绘制的图案打印输出到纸上，就必须将图案放在绘图页面内。

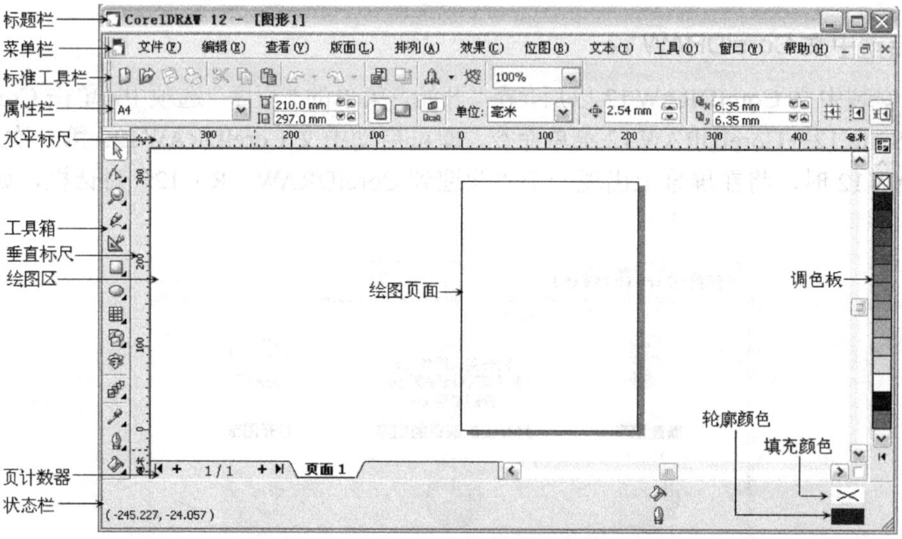

图 1-1-2　CorelDRAW 12 的工作界面

（1）标题栏

中文 CorelDRAW 12 的标题栏位于窗口的顶部，这与其他 Windows 窗口的作用与风格一样。它的最左边有一个图标，单击该图标，即可调出一个快捷菜单，如图 1-1-3 所示。利用该菜单可以对 CorelDRAW 12 的窗口位置和大小进行调整或关闭该窗口。图标的右边显示当前图像文件的名称。

标题栏的右边有三个按钮，从左到右分别是“最小化”按钮、“最大化”（或“还原”）、“关闭”按钮。

（2）菜单栏

菜单栏位置的调整：中文 CorelDRAW 12 的菜单栏通常位于标题栏的下方，共有 11 项主菜单，用鼠标拖曳菜单栏最左边的立体竖条‖，可以将菜单栏移出来，独立成为一个名称为“菜单栏”的面板，如图 1-1-4 所示。

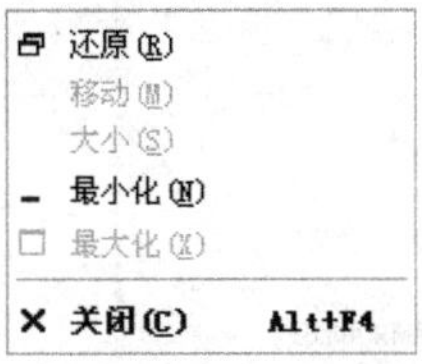

图 1-1-3　图标快捷菜单

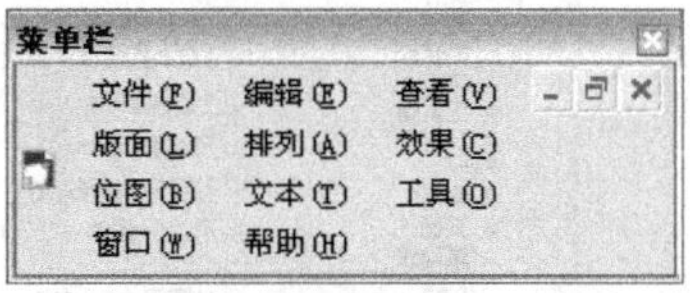

图 1-1-4　“菜单栏”面板

菜单栏的使用方法：中文 CorelDRAW 12 的菜单是标准的 Windows 程序菜单，许多菜单命令的名称、位置、作用和使用方法与其他 Windows 软件的菜单命令基本一样。单击鼠标左键，某一个主菜单会调出它的下一级菜单，单击下一级的某一个菜单项（即菜单命令），即可执行相应的菜单命令或弹出下一级菜单。

◎ 菜单中的菜单项名字是深色时，表示当前命令可使用；是浅色时，表示当前命令还不能使用。

◎ 如果菜单名后边有省略号“…”，则表示单击该菜单项后，会弹出一个对话框，要求选定执行该菜单命令的有关选项。

◎ 如果菜单名后边有黑三角符号“▶”，则表示该菜单项有下一级菜单，将给出更进一步的菜单选项。

◎ 如果菜单名左边有选择标记“√”，则表示该菜单项已选定，如果要删除标记（不选定该项），可再单击该菜单项。

◎ 菜单名右边的组合按键名称，表示执行该菜单项的对应快捷键，可以在不打开菜单的情况下直接执行菜单命令，加快操作的速度。

（3）快捷菜单

将鼠标指针移到工具栏、工具箱、标准工具栏、绘图页面、卷帘窗、调色板等之上，单击鼠标右键，即可调出相应的快捷菜单。快捷菜单中集中了相关的菜单命令，利用这些菜单命令可以方便地进行有关操作。

例如，将鼠标指针移到菜单栏之上，单击鼠标右键，调出其快捷菜单，如图 1-1-5 所示。利用它可以打开或关闭相应的工具面板等。在该快捷菜单的左边，如果有“√”，则表示相应的工具栏已经调入到工作界面中。单击有“√”的菜单命令可从工作界面上取消该工具栏或面板，单击没有“√”的菜单命令可将相应的工具栏或面板加入到工作界面上。

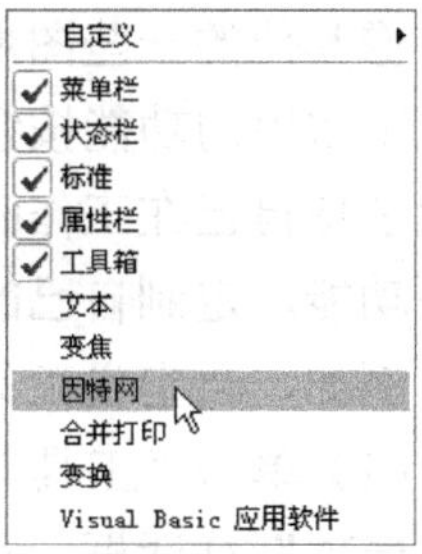

图 1-1-5　菜单栏快捷菜单

3．设置工作界面

（1）单击“工具”→“选项”菜单命令或单击“属性”栏内的“选项”按钮，即可调出“选项”对话框，如图 1-1-6 所示。利用该对话框，可以重新设置工作环境。

图 1-1-6 “选项”（常规）对话框

由图 1-1-6 可以看出，“选项”对话框左边是它的目录栏，右侧是它的设置区。其中目录栏内有三个一级目录：“工作区”、“文档”和“全局”。单击目录名称左边的 ⊞ 图标，可以展开该目录；单击目录名称左边的 ⊟ 图标，可以收缩该目录下的展开目录。单击目录名称，会在目录栏右边显示相应目录功能的提示信息。

（2）单击选中目录栏内的“自定义”→“命令栏”选项，可使“选项”对话框如图 1-1-7 所示，查看到所有命令栏的名称列表及被选中的某一工具栏的属性。

单击选中“选项”对话框中“命令栏”标题下的“标准”选项，可以在“命令栏”右边栏内调整标准工具栏内按钮的大小和外观等。利用“大小”栏内的“按钮”下拉列表框可以选择工具箱、标准工具栏内按钮的大小；利用“边框”文本框可以调整工具栏的边框大小；在“默认按钮外观”栏内可以选择按钮的外观，如果选择“标题在图像下面”选项，可以使每个按钮的下方显示相应的按钮名称。

4．自定义工作界面

像其他的一些图形处理软件一样，中文 CorelDRAW 12 也为用户提供很多的工具。为了避免不常用的功能按钮及小部件，在“工具栏”或其他一些浮动画板中占用过多的屏幕空间；也为了使自己在工作时更加方便快捷地使用中文 CorelDRAW 12，可以使用它提供的自定义界面功能，定制自己的工作界面。

例如，自定义工具栏可采用下面的操作步骤。

（1）单击“工具”→“选项”菜单命令或单击“属性”栏内的“选项”按钮，即可调出“选项”对话框。在该对话框中单击选中目录栏内的“自定义”→“命令栏”选项，可使“选项”对话框如图 1-1-7 所示，查看到所有命令栏的名称列表及被选中的某一工具栏的属性。

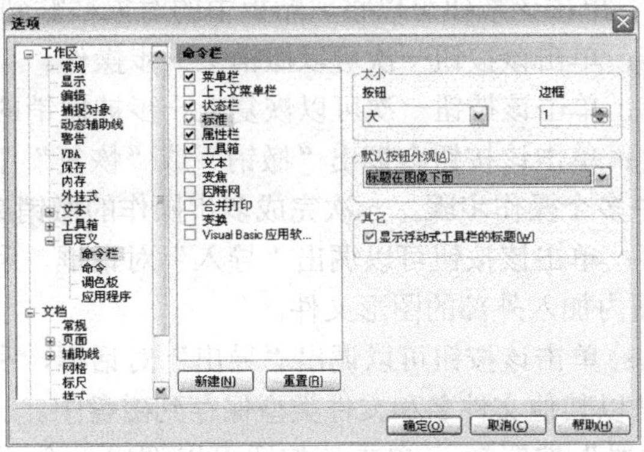

图 1-1-7 “选项”（命令栏）对话框

（2）单击“命令栏”列表框下方的“新建”按钮，即可在“命令栏”列表框中，新建一个名称为“新工具栏 1”的工具栏，同时在工作区显示出新建的“新工具栏 1”空白工具栏。

（3）在“选项”对话框中，单击目录栏内的“命令”选项，再在右侧的设置区的“命令”下拉列表中选中“查看”选项，然后在其下的列表框中将需要的命令，拖曳到“新工具栏 1”空白工具栏中，即可完成自定义工具栏的设置，如图 1-1-8 所示。

图 1-1-8 “新工具栏 1”工具栏

1.1.2 标准工具栏、属性栏与调色板

1. 标准工具栏

（1）标准工具栏通常位于菜单栏的下边，它提供一些按钮和列表框，用来完成一些常用的操作。将鼠标指针移到该工具栏左边的两条三维竖线处，再拖曳鼠标，可以将标准工具栏移到窗口的其他位置。将鼠标指针移到标准工具栏的按钮上，屏幕上会显示出相应的提示信息。由于版本不同，标准工具栏内按钮的种类和数量也稍有不同。中文 CorelDRAW 12 的标准工具栏如图 1-1-9 所示。

图 1-1-9 标准工具栏

（2）标准工具栏内各按钮与列表框的作用。

◎ “新建”按钮：单击该按钮可以新建一个绘图页面。

◎ “打开”按钮：单击该按钮可以调出“打开绘图”对话框，利用该对话框可以打开图形文件。

◎ “保存”按钮：单击该按钮可以将当前编辑的图形以原文件名保存到磁盘中。

◎ “打印”按钮：单击该按钮可以调出“打印”对话框，进行打印设置并打印当前编辑的绘图文件。

◎ “剪切”按钮：单击该按钮可以将选中的对象剪切到剪贴板中。

◎ “复制”按钮：单击该按钮可以将选中的对象复制到剪贴板中。

◎ “粘贴”按钮：单击该按钮可以将剪贴板中的对象粘贴到当前编辑的绘图页面中。

◎ “撤销”按钮：单击该按钮一次可以撤销上一步操作。

◎ “恢复”按钮：单击该按钮一次可以恢复上一步被撤销的操作。

◎ “下拉”按钮：单击该按钮会调出“撤销”或“恢复”下拉列表框，在下拉列表中可以同时选中多个操作步骤，一次完成多步操作的撤销或恢复。

◎ “导入”按钮：单击该按钮可以调出“导入”对话框，利用该对话框可以在当前编辑的绘图页面内加入外部的图形文件。

◎ “导出”按钮：单击该按钮可以调出“导出”对话框，利用该对话框可以将当前绘制的图形文件以其他文件名和文件类型保存到磁盘中。

◎ “应用程序启动器”按钮：单击该按钮可以调出一个菜单，这个菜单中包含与 CorelDRAW 配套的其他应用程序，单击其中的菜单命令，就会运行相应的应用程序，如图 1-1-10 所示。

◎ “Corel 在线”按钮：单击该按钮可以调出 Internet Explorer 浏览器，并自动连接到 Internet 网络上的 Corel 图形网站。

◎ “缩放级别”列表框 100%：单击该列表框右边的下拉按钮，可以调出一个下拉列表，用来调整绘图页面的显示比例，也可以在列表框中直接输入数字，调整绘图页面的缩放级别，如图 1-1-11 所示。

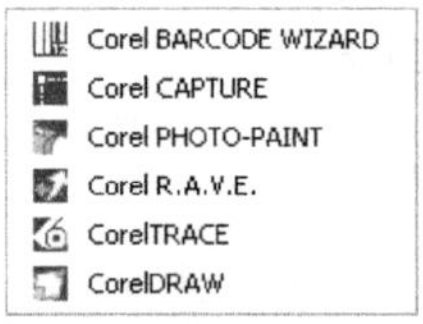

图 1-1-10　应用程序启动器菜单

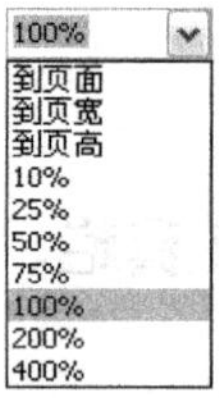

图 1-1-11　缩放级别下拉列表

2. 属性栏

“属性栏”通常在标准工具栏的下边，它提供了一些按钮和列表框，其位置也可以移动。“属性栏”是一个感应命令栏，它会随着选定对象和工具的不同，显示不同且相应的命令按钮和列表框等，这给绘图操作带来了很大的方便。当没有选中任何对象时，系统默认的属性栏则提供一些文档的版面布局设置。如图 1-1-12 所示的属性栏，即为无选定范围的状态，如图 1-1-13 所示属性栏中为选定椭圆工具的状态。

图 1-1-12　属性栏：无选定范围

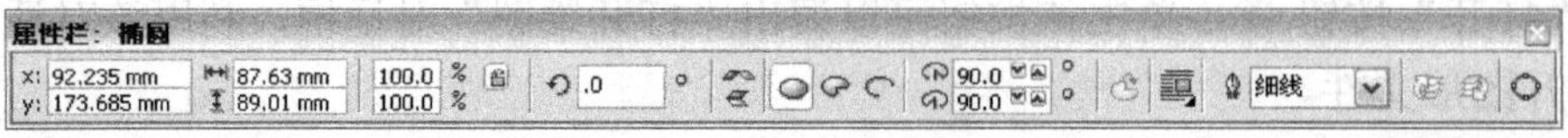

图 1-1-13　属性栏：椭圆

3. 调色板

调色板通常在绘图窗口的右边，如图 1-1-2 所示。图 1-1-14 是将调色板从绘图窗口的右边拖曳到任意处的形式。当调色板位于右边时，单击调色板下边的滚动按钮 或上边的滚动按钮 ，可以改变调色板中显示的颜色；单击调色板最下边的 按钮，可以使单行的调色板变为多行的调色板，单击调色板以外的任何地方，均可变回单行调色板。

在单行调色板的情况下，单击色块一段时间后，会弹一个小型的调色板，显示出与色块颜色相近的一些色块，供用户选择，如图 1-1-15 所示。

利用调色板可以改变选中对象的填充色和轮廓线的颜色。用鼠标单击选中一个由闭合路径构成的图形，再将鼠标指针移到某一个色块上，单击鼠标左键可以用该种颜色填充选中的对象，单击鼠标右键可以使对象的轮廓线变为该种颜色。

将鼠标指针移到调色板中的 上，单击鼠标右键，可以取消轮廓线的颜色；单击鼠标左键，可以取消填充的颜色。单击调色板菜单按钮 ，可以调出调色板的菜单，如图 1-1-16 所示。利用该菜单可以设置轮廓色和填充色，可以编辑调色板，保存、打开或关闭调色板，显示颜色的名称，等等。

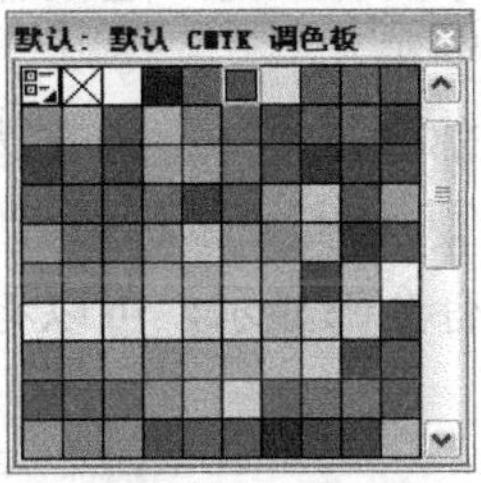

图 1-1-14　默认：默认 CMYK 调色板

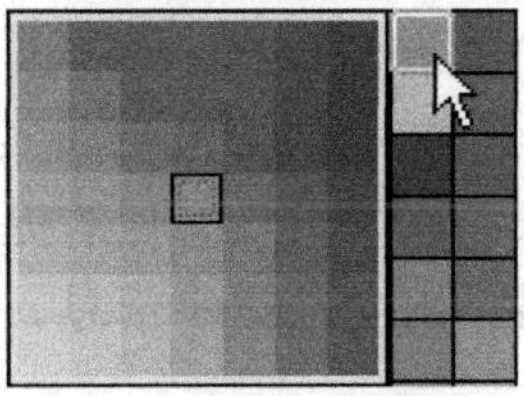
图 1-1-15　小型调色板

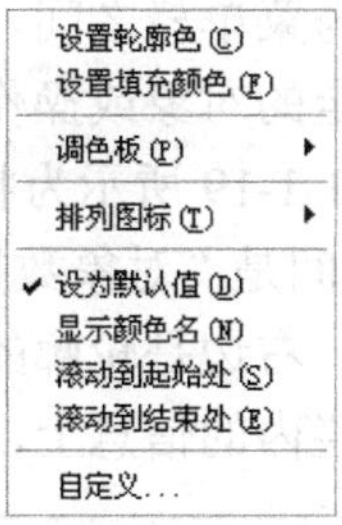

图 1-1-16　调色板菜单

1.1.3　绘图窗口、页计数器状态栏与工具箱

1．绘图窗口

绘图窗口通常在属性栏的下边，只有在新建或打开图形时，才会被启动。绘图窗口的上边是水平标尺，左边是垂直标尺，右边是垂直滚动条，下边的左半部分是页计数器，右半部分是水平滚动条，中间是绘图页面。绘图窗口相当于一张画布，绘图页面是正式画布，绘图页面周围的绘图区域是附属画布，只有绘图页面中的图形才可以打印出来。

在水平滚动条的右侧有一个“查看导航器”按钮 ，单击该按钮，可调出一个含有当前文档的迷你窗口，在该窗口中移动鼠标，即可显示不同的区域，如图 1-1-17 所示。该功能对放大编辑的对象特别有效。

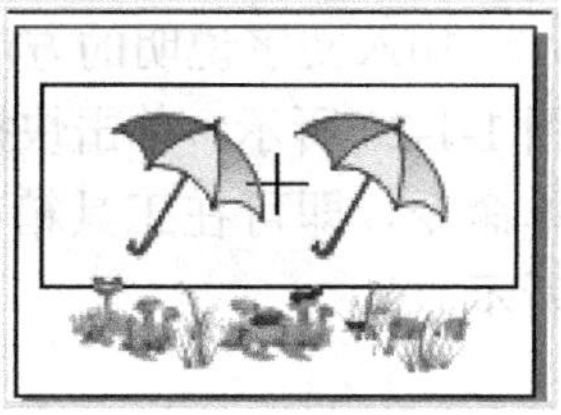
图 1-1-17　视图导航窗口

2．页计数器

如图 1-1-18 所示为页计数器，它在绘图窗口下边水平滚动条的左边。利用它可以显示绘图页面的页数、改变当前编辑的绘图页面或增加新的绘图页面。

当前编辑页面为第 1 页或最后一页时，在页计数器上才会显示“ ”按钮，单击该按钮，可以在第 1 页之前或最后一页之后，增加绘图页面。如果要在两个绘图页面中间插页，可将鼠标指针移到页计数器中所选页面的页号上，单击鼠标右键，调出页计数器的快捷菜单，再利用快捷菜单中的菜单命令插入新的绘图页面。

单击“▶”或“◀”按钮，可以使当前编辑的绘图页面向后或向前跳转一页。图 1-1-18 中的“3/3”表示共有 3 页绘图页面，当前的绘图页面是第 3 页，此时当前被选中的页号标签为“页面 3”。单击“页面 1”、“页面 2”、“页面 3”中的任意一个标签，即可快速切换到相应的绘图页面。

图 1-1-18　页计数器

单击 |◀ 按钮，可以使当前编辑的绘图页面直接跳转到第 1 页；单击 ▶| 按钮，可以使当前编辑的绘图页面直接跳转到最后一页。

3．状态栏

状态栏通常在绘图窗口的下边，也可以通过“选项”对话框将它的位置设置在窗口上边的标题栏与菜单栏之间，还可以调整状态区的大小、位置和显示的行数等。它的作用是用来显示被选定的对象或操作的有关信息，以及鼠标指针的坐标位置等。

如图 1-1-19 所示为状态栏，它有两行提示信息，各分三个部分：第一行的左边是“对象细节”，中间是“对象数据”，右边是对象的填充颜色；第二行的左边是“鼠标位置”，中间是“信息行”，右边是轮廓的填充颜色。如果状态栏的提示信息没有全部显示，可以将鼠标指针移到状态栏内的信息上，即可显示出全部提示信息。

图 1-1-19　状态栏

4．工具箱

工具箱通常的默认位置是在绘图窗口的左边，它包含经常使用的编辑工具，并将功能近似的工具以归类展开的方式组合在一起，从而使操作更加灵活方便。在图 1-1-2 中已经指示它的默认位置及默认状态。用户可以移动工具箱的位置并调整它的大小，或加入文字说明等。

加入文字说明的方法是，在工具箱中的任意位置处单击鼠标右键，调出其快捷菜单，如图 1-1-20 所示。单击快捷菜单中的“自定义”→“工具箱 工具栏”→“标题在图像下面”菜单命令，即可在工具箱中的所有工具按钮的图标下面添加上工具按钮的名称，如图 1-1-21 所示。

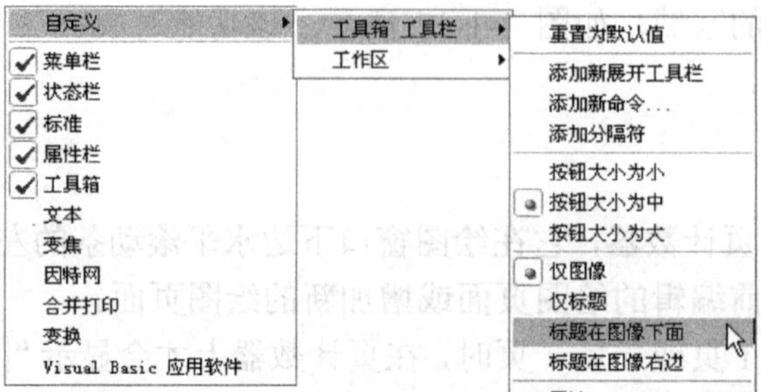

图 1-1-20　工具箱快捷菜单

图 1-1-21　工具箱（标题在图形下面）

在工具箱中单击鼠标右键时，鼠标指针指向某个工具按钮，则在快捷菜单中单击“自定义”→“工具栏项”菜单命令，该菜单命令的下一级子菜单中的菜单命令，是作用于单独的某个工具按钮的。例如，在工具箱中的“形状”工具上单击鼠标右键，再在快捷菜单中单击“自定义”→“工具栏项”→“标题在图形下面”菜单命令，则在“形状”工具按钮的下面，添加上工具的名称，如图 1-1-22 所示。

图 1-1-22　填加工具名称

在工具箱中的部分工具按钮的右下角有“◢”标记，说明单击该工具按钮并按住鼠标左键稍停一会儿，就会展开相应的工具组栏，用鼠标拖曳展开的工具组栏左侧的双竖线，可以改变该工具栏的位置，将其改变为浮动的形式。其中各工具按钮的名称与作用简介如下。

（1）“挑选”工具：该工具主要用来挑选操作的对象，使其呈被选中状态，成为当前的操作对象。

（2）“形状编辑”展开式工具栏有 7 个工具，如图 1-1-23 所示。

图 1-1-23　“形状编辑”展开式工具栏

◎　“形状”工具：也叫节点编辑工具。使用该工具可以调整曲线节点的位置和拉伸曲线的路径，以改变图形的形状。利用“形状”工具还可以对曲线的节点进行增加、删除、合并、拆分等操作。

◎　“刻刀”工具：也叫美工刀工具。使用该工具可以将单个对象分割成多个对象。

◎　“橡皮擦”工具：在使用该工具前，先用“挑选”工具选中对象，然后可以使用“橡皮擦”工具擦除图形的一部分，但不会影响路径是否闭合。

◎　“涂抹笔刷”工具：也叫杂点笔刷工具。使用该工具可以使曲线的向量对象沿鼠标拖曳出的轮廓变形。使用该工具前需将向量对象转换成曲线。

◎　“粗糙笔刷”工具：使用该工具可以使曲线向量对象的轮廓变得粗糙。使用该工具前需将向量对象转换成曲线。

◎　“变换”工具：也叫变形工具。使用该工具可以改变对象的外观，以产生镜像图形。

◎　“删除虚设线”工具：使用该工具可以删除多条线段之间无用的线段。

（3）“缩放”展开式工具栏有 2 个工具，如图 1-1-24 所示。

图 1-1-24　“缩放”展开式工具栏

◎　“缩放”工具：也叫显示比例工具。单击“缩放”工具后，鼠标指针变为带“+”号的放大镜状，此时用鼠标单击绘图页面，可以放大绘图页面；按下

【Shift】键，鼠标指针变为带“－”号的放大镜状，此时用鼠标单击绘图页面，可以缩小绘图页面。

◎ “平移”工具：单击“平移”工具后，鼠标指针变为小手状，此时用鼠标拖曳绘图页面，可以改变绘图页面的显示位置。

（4）“曲线工具”展开式工具栏有 8 个工具，如图 1-1-25 所示。

图 1-1-25 “曲线工具”展开式工具栏

◎ “手绘”工具：可以像使用笔在纸上绘图一样，用鼠标在绘图页面上绘制图形。

◎ “贝塞尔”工具：可以以点间连线的方式绘制直线与曲线，即先确定曲线的起点和终点，再绘制直线或曲线。

◎ “艺术笔”工具：也叫自然笔触工具。使用“艺术笔”工具可以设置各种艺术笔触来绘制封闭的曲线。

◎ “钢笔”工具：可以绘制连接多个锚点的线段或曲线路径。并可增加或删除锚点。

◎ “多点线”工具：它的用法与手绘工具类似，可以使用折线工具绘制出多条首尾相接的线段。

◎ “3 点曲线”工具：由三个点确定一条曲线，即先确定曲线的起点和终点，用第三点确定曲线的弯曲度及形状。

◎ “连线”工具：使用连接器工具可以绘制折线和用折线将一个或两个对象连成一体。

◎ “度量”工具：也叫标注工具。使用它可以用数字标出对象的长度或角度，以及鼠标拖曳所经过的长度或角度，对于对象的长度或角度标注会附加到相应的对象上。

（5）“智能绘图”工具：该工具可自动识别许多形状，包括圆形、矩形、箭头和平行四边形，它能够自动平滑曲线。

（6）“矩形工具”展开式工具栏有 2 个工具，如图 1-1-26 所示。该组工具的共同特点是：按下【Shift】键的同时，用鼠标拖曳以起点为中点进行绘制；按下【Ctrl】键的同时，用鼠标拖曳是等比例绘制图形；按下【Shift】键和【Ctrl】键，同时再用鼠标拖曳出的图形是以起点为中点的等比例图形。

图 1-1-26 “矩形工具”展开式工具栏

◎ “矩形”工具：单击矩形工具按钮后，用鼠标拖曳即可绘出矩形。

◎ “3 点矩形”工具：由三个点确定一个矩形，第一点和第二点确定矩形任意一边的倾斜角度，由第三点确定矩形的形状。

（7）“椭圆工具”展开式工具栏有 2 个工具，如图 1-1-27 所示。该组工具的共同特点是：按下【Shift】键的同时，用鼠标拖曳以起点为中点进行绘制；按下【Ctrl】键的同时，用鼠标拖曳是等比例绘制图形；按下【Shift】键和【Ctrl】键，同时再用鼠标拖曳出的图形是以起点为中点的等比例图形。

图 1-1-27 “椭圆工具”展开式工具栏

◎ “椭圆”工具：使用椭圆工具绘制的椭圆形是由两个点确定的。

◎ “3 点椭圆”工具 ：由三个点确定一个椭圆形，第一点和第二点确定椭圆形长轴或短轴的倾斜角度，由第三点确定椭圆形的形状。

（8）“对象”展开式工具栏有 3 个工具，如图 1-1-28 所示。该组工具的共同特点是：按下【Shift】键的同时，用鼠标拖曳以起点为中点进行绘制；按下【Ctrl】键的同时，用鼠标拖曳是等比例绘制图形；按下【Shift】键和【Ctrl】键，同时再用鼠标拖曳出的图形是以起点为中点的等比例图形。

图 1-1-28 “对象”展开式工具栏

◎ “图纸”工具 ：单击该工具按钮后，用鼠标拖曳，即可绘制棋盘格图形。
◎ “多边形”工具 ：单击该工具按钮后，用鼠标拖曳，即可绘制多边形。
◎ “螺旋形”工具 ：单击该工具按钮后，用鼠标拖曳，即可绘制螺旋纹的图形。

（9）“完美形状”展开式工具栏有 5 个工具，如图 1-1-29 所示。该组工具的共同特点是：按下【Shift】键的同时，用鼠标拖曳以起点为中点进行绘制；按下【Ctrl】键的同时，用鼠标拖曳是等比例绘制图形；按下【Shift】键和【Ctrl】键，同时再用鼠标拖曳出的图形是以起点为中点的等比例图形。

◎ “基本形状”工具 ：使用该工具可以绘制一些基本图形，例如，平行四边形、笑脸图形、梯形图形、心形等。
◎ “箭头形状”工具 ：使用该工具可以绘制各种箭头图形。
◎ “流程图形状”工具 ：使用该工具可以绘制各种流程图形状的图形。
◎ “星形”工具 ：使用该工具可以绘制各种星形图形。
◎ “标注形状”工具 ：使用该工具可以绘制各种标注形状的图形。

（10）“文本”工具 ：单击选中文本工具按钮后，再单击绘图页面的任意位置，即可以输入美工文字；用鼠标拖曳后，即可形成文本框，然后可以在文本框内输入段落文字。

（11）“交互式”展开式工具栏有 7 个工具，如图 1-1-30 所示。

图 1-1-29 “完美形状”展开式工具栏

图 1-1-30 “交互式”展开式工具栏

◎ “交互式调合”工具 ：使用该工具，可以产生一个形状与颜色逐渐变化到另一形状与颜色的立体图形。调整其开始和结束控制柄及滑块，均可以改变图形调合的状况。
◎ “交互式轮廓图”工具 ：使用该工具，可以产生逐渐变化的颜色和同心轮廓线。调整其开始控制和结束控制柄及透镜滑块，均可以改变图形的轮廓线的状况。
◎ “交互式变形”工具 ：单击该工具按钮，然后将鼠标指针移到任意图形上，再用鼠标拖曳出一个箭头，屏幕会显示两个调节句柄和蓝色变形的轮廓线。松开鼠标左键，即可改变对象的形状。
◎ “交互式阴影”工具 ：单击该工具按钮，然后用鼠标在对象上拖曳出一个箭头，即可沿箭头方向产生该对象的阴影。
◎ “交互式封套”工具 ：选中一个图形，再单击该工具按钮，图形周围会显示封装线。用鼠标拖曳封装线，即可改变对象的形状。
◎ “交互式立体化”工具 ：选中一个图形，单击该工具按钮，然后用鼠标在对象上拖曳出一个箭头，即可使图形对象沿箭头方向产生三维立体形状效果。

◎ “交互式透明”工具：导入一幅图形，再在图形之上绘制任意形状的一个图形，并选中这个图形，再单击交互式透明度工具按钮，然后用鼠标在对象上拖曳出一个箭头，即可使图形对象填充的颜色沿箭头方向产生透明度逐渐变化的透明效果。

图 1-1-31 “滴管”展开式工具栏

（12）“滴管”展开式工具栏有 2 个工具，如图 1-1-31 所示。

◎ “吸管”工具：单击该工具按钮后，鼠标指针变为滴管状，再用鼠标单击已填充颜色的对象，即可将当前的填充颜色改为该种颜色。

◎ “油漆桶”工具：单击该工具按钮后，鼠标指针变为颜料桶状，再用鼠标单击某一图形对象，即可将图形对象的填充色改为当前的填充颜色。

（13）“轮廓”展开式工具栏有 4 个工具，如图 1-1-32 所示。

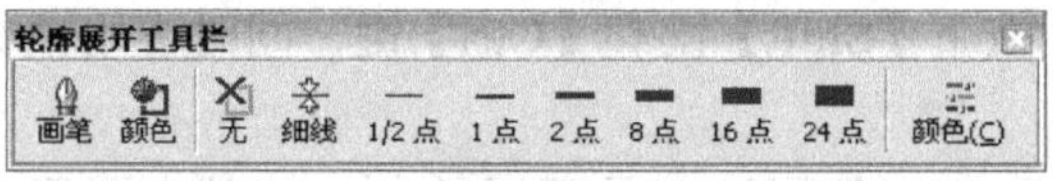

图 1-1-32 “轮廓”展开式工具栏

◎ “画笔”工具：单击该工具按钮，即可调出“画笔”对话框，利用该对话框可以对图形轮廓线的粗细与形状进行细致的设置。

◎ “颜色”工具：单击该工具按钮，即可调出“轮廓色”对话框，利用该对话框可以对图形轮廓线的颜色进行细致的设置。

◎ “轮廓线选项”工具按钮：轮廓线选项工具按钮共有 8 个，其中左起第一个按钮是“无”轮廓线按钮，单击该按钮可以取消图形对象的轮廓线；后面的七个按钮是确定轮廓线的粗细的快捷按钮，单击其中任意一个按钮，即可将轮廓线改变为该按钮所定义的粗细。

◎ “颜色”泊坞窗按钮：单击该工具按钮，即可调出“颜色泊坞窗”，利用该泊坞窗可以设置图形填充色和轮廓线的颜色。

（14）“填充”展开式工具栏的工具如图 1-1-33 所示。

◎ “颜色填充”工具：单击该工具按钮，即可调出“标准填充”对话框，通过调整对话框中的各项参数，可对填充颜色进行设置。

◎ “渐变填充”工具：单击该工具按钮，即可调出“渐变填充方式”对话框，通过调整对话框中的各项参数，可以为图形对象填充各种不同的颜色渐变效果。

◎ “图案填充”工具：单击该工具按钮，即可调出“填充图案”对话框，通过该对话框可以给图形对象填充“双色”、“全色”及“位图”等各种图案。

◎ “纹理填充”工具：单击该工具按钮，即可调出“底纹填充”对话框，在该对话框中包含纹理库及纹理列表，通过选择可以给图形对象填充预置的纹理样式，还可以通过调整对话框中的参数设置，改变预置纹理样式，使纹理填充的内容更加丰富。

◎ “PostScript 底纹填充”工具：单击该工具按钮，即可调出“PostScript 底纹填充”对话框，其用法与底纹填充工具相同，该对话框中包含的底纹效果是用 PostScript 语言编写的。

◎ “无填充”工具：先选中某个图形对象，再单击该工具按钮，可以取消这个图形对象中的填充颜色及效果。

（15）“交互式填充”展开式工具栏的工具如图 1-1-34 所示。

图 1-1-33 “填充”展开式工具栏

图 1-1-34 “交互式填充”展开式工具栏

◎ “交互式填充”工具：当选中“交互式填充”工具按钮时，可以在属性栏中的“填充类型”列表中选择不同的填充类型。

◎ “交互式网格填充”工具：先选中要填充的图形对象，再单击该工具按钮后，则对象内会出现许多网状线，其网格的密度可以在属性栏中调整。然后对网状线的每一个点进行不同的颜色填充。

1.1.4　基本操作

1. 建立新图形文件

建立一个新的图形文件除在“欢迎使用 CorelDRAW”对话框中完成以外，还可以在软件的运行过程中使用菜单命令完成新建图形文件的工作。

（1）利用“新建”菜单命令建立新的图形文件。

单击“文件”→“新建”菜单命令或单击标准工具栏的新建按钮，即可建立新的图形文件。

（2）利用中文 CorelDRAW 12 模板建立新的图形文件。

单击“文件”→“从模板新建”菜单命令，调出“根据模板新建”对话框。它与通过单击“欢迎使用 CorelDRAW”对话框中的“模板”按钮调出的是同一个对话框，如图 1-1-35 所示。“根据模板新建”对话框给出几种类型的模板，单击一种模板名称，再单击“确定”按钮，即可创建一个新的图形文件，创建的新模板图形文件，如图 1-1-36 所示。

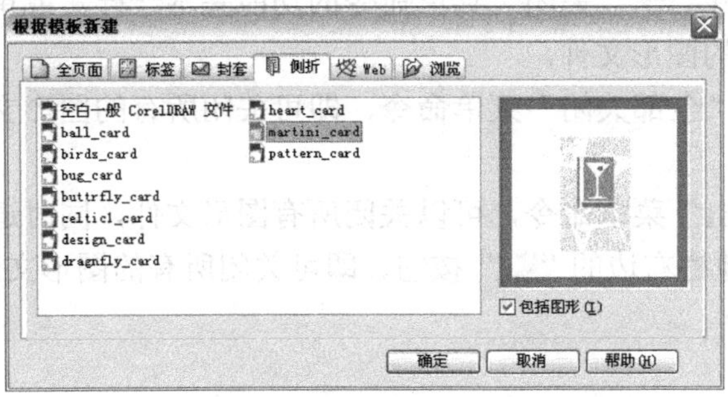

图 1-1-35 “根据模板新建”对话框

图 1-1-36 创建的新模板图形文件

2. 打开图形文件

如果用户要打开的图形文件是在上一次使用中文 CorelDRAW 12 软件时最后编辑的那个图形文件，用户可以在“欢迎使用 CorelDRAW”对话框中直接单击“打开上次编辑的图形”按钮，系统会自动为用户打开上次编辑的文件。

单击“文件”→“打开”菜单命令或单击标准工具栏的“打开”按钮，即可调出“打开绘图”对话框，它与通过单击“欢迎使用 CorelDRAW”对话框中的“打开图形”按钮调出的是同一个对话框，如图 1-1-37 所示。

图 1-1-37 “打开绘图”对话框

在该对话框内选择文件类型、文件目录和文件名，再单击“打开”按钮，即可将选定的图形文件打开。中文 CorelDRAW 12 图形文件的扩展名为“.cdr”，中文 CorelDRAW 12 范本文件的扩展名为“.cdt”。单击“预览”复选框，可以显示选中的图形文件的图形内容。

3. 关闭图形文件

关闭图形文件可以通过不同的途径实现。

（1）关闭文件。单击“文件”→“关闭”菜单命令，即可关闭当前的图形文件（包括该文件的所有绘图页面）。如果当前的图形文件在修改后没有保存，屏幕上会调出一个对话框，让用户确认是否保存当前的图形文件。调出的对话框如图 1-1-38 所示。

图 1-1-38 “CorelDRAW”询问对话框

（2）关闭窗口。单击“窗口”→“关闭”菜单命令，即可关闭当前的图形文件。它与单击“文件”→“关闭”菜单命令的功能基本一样。或单击菜单栏右边的“☒”按钮，即可关闭当前的图形文件。

（3）关闭全部窗口。单击“窗口”→“全部关闭”菜单命令，即可关闭所有的图形文件窗口。

（4）退出程序。单击“文件”→“退出”菜单命令，可以关闭所有图形文件，同时退出中文 CorelDRAW 12 应用程序。或单击标题栏右边的“☒”按钮，即可关闭所有的图形文件，并退出中文 CorelDRAW 12 应用程序。

4. 保存绘图

在绘图工作中应随时注意保存图形，以免因死机、停电等意外事故使图形丢失。保存图形文件有多种方法。

（1）文件的保存。单击“文件”→“保存”菜单命令或单击标准工具栏内的“保存”按钮，即可将当前的图形文件（包括该文件的所有绘图页面）以原来的文件名保存。如果当前的图形文件是第一次保存，则会调出“保存绘图”对话框，如图 1-1-39 所示。利用该对话框，用户可以确定当前的图形文件保存的目录和文件名，再单击“保存”按钮，保存文件。

图 1-1-39 “保存绘图”对话框

（2）文件的另存。单击“文件”→“另存为”菜单命令，即可调出图 1-1-39 所示的“保存绘图”对话框。利用该对话框，用户可以确定当前的图形文件保存的目录和文件名，再单击“保存”按钮，保存文件。

（3）“保存”和“另存为”命令的区别。

① 在同一个图形中，首次使用“保存”命令，其功能与使用“另存为”命令相同。

② 若图形已保存过，则再次使用“保存”命令时，系统不会打开对话框，而快速将文件保存。

③ 在绘制图形过程中，不论何时使用“另存为”命令，都会打开对话框，用户可选择图形存放位置及文件名。

1.2 软盘——基本图形绘制与调整

【案例效果】

实例“软盘”图形是利用本章所学的绘图工具，绘制的一组矩形图形。这些图形的绘制是中文 CorelDRAW 12 最基本的操作。通过制作该实例，可以掌握矩形图形的绘制、调整，颜色的填充和轮廓线的设置等基本操作方法。“软盘”实例的显示效果如图 1-2-1 所示。

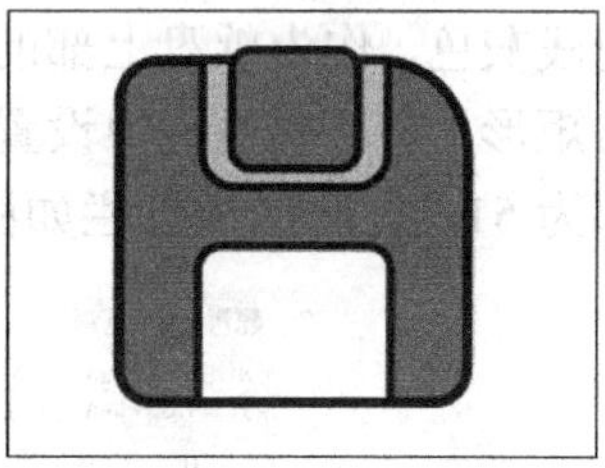

图 1-2-1 “软盘”图形

1.2.1 制作过程

1. 绘制软盘的外观

（1）单击“版面”→“页面设置”菜单命令，调出“选项”（大小）对话框。在该对话框的“大小”设置区中，设置绘图页面的宽度为 80.0mm，高度为 60.0mm，如图 1-2-2 所示。然后，单击“确定”按钮，即可完成页面的设置。

（2）单击工具箱中的“矩形”工具按钮 ，在绘图页面中拖曳鼠标，绘制出一个矩形作为软盘的外观图形。再用鼠标左键单击右侧调色板中的“幼蓝”色块，为矩形的内部填充幼蓝色，轮廓线为默认的黑色，完成后的图形如图 1-2-3 所示。

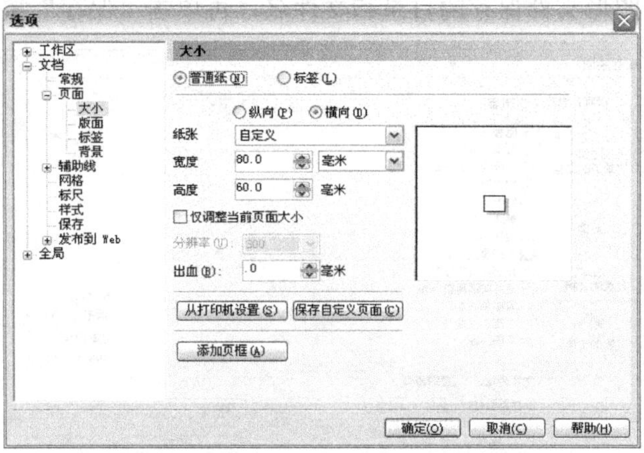

图 1-2-2 “选项”（大小）对话框

（3）单击工具箱中的“形状”工具按钮 ，选中刚绘制的矩形，在其属性栏中设置矩形的宽度为 48.0mm、高度为 46.0mm，“轮廓宽度”为 1.5mm。再次使用工具箱中的“形状”工具 ，依次选中矩形 4 个角的点，在其属性栏中分别设置矩形左上角的“边角圆滑度”为 24、右上角的“边角圆滑度”为 55、左下角和右下角的“边角圆滑度”都为 20，此时的属性栏如图 1-2-4 所示，完成后的图形如图 1-2-5 所示。

图 1-2-3 绘制矩形

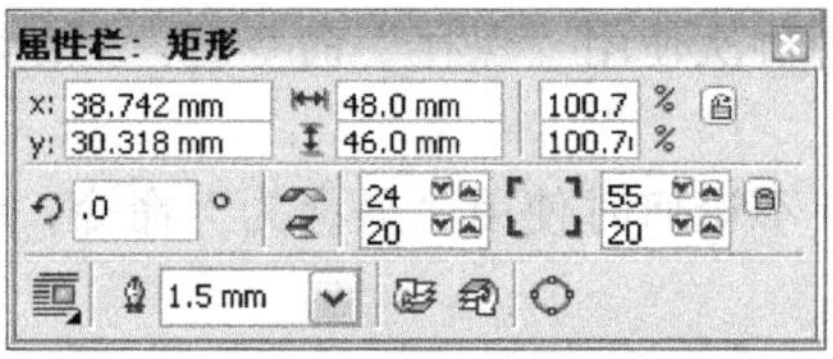

图 1-2-4 属性栏：矩形

图 1-2-5 调整后的矩形

2．绘制其他图形

（1）使用工具箱中的“矩形”工具 ，绘制一个 25mm×17mm 的矩形，并为其内部填充浅灰色，作为软盘上部的凹陷部分。再使用工具箱中的“形状”工具按钮 ，选中刚绘制的矩形，在其属性栏中设置矩形的“轮廓宽度”为 1.0mm，左下角和右下角的“边角圆滑度”都为 51，此时的属性栏如图 1-2-6 所示，完成后的图形如图 1-2-7 所示。

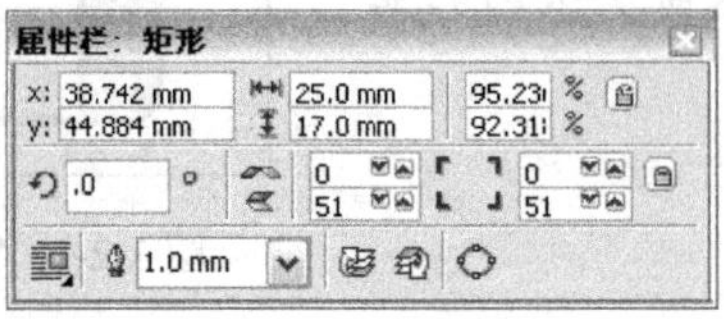

图 1-2-6 凹陷部分矩形的属性栏

图 1-2-7 软盘上部凹陷部分的矩形

（2）用相同的方法，绘制 2 个矩形作为软盘上面的磁片和下面的凹槽图形。其中上面磁片图形的大小为 17mm×16mm，内部“填充色”为幼蓝色，4 个角的“边角圆滑度”都为 32，“轮廓宽度”为 1.0mm，完成后的图形如图 1-2-8 所示。下面凹槽图形的大小为 26mm×21mm，内部“填充色”为白色，上面 2 个角的“边角圆滑度”都为 32，“轮廓宽度”为 1.0mm，完成后的图形如图 1-2-9 所示。

（3）单击工具箱中的“挑选”工具按钮 ，选中所有的图形。再单击属性栏中的“对齐与分布”按钮 ，调出“对齐与分布”（对齐）对话框。在该对话框中单击选中垂直居“中”复选框，如图 1-2-10 所示。然后，单击“应用”按钮，将所有的对象以垂直居中的方式对齐，完成整个图形的绘制，如图 1-2-1 所示。

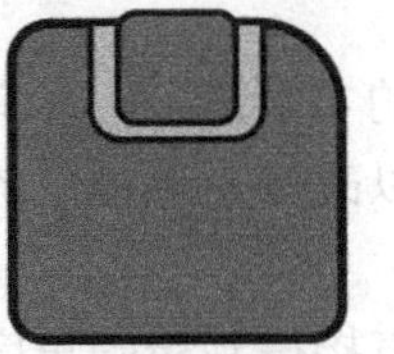
图 1-2-8　绘制上面的磁片图形

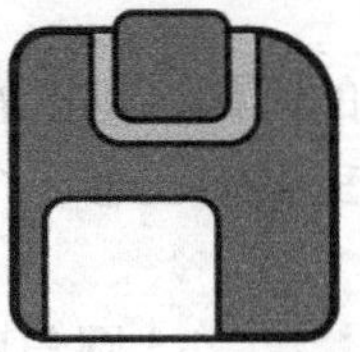
图 1-2-9　绘制下面的凹槽图形

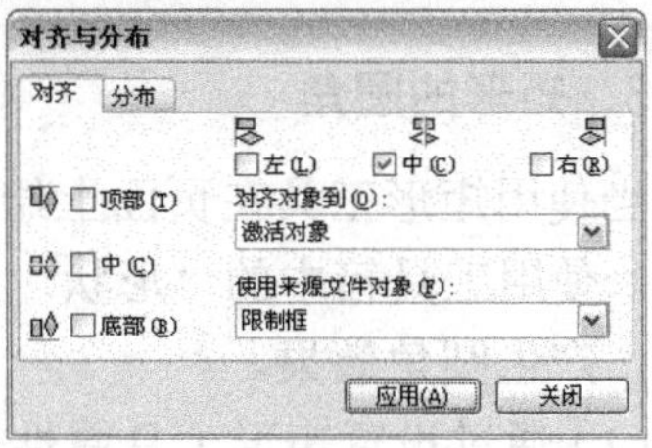

图 1-2-10　“对齐与分布”（对齐）对话框

1.2.2　矩形与椭圆形

1．绘制矩形与椭圆形

在绘制矩形时，按下【Ctrl】键的同时，用鼠标拖曳是等比例绘制图形；同时按下【Shift】键和【Ctrl】键，再用鼠标拖曳出的图形是以起点为中点的等比例图形。

（1）对角线法。单击工具箱中的“矩形”或“椭圆”工具按钮后，用鼠标拖曳即可绘出矩形或椭圆形，拖曳鼠标时的起点与终点即为矩形对角线的两个顶点或椭圆形外切矩形对角线的两个顶点。

（2）中心点法。单击“矩形”或“椭圆”工具按钮后，按下【Shift】键的同时，用鼠标拖曳即可绘出矩形或椭圆形，拖曳鼠标时的起点为矩形或椭圆形的中点。

2．矩形与椭圆形的调整

（1）粗略调整：单击工具箱中的“挑选”工具按钮，再单击绘制出的矩形或椭圆形即可进行调整。

（2）精细调整：通过直接改变属性栏中的数据来精细调整矩形或椭圆形图形的位置、大小、长宽比例、缩放比例、旋转角度和顶点的弧度，等等。属性栏中的小锁按钮用来控制是否保持原来的长宽比例和是否使顶点的弧度相同。

（3）变矩形或椭圆形为曲线：单击属性栏中的“转换成曲线”按钮，即可将矩形或椭圆形图形变为曲线，图形的各顶点的小圆点变为曲线节点。

（4）椭圆形改变为弧形或饼形的调整：单击工具箱中的“挑选”工具按钮，将鼠标指针移到椭圆形图形的小圆点处时，鼠标指针变为大箭头状，用鼠标拖曳圆点，可以将椭圆形改变为弧形或饼形（即派形），如图 1-2-11 和图 1-2-12 所示。随着调整的进行，属性栏中的数据会发生相应的变化，如图 1-2-13 所示。

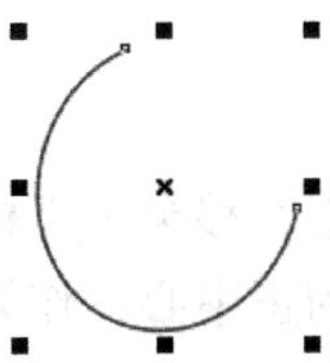
图 1-2-11　弧形图案

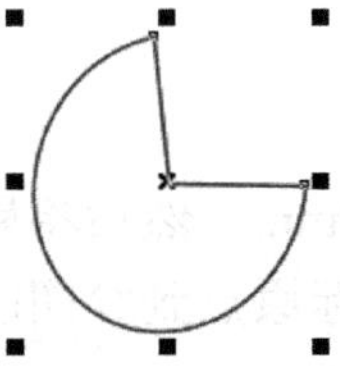
图 1-2-12　饼形图案

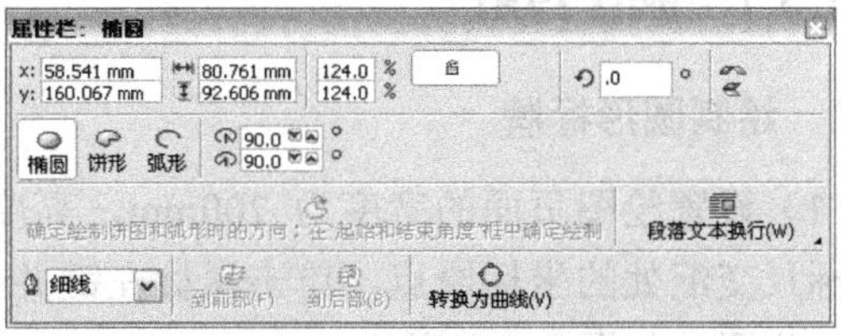

图 1-2-13　属性栏：椭圆

（5）图形转换：单击属性栏中的“饼形”按钮，可以将椭圆形转换为饼形；单击“弧形”按钮，可以将椭圆形转换为弧形。修改其“弧形”按钮右边的数据可以精确改变饼形或弧形的张角角度。单击“方向”按钮，可以改变饼形或弧形张角的方向与角度（用 360° 减去原来的角度）。单击属性栏中的“镜像”按钮，可以获得镜像图形。

3．矩形的圆角

当使用矩形工具在页面上绘制一个矩形的时候，可以看到在矩形的 4 个角上，各有一个节点。使用工具箱中的“形状”工具，拖曳其中任意一个节点，可以改变矩形边角的圆滑程度，产生圆角效果。

（1）通过设置矩形工具属性栏中的圆角度数，可以直接得到精确角度的圆角矩形。4 组文本框分别控制矩形的 4 个角的圆滑程度，当右上角的锁形按钮呈“闭锁”状态时，改变一角的参数时，其他 3 组同时改变；当右上角的锁形按钮呈“开锁”状态时，可以单独改变矩形某一角的圆滑程度，而其他 3 角的圆滑程度不变。

（2）使用工具箱中的“形状”工具，在 4 个节点被选中的情况下，拖曳其中任意一个节点，可以同时改变矩形 4 个边角的圆滑程度，产生圆角效果，如图 1-2-14 所示。

（3）使用工具箱中的“形状”工具，在 1 个节点被选中的情况下，对其进行任意拖曳，只对选中节点的角产生圆角效果，其他的角没有变化，如图 1-2-15 所示。

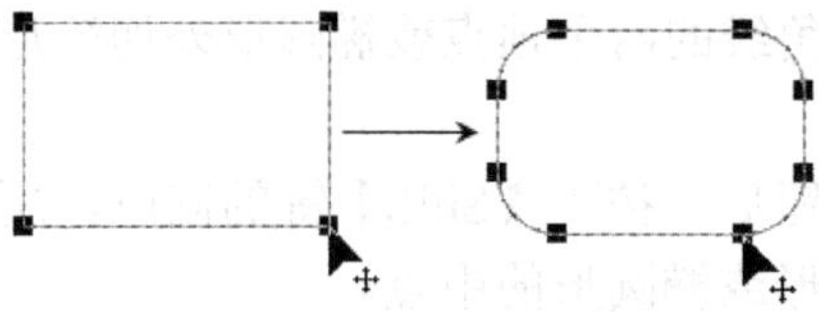
图 1-2-14　同时改变矩形 4 个边角的圆滑程度

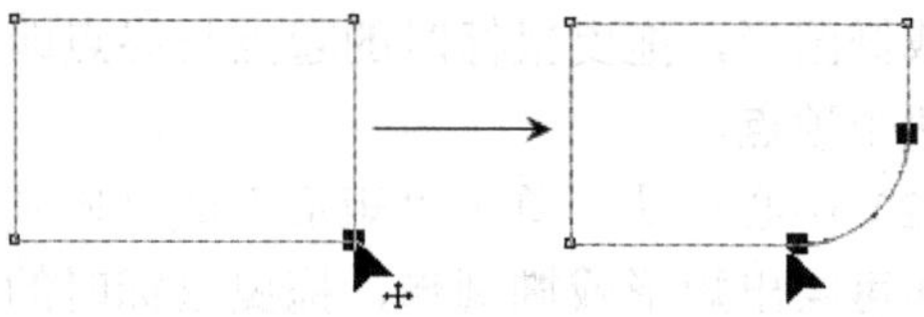
图 1-2-15　只对选中节点的角产生圆角效果

1.3　禁止鸣笛标志——对象的基本操作

【案例效果】

图 1-3-1　禁止鸣笛标志

实例“禁止鸣笛”交通标志图形是利用本章所学简单的绘图工具绘制的一组图形。如图 1-3-1 所示，上面有一个喇叭图案和一个代表禁止意义的十字叉符号，简单而又生动地表示出禁止鸣笛的意思。交通标志牌的特点是尺寸要求很严格，图案形状要求十分准确，必须符合其技术规范。因此在绘制时需要使用标尺以及辅助线。通过制作该实例，可以掌握各种基本图形的绘制、颜色的填充、复制和镜像等基本操作方法。

1.3.1　制作过程

1．绘制圆形标牌

（1）设置绘图页面的宽度为 200mm，高度为 200mm。然后将鼠标指针移至水平标尺和垂直标尺交汇处的坐标原点，单击鼠标左键并拖曳坐标原点到绘图区域的正中心，作为坐标的零点位置，如图 1-3-2 所示。

（2）将鼠标指针移至水平标尺上的某一处，单击此处并拖曳鼠标到垂直标尺的零点处，建立一条水平辅助线。再将鼠标指针移至垂直标尺上的某一处，单击此处并拖曳鼠标到水平标尺的零点处，建立一条垂直辅助线，如图 1-3-2 所示。

（3）单击“查看”→“对齐辅助线”菜单命令，启用“对齐辅助线”功能，这样在绘图时，就可以将对象定义在辅助线上。

（4）使用工具箱中的“椭圆”工具 ，按下【Ctrl+Shift】组合键，以两条辅助线的交点处作为圆心，绘制一个正圆形。再用鼠标左键单击右侧调色板中的“黄色”色块，为矩形的内部填充黄色，用鼠标右键单击右侧调色板中的“红色”色块，将轮廓线设置为红色，如图 1-3-3 所示。

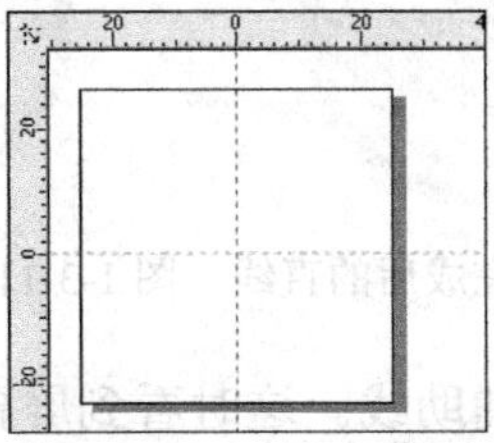

图 1-3-2　移动坐标原点并创建辅助线

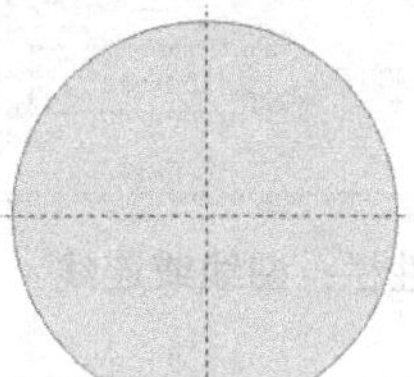

图 1-3-3　绘制一个正圆形

（5）选中绘制的正圆对象，在其属性栏中设置圆的宽度为 180.0mm、高度为 180.0mm，“轮廓宽度”为 10.0mm，并按下【Enter】键确认，此时的属性栏如图 1-3-4 所示；属性设置完成后的对象效果如图 1-3-5 所示。

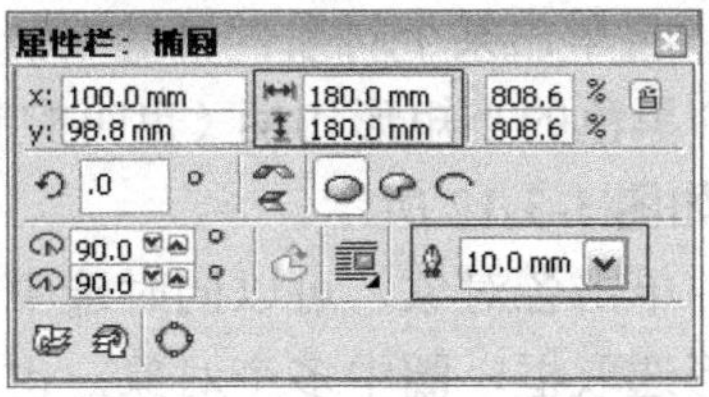

图 1-3-4　属性设置完成后的圆

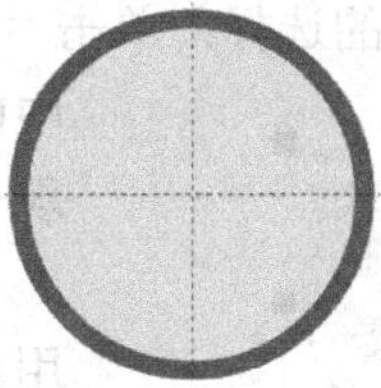

图 1-3-5　属性栏（椭圆）

2．绘制禁止标志

（1）单击“文本”→“插入字符”菜单命令，调出“插入字符”对话框。在该对话框的“代码页”列表框中选择“所有属性”选项，在“字体”列表框中选择“Webdings”字体。然后在图形列表中找到喇叭符号，如图 1-3-6 所示，将其拖曳到绘图页面中，如图 1-3-7 所示。

（2）拖曳喇叭符号四周的控制柄，将其放大并移动到页面的中央，如图 1-3-8 所示。

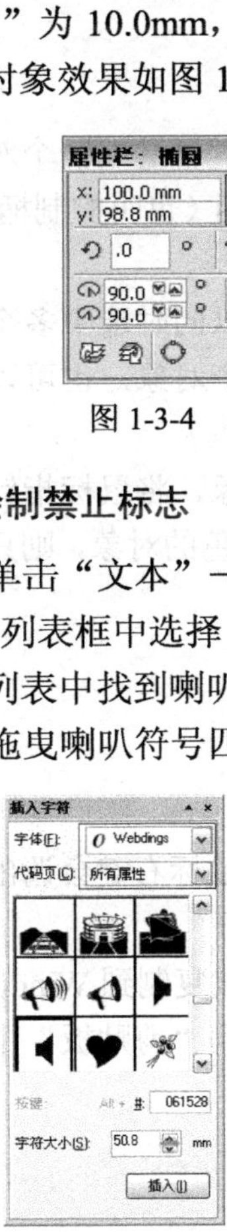

图 1-3-6 “插入字符”对话框

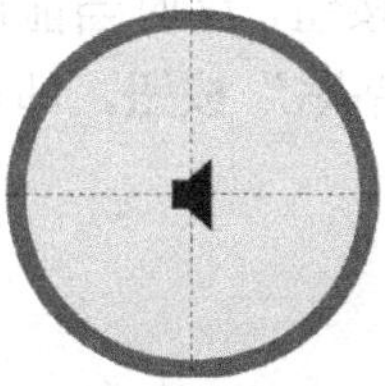

图 1-3-7　插入字符后的效果

图 1-3-8　放大并移动喇叭符号

（3）使用工具箱中的手绘工具，绘制一条红色的水平直线，拖曳水平直线，将它的中点与两条辅助线的交点对齐。在其属性栏中将此直线的宽度设置为 10.0mm、旋转角度为 45.0°，此时的属性栏如图 1-3-9 所示；属性设置完成后的对象效果如图 1-3-10 所示。

（4）按下【Ctrl+D】组合键，在原位置复制一个直线对象。在其属性栏中设置其旋转的角度为 135°，将复制的直线向反方向旋转，完成后的效果如图 1-3-11 所示。这样我们就绘制好了十字交叉形状的“禁止”符号。

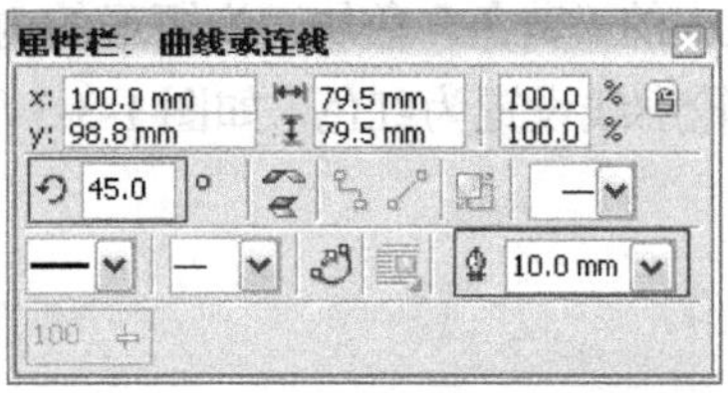

图 1-3-9　属性栏：曲线或连线

图 1-3-10　属性设置完成后的直线

图 1-3-11　复制并旋转直线

（5）单击“查看”→“辅助线”菜单命令，隐藏辅助线。这时看到屏幕上的辅助线消失了，完成“禁止鸣笛”交通标志图形的绘制，如图 1-3-1 所示。

1.3.2　对象的选择、移动与复制

1．对象的选择与移动

（1）对象的选择：单击“挑选”工具按钮后，再单击某个对象，可选中一个对象。被选中的对象周围出现 8 个黑色的小矩形句柄（也叫控制柄），中间出现一个中心标记，如图 1-3-12 所示。

图 1-3-12　对象被选中状态

按下【Shift】键并单击各对象，可以同时选中多个对象，或用鼠标拖曳出一个矩形选取框，圈中多个对象，也可以同时选中被圈中的多个对象。

（2）对象的移动：选中要移动的对象，将鼠标指针移到对象的处或外框线处（如果是已经填充颜色的对象，则只需要将鼠标指针移到对象处），用鼠标拖曳对象移到要移动处即可。

2．对象的复制

（1）选中要复制的对象，按下【Ctrl+D】组合键即可。

（2）选中要复制的对象，按小键盘的“+”键即可。

（3）选中要复制的对象，按下鼠标右键拖曳到要移动处，松开鼠标右键会调出一个快捷菜单，单击菜单中的“复制”菜单命令即可。

（4）单击“工具栏”内的“复制”按钮，这时当前选中的对象就被复制到 Windows 的“剪贴板”中。再单击标准工具栏内的“粘贴”按钮，即可将刚才复制到“剪贴板”中的内容粘贴到绘图窗口中。

1.3.3　对象的缩放、旋转和自由变形

1．对象的缩放、旋转和倾斜

（1）对象的缩放：单击工具箱中的“挑选”工具按钮，单击选中图形，此时图形四周会出现 8 个黑色方形句柄，用鼠标拖曳对象四周的句柄，可以调整选中对象的大小，如图 1-3-13 所示。

（2）对象的旋转：单击选中对象或双击对象后，句柄变为双箭头状，中心标记变为⊙形状。用鼠标拖曳双箭头状的句柄，可以旋转所选中的对象，如图 1-3-14 所示。用鼠标拖曳中心标记⊙，可以改变对象旋转时的旋转中心。

（3）对象的倾斜：双击图形，使图形四周的句柄变为双箭头状。用鼠标拖曳图形四边的双箭头句柄，可以使图形倾斜，如图 1-3-15 所示。

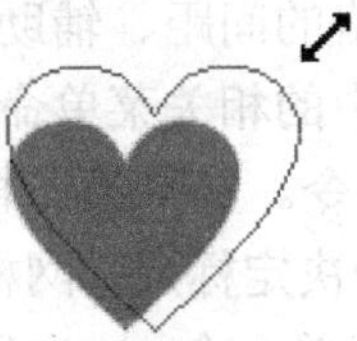

图 1-3-13　缩放对象

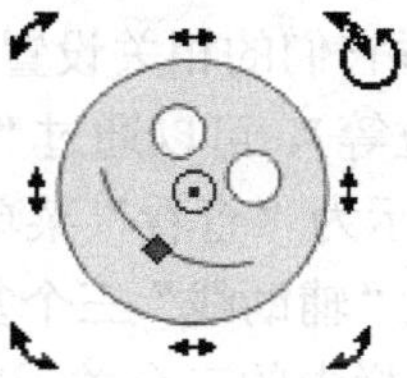

图 1-3-14　旋转对象

图 1-3-15　倾斜对象

还可以通过直接改变属性栏中的数据，来精细调整图形的位置、大小、长宽比例、缩放比例、旋转角度、起点与终点的弧度，等等。

2．对象的自由变形

单击工具箱中“形状编辑展开式”工具栏内的“自由变换”工具按钮，此时的属性栏自动转换为“自由变形工具”，如图 1-3-16 所示。

（1）利用该属性栏可以使图形旋转、镜像（即自由角度镜像）、缩放、倾斜、水平与垂直镜像，等等。例如：单击“扭曲”按钮后，将鼠标移到图形处，鼠标指针会变为十字形，然后拖曳鼠标，会发现随着鼠标的拖曳，图形发生扭曲，如图 1-3-17 所示。

（2）单击属性栏中的“反射”按钮，再用鼠标在图形中拖曳，即可使图形产生镜像，如图 1-3-18 所示。

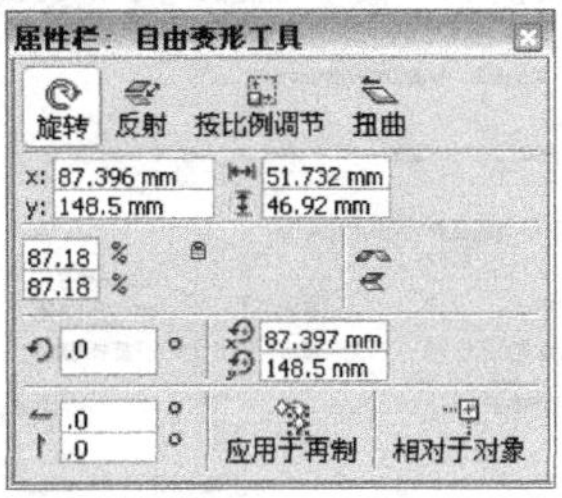

图 1-3-16　属性栏（自由变形工具）

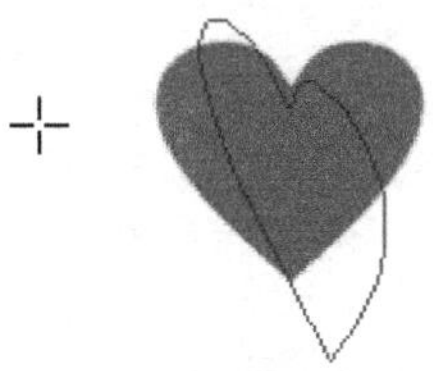

图 1-3-17　扭曲图形

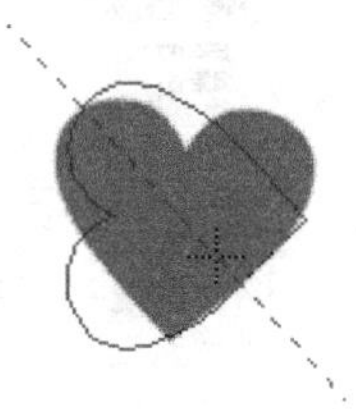

图 1-3-18　镜像图形

（3）选中对象后，单击属性栏中的“水平镜像”按钮或“垂直镜像”按钮，可使图形以图形的中心为轴，产生水平或垂直的镜像图形，如图 1-3-19 所示。

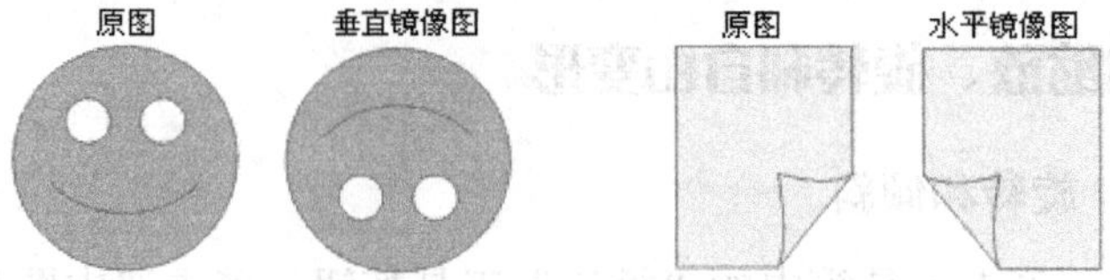

图 1-3-19　水平或垂直的镜像图形

（4）另外，按住【Ctrl】键，用鼠标单击对象周围的一个句柄，再向与它相对的一边拖曳，会产生不同的镜像图。

1.3.4　网格、标尺与对齐对象的设置

1．网格和标尺的设置

为了使用户更准确地绘制图形，中文 CorelDRAW 12 提供了标尺、网格及辅助线等辅助绘图工具。针对它们的相关设置（例如：网格的间距、辅助线的颜色、标尺刻度的单位等），可以通过“查看”菜单中的相关菜单命令来实现。如图 1-3-20 所示为“查看”菜单中的菜单命令。其中第三栏中的“标尺”、“网格”及“辅助线”三个复选菜单命令决定标尺、网格及辅助线是否显示；第四栏中的三个关于对齐的复选菜单命令，决定所绘制的图像和谁对齐；第五栏中的三个菜单命令可以调出相应的对话框，以进行更为详细的参数设置。

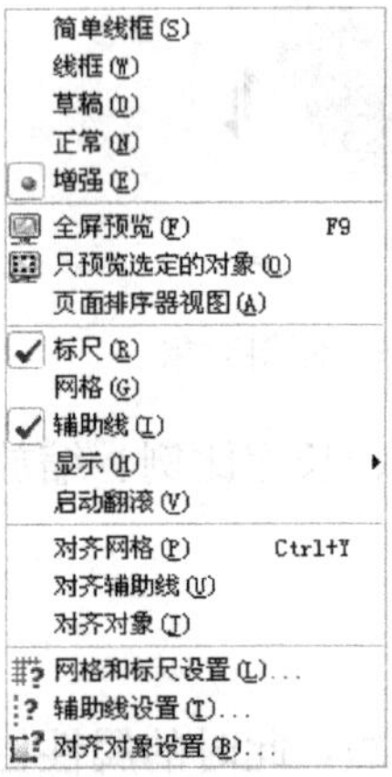

图 1-3-20　“查看”菜单

（1）网格的设置：单击“查看”→“网格和标尺设置”菜单命令，调出“选项”对话框，其对话框的默认设置为选中“网格”选项，对话框右边为“网格”选项栏，如图 1-3-21 所示。通过对该对话框中的参数设置，可以确定背景网格是以“网格线”形式显示还是以“点”的形式显示，不可以设定网格的线间距，等等。

（2）标尺的设置：单击图 1-3-21 所示“选项”对话框中“目录栏”的“标尺”选项，调出“标尺”选项栏，如图 1-3-22 所示。通过对该对话框中的参数设置，可以确定标尺的刻度单位、原点位置、标尺刻度疏密、是否显示分数等。

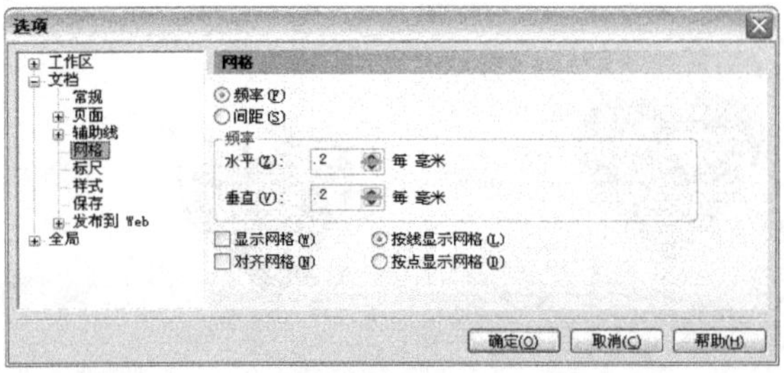

图 1-3-21　“选项”（网格）对话框

图 1-3-22　“选项”（标尺）对话框

设置标尺的原点位置，还可以用鼠标拖曳的方法完成。将鼠标指针指向水平标尺与垂直标尺的交点上的 按钮上，单击该按钮并按住鼠标左键拖曳出两条垂直相交的虚线，其交点位置就是鼠标指针的尖部，移动到适当位置后，松开鼠标左键，此时标尺的原点位置就移

动到松开鼠标左键时鼠标指针所指的位置上。

注意

标尺是有正负的。在标尺的刻度上虽然没有标出标尺的正负，但它的正负与常用的直角坐标的正负是相同的，即以坐标原点为中心，水平坐标轴从原点向右为正，反之从原点向左为负；垂直坐标轴从原点向上为正，反之从原点向下为负。

（3）辅助线的设置：单击“查看”→“辅助线设置”菜单命令，可以调出“选项”（辅助线）对话框，如图 1-3-23 所示。通过该对话框可以设置辅助线的颜色、是否显示辅助线、图像是否与辅助线对齐，等等。辅助线选项中还包含有“水平”、“垂直”、“导线”和“预置”四个选项，单击每个选项都可以调出相应的选项栏。

◎ 水平辅助线的设置：单击图 1-3-23 所示的对话框中的“水平”选项，便可以调出“水平”选项栏，如图 1-3-24 所示。在上面的文本输入框中，输入要设定水平辅助线的垂直标尺位置的数字，然后单击“添加”按钮，便可以精确定位设置水平辅助线。例如：在图 1-3-24 所示的辅助线列表中已经设定垂直标尺位置为 50.000，100.000 两条定位辅助线，在绘图窗口中显示的水平辅助线情况如图 1-3-26 所示的两条水平辅助线。

图 1 3 23 “选项”（辅助线）对话框

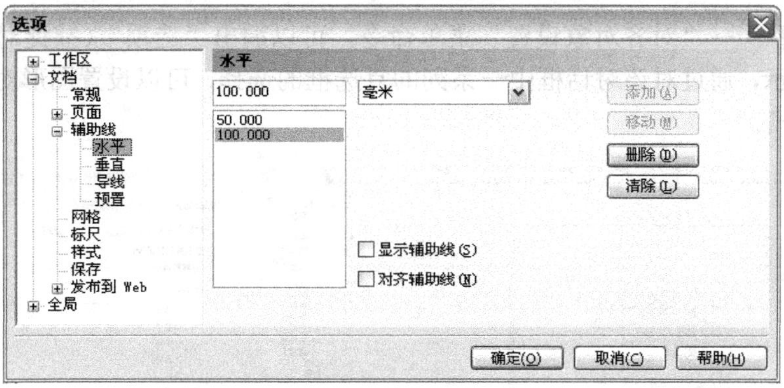

图 1-3-24 “选项”（水平辅助线）对话框

如果用户要设定的辅助线不需要非常精确，也可以用鼠标拖曳的方法设置水平辅助线，就是将鼠标指针指向水平标尺，按住鼠标左键向绘图窗口内拖曳，产生一条水平的辅助线。

◎　垂直辅助线的设置：垂直辅助线的设置与水平辅助线的设置方法相同，其选项栏中的内容也相同。在设置垂直辅助线时要注意输入文本框的标尺位置是水平标尺的坐标位置。在使用鼠标拖曳的方法设置垂直辅助线时，垂直辅助线是从垂直标尺中拖曳出来的。

◎　设置倾斜辅助线：在“选项”对话框中单击目录栏中“导线”选项，便可以调出“导线”选项栏。设置倾斜辅助线时需要在“指定”选项栏中的下拉列表框内选择定义倾斜辅助线的方式，其方式有“角和 1 点”及“2 点”两个选项。本例中选中的选项为“角和 1 点”选项，此时“选项”对话框中的“导线”选项栏如图 1-3-25 所示。在水平标尺位置即“X”数字框和垂直标尺位置即“Y”数字框中分别设置数值来确定一个点，并在“角”数字框中设置辅助线的倾斜角度，然后单击“添加”按钮，就可以产生一条倾斜的辅助线。

也可以单击选中某条辅助线后，再单击该辅助线，使辅助线产生双箭头控制句柄，然后拖曳双箭头控制句柄，使辅助线围绕其旋转中心标记旋转。其旋转中心标记可用鼠标拖曳到绘图窗口内的任意处。

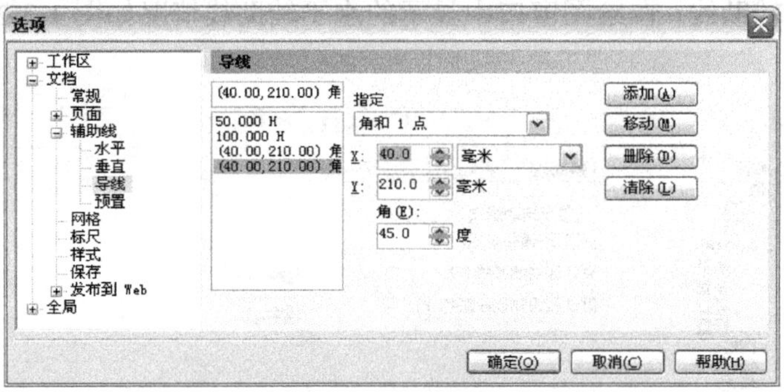

图 1-3-25　“选项”（导线）对话框

分别单击“查看”→“标尺”、“查看”→“网格”和“查看”→“辅助线”菜单命令，可以使绘图页面内同时显示出标尺、网格和辅助线，如图 1-3-26 所示。

2．对齐对象的设置

单击“查看”→“对齐对象设置”菜单命令，可以调出“选项”（捕捉对象）对话框，如图 1-3-27 所示，通过对该对话框中一系列的复选框的选择，可以设置图形对象与图形对象之间的对齐方式。

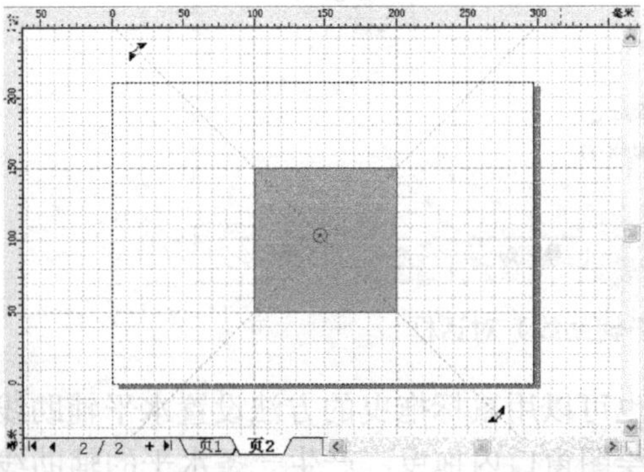

图 1-3-26　绘图页面内显示出标尺、网格和辅助线

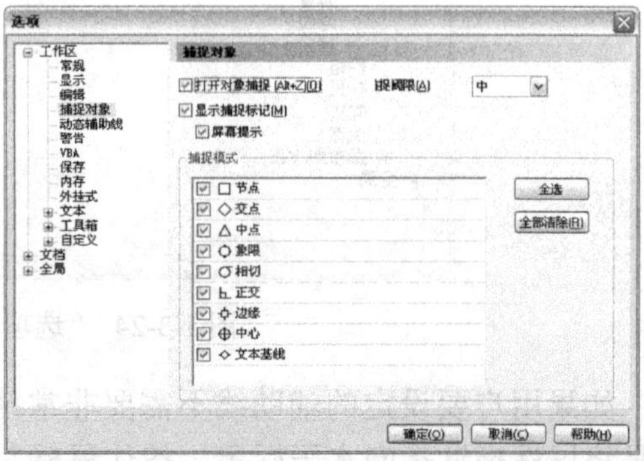

图 1-3-27　“选项”（捕捉对象）对话框

1.4　扑克图案——绘图页面的设置

【案例效果】

实例“扑克图案”图形是利用本章所学完美图形、多边形和椭圆形工具，绘制的一组图形，如图 1-4-1 所示。这些图形的绘制是中文 CorelDRAW 12 最基本的操作。通过制作该实例，可以掌握基本的矢量绘图和多边形、椭圆形绘图、背景图案的设置等操作，还使用了填充、复制、镜像等操作。

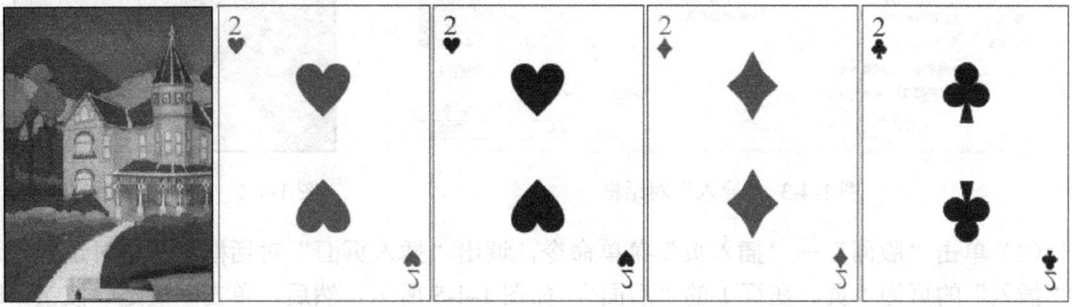

图 1-4-1　扑克图案

其中，左侧的图形为扑克牌的背面效果。

1.4.1　制作过程

1．绘制背景图

（1）设置绘图页面的宽度为 105mm，高度为 148mm。单击“版面”→“页面背景”菜单命令，调出“选项”（背景）对话框。在该对话框中单击“位图”单选按钮，如图 1-4-2 所示，表示使用位图作为扑克牌的背景图像。再单击“浏览”按钮，调出“导入”对话框。

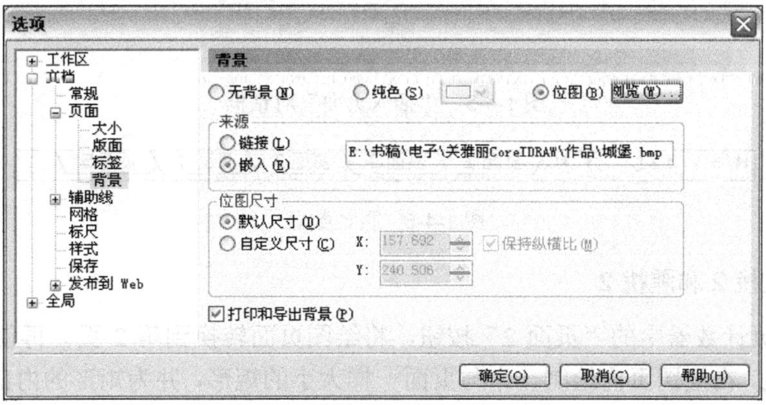

图 1-4-2　“选项”（背景）对话框

（2）在“导入”对话框中，选择“城堡”图像，如图 1-4-3 所示。单击“导入”按钮，关闭该对话框并返回“选项”（背景）对话框中。在该对话框的“来源”栏中选中“嵌入”单选按钮，以嵌入方式，导入“城堡”图像，如图 1-4-2 所示。然后，单击“确定”按钮，即可将“城堡”图像作为背景导入当前页面中，导入图像后的效果如图 1-4-4 所示。

图 1-4-3 “导入”对话框　　　　图 1-4-4　导入图像后的效果

（3）单击“版面”→“插入页”菜单命令，调出“插入页面”对话框。在该对话框中设置“插入”的页为 4 页、在页 1 的“后面”，如图 1-4-5 所示。然后，单击“确定”按钮，即可在页 1 的后面插入 4 张页面。此时，在绘图窗口下边的页计数器中显示出总的页数，及当前所在页面，如图 1-4-6 所示。

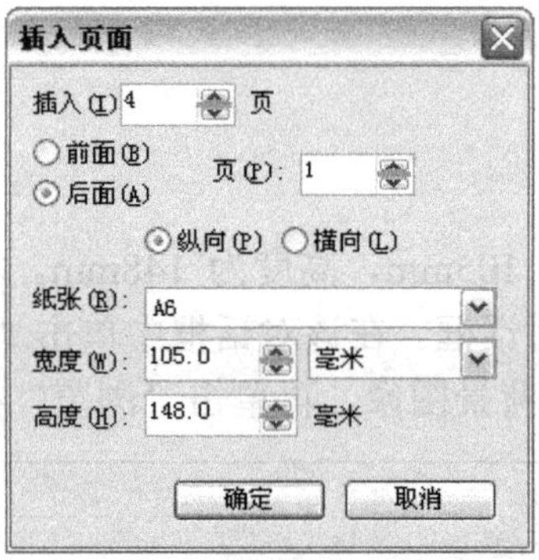

图 1-4-5　“插入页面”对话框

图 1-4-6　页计数器

2. 绘制红桃 2 和黑桃 2

（1）单击页计数器中的“页面 2”按钮，将绘图页面转换到第 2 页。再使用工具箱中的“矩形”工具，在绘图页内绘制一个与页面一样大小的矩形，并为矩形的内部填充“白色”，取消轮廓线。

（2）单击“完美图形”工具栏内的“基本形状”工具按钮后，在属性栏中单击按钮，并在调出的图形列表中单击图标。然后，按住【Ctrl】键的同时用鼠标在绘图页内拖曳，绘制出一个心形图形，为其内部填充“红色”，取消轮廓线，作为红桃图形。完成后的图形效果如图 1-4-7 所示。

（3）将红桃图形复制 1 个，并将其缩小为 10%左右，再输入一个红色的 2 字，调整它们的大小与位置，如图 1-4-8 所示。

（4）选中所有的图形，单击其属性栏内的垂直镜像按钮，使它垂直颠倒，再将其移动到适当的位置，完成红桃 2 扑克牌的绘制，如图 1-4-1 所示。

图 1-4-7　绘制心形图形

图 1-4-8　复制并缩小图形

（5）全部选中红桃 2 扑克牌的所有对象，按下【Ctrl+C】键，将其复制一份。单击页计数器中的“页面 3”按钮，将绘图页面转换到第 3 页。然后，按下【Ctrl+V】键，将复制的红桃对象，粘贴在第 3 页中，并全部选中所有的对象。用鼠标左键单击右侧调色板中的“黑色”色块，将所有的对象的填充色转换为黑色，完成黑桃 2 扑克牌的绘制，如图 1-4-1 所示。

3. 绘制方块 2

（1）单击页计数器中的“页面 4”按钮，将绘图页面转换到第 4 页。再使用工具箱中的“矩形”工具，在绘图页内绘制一个与页面一样大小的矩形，并为矩形的内部填充“白色”，取消轮廓线。

（2）使用工具箱中的“多边形”工具，在其属性栏内设置多边形的边数为 4。然后，用鼠标在绘图页面内拖曳，绘制出如图 1-4-9 所示的菱形图形。使用工具箱中的“形状”工具，单击菱形图形，可以看出它有 8 个节点，对称分布；调节一个节点，其他的三个节点也会随之作相应的变化。

（3）将菱形图形的各个节点改为曲线、平滑节点。拖曳一条直线中间的节点，使直线稍稍向内弯曲，调整完的图形如图 1-4-10 所示。再为其内部填充红色、取消轮廓线，完成后的效果如图 1-4-11 所示。

（4）使用与绘制红桃 2 步骤（5）完全相同的方法，完成方块 2 扑克牌的绘制，如图 1-4-1 所示。

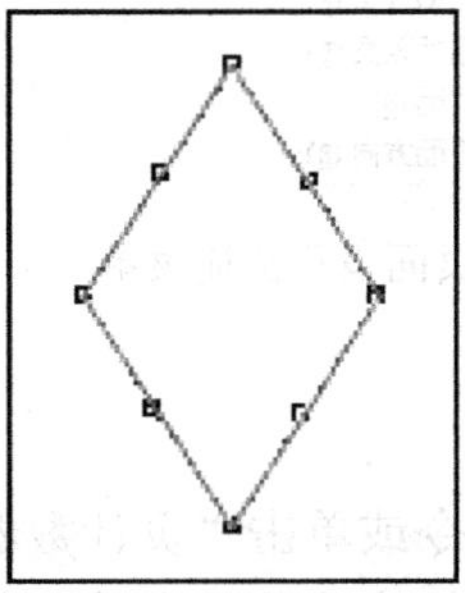

图 1-4-9　绘制菱形图形

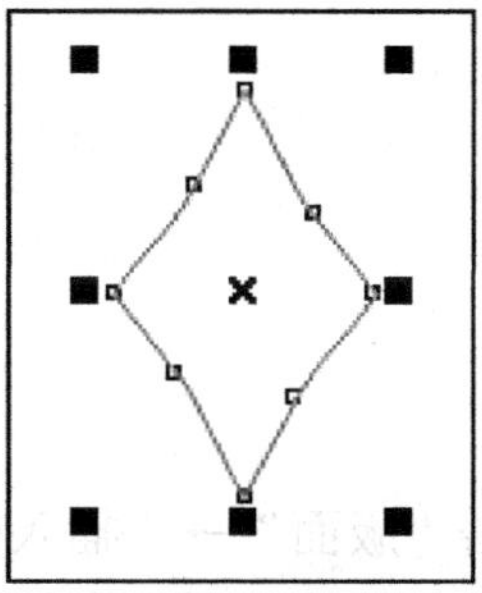

图 1-4-10　调整菱形

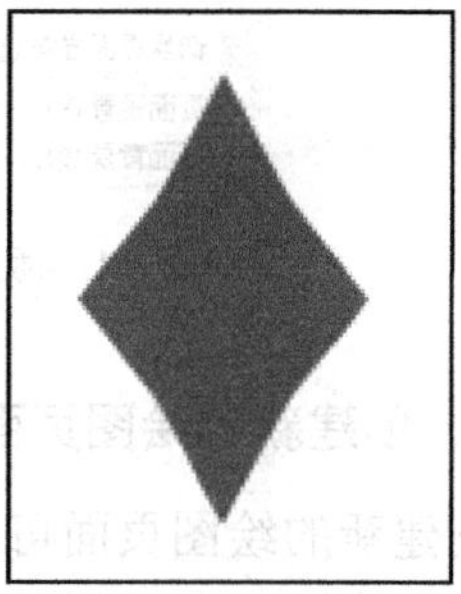

图 1-4-11　填充颜色

4．绘制草花 2

（1）单击页计数器中的“页面 5”按钮，将绘图页面转换到第 5 页。再使用工具箱中的“矩形”工具，在绘图页内绘制一个与页面一样大小的矩形，并为矩形的内部填充“白色”，取消轮廓线。

（2）使用工具箱中的“椭圆”工具，绘制 3 个大小完全相同的椭圆图形，移动到适当的位置，并为其内部填充黑色，完成后的效果如图 1-4-12 所示。

（3）使用工具箱中的“基本形状”工具，在属性栏中单击按钮，并在调出的图形列表中单击图标。然后，用鼠标在绘图页内拖曳，绘制出一个多边形图形，适当调整其形状。为其内部填充“黑色”，取消轮廓线，作为草花图形。再绘一个三角形图形，并将它拖曳到三个圆的交接处，盖住其中的空隙，完成草花图形的绘制，如图 1-4-13 所示。

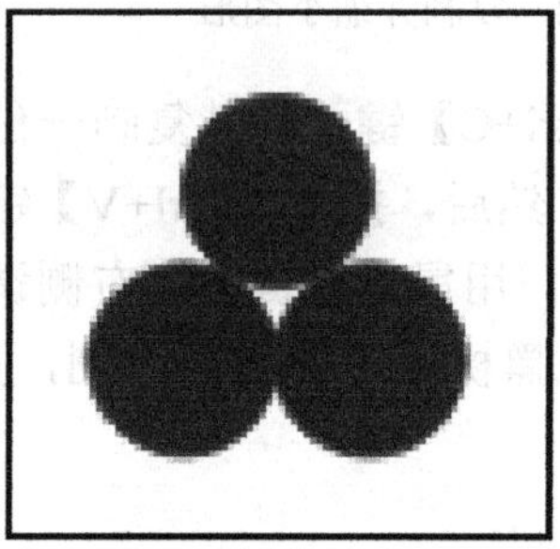

图 1-4-12　绘制 3 个椭圆

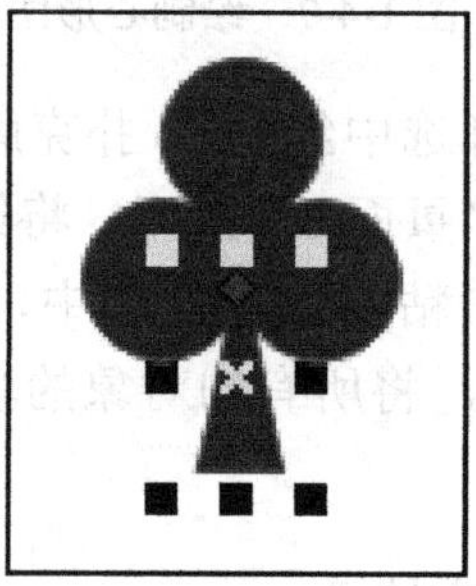

图 1-4-13　完成草花图形的绘制

（4）使用与绘制红桃 2 步骤（5）完全相同的方法，完成草花 2 扑克牌的绘制，如图 1-4-1 所示。

1.4.2　创建与删除绘图页面

绘图页面的设置可通过“版面”菜单中的菜单命令来完成，用鼠标单击“版面”菜单名称，即可使该菜单展开，其中包括的菜单命令如图 1-4-14 所示。

绘图页面设置中的一些常用参数，可以直接在属性栏中进行设置。

用鼠标指向“页计数器”中的某一页号（如页 2），然后单击鼠标右键，可调出一个页面设置快捷菜单，如图 1-4-15 所示，用户可以通过该快捷菜单对该页面进行相关设置。

图 1-4-14　版面菜单

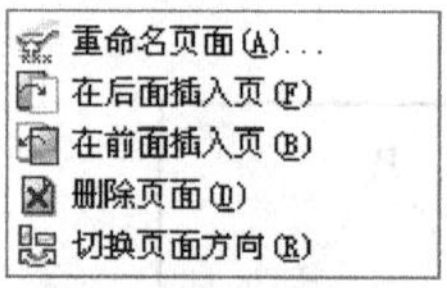

图 1-4-15　页面设置快捷菜单

1．创建新的绘图页面

创建新的绘图页面可以通过单击“版面”→“插入页”菜单命令或单击“页计数器”中的“+”按钮，以及用鼠标右键单击“页计数器”中的页号所调出的快捷菜单中的菜单命令来实现。

（1）使用菜单命令：单击“版面”→“插入页”菜单命令，可以调出“插入页面”对话框，如图 1-4-16 所示。利用该对话框，可以对插入绘图页面的位置、大小、形状与方向进行设置，设置完毕后，单击“确定”按钮，即可按要求插入新的绘图页面。

图 1-5-16 “插入页面”对话框

（2）使用“页计数器”：单击“页计数器”中的“+”按钮，只能在图形文件中第 1 页绘图页面之前或最末页绘图页面之后插入新的绘图页面。在新的绘图页面创建后，可以在属性栏中进行相关的参数修正。

（3）使用“页计数器”的快捷菜单：用鼠标右键单击“页计数器”中的页号调出快捷菜单，再单击快捷菜单中的“在之后插入页面”或“在之前插入页面”菜单命令，即可以在鼠标右键单击的页号之前或之后插入新的绘图页面。在新的绘图页面创建后，可以在属性栏中进行相关的参数修正。

2．删除绘图页面与绘图页面更名

（1）删除绘图页面：单击“版面”→“删除页面”菜单命令，调出“删除页面”对话框，如图 1-4-17 所示。确定要删除的绘图页面后，单击“确定”按钮，即可删除指定的绘图页面。也可以使用快捷菜单中的“删除页面”菜单命令，直接删除鼠标右键单击选中的绘图页面。

（2）绘图页面更名：单击“版面”→“重命名页面”菜单命令或使用快捷菜单中的“重命名页面”菜单命令，调出“重命名页面”对话框，如图 1-4-18 所示。在“重命名页面”对话框中的“页名”文本框内输入绘图页面的名称后，单击“确定”按钮，即可将当前的绘图页面更名或起名。

图 1-4-17 “删除页面”对话框

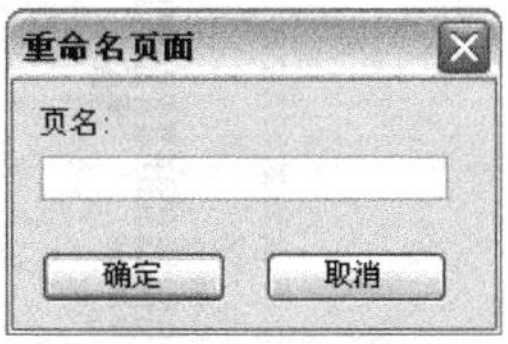

图 1-4-18 “重命名页面”对话框

1.4.3　改变与设置绘图页面背景

1．改变当前的绘图页面和改变当前绘图页面的方向

（1）改变当前的绘图页面：可以使用菜单栏内的菜单命令或页计数器中的按钮等方法。

◎　使用菜单命令改变当前的绘图页面：单击“版面”→“转到某页”菜单命令，调出“定位页面”对话框，如图 1-4-19 所示。在该对话框的文本框内输入页号后，再单击“确定”按钮，即可将选定页号的绘图页面改变为当前的绘图页面。

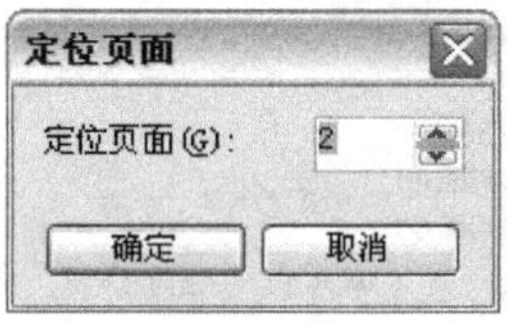

图 1-5-19　“定位页面”对话框

◎　使用“页计数器”改变当前的绘图页面：单击“页计数器”内各相应的按钮，即可快速改变当前绘图页面。

（2）改变当前绘图页面的方向：可以使用菜单栏内的菜单命令、快捷菜单中的菜单命令及属性栏中的按钮等方法。

◎　使用菜单命令改变当前绘图页面的方向：单击“版面”→“切换页面方向”菜单命令，即可改变当前绘图页面的方向，使纵向变为横向或使横向变为纵向。

◎　使用快捷菜单命令改变当前绘图页面的方向：用鼠标右键单击“页计数器”中的某个页号按钮，在被选中页号的绘图页面改变为当前绘图页面的同时，会调出快捷菜单，单击快捷菜单中的“切换页面方向”菜单命令，即可改变当前绘图页面的方向，使纵向变为横向或使横向变为纵向。

◎　使用属性栏改变当前绘图页面的方向：在属性栏中单击“横向”或“纵向”按钮，即可改变当前绘图页面的方向，使纵向变为横向或使横向变为纵向。

2．页面设置

单击“版面”→“页面设置”菜单命令，可以调出“选项”对话框；或在属性栏中单击“选项”按钮，也可以调出“选项”对话框。利用该对话框，可以完成当前绘图页面的大小、背景、样式和卷标的设置。

（1）设置绘图页面的纸张大小：单击“选项”对话框左边选项栏内的“大小”选项，此时“选项”对话框即在右边调出“大小”选项栏，如图 1-4-20 所示。

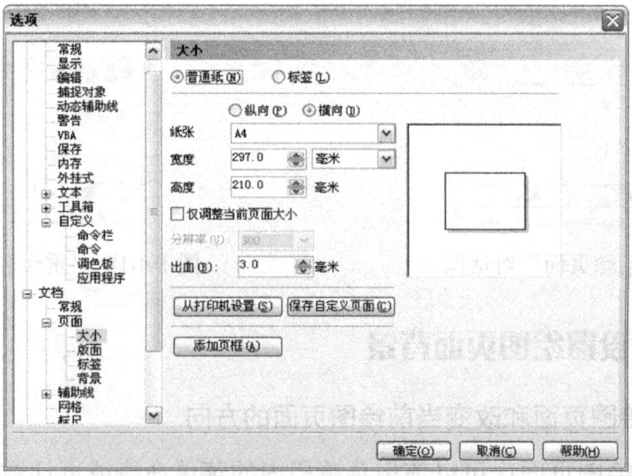

图 1-4-20　“选项”（大小）对话框

通过“大小”选项栏内的“纸张”下拉列表框，可以选择预置的标准纸张样式，中文 CorelDRAW 12 为用户预置了 54 种标准纸张的样式。

通过对“宽度”和“高度”文本框中的数值的调整，可以设置自定义纸张的尺寸。

通过对“纵向”及“横向”两个单选钮的选择，可以设置纸张的方向。

单击选中“仅调整当前页面大小”复选框，以上设置的各项设置参数，仅对当前绘图页面的纸张大小及方向等设置生效，而不影响其他绘图页面内的纸张设置参数。

（2）设置绘图页面的标签：单击“选项”对话框右边的“标签”单选钮，“选项”对话框左边的“标签”选项呈选中状态，此时“选项”对话框如图 1-4-21 所示。对话框中有一个“标签类型”列表框，在“标签类型”列表中包含 37 类共 986 种预置标签类型，用户可以通过对预置类型选项的选择来完成当前绘图页面的标签大小与个数等设置。

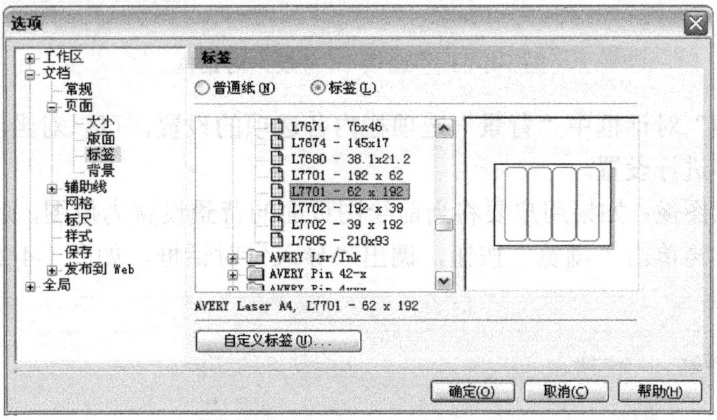

图 1-4-21　“选项”（标签）对话框

单击“自定义标签”按钮，可以调出“自定义标签”对话框，如图 1-4-22 所示。用户可以通过该对话框对自定义标签的“标签样式”、“版面”、“卷标尺寸”、“页边距”及“栏间距”等参数进行设定，以确定自定义标签的大小和形式，设置完成后单击“ + ”按钮或“确定”按钮，可以将自定义绘图页面的标签参数保存到新文件中，生成新的“标签样式”。

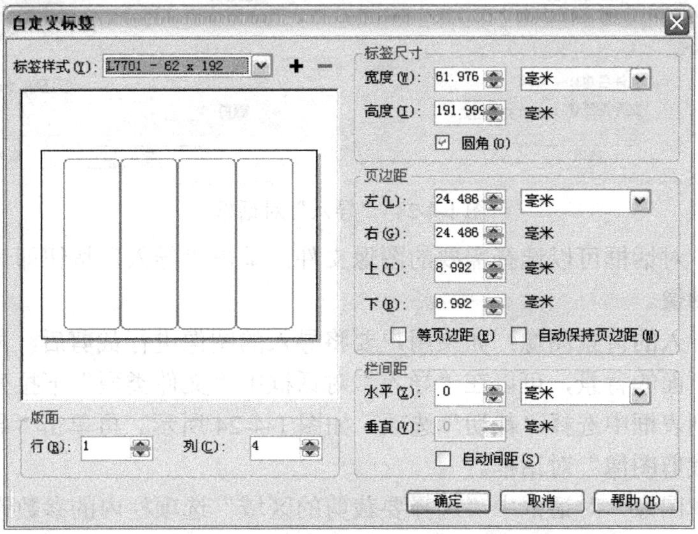

图 1-4-22　“自定义标签”对话框

（3）设置绘图页面的背景：单击“选项”对话框左边选项栏内的“背景”选项，此时“选项”对话框即在右边调出“背景”选项栏，如图 1-4-23 所示。

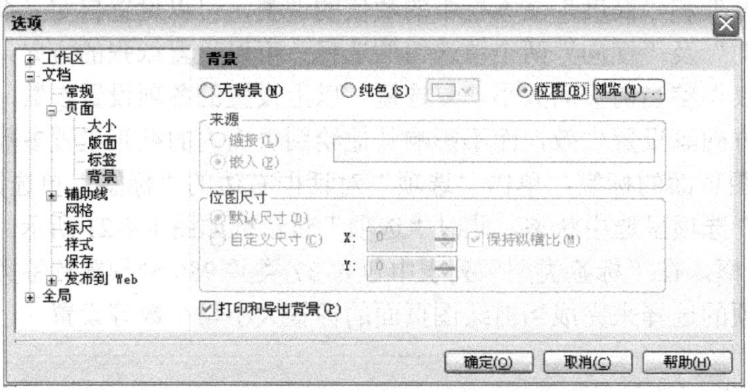

图 1-4-23　“选项”（背景）对话框

通过对“选项”对话框中“背景”选项栏内各选项的设置，可以对当前绘图页面的背景颜色、背景图案等进行设置。

◎　导入背景图像：如果用户要将当前绘图页面的背景设置为位图，则单击选中“位图”单选钮，再单击“浏览”按钮，调出“导入”对话框，如图 1-4-24 所示。

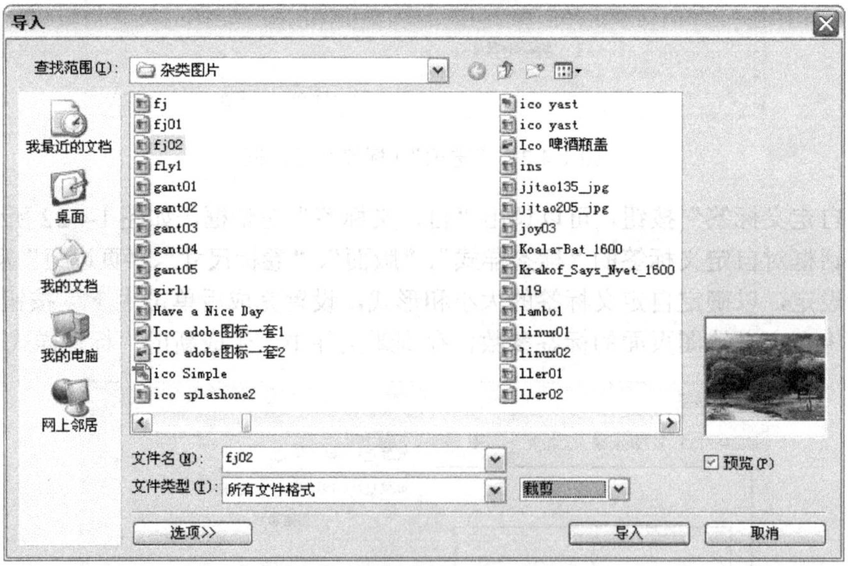

图 1-4-24　“导入”对话框

通过“导入”对话框可以选择需要的图像文件，单击“导入”按钮即可导入图像，作为绘图页面的背景图像。

◎　裁剪要导入的背景图像：如果用户要将导入的图像进行裁剪后，再导入绘图页面作为绘图页面的背景，可以在“导入”对话框中“文件类型”下拉列表框右边的第二个下拉列表框中选择“裁切”选项，如图 1-4-24 所示。再单击“导入”按钮，即可调出“裁剪图像”对话框。

通过对“裁剪图像”对话框中“选择要裁剪的区域”选项栏内的参数设定，可以对要导入的图像进行裁剪；或直接用鼠标拖曳“裁剪图像”对话框中预览图形上的正方形控制句柄，也可以对图像进行裁剪，如图 1-4-25 所示。

◎　对要导入的背景图像进行重新取样：如果用户要将导入的图像进行修改后再导入绘图页面作为绘图页面的背景，可以在“导入”对话框中“文件类型”选项右边的第二个列表框中选择“重新取样”选项，再单击“导入”按钮，调出“重新取样图像”对话框，如图 1-4-26 所示，通过该对话框可以对要导入的图形的大小与分辨率进行修改。

图 1-4-25 “裁剪图像”对话框

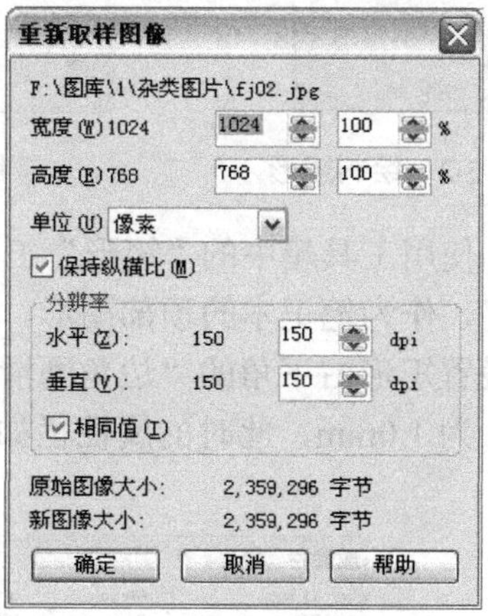

图 1-4-26 “重新取样图像”对话框

1.5　学贵心悟——绘制完美图形

【案例效果】

实例“学贵心悟”图形由笔记本和几支铅笔构成，如图 1-5-1 所示，表现出学习不能死记硬背，而是需要用心领悟。通过制作该实例，可以掌握各种基本自选图形的绘制、移动、复制和镜像等基本操作方法。

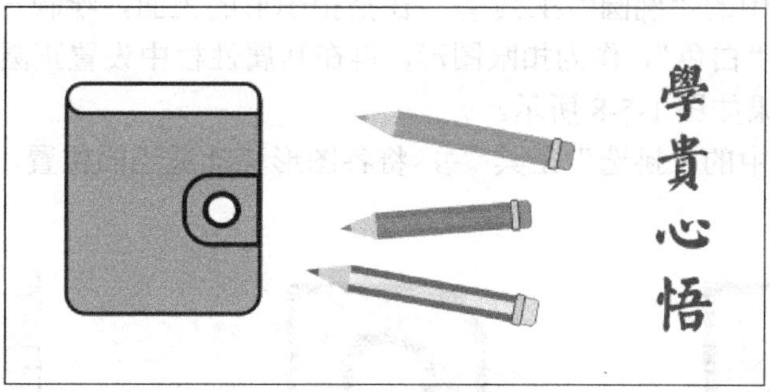

图 1-5-1 “学贵心悟”图形

1.5.1　制作过程

1. 绘制笔记本

（1）设置绘图页面的宽度为 200mm，高度为 100mm。使用工具箱中的矩形工具，在页面的左侧绘制一个 50mm×60mm 的矩形，并为其内部填充“橘黄色”，作为笔记本的正面图形，如图 1-5-2 所示。

（2）使用工具箱中的挑选工具，选中矩形后在其属性栏中设置矩形 4 个角的“边角圆滑度”都为 20、“轮廓宽度”为 1.0mm，此时的属性栏如图 1-5-3 所示。完成后的图形如图 1-5-4 所示。

图 1-5-2　绘制矩形

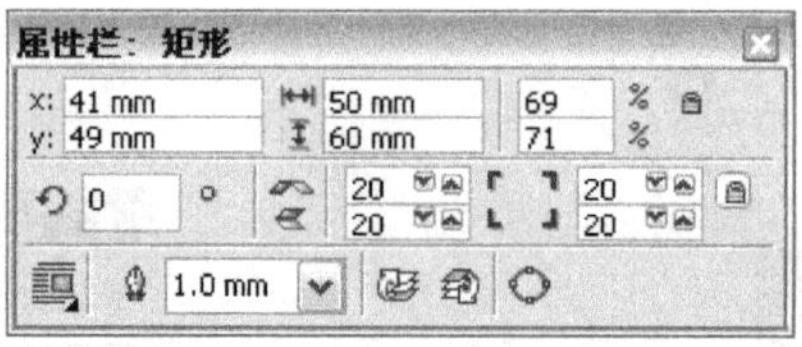

图 1-5-3　属性栏（矩形）

图 1-5-4　完成后的图形

（3）使用工具箱中的“矩形”工具，绘制一个 50mm×7mm 的矩形，并为其内部填充“淡黄色”，作为笔记本的顶部图形。再使用工具箱中的“形状”工具，选中矩形，在其属性栏中设置矩形右下角的“边角圆滑度”为 0、其他 3 个角的“边角圆滑度”都为 100，“轮廓宽度”为 1.0mm，此时的属性栏如图 1-5-5 所示。完成后的图形如图 1-5-6 所示。

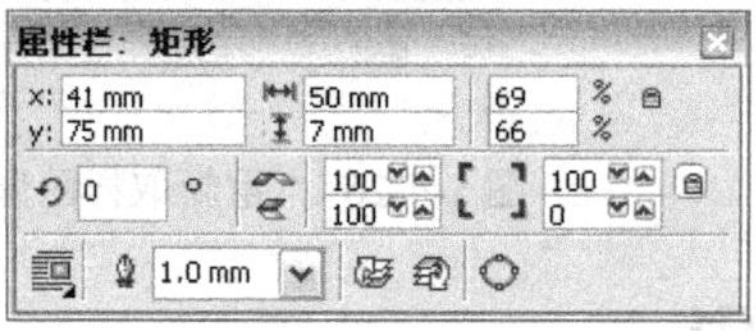

图 1-5-5　笔记本的顶部图形的属性栏（矩形）

图 1-5-6　绘制笔记本的顶部图形

（4）使用工具箱中的“矩形”工具绘制一个 19mm×18mm 的矩形，为其内部填充“橘黄色”，作为笔记本的搭扣图形。再使用工具箱中的“形状”工具，选中矩形，在其属性栏中设置矩形左侧 2 个角的“边角圆滑度”为 75、右侧 2 个角的“边角圆滑度”都为 100，“轮廓宽度”为 1.2mm，完成后的图形如图 1-5-7 所示。

（5）使用工具箱中的“椭圆”工具，在搭扣图形的上面，绘制一个 8mm×8mm 的正圆形，为其内部填充“白色”，作为扣眼图形。再在其属性栏中设置正圆形的“轮廓宽度”为 1.5mm，完成后的效果如图 1-5-8 所示。

（6）使用工具箱中的“挑选”工具，将各图形移动适当的位置，完成笔记本的绘制，如图 1-5-9 所示。

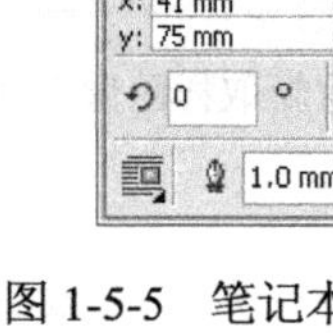
图 1-5-7　绘制搭扣图形

图 1-5-8　绘制扣眼图形

图 1-5-9　完成笔记本的绘制

2．绘制铅笔

（1）使用工具箱中的“矩形”工具，绘制一个 7mm×44mm 的矩形，为其内部填充“露草色”、取消轮廓线，作为铅笔图形的笔身。再绘制一个 3mm×44mm 的矩形，为其内部填充“黄色”、取消轮廓线，作为铅笔笔身的装饰。然后将其移动到大矩形中心位置，完成后的图形如图 1-5-10 所示。

（2）使用工具箱中的“多边形”工具，在其属性栏中设置“多边形端点数”为 3。然后，绘制一大一小 2 个三角形。为大三角形内部填充“桃色”、取消轮廓线，作为铅笔削出的木纹；为小三角形内部填充“碧绿色”、取消轮廓线，作为铅笔的笔尖，完成后的图形如图 1-5-11 所示。

（3）使用工具箱中的“矩形”工具，绘制一个 7mm×6mm 的矩形，为其内部填充“嫩苗色”，作为铅笔的橡皮。再使用工具箱中的“形状”工具，选中矩形，在其属性栏中设置矩形下面 2 个角的“边角圆滑度”为 39、上面 2 个角的“边角圆滑度”都为 100，完成后的图形如图 1-5-12 所示。

（4）再绘制一个 8mm×2mm 的矩形，为其内部填充“沙皇色”，作为铅笔笔身的装饰。再使用工具箱中的“形状”工具，选中矩形，在其属性栏中设置矩形 4 个角的“边角圆滑度”都为 40。然后，将其移动到适当的位置，完成铅笔图形的绘制，如图 1-5-13 所示。

图 1-5-10　绘制笔身

图 1-5-11　绘制笔尖

图 1-5-12　绘制橡皮

图 1-5-13　完成铅笔形的绘制

（5）同时选中作为铅笔的所有图形，单击“排列”→“群组”菜单命令，将其组成一个整体。然后在属性栏中设置铅笔的“旋转角度”为 79°，将铅笔旋转 79°，完成后的图形如图 1-5-14 所示。

（6）将铅笔图形复制 2 个，再调整其颜色、大小、旋转角度，完成后的图形如图 1-5-15 所示。

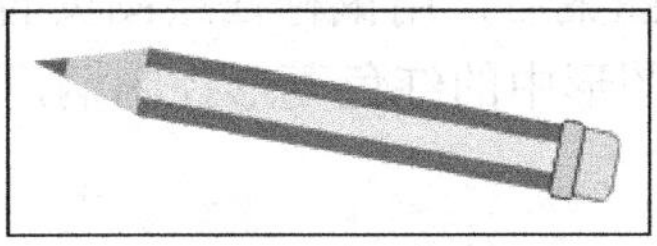
图 1-5-14　将铅笔旋转 79°

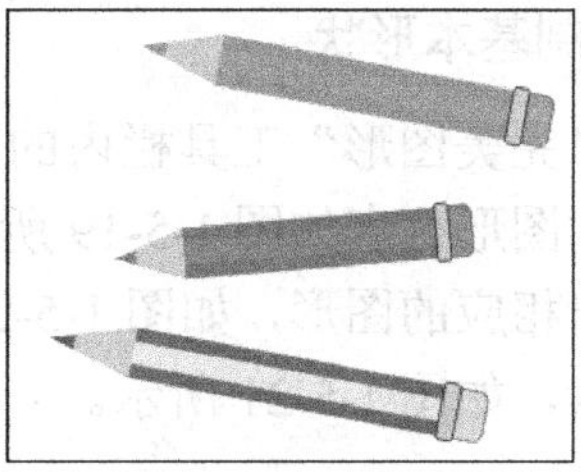
图 1-5-15　复制并调整铅笔

（7）单击工具箱中的“文本”工具按钮，在属性栏中设置文字的“字体”为汉仪颜楷繁体、“字号”为 48、排列方式为“垂直排列文本”。然后在绘图页面单击，即可调出“文本属性”对话框，如图 1-5-16 所示。

（8）在“文本属性”对话框中单击“确定”按钮，确认文本的属性为默认的“美术字文本”。然后在页面中输入“学贵心悟”4 个竖排文字并为其填充“海军蓝色”，完成后的图形如图 1-5-17 所示。

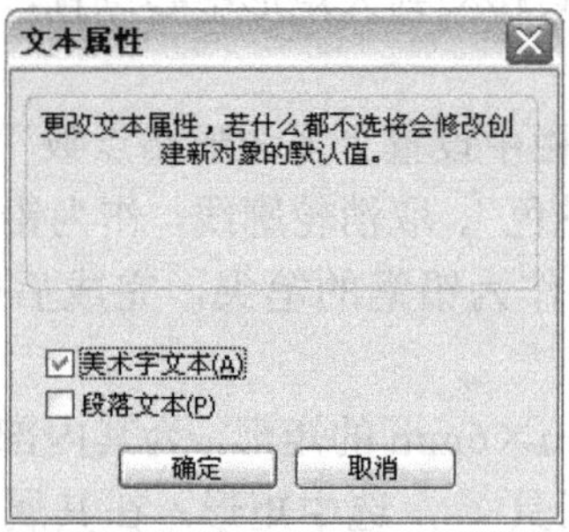

图 1-5-16 “文本属性”对话框

图 1-5-17 输入文字

（9）使用工具箱中的“挑选”工具，调整文字与铅笔的大小与位置，完成整个图形的绘制，如图 1-5-1 所示。

1.5.2 绘制基本形状与箭头形状

使用工具箱中“完美形状”工具栏内的工具，可以在绘图页面内绘制各种形状的自选图形。单击工具箱中的“完美形状”工具栏内的按钮后，其属性栏如图 1-5-18 所示。

选择“自选图形”工具栏内的“基本形状”工具后的属性栏如图 1-5-18 所示。如果选择“自选图形”工具栏内的其他工具，则属性栏中“自选图形”按钮的图标会发生变化，同时单击该按钮后调出的图形列表也会随之发生变化。其“自选图形”的图形列表图 1-5-19 所示。

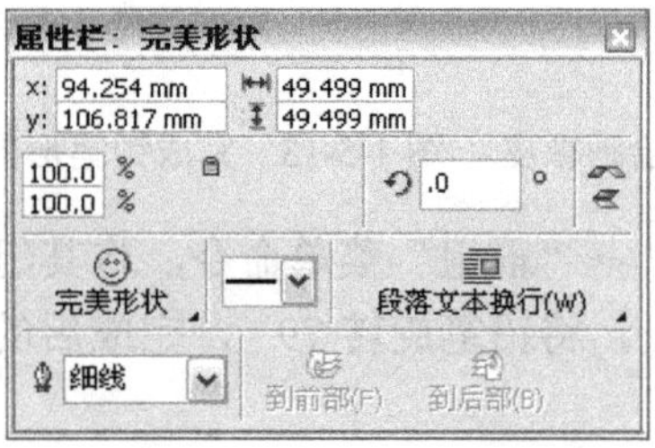

图 1-5-18 属性栏：完美形状

图 1-5-19 基本形状图形列表

1. 绘制基本形状

选择“完美图形”工具栏内的“基本形状”工具后，再在属性栏中单击“自选图形”按钮，调出的图形列表如图 1-5-19 所示。单击其中的一种图案后，用鼠标在绘图页面中拖曳，即可绘制出相应的图形，如图 1-5-20 所示。用鼠标拖曳图形中的红色菱形控制柄，可以调整图形的形状，如图 1-5-21 所示。

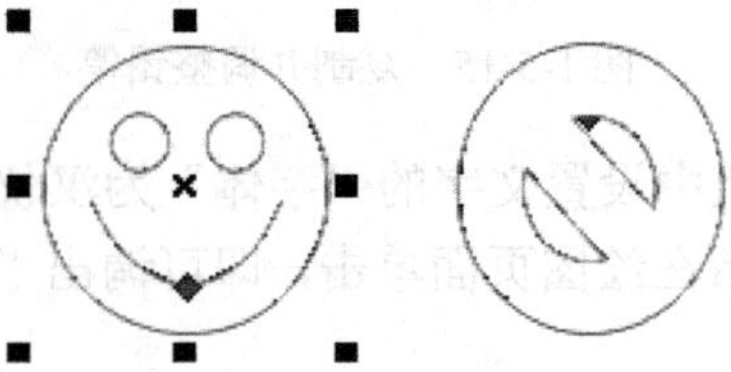
图 1-5-20 绘制笑脸图形

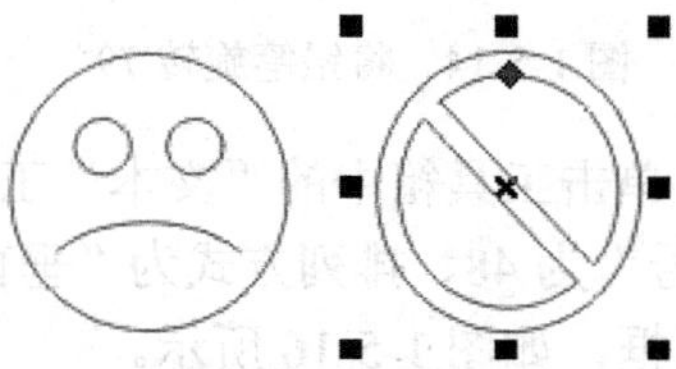
图 1-5-21 调整图形的形状

2. 绘制箭头形状

选择“完美图形”工具栏内的“箭头形状”工具后，单击“自选图形”按钮，调出的图形列表如图 1-5-22 所示。单击其中的一种图案后，用鼠标在绘图页面中拖曳，即可绘制出相应的图形，如图 1-5-23 所示。用鼠标拖曳图形中的各种彩色菱形控制柄，可以调整图形的形状，如图 1-5-24 所示。

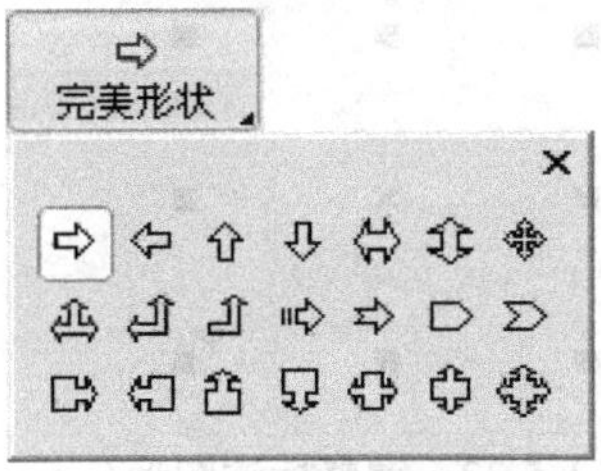

图 1-5-22　箭头形状图形列表

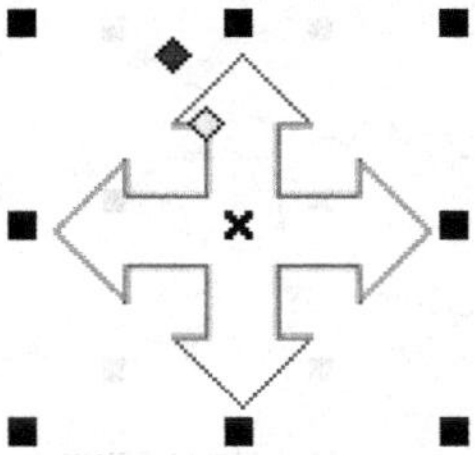
图 1-5-23　绘制十字箭头

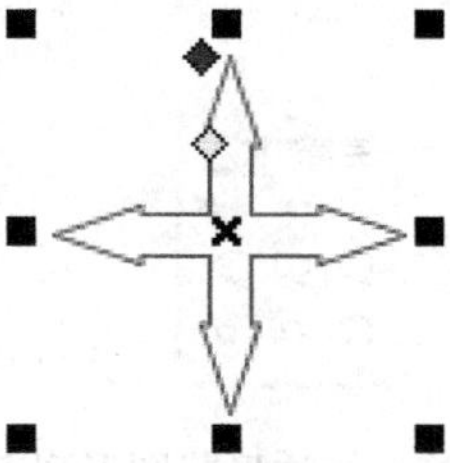
图 1-5-24　调整箭头形状

1.5.3　绘制流程图形状和标注形状

1. 绘制流程图形状

选择“完美图形”工具栏内的“流程图形状”工具后，单击“自选图形”按钮，调出的图形列表如图 1-5-25 所示。单击其中的一种图案后，用鼠标在绘图页面中拖曳，即可绘制出相应的图形，如图 1-5-26 所示。

图 1-5-25　流程图形状图形列表

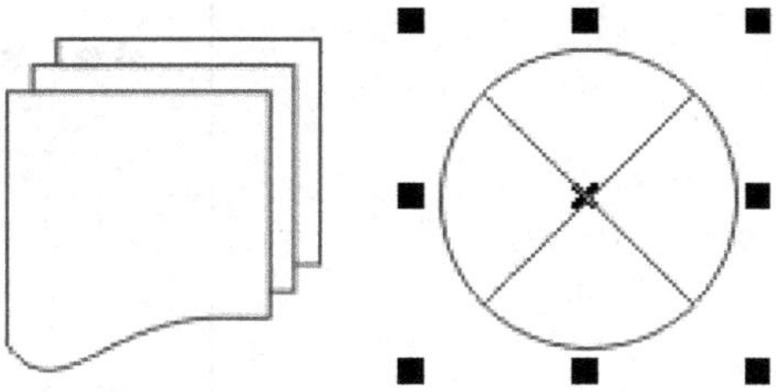
图 1-5-26　绘制的流程图形状

2. 绘制星形

选择“完美图形”工具栏内的“星形”工具后，单击“自选图形”按钮，调出的图形列表如图 1-5-27 所示。单击其中的一种图案后，用鼠标在绘图页面中拖曳，即可绘制出相应的图形，如图 1-5-28 所示。用鼠标拖曳图形中的各种彩色菱形控制柄，可以调整图形的形状，如图 1-5-29 所示。

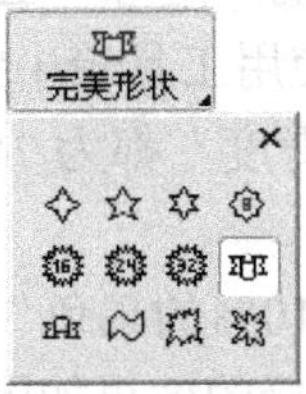

图 1-5-27　星形图形列表

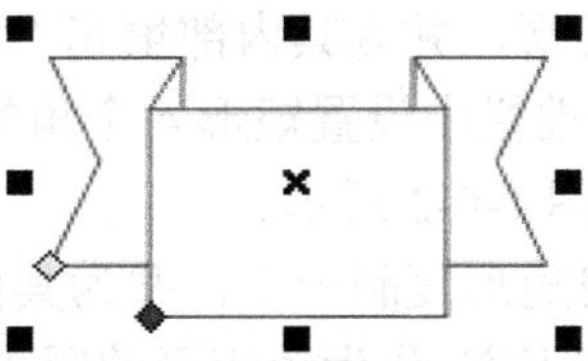
图 1-5-28　绘制星形图形

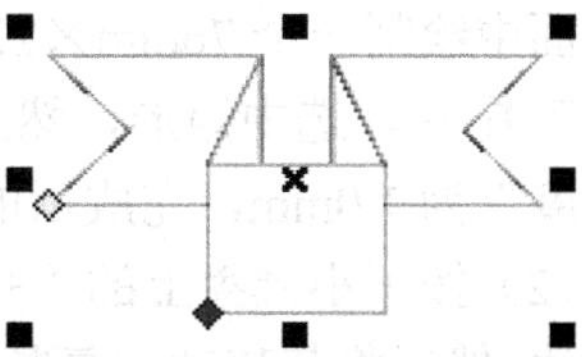
图 1-5-29　调整星形形状

3. 绘制标注形状

选择“完美图形”工具栏内的“标注形状”工具后，单击“自选图形”按钮，调出的图形列表如图 1-5-30 所示。单击其中的一种图案后，用鼠标在绘图页面中拖曳，即可绘制出相应的图形，如图 1-5-31 所示。用鼠标拖曳图形中的红色菱形控制柄，可以调整图形的形状，如图 1-5-32 所示。

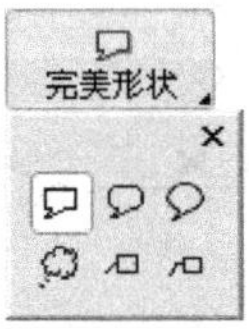

图 1-5-30　标注形状图形列表

图 1-5-31　绘制标注图形

图 1-5-32　调整标注图形

1.6　公司结构简图——应用标注

【案例效果】

实例“公司结构简图”是公司经常用到的一种宣传方式。简图制作容易、内容灵活，如图 1-6-1 所示的简图是由一个公司结构简图构成的，公司结构简图中形象地标出了公司的组织结构，各部门及人员的分布，使人一目了然地掌握公司的人事结构。

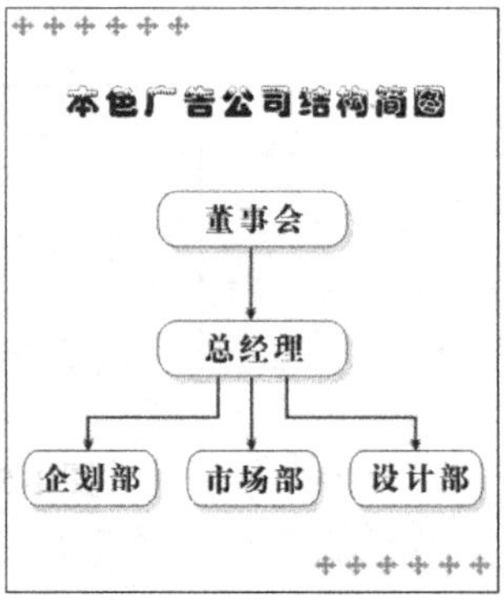

图 1-6-1　公司结构简图

1.6.1　制作过程

1. 绘制矩形和文字

（1）设置绘图页面的宽度为 200mm，高度为 240mm。使用工具箱中的“矩形”工具，在页面中绘制一个 76mm×22mm 的矩形，并为其内部填充“白色”，再使用工具箱中的“形状”工具，选中矩形，然后在其属性栏中设置矩形 4 个角的“边角圆滑度”都为 74、“轮廓宽度”为 1.0mm，完成后的图形如图 1-6-2 所示。

（2）按下小键盘上的“+”键，将矩形复制一个，并为其内部填充“10%的黑色”、取消轮廓线。然后将其移动到复制矩形的右下方，作为该矩形的阴影图形，完成后的效果如图 1-6-3 所示。

（3）选中作为阴影的图形，单击“排列”→“顺序”→“到后部”菜单命令，将灰色的矩形移到最后面，形成阴影效果，如图 1-6-4 所示。

图 1-6-2　绘制圆角矩形

图 1-6-3　复制并移动矩形

图 1-6-4　形成阴影效果

（4）同时选中 2 个矩形，单击“排列”→“群组”菜单命令，将所选对象组成一个整体。使用工具箱中的“挑选”工具，选中群组的矩形，按下小键盘上的“+”键 4 次，将其复制 4 个。

（5）使用工具箱中的“挑选”工具，将其中的 3 个矩形，缩小并移动到适当的位置，完成后的效果如图 1-6-5 所示。

（6）使用工具箱中的“文本”工具，在属性栏中设置文字的“字体”为汉仪雪峰体、“字号”为 45。然后在页面的上部输入“本色广告公司结构简图”10 个文字并为其填充“黑色”，完成后的图形如图 1-6-6 所示。

图 1-6-5　复制并移动矩形

图 1-6-6　输入文字

2. 绘制连线

（1）使用工具箱中的“文本”工具，在属性栏中设置文字的“字体”为汉仪粗宋体、“字号”为 36。然后在页面中分别输入“董事会”、“总经理”、“市场部”、“企划部”、“设计部”5 个文字块并为其填充“黑色”。再使用工具箱中的“挑选”工具，将刚输入的文本，移动到如图 1-6-7 所示的位置。

（2）使用工具箱中的“手绘”工具，在“董事会”与“总经理”两个对象之间绘制一条竖线。再在其属性栏中设置直线的“终止箭头”为双箭头，“轮廓宽度”为 1.0mm，此时的属性栏如图 1-6-8 所示；属性设置完成后的对象效果如图 1-6-9 所示。

图 1-6-7　输入并移动文字

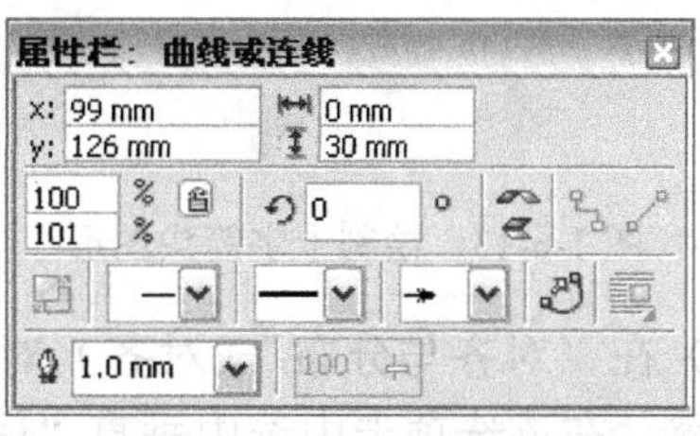

图 1-6-8　属性栏：曲线或连线

（3）选中直线对象，按下小键盘上的“+”键，将直线复制一个。再将向下移动到“总经理”图形的下方，作为其下部的连线。

（4）使用工具箱中的“连线”工具，在“总经理”与“企划部”两个对象之间，绘制一条连接线。在其属性栏中设置连线的“终止箭头”为双箭头，“轮廓宽度”为 1.0mm，此时的属性栏如图 1-6-10 所示；属性设置完成后的对象效果如图 1-6-11 所示。

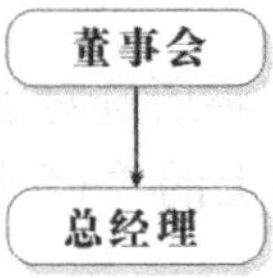

图 1-6-9　完成直线设置后的效果

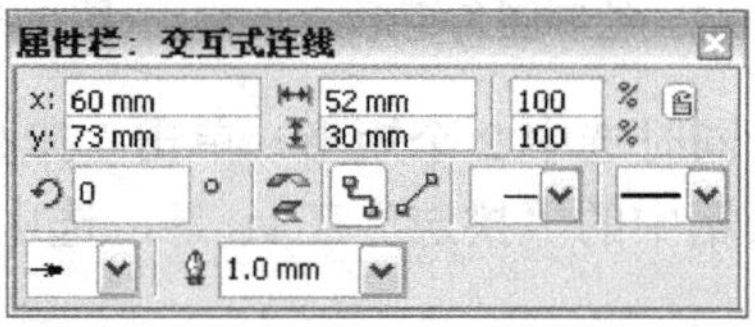

图 1-6-10　属性栏：交互式连线

（5）使用工具箱中的“挑选”工具，选中刚绘制的连线对象，按下小键盘上的“+”键，将其复制一个。再单击其属性栏中的按钮，将其水平镜像并移动适当的位置，完成后的效果如图 1-6-12 所示。

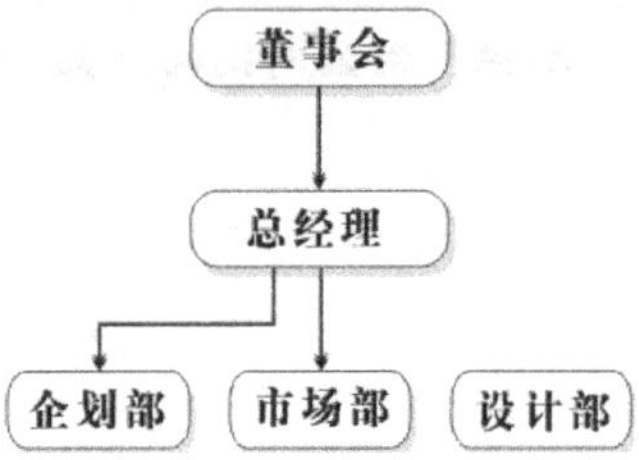

图 1-6-11　属性设置完成后的连线效果

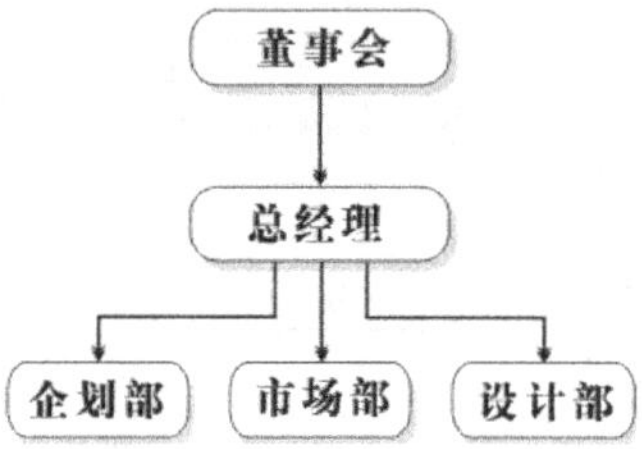

图 1-6-12　镜像连线

（6）使用工具箱中的“箭头形状”工具后，在属性栏中单击按钮，并在调出的图形列表中单击图标。然后，用鼠标在绘图页内拖曳，绘制出一个十字箭头图形，为其内部填充“橙色”，取消轮廓线。再将其复制 5 个，作为装饰图形。完成后的图形效果如图 1-6-13 所示。

（7）使用工具箱中的“挑选”工具，同时选中 6 个十字箭头图形。再单击属性栏中的“对齐和分布”按钮，调出“对齐与分布”（对齐）对话框。在该对话框中单击选中水平“中”复选框，如图 1-6-14 所示。然后，单击“应用”按钮，将所有的对象以水平居中的方式对齐。

图 1-6-13　绘制十字箭头图形

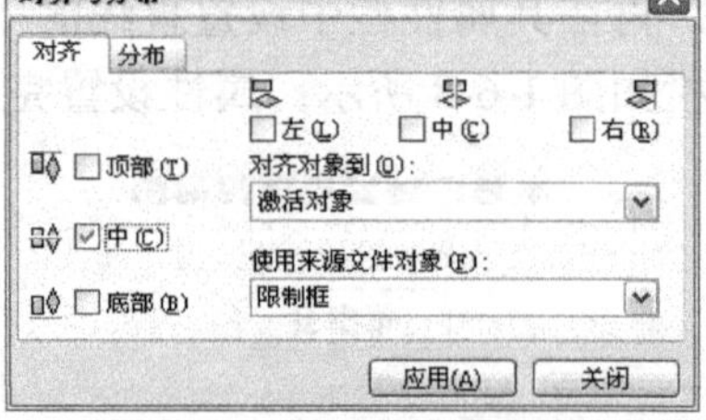

图 1-6-14　“对齐与分布”（对齐）对话框

（8）在“对齐与分布”（对齐）对话框中，单击“分布”标签，打开“分布”选项卡的设置内容。在该选项卡中选中垂直“间距”复选框，如图 1-6-15 所示。然后，单击“应用”按钮，将所有的对象在垂直方向以等间距分布，完成后的效果如图 1-6-16 所示。

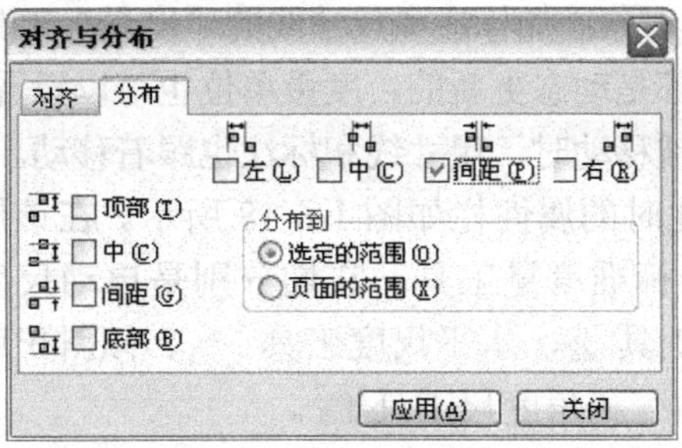

图 1-6-15 “对齐与分布”（分布）对话框

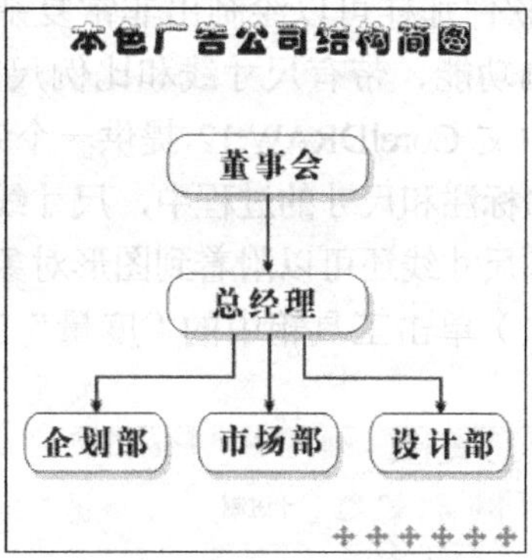

图 1-6-16　对齐与分布后的效果

（9）使用工具箱中的“挑选”工具，选中作为装饰的 6 个十字箭头图形，将其复制一份，并移动到页面的左上角，完成整个图形的绘制，如图 1-6-1 所示。

1.6.2　绘制流程图和标注图形

1．绘制流程图

流程图常用于显示机构设置或表达工艺流程等方面，使其操作程序清楚、一目了然。利用工具箱中的“交互式连线工具”和“基本形状工具”可以方便地用连线及图框表示流程图中各个元素间的关系，创建各种样式的流程图。

（1）使用“交互式连线工具”：单击工具箱工具中的“交互式连线”工具按钮，在其属性栏中单击“折线”按钮或“直线”按钮，如图 1-6-17 所示。然后在要进行连接的第一个元素（如“董事会”）图框的下缘单击对齐点，再移动鼠标至第二个元素（如“总经理”）图框的上缘，单击对齐点，CorelDRAW 将自动在两个对齐点之间创建连接直线或折线。

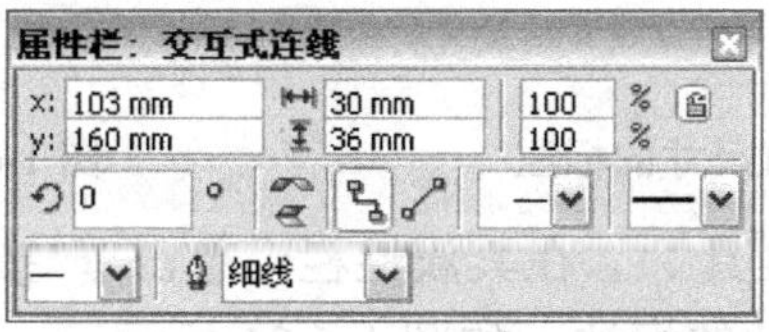

图 1-6-17　属性栏（交互式连线）

提示

在使用“交互式连线工具”的时候，绘制出来的折线上带有若干个节点，用鼠标拖曳这些节点，即可改变所绘制折线的形状和长短。

（2）使用“基本形状工具”。流程图的样式多种多样，为了使用户在短时间内创建复杂的图形对象，CorelDRAW 12 特地新增加一组工具“基本形状工具”。在这组工具的图库中预存了许多有用的现成的图形对象，如箭头、星形、插图框及流程图框等，用户只需选择相应的图形对象后，在绘图页面中拖动鼠标即可。

2．图形的标注

中文 CorelDRAW 12 是一个功能强大的绘图软件，其应用范围也非常广泛，它虽然不像

CAD 软件那样可以绘制出非常复杂的技术图纸，但是它能在保证一定精度的情况下，提供具有示例功能、带有尺寸线和比例尺的技术图表。

中文 CorelDRAW 12 提供一个专门用于为图形对象添加标注和尺寸线的“度量”工具。在添加标注和尺寸的过程中，尺寸线的长度和位置都是动态更新的，度量单位也可以设置更改。标注和尺寸线还可以附着到图形对象上去，当对象被移动时，尺寸线和标注也跟着移动。

（1）单击工具箱中的“度量”工具按钮，此时的属性栏如图 1-6-18 所示。在该属性栏中提供了 6 种标准度量工具，它们分别是自动尺度工具、垂直尺度工具、水平尺度工具、倾斜尺度工具、标注工具和角度尺工具。

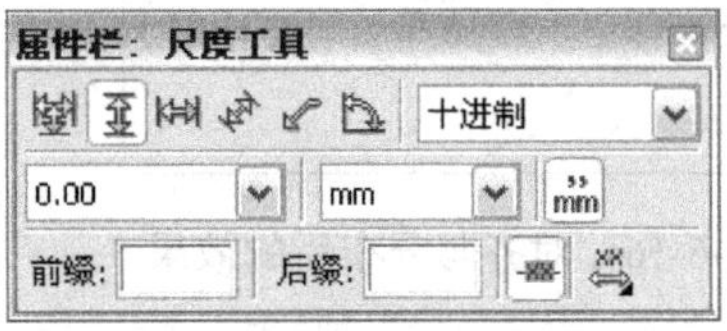

图 1-6-18　属性栏：尺度工具

（2）添加垂直尺寸标注。“度量”工具中的几种工具的设置和使用方法都很相似，下面通过为五角星标注尺寸的实例来熟悉它们。

① 首先利用绘图工具绘制一个五角星图形。

② 使用工具箱中的度量工具，在其属性栏中单击按钮。然后依次单击需要测量的 2 点，即完成对五角星垂直尺寸的标注，如图 1-6-19 所示。

（3）添加其他标注。

① 使用工具箱中的度量工具，在其属性栏中单击按钮。然后依次单击需要测量的 2 点，即完成对五角星水平尺寸的标注，如图 1-6-20 所示。

图 1-6-19　对五角星进行垂直尺寸的标注

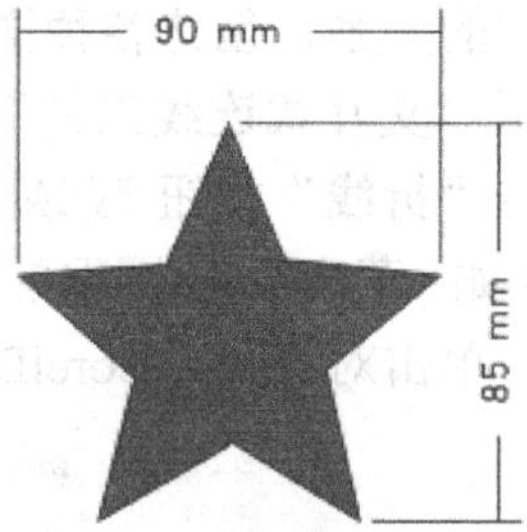

图 1-6-20　水平尺寸的标注

② 使用工具箱中的度量工具，在其属性栏中单击按钮。然后依次单击需要测量的 2 点，即完成对五角星倾斜尺寸的标注，如图 1-6-21 所示。

③ 使用工具箱中的度量工具，在其属性栏中单击按钮。先单击中间的点，再单击右侧的点，然后单击左侧的点，即完成对五角星角度的标注，如图 1-6-22 所示。

图 1-6-21　倾斜尺寸的标注

图 1-6-22　角度的标注

1.7 综合实例

【综合实例 1】电子计算机流程图

【案例效果】

实例“电子计算机流程图”是表达电子计算机工作流程的简图。它是基本知识及绘图技巧的综合练习。通过本例的制作，进一步巩固本章所学习的相关知识。“电子计算机流程图”实例的显示效果如图 1-7-1 所示。

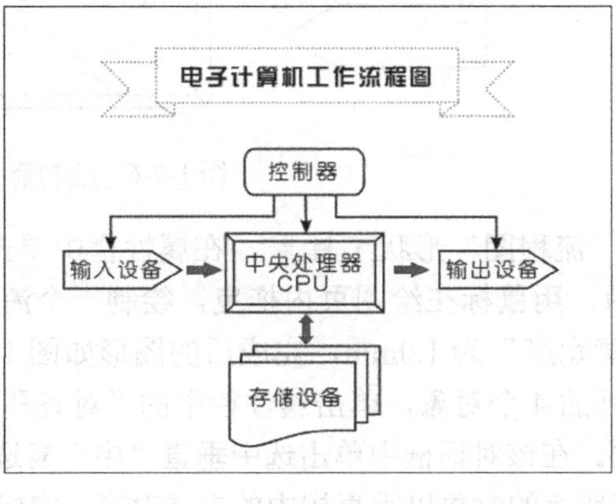

图 1-7-1　电子计算机流程图

1. 绘制图形块

（1）设置绘图页面的宽度为 297mm，高度为 230mm。使用工具箱中的“星形”工具，在属性栏中单击按钮，并在调出的图形列表中单击图标。然后，用鼠标在绘图页内拖曳，绘制出一个星形图形，设置其轮廓线为“橙色”。完成后的图形效果如图 1-7-2 所示。

图 1-7-2　绘制星形图形

（2）选中星形图形，在其属性栏中设置“轮廓样式”为点状、“轮廓宽度”为 1.0mm，完成后的效果如图 1-4-3 所示。

（3）使用工具箱中的“矩形”工具，在页面中绘制一个 57mm×22mm 的矩形。再使用工具箱中的“形状”工具，选中矩形，在其属性栏中设置矩形 4 个角的“边角圆滑度”都为 52、“轮廓宽度”为 1.0mm，完成后的图形如图 1-7-4 所示。

图 1-7-3　设置轮廓线

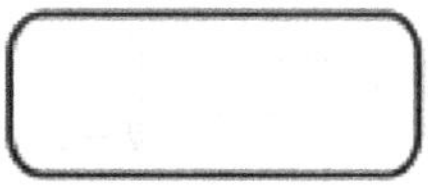

图 1-7-4　绘制矩形

（4）使用工具箱中的“基本形状”工具，在属性栏中单击按钮，在调出的图形列

表中单击 ▢ 图标。然后，用鼠标在绘图页内拖曳，绘制一个基本图形，再在其属性栏中设置基本图形的“轮廓宽度”为 1.0mm，完成后的图形如图 1-7-5 所示。

（5）使用工具箱中的“箭头形状”工具，在属性栏中单击 ⇨ 按钮，在调出的图形列表中单击 ▭ 图标。然后，用鼠标在绘图页内拖曳，绘制一个箭头图形。再在其属性栏中设置箭头图形的“轮廓宽度”为 1.0mm，完成后的图形如图 1-7-6 所示。

（6）使用工具箱中的“挑选”工具，选中箭头图形，将其复制一个并移动到基本图形的右侧，完成后的效果如图 1-7-6 所示。

图 1-7-5　绘制基本图形

图 1-7-6　绘制箭头图形

（7）使用工具箱中的“流程图”形状工具，在属性栏中单击 ▱ 按钮，在调出的图形列表中单击图标。然后，用鼠标在绘图页内拖曳，绘制一个流程图图形。再在其属性栏中设置流程图图形的“轮廓宽度”为 1.0mm，完成后的图形如图 1-7-7 所示。

（8）同时选中垂直排列的 4 个对象，单击属性栏中的“对齐和分布”按钮，调出“对齐与分布”（对齐）对话框。在该对话框中单击选中垂直“中”复选框，如图 1-7-8 所示。然后，单击“应用”按钮，将所有的对象以垂直居中的方式对齐，完成后的效果如图 1-7-9 所示。

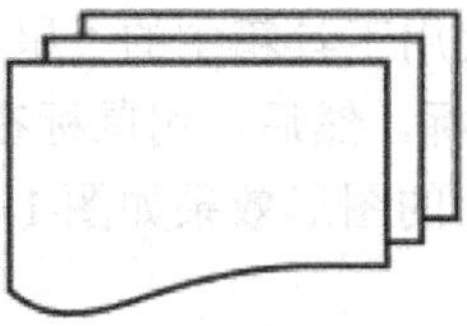

图 1-7-7　绘制流程图

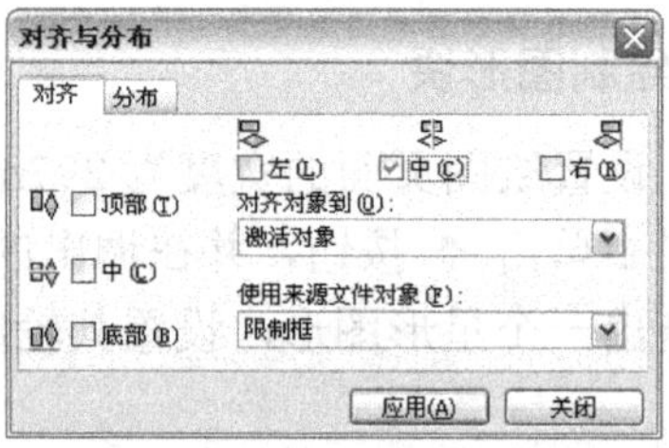

图 1-7-8　“对齐与分布”（对齐）对话框

2．输入文字与绘制连线

（1）使用工具箱中的“文本”工具，在属性栏中设置文字的“字体”为汉仪综艺体简、“字号”为 32。然后在页面的上部输入“电子计算机流程图”8 个黑色文字。再将其移动到顶部的星形图形中，完成后的图形如图 1-7-10 所示。

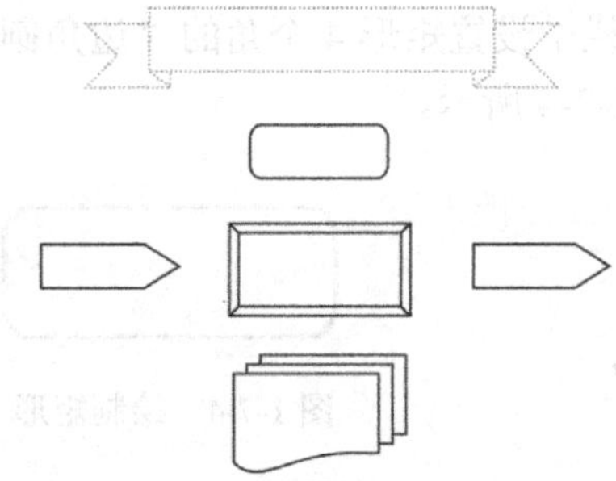

图 1-7-9　对齐后的对象

图 1-7-10　输入文字

（2）使用工具箱中的“文本”工具 ，在属性栏中设置文字的“字体”为汉仪中圆简、“字号”为 30。然后在页面中分别输入“控制器”、“输入设备”、“中央处理器 CPU”、“输出设备”和“存储设备”5 个黑色的文本块。再将其分别移动到适当的位置，完成后的图形如图 1-7-11 所示。

（3）使用工具箱中的“连线”工具 ，在其属性栏中单击 按钮，以直线的方式在“控制器”与“中央处理器”两个对象之间，绘制一条连接线。再在其属性栏中设置连线的“终止箭头”为箭头，“轮廓宽度”为 1.0mm，完成后的对象效果如图 1-7-12 所示。

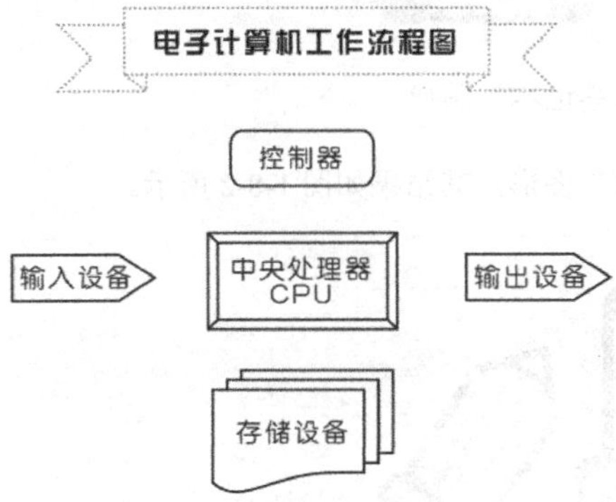

图 1-7-11　输入其他文字并移动

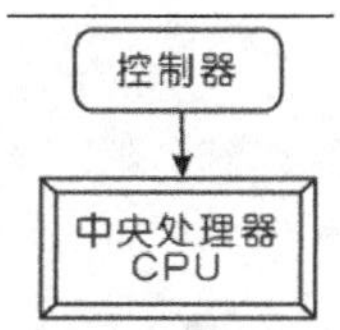

图 1-7-12　绘制一条连接直线

（4）使用工具箱中的“连线”工具 ，在其属性栏中单击 按钮，以折线的方式在“控制器”与“输入设置”两个对象之间，绘制一条连接线。再在其属性栏中设置连线的“终止箭头”为箭头，“轮廓宽度”为 1.0mm，完成后的对象效果如图 1-7-13 所示。

（5）使用工具箱中的“挑选”工具 ，选中刚绘制的连线对象，按下小键盘上的“+”键，将其复制一个。再单击其属性栏中的 按钮，将其水平镜像并移动适当的位置，完成后的效果如图 1-7-13 所示。

（6）使用工具箱中的“箭头形状”工具 ，在属性栏中单击 按钮。然后，用鼠标在绘图页内拖曳，绘制出一个箭头图形并为其内部填充“红色”。再在属性栏中设置箭头图形的“轮廓宽度”为 1.0mm。

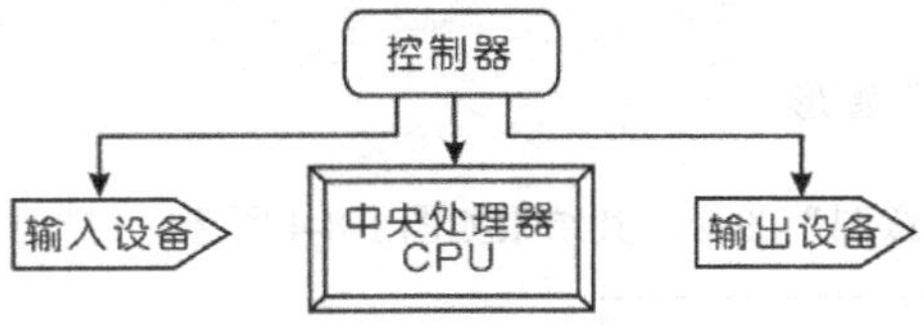

图 1-7-13　绘制连线

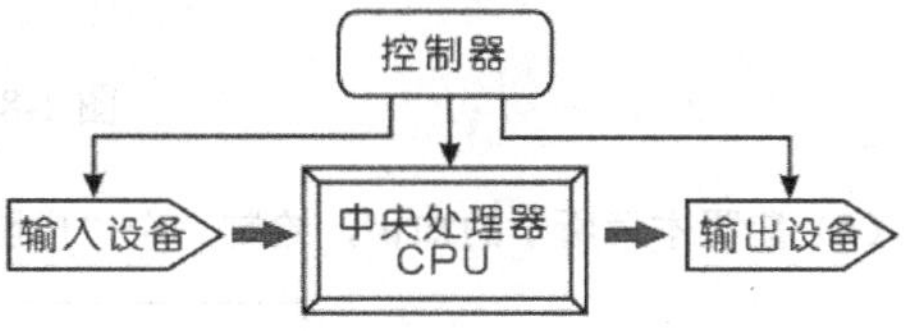

图 1-7-14　绘制箭头图形

（7）使用工具箱中的“挑选”工具 ，选中箭头图形，将其复制一个并移动到中央处理器图形的右侧，完成后的效果如图 1-7-14 所示。

（8）使用工具箱中的“箭头形状”工具 ，在属性栏中单击 按钮，在调出的图形列表中单击 图标。然后，用鼠标在绘图页内拖曳，绘制出一个双向箭头图形，并为其内部填充“红色”。再在属性栏中设置箭头图形的“轮廓宽度”为 1.0mm，完成整个图形的绘制，其效果如图 1-7-1 所示。

练习 1

（1）参照本章所学的知识，绘制一个“尺子与笔记本”图形，其结果如图 1-8-1 所示。

图 1-8-1 “尺子与笔记本”图形

（2）参照本章所学的知识，绘制一个“快乐小画家”图形，其结果如图 1-8-2 所示。

图 1-8-2 “快乐小画家”图形

（3）绘制如图 1-8-3 所示的“柠檬”图形。“柠檬”图形的绘制主要使用椭圆形的“饼形”方式绘制。

图 1-8-3 “柠檬”图形

（4）参照本章所学的知识，绘制一个“电脑椅结构示意图”图形，其结果如图 1-8-4 所示。

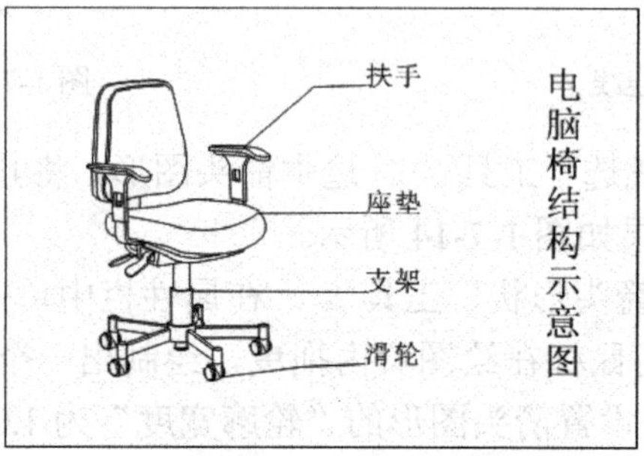

图 1-8-4 “电脑椅结构示意图”图形

（5）参照本章所学的知识，绘制如图 1-8-5 所示的“标志”图形。

图 1-8-5　“标志”图形

（6）参照本章所学的知识，绘制如图 1-8-6 所示的“公司结构简图”图形。

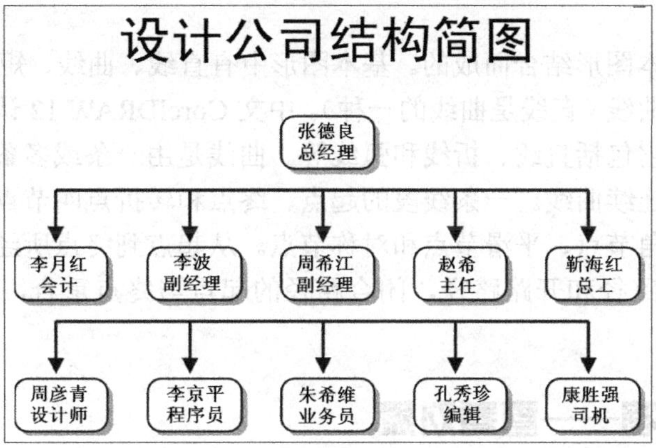

图 1-8-6　“公司结构简图”图形

第 2 章　图形的绘制及编辑

【导读】

在中文 CorelDRAW 12 中，绘图作品是由各种图形构成的，其中主要是矢量图形。矢量图形最主要的元素是由各种几何形状和曲线构成的，绘制和编辑这些几何形状和曲线是中文 CorelDRAW 12 绘图中最基本的操作。中文 CorelDraw 12 为我们提供很多工具，用来绘制各种几何形状和曲线。

复杂图形是由基本图形结合而成的。基本图形中有直线、曲线、矩形、椭圆与多边形等，其中最主要的图形是曲线（直线是曲线的一种）。中文 CorelDRAW 12 认为任何一条连续的线条都可以称为曲线，它包括直线、折线和弧线等。曲线是由一条或多条线段组成的，线段是保持同一矢量特性的连续曲线。一条线段的起点、终点和转折点叫节点，节点有五类：直线节点、曲线节点、尖角节点、平滑节点和对称节点。从起点到终点所经过的节点与线段组成了路径。路径分闭合路径和开路路径，闭合路径的起点与终点重合，只有闭合路径才允许填充。

2.1　节日礼物——查看对象

【案例效果】

实例“节日礼物”图形是一幅由气球、糖果、礼花、晶莹剔透的珠宝和项链等组成的卡片，如图 2-1-1 所示，主要使用中文 CorelDRAW 12 的绘图工具绘制的。

通过制作该实例，可以掌握各种对象自然笔绘图、分离、取消群组和群组等基本操作方法。

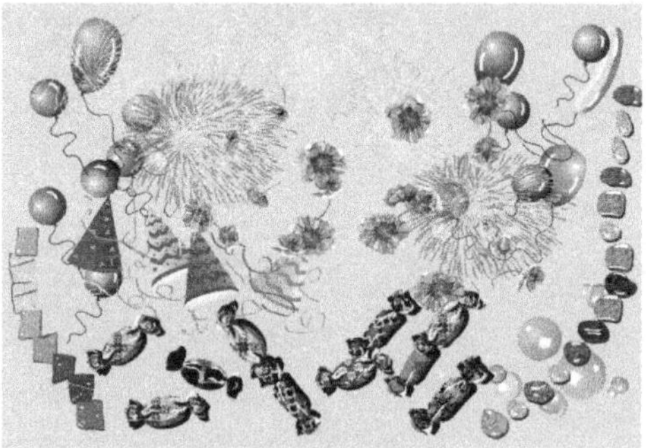

图 2-1-1　节日礼物

2.1.1　制作过程

1．创建气球

（1）设置绘图页面的宽度为 200mm，高度为 160 mm。单击“布局”→“页面背景”菜单命令，调出“选项”（背景）对话框。利用该对话框，设置绘图页面的背景色为黄色。

（2）使用工具箱中的“艺术笔”工具，在属性栏中单击“喷雾”按钮，此时的属性栏如图 2-1-2 所示。

（3）在“喷雾列表文件列表”列表框中选择一种图案（此处选择了气球图案），再单击“喷雾列表设置”按钮，调出“创建播放列表”对话框，如图 2-1-3 所示。

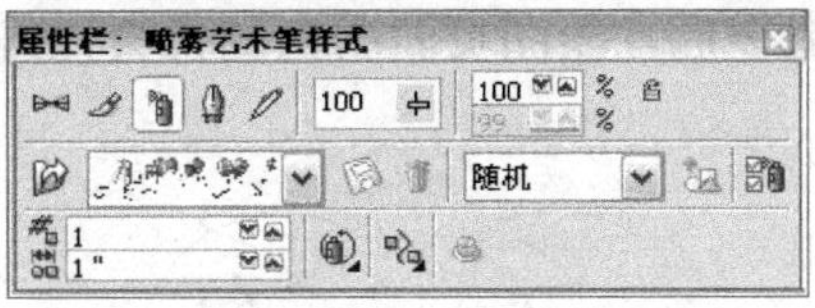

图 2-1-2　属性栏：喷雾艺术笔样式

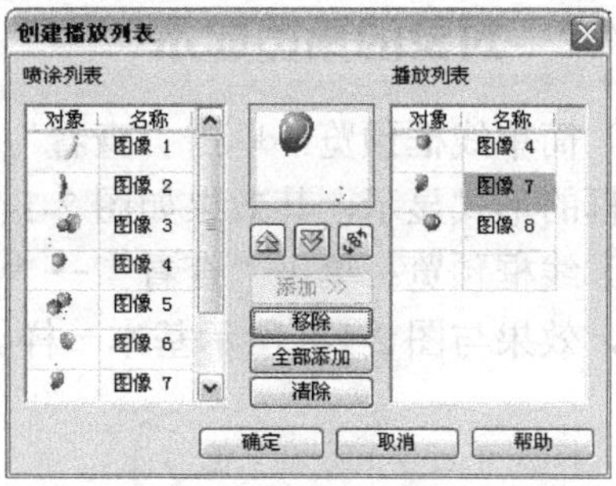

图 2-1-3　“创建播放列表”对话框

（4）在“创建播放列表”对话框中，单击“清除”按钮，清除“播放列表”中的所有对象。再按住【Shift】键，单击选中“喷洒列表”中要加入的各对象，然后单击“添加”按钮，将选中的对象加入到“播放列表”中。

（5）在黄色背景之上用鼠标拖曳绘制曲线，即可沿曲线得到相应的气球图案，如图 2-1-4 所示。

2．绘制糖果

（1）更换喷雾列表内的自然笔触图样为糖果图案，拖曳鼠标绘制曲线，绘制一些糖果图形，如图 2-1-5 所示。

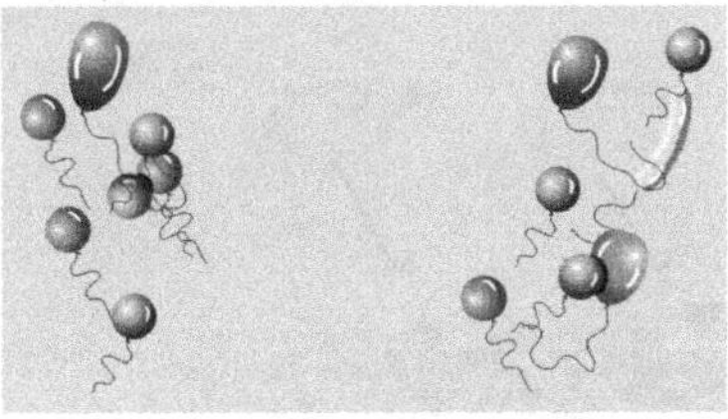

图 2-1-4　沿曲线得到相应的气球图案

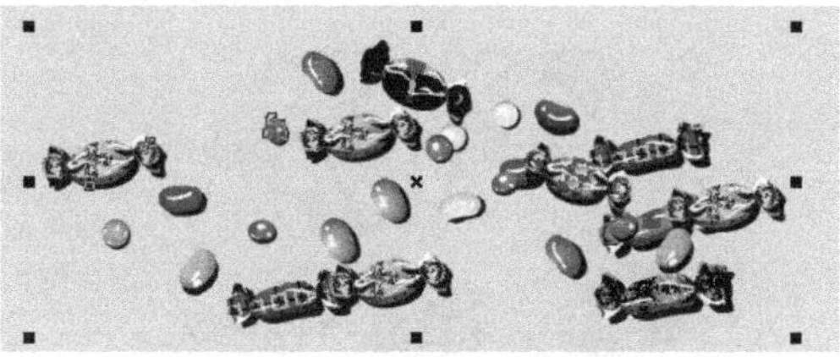

图 2-1-5　绘制一些糖果图形

（2）单击“排列”→“分离”菜单命令，再单击“排列”→“取消全部群组”菜单命令，将绘制的糖果图形全部分离。然后，单击选中不需要的对象，按下【Delete】键，删除这些对象，调整其他对象的位置。

（3）使用工具箱中的“挑选”工具，选中剩余的糖果对象。然后单击“排列”→“群组”菜单命令，将它们组成群组，如图 2-1-6 所示。

图 2-1-6　将剩余的糖果对象组成群组

（4）更换喷雾列表内的自然笔触图样为其他图案，再鼠标拖曳绘制曲线，绘制一些珍珠、宝石、项链、鲜花和礼花等礼物图形。最终的图形效果如图 2-1-1 所示。

2.1.2 对象的预览显示

（1）简单线框预览：单击“查看”→“简单线框”菜单命令后，绘图页面中的图像会以简单线框的形式显示，其效果如图 2-1-7 所示。

（2）线框预览：单击“查看”→“线框”菜单命令后，绘图页面中的图像会以线框的形式显示，效果与图 2-1-8 所示基本一样。

图 2-1-7　以简单线框显示对象

图 2-1-8　以线框显示对象

（3）草稿预览：单击“查看”→“草稿”菜单命令后，绘图页面中的图像会以粗略的草稿形式显示，如图 2-1-9 所示。

（4）普通预览：单击“查看”→“普通”菜单命令后，绘图页面中的图像会以普通的色彩形式显示。

（5）增强预览：单击“查看”→“增强”菜单命令后，绘图页面中的图像会以高质量的色彩形式显示，效果比图 2-1-10 所示。

图 2-1-9　以粗略的草稿形式显示对象

图 2-1-10　以高质量的色彩形式显示对象

（6）全屏预览：单击“查看”→“全屏预览”菜单命令后，即在整个屏幕预览绘图页面。按下【Esc】键后可以回到原状态。

（7）页面分类视图预览：单击“查看”→“页面分类视图”菜单命令后，即在中文 CorelDRAW 12 操作界面环境下预览绘图页面，如图 2-1-11 所示。

（8）全屏预览对象：单击“查看”→“全屏预览对象”菜单命令后，可以在整个屏幕内显示页面中的图像，如图 2-1-12 所示。再单击“查看”→“全屏预览对象”菜单命令，可以回到原始状态。

图 2-1-11　预览绘图页面

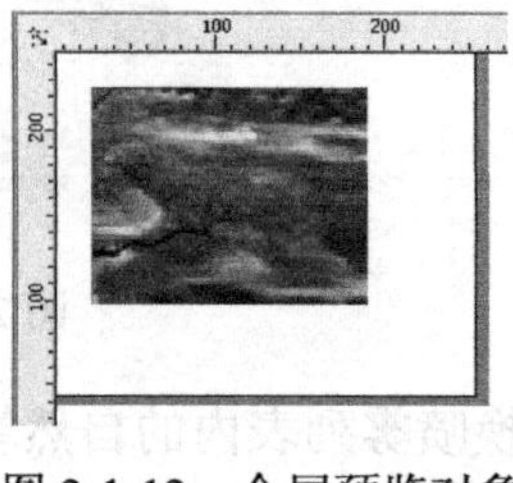

图 2-1-12　全屏预览对象

2.1.3　对象的测量与对齐

1．测量

为了绘图方便与准确，中文 CorelDRAW 12 提供标尺、背景网格、辅助线（即导线）。它们是否显示可以通过使用“查看”菜单中的有关菜单命令来实现。

（1）显示和隐藏标尺：单击“查看”→“标尺”菜单命令后，可以在绘图窗口的左边和上边显示出标尺，如图 2-1-12 所示。再单击“查看”→“标尺”菜单命令，取消“标尺”菜单命令左边的对钩，即可使标尺隐藏。

（2）显示和隐藏网格：单击“查看”→“网格”菜单命令后，可以在绘图窗口内显示出网格，如图 2-1-13 所示。再单击“查看”→“网格”菜单命令，取消“网格”菜单命令左边的对钩，即可使网格隐藏。

（3）显示和隐藏辅助线：单击“查看”→“辅助线”菜单命令后，用鼠标从标尺处向绘图窗口内拖曳，即可产生辅助线，如图 2-1-14 所示。再单击“查看”→“辅助线”菜单命令，取消“辅助线”菜单命令左边的对钩，即可使辅助线隐藏。

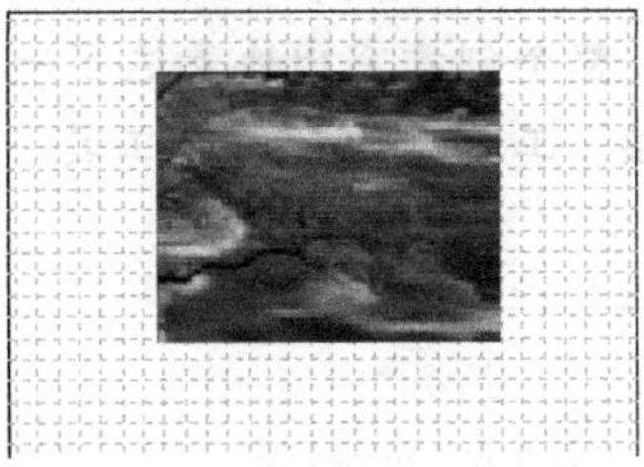

图 2-1-13　在绘图窗口内显示出网格

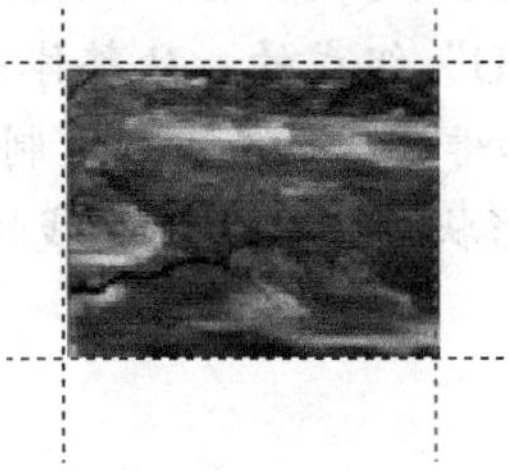

图 2-1-14　产生辅助线

要调整辅助线的位置，可使用工具箱中的“挑选”工具，再将鼠标指针移到辅助线处，当鼠标指针呈双箭头状时，用鼠标拖曳，即可调整辅助线的位置。

要添加斜向辅助线，可使用工具箱中的“挑选”工具，用鼠标单击选中水平或垂直的辅助线，再拖曳水平或垂直的辅助线来形成，如图 2-1-15 所示。

绘图窗口内显示的标尺、网格和辅助线，如图 2-1-15 所示。

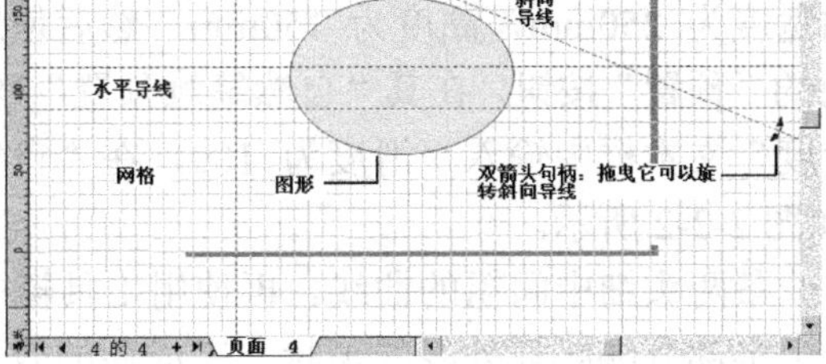

图 2-1-15　绘图窗口内显示的标尺、网格和辅助线

2．对齐

（1）对齐网格：单击“查看”→“对齐网格”菜单命令，使“对齐网格”菜单命令左边出现对钩，即进入对齐网格的状态。以后在绘制图形、移动对象时，均会自动与最近的网格

线对齐。再单击该菜单命令，取消“对齐网格”菜单命令左边的对钩，即可取消对齐网格功能。

（2）对齐辅助线：单击“查看”→“对齐辅助线”菜单命令，使“对齐辅助线”菜单命令左边出现对钩，即进入对齐辅助线的状态。以后在绘制图形、移动对象时，均会自动与最近的辅助线对齐。再单击该菜单命令，取消“对齐辅助线”菜单命令左边的对钩，即可取消对齐辅助线功能。

（3）对齐对象：单击“查看”→“对齐对象”菜单命令，使“对齐对象”菜单命令左边出现对钩，进入对齐对象的状态。以后在绘制图形、移动对象时，均会自动与最近的对象对齐。再单击该菜单命令，取消“对齐对象”菜单命令左边的对钩，即可取消对齐对象功能。

2.2 CPU 咖啡——绘制线段

【案例效果】

这是由“CPU”三个字母组成的咖啡杯图标，如图 2-2-1 所示。CPU 是中央处理器的简称，它是电脑的心脏。“CPU”咖啡杯图标图形是由 CPU 这三个字母组成的，其中咖啡杯的上半部分是由字母“C”组成的；咖啡杯的手把是由字母“P”组成的；咖啡杯的下半部分是由字母“U”组成的。从整体来看它是一杯香浓的咖啡。整个创意突出地表达了一杯香浓的“CPU”咖啡这样一个主题。制作该图形主要使用了“手绘”工具、“贝塞尔”工具、“自然笔”工具、“形状”工具绘图和线性渐变填充等操作。

图 2-2-1 CPU 咖啡

2.2.1 制作过程

1. 绘制杯子图形

（1）设置绘图页面的宽度为 250mm，高度为 150mm。然后使用工具箱中的“艺术笔”工具，单击其属性栏内的“预置”按钮，在其“自然笔触预置”列表框中选择第 4 种笔触，在其属性栏的“手绘平滑度”文本框中输入平滑度为 100，在“自然笔触宽度”文本框中输入 8mm，此时的属性栏如图 2-2-2 所示。

（2）在画布内绘制出一条两头细中间粗的曲线。再使用工具箱中的“形状”工具，修改所画的圆弧，使之成为上半部分咖啡杯外缘的形状，完成后的效果如图 2-2-3 所示。

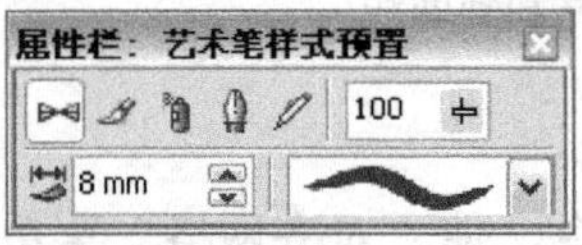

图 2-2-2 属性栏：艺术笔样式预置

图 2-2-3 绘制一条两头细中间粗的曲线

（3）单击工具箱中“填充展开工具栏”内的“渐变填充”按钮，调出“渐变填充方式”对话框。在该对话框中设置蓝色向浅蓝色渐变的线性填充方式，如图 2-2-4 所示。单击该对话框中的“确定”按钮，给图 2-2-3 所示的图形填充渐变的蓝色，完成后的效果如图 2-2-5 所示。

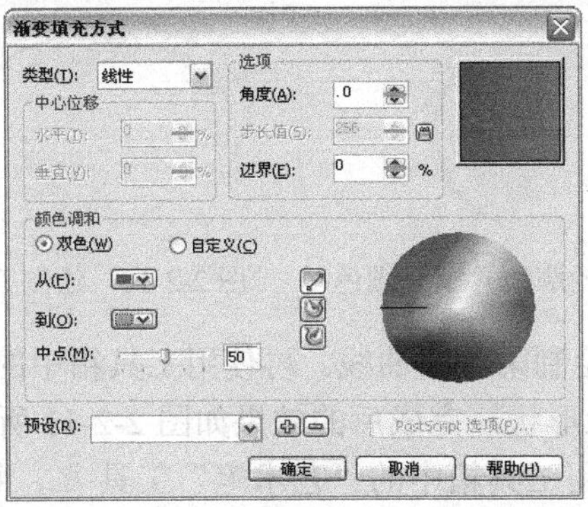

图 2-2-4　“渐变填充方式”对话框

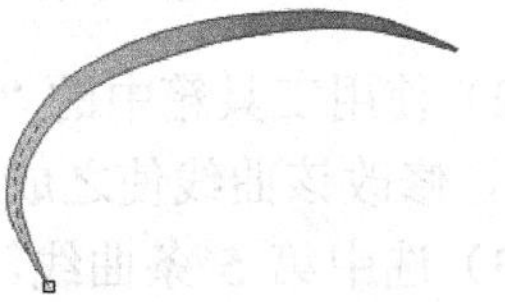

图 2-2-5　填充渐变的蓝色

（4）仍使用工具箱中的艺术笔工具，其属性栏内的设置不变，只是在其“自然笔触预置”列表框中选择第 5 种笔触。然后，在画布上绘制出第 2 条一头粗一头细的曲线轮廓线，完成后的效果如图 2-2-6 所示。

（5）选中第 2 条曲线。单击“编辑”→“复制属性自”菜单命令，调出“复制属性”对话框。在该对话框中选中“填充”复选框，代表只复制填充属性，如图 2-2-7 所示。然后单击“确定”按钮。

（6）这时屏幕上出现一个黑色的箭头，移动这个黑色箭头，单击第 1 条曲线，将第 1 条曲线的填充属性复制到第 2 条曲线上。此时，即可看到第 2 条曲线出现了一端浅蓝，一端蓝色的渐变填充效果。这样即绘制出字母“C”形状的咖啡杯上半部分图形。

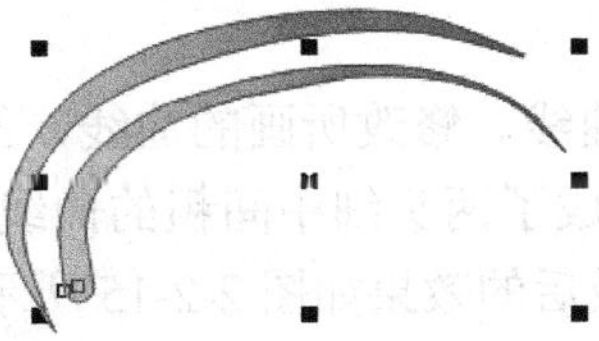

图 2-2-6　绘制出第 2 条曲线

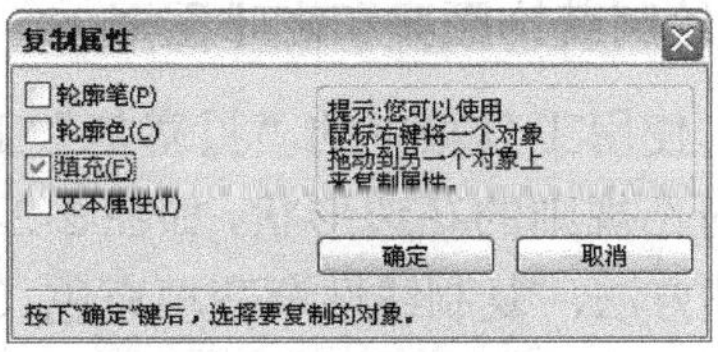

图 2-2-7　“复制属性”对话框

（7）使用工具箱中的“贝塞尔”工具，绘制第 3 条曲线。再使用工具箱中的“形状”工具修改该曲线，使之成为咖啡杯手把的外缘形状，完成后的效果如图 2-2-8 所示。

（8）单击工具箱中的“艺术笔”工具按钮，单击其属性栏内的“预置”按钮，在其“自然笔触预置”列表框中选择第 5 种笔触，在其属性栏的“手绘平滑度”文本框中输入平滑度为 100。即可看到画布上的弧线变成了一头粗一头细的曲线轮廓线。完成后的效果如图 2-2-9 所示。

（9）选中第 3 条曲线，按照步骤（3）的方法，以线性渐变方式填充深蓝色向浅蓝色变化的颜色，完成后的效果如图 2-2-9 所示。

（10）使用工具箱中的“贝塞尔”工具，绘制第 4 条曲线，修改所画的圆弧，使之成为咖啡杯手把的内缘的形状。再按照上述方法，使用工具箱中的“艺术笔”工具，将画布上的曲线变成与第 3 条曲线一样的一头粗一头细的曲线轮廓线。

（11）选中第 4 条曲线。单击“编辑”→“复制属性自”菜单命令。再单击第 3 条曲线，将第 3 条曲线的填充属性复制到第 4 条曲线上。这样就绘制了字母“P”形状的咖啡杯手把图形，完成后的效果如图 2-2-10 所示。

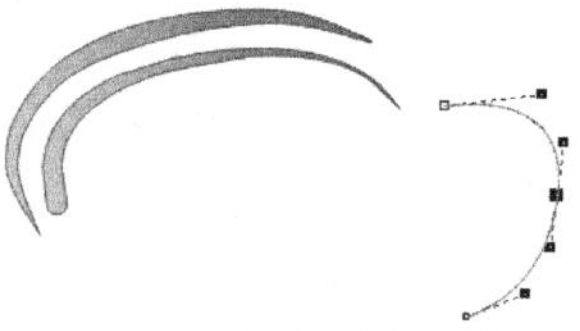

图 2-2-8　绘制第 3 条曲线

图 2-2-9　转换为曲线轮廓线并填充颜色

图 2-2-10　绘制第 4 条曲线

（12）使用工具箱中的“贝塞尔”工具，绘制第 5 条曲线。再使用工具箱中的“形状”工具，修改该曲线使之成为咖啡杯下部的外缘形状，完成后的效果如图 2-2-11 所示。

（13）选中第 5 条曲线，按照上述方法，使用工具箱中的“艺术笔”工具，将画布上的曲线变成两头一样细中间粗的曲线轮廓线。然后，单击“编辑”→“复制属性自”菜单命令，将第一条曲线的属性复制到第 5 条曲线上。使第 5 条曲线出现一端浅蓝，一端蓝色的渐变线性填充效果，完成后的效果如图 2-2-12 所示。

（14）按照上述方法，绘制咖啡杯下半部分的第 2 条曲线，形成咖啡杯底边的形状，完成后的效果如图 2-2-13 所示。

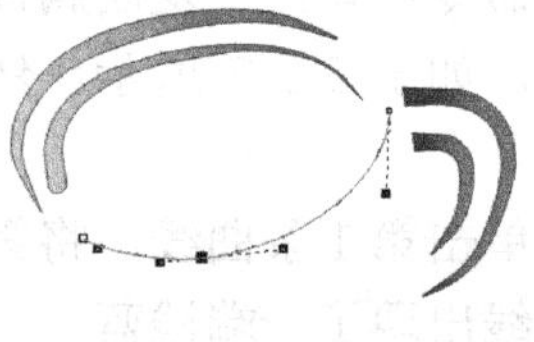

图 2-2-11　绘制第 5 条曲线

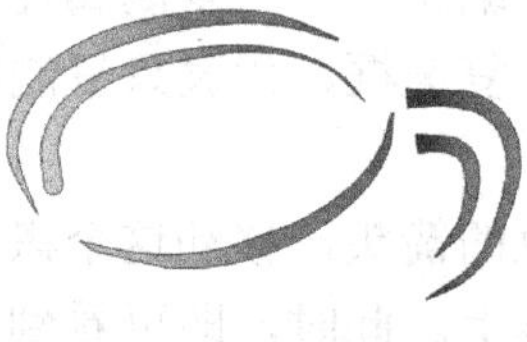

图 2-2-12　复制填充属性

图 2-2-13　绘制咖啡杯底边的曲线

2．绘制装饰图案和咖啡图形

（1）使用工具箱中的“贝塞尔”工具，绘制第 7 条曲线。修改所画的曲线，使之成为咖啡杯内不规则的花边形状，如图 2-2-14 所示。再将曲线变成了两头细中间粗的曲线轮廓线。按照上述方法，复制线性渐变填充色（浅蓝色到蓝色），完成后的效果如图 2-2-15 所示。

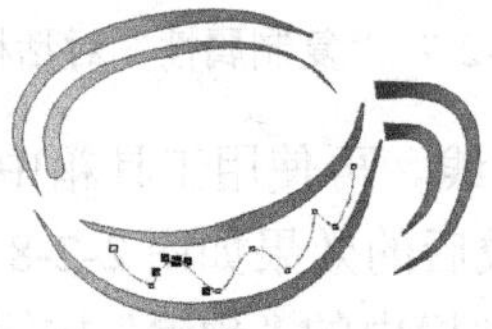

图 2-2-14　绘制第 7 条曲线

图 2-2-15　转换为曲线轮廓线

（2）使用工具箱中的“贝塞尔”工具，绘制第 8 条曲线。再使用工具箱中的“形状”工具，修改所画的曲线，使之成为咖啡杯内不规则的咖啡形状折线，完成后的效果如图 2-2-16 所示。

（3）使用工具箱中的“艺术笔”工具，单击其属性栏内的“预置”按钮，在其“自然笔触预置”列表框中选择第 3 种笔触，在“手绘平滑度”文本框中输入平滑度为 0。即可看到画布上的弧线变成了两头粗的折线轮廓线。单击调色板中的“咖啡色”，将所画的折线填充成咖啡色，完成后的效果如图 2-2-17 所示。

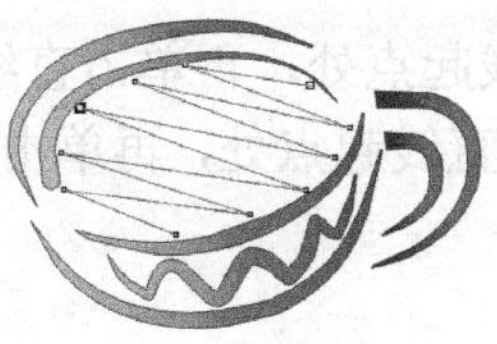

图 2-2-16　绘制第 8 条曲线

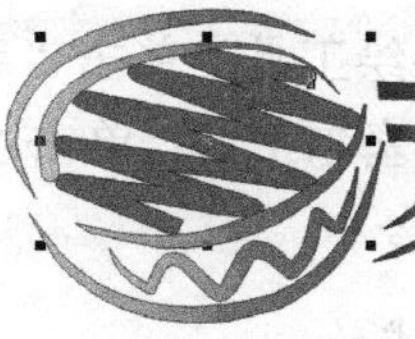

图 2-2-17　转换为曲线轮廓线并填充咖啡色

（4）单击“排列”→“顺序”→“到后部”菜单命令，将折线移到所有图形对象的后面，这样咖啡就被填充到咖啡杯中了，如图 2-2-1 所示。

（5）使用工具箱中的“挑选”工具，选中所有的对象。单击“轮廓展开工具栏”内的“无”按钮，取消所有对象的轮廓线。这样用“CPU”这三个字母组成的一杯热腾腾的咖啡就绘制完了。

3. 创建文字

（1）使用工具箱中的“文本”工具，在属性栏中设置文字的“字体”为汉仪圆叠体、“字号”为 48、“排列方式”为垂直排列文本。然后在绘图页面中输入“CPU 咖啡滴滴香浓”2 行竖排文字并为其填充“深红褐色”，完成后的图形如图 2-2-18 所示。

（2）再次使用工具箱中的“文本”工具，选中 CPU 三个文字，在属性栏中将其字体转换为汉仪雁翎体，此时的图形如图 2-2-19 所示。

（3）使用工具箱中的“挑选”工具，选中所有的文字，单击属性栏中的按钮，调出“格式化文本”对话框。在该对话框中单击“段落”选项卡，打开“格式化文本”（段落）对话框的设置内容，再设置“行”距为 150%，使行距的间距放大，如图 2-2-20 所示。然后，单击“确定”按钮完成设置。此时的文本效果如图 2-2-1 所示。至此，整个图形绘制完成。

图 2-2-18　输入文字

图 2-2-19　转换字体

图 2-2-20　“格式化文本”（段落）对话框

2.2.2　直线的绘制与编辑

绘制直线与曲线主要用到工具箱内“曲线工具栏”中的“手绘”工具、“贝塞尔”工具和“艺术笔”工具，它们是在矢量绘图中较常用的工具，读者应灵活掌握它们的使用方法及技巧。

1．绘制直线

（1）使用手绘工具：单击“手绘”工具按钮，单击直线起点处，再单击直线终点处。

（2）使用贝塞尔工具：单击“贝塞尔”工具按钮，单击直线起点处，再单击直线终点处，然后按下空格键。

2．绘制折线

（1）使用手绘工具：单击“手绘”工具按钮，单击折线起点处，依次双击折线变向的节点处，再单击折线终点处。

（2）使用贝塞尔工具：单击“贝塞尔”工具按钮，单击折线起点处，依次双击折线变向的节点处，再单击折线终点处，然后按下空格键。

3．绘制曲线

（1）使用手绘工具：单击“手绘”工具按钮，然后在绘图页面上拖曳鼠标到终点，再松开鼠标左键即可。绘制曲线时，在按住鼠标左键的同时，按住【Shift】键并沿刚画的曲线往回拖曳鼠标，可以擦除该曲线。

（2）使用贝塞尔工具：使用工具箱中的“贝塞尔”工具绘制曲线有如下两种方法。

① 方法一（先绘直线再定切线）：单击“贝塞尔”工具按钮 ，单击曲线起点处，然后松开鼠标左键；再单击下一个节点处，则在两个节点之间产生一条线段；在不松开鼠标左键的情况下拖曳鼠标，会出现两个控制点和两个控制点间的蓝色虚线，如图 2-2-21 所示，蓝色虚线是曲线的切线；再拖曳鼠标以改变切线的位置，从而确定曲线的形状。如果曲线有多个节点，则应依次单击下一个节点，并在不松开鼠标左键的情况下拖曳鼠标以产生两个节点之间的曲线。曲线绘制完成后，按下空格键结束。

② 方法二（先定切线再绘曲线）：单击“贝塞尔工具”按钮 ，单击曲线起点处，然后不松开鼠标左键，拖曳鼠标以形成方向合适的蓝色虚线的切线，然后松开鼠标左键；再单击下一个节点处，则在两个节点之间产生一条曲线，如图 2-2-22 所示。如果曲线有多个节点，则应依次单击下一个节点，并在不松开鼠标左键的情况下拖曳鼠标以产生两个节点之间的曲线。曲线绘制完成后，按下空格键结束。使用贝塞尔工具确定节点后，如果没有松开鼠标左键，则按下【Alt】键的同时拖曳鼠标，可以改变节点的位置和两节点之间曲线的形状。

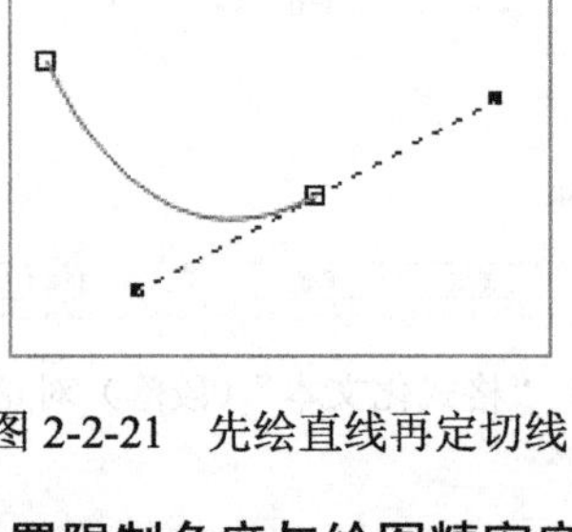

图 2-2-21　先绘直线再定切线

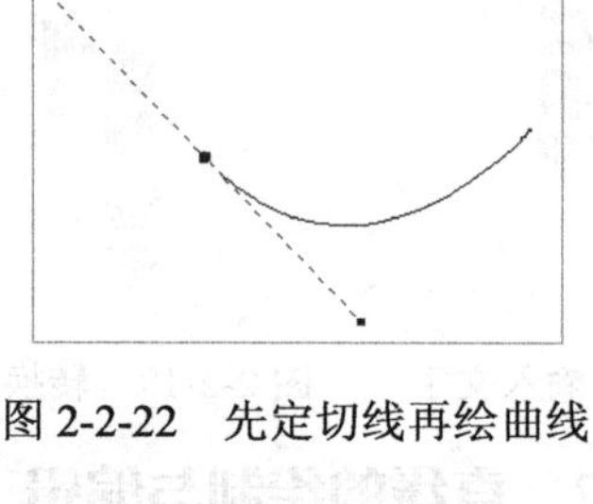

图 2-2-22　先定切线再绘曲线

4．设置限制角度与绘图精密度

（1）限制角度：它表示在按下【Ctrl】键并拖曳鼠标绘图和旋转时，节点、控制点、线或图形对象旋转时的增量变化角度。限制角度的默认值为 15.0。

（2）绘图精度：它是指在坐标中和测量中所显示的小数位数。绘图精度的默认值为 3。改变绘图精度不会影响图形的尺寸。

设置限制角度与绘图精度的方法是：单击“工具”→“选项”菜单命令，调出选项对话框，再单击该对话框内的“工作区”选项下的“编辑”选项，这时的“选项”对话框如图 2-2-23 所示。修改“限制角度”与“绘图精度”文本框内的数据即可完成限制角度与绘图精度的设置。

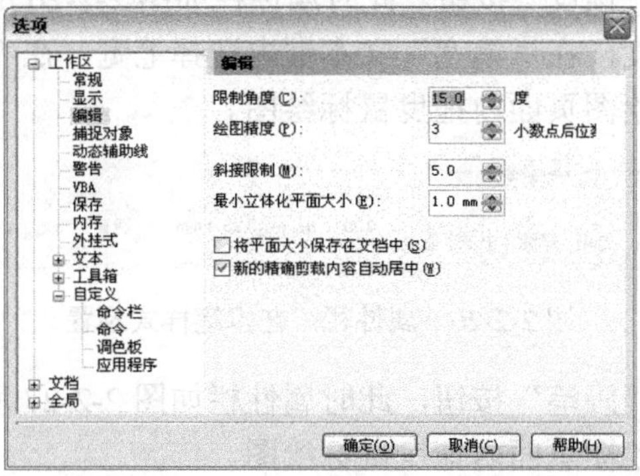

图 2-2-23　“选项”对话框

2.2.3　手绘工具与艺术笔工具的使用

1．手绘与贝塞尔工具属性的设置

在单击选中“手绘”工具或“贝塞尔”工具按钮时，属性栏会发生变化，如图 2-2-24 所示。利用该属性栏可以精确调整曲线的位置与大小，以及设定曲线两端是否带箭头和带什么样的箭头、曲线的粗细和形状等。

单击“工具”→“选项”菜单命令，调出“选项”对话框，再单击该对话框内的工具箱选项下的“手绘/贝塞尔工具”选项，这时的“选项”对话框如图 2-2-25 所示。利用该对话框可以进行“手绘”工具与“贝塞尔”工具属性的设置。

- ◎　手绘平滑：决定手绘曲线与鼠标拖曳的匹配程度。数字越小，匹配准确度越高。
- ◎　自动追踪：决定绘图自动跟踪的准确度。数字越小，跟踪的准确度越高。
- ◎　边角阈值：决定边角突变节点的尖突程度。数字越小，节点的尖突程度越高。
- ◎　直线阈值：决定一条线相对于直线路径的偏移量，该线在直线阈值内视为直线。
- ◎　自动连接：决定两个节点自动接合所必需的接近程度。

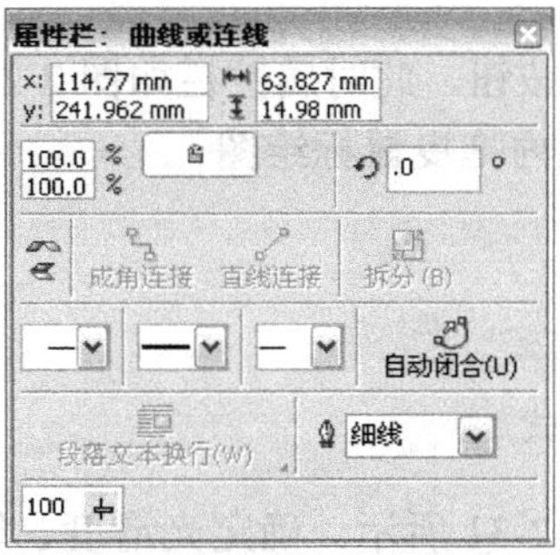

图 2-2-24　属性栏：曲线或连线

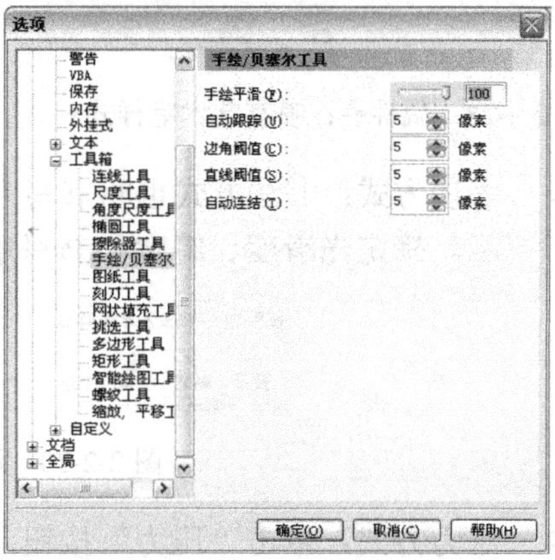

图 2-2-25　“选项”（手绘/贝塞尔工具）对话框

2．使用艺术笔工具绘制曲线

单击“艺术笔”工具按钮后，属性栏会发生变化，如图 2-2-26 所示。该属性栏的使用方法如下。

◎ 预设方式：单击“预设”按钮，此时属性栏如图 2-2-26 所示。在“手绘平滑度”文本框内选择平滑度，在“笔宽”文本框内选择笔宽，在“艺术笔触预置”列表框内选择样式，再在绘图页面内拖曳鼠标绘图。

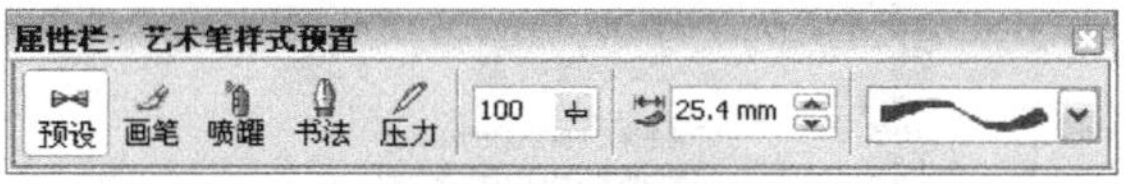

图 2-2-26　属性栏：艺术笔样式预置

◎ 画笔方式：单击“画笔”按钮，此时属性栏如图 2-2-27 所示。确定笔宽、光滑度，选择样式，再在绘图页面内拖曳鼠标绘图。

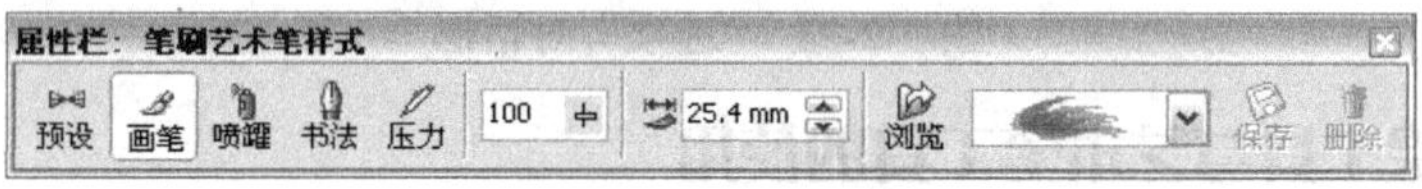

图 2-2-27　属性栏：笔刷艺术笔样式

◎ 喷罐方式：单击“喷罐”按钮，此时属性栏如图 2-2-28 所示。确定平滑度、喷雾对象的大小和间距，选择喷雾对象顺序，选择样式等。单击“喷雾列表文件列表”按钮，出现下拉列表，利用它可以选择喷雾对象形状。单击“喷涂列表设置”按钮，可调出“创建播放列表”对话框，如图 2-2-29 所示，利用它可以设置喷雾图像的种类。然后再在绘图页面内拖曳鼠标绘图。

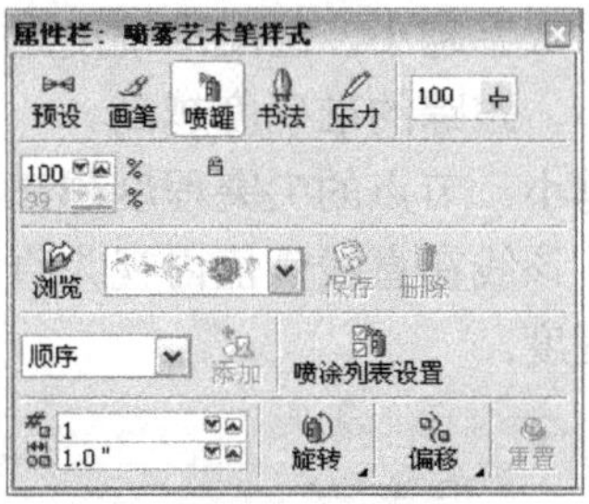

图 2-2-28　属性栏：喷雾艺术笔样式

图 2-2-29　“创建播放列表”对话框

◎ 书法方式：书法方式也叫书写方式。单击“书法”按钮，此时属性栏如图 2-2-30 所示。确定光滑度、笔宽和书写角度，再在绘图页面内拖曳鼠标绘图。

图 2-2-30　属性栏：书法艺术笔样式

◎ 压力方式：单击“压力”按钮，此时属性栏如图 2-2-31 所示。确定光滑度、笔宽，再在绘图页面内拖曳鼠标绘图。在绘图中，按光标上移或下移键可以改变笔的压力，按光标上移键可以增加压力，按光标下移键可以减少压力。

采用上述各种绘图方式所绘的曲线如图 2-2-32 所示。

图 2-2-31　属性栏：压力笔艺术笔样式

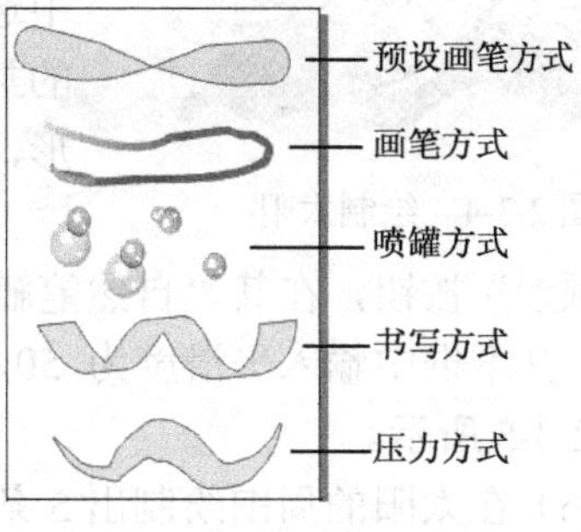

图 2-2-32　绘制的曲线

2.3　海岛风情——调整节点

【案例效果】

这是一张海边小岛的旅游宣传海报。如图 2-3-1 所示，海报上画了几个海洋小岛、一棵椰子树和一些草丛，还有太阳悄悄地从小岛的后面伸出头来，显示出环境的自然美，充分地体现了阳光、沙滩、海浪和清新空气的宣传主题。制作该图形，主要使用了手绘工具、艺术笔工具和形状工具等操作。

图 2-3-1　海岛风情

2.3.1　制作过程

1．绘制海岛和太阳

（1）设置绘图页面的宽度为 250mm，高度为 160mm。使用工具箱中的“手绘”工具，在其属性栏的“手绘平滑度”文本框中输入平滑度为 68，在“轮廓宽度”列表框中选择“细线”选项。然后在绘图页面的中间绘制一条不规则的封闭曲线，作为海岛的原始轮廓线。

（2）使用工具箱中的“形状”工具，单击选中多余的节点，单击属性栏内的“删除”按钮，将多余节点删除，并修改节点形状，形成真正的海岛轮廓图。然后，将封闭的曲线内填充灰蓝色，取消轮廓线，完成后的效果如图 2-3-2 所示。

（3）使用工具箱中的“贝塞尔”工具，绘制出 11 条曲线，作为山峰图形。再使用工具箱中的艺术笔工具，单击其属性栏内的“预置”按钮，在其“自然笔触预置”列表框中选择第 4 种笔触，在“手绘平滑度”文本框中输入平滑度为 0。将画布上的曲线变成了一头粗一头细的折线。单击调色板中的“白色”，将所画的折线填充成白色，取消轮廓线，完成后的效果如图 2-3-3 所示。

图 2-3-2　绘制海岛

图 2-3-3　绘制山峰

图 2-3-4 绘制太阳

（4）使用工具箱中的“手绘”工具，在其属性栏的“手绘平滑度”文本框中输入平滑度为 50，在“轮廓宽度”列表框中选择“细线”选项。然后在绘图页面的中间绘制一条不规则的封闭曲线。再为其内部填充黄色、取消轮廓线，作为太阳图形，完成后的效果如图 2-3-4 所示。

（5）使用工具箱中的“艺术笔”工具，单击其属性栏内的“预置”按钮，在其“自然笔触预置”列表框中选择第 5 种笔触，在其属性栏的“手绘平滑度”文本框中输入平滑度为 50，在“自然笔触宽度”文本框中输入 2mm，此时的属性栏如图 2-3-5 所示。

（6）在太阳的周围绘制出 5 条长短不一的线段。再为其内部填充黄色、取消轮廓线，作为太阳光芒图形，完成后的效果如图 2-3-6 所示。

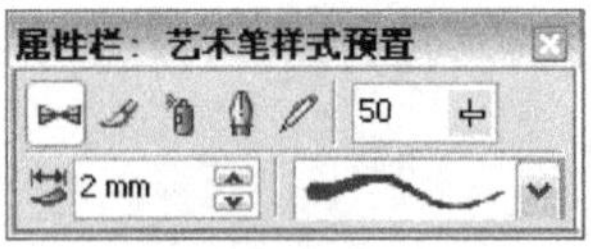

图 2-3-5 属性栏：艺术笔样式预置

图 2-3-6 绘制太阳光芒

（7）使用工具箱中的“手绘”工具，在其属性栏的“手绘平滑度”文本框中输入平滑度为 50，在“轮廓宽度”列表框中选择“细线”选项。然后在海岛的下面绘制一条不规则的封闭曲线，为其内部填充蓝色、取消轮廓线，作为海水图形，完成后的效果如图 2-3-7 所示。

（8）使用工具箱中的“手绘”工具，在其属性栏的“手绘平滑度”文本框中输入平滑度为 50，在“轮廓宽度”列表框中选择“细线”选项。然后在海水的下面绘制一条不规则的封闭曲线，为其内部填充绿色、取消轮廓线，作为草丛图形，完成后的效果如图 2-3-8 所示。

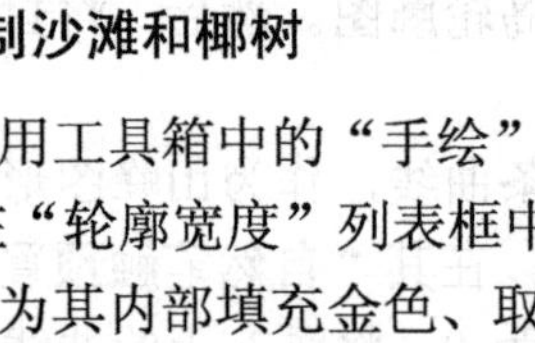

图 2-3-7 绘制海水图形

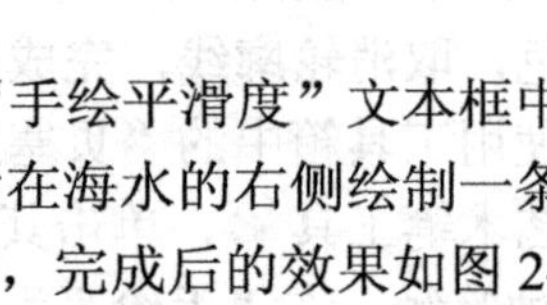

图 2-3-8 绘制草丛图形

2．绘制沙滩和椰树

（1）使用工具箱中的“手绘”工具，在其属性栏的“手绘平滑度”文本框中输入平滑度为 50，在“轮廓宽度”列表框中选择“细线”选项。然后在海水的右侧绘制一条不规则的封闭曲线，为其内部填充金色、取消轮廓线，作为沙滩图形，完成后的效果如图 2-3-9 所示。

（2）选中沙滩图形，单击“排列”→“顺序”→“到后部”菜单命令，将沙滩图形移到所有图形对象的后面，完成后的效果如图 2-3-10 所示。

图 2-3-9 绘制沙滩图形

图 2-3-10 排列顺序

（3）使用工具箱中的“手绘”工具，在其属性栏的“手绘平滑度”文本框中输入平滑度为 50，在“轮廓宽度”列表框中选择“细线”选项。然后在沙滩上绘制 3 条不规则的封闭曲线，为其内部分别填充土黄色和橙黄色、取消轮廓线，作为石头图形，完成后的效果如图 2-3-11 所示。

（4）使用工具箱中的“手绘”工具，在其属性栏的“手绘平滑度”文本框中输入平滑度为 50，在“轮廓宽度”列表框中选择“细线”选项。然后，在沙滩上绘制 2 条对称的不规则封闭曲线，为其内部分别填充土黄色和橙红色、取消轮廓线，作为椰树图形，完成后的效果如图 2-3-12 所示。

图 2-3-11　绘制石头图形

图 2-3-12　绘制椰树图形

（5）使用工具箱中的“椭圆”工具，绘制 3 个椭圆图形。再为其内部填充“桃黄色”、轮廓线填充为“橙红色”，作为椰果图形。完成后的效果如图 2-3-13 所示。

（6）使用工具箱中的“手绘”工具，在其属性栏的“手绘平滑度”文本框中输入平滑度为 50，在“轮廓宽度”列表框中选择“细线”选项。然后在椰树上绘制 1 条不规则的封闭曲线，为其内部分别填充嫩绿色、取消轮廓线，作为椰树的叶子图形，完成后的效果如图 2-3-14 所示。

图 2-3-13　绘制椰果图形

图 2-3-14　绘制椰树叶图形

（7）选中椰树叶图形，单击“排列”→“顺序”→“到后部”菜单命令，将椰树叶图形排列在其他图形的后面，完成后的效果如图 2-3-14 所示。

（8）使用工具箱中的“挑选”工具，选中椰树叶图形，将其复制 3 个。再对其进行缩放和旋转操作，并移动到适当的位置。这样就完成了海岛风情图形的绘制，其效果如图 2-3-1 所示。

2.3.2　节点的选取与加减

1. 选中节点与取消选中的节点

单击选中工具箱中的“形状”工具按钮，再单击选中曲线上的一个节点，选中的节点以黑色小方块显示，如图 2-3-15 所示，此时的属性栏如图 2-3-16 所示。

在对节点进行操作以前，应首先选中节点。要选中节点，应先单击工具箱内的“形状工具”按钮。选中节点的方法很多，简介如下。

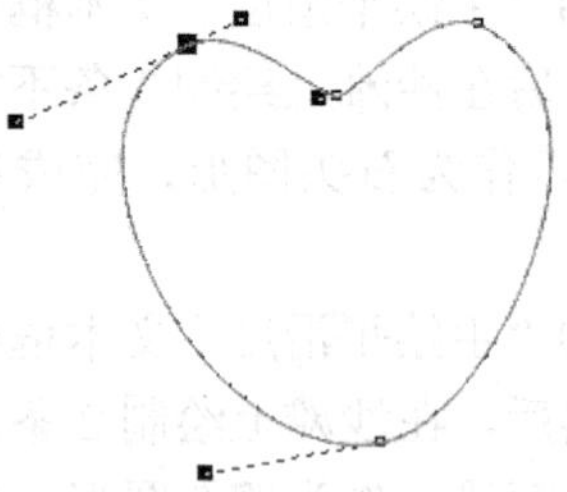

图 2-3-15　选中的节点

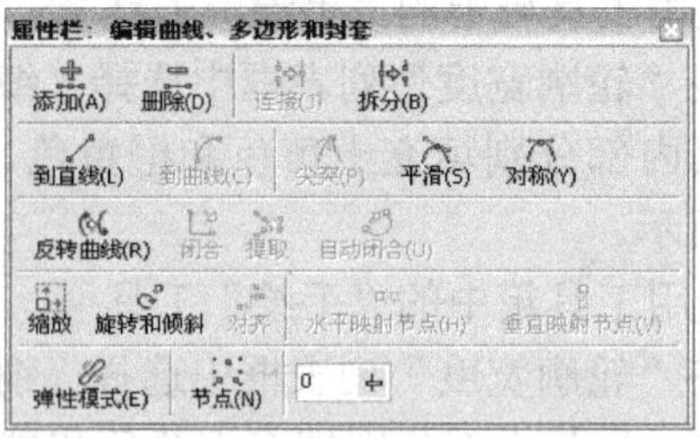

图 2-3-16　属性栏：编辑曲线、多边形和封套

（1）选中曲线起始点节点：按下【Home】键。

（2）选中曲线终止点节点：按下【End】键。

（3）选中一个或多个节点：单击节点即可选中该节点。按住【Shift】键，单击各个节点即可选中多个节点，也可以拖曳鼠标圈绕要选择的所有节点，来选中多个节点。

（4）选中所有节点：同时按住【Shift】和【Ctrl】键，单击任何一个节点，即可选中所有节点。

（5）取消一个或多个节点：按住【Shift】键，单击选中的节点即可取消节点的选中。

2．加节点与减节点

（1）加节点：单击曲线上非节点处的一点，再单击属性栏中的“添加”按钮即可增加节点。双击曲线上非节点处的一点，也可在双击处加入一个节点。

（2）减节点：单击曲线上一个节点，再单击属性栏中的“删除”按钮或按下【Delete】键即可删除该节点。双击曲线上的一个节点，也可删除该节点。

2.3.3　节点的拆分与合并

1．合并节点与拆分节点

这项功能可以对一个图形中的起点、终点、节点，以及和不同图形的起点和终点之间的节点进行合并，以及将合并后的节点进行拆分。在对不同图形的两个节点进行合并以前，应该先将两个图形进行结合。两个图形结合的方法是：选中两个图形，再按下【Ctrl+L】键。

（1）合并节点：单击工具箱内的“形状”工具，按住【Shift】键，单击选中两个节点；此时属性栏内的“连接”按钮变为可使用，再单击“连接”按钮即可。如图 2-3-17 所示。

（2）分割节点：分割节点也叫拆分节点。单击工具箱内的“形状”工具，单击选中一个节点（不是起点或终点的节点）；此时属性栏内的“拆分”按钮变为可使用，再单击“拆分”按钮，即可拆分该节点。此时用鼠标拖曳拆分的节点，即可将两个节点分开。

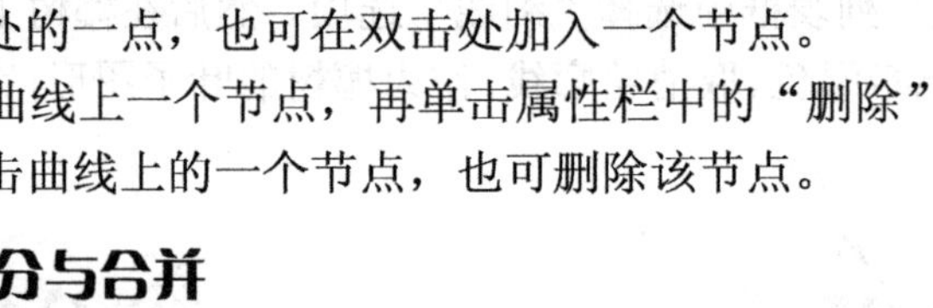

图 2-3-17　合并节点

2．改变节点的属性

节点有直线节点和曲线节点两类，曲线节点又可分为尖突节点（也叫突变节点或尖角节

点）、平滑节点（也叫缓变节点）和对称节点。各种节点可以通过如图 2-3-16 所示的属性栏进行相互转换。

（1）直线节点和曲线节点的相互转换：用手绘工具绘制如图 2-3-18 所示的折线，再使用工具箱中的“形状”工具，单击选中中间的节点，然后用鼠标拖曳中间的节点，会发现随着节点位置的变化，两边直线的长短会变化，但仍为直线。这说明该节点是直线节点。

此时，属性栏内的“到曲线”按钮变为可使用，再单击“到曲线”按钮即可将直线节点转换为曲线节点。此时，用鼠标拖曳中间的节点，会发现随着节点位置的变化，该节点与上一个节点（即本例中的起始节点）间的直线会变为曲线，如图 2-3-19 所示。这说明该节点是曲线节点。

单击选中中间的节点，此时属性栏内的“到直线”按钮变为可使用，再单击“到直线”按钮即可将曲线节点转换为直线节点，该节点与上一个节点间的曲线会变为直线，如图 2-3-20 所示。

图 2-3-18　绘制折线

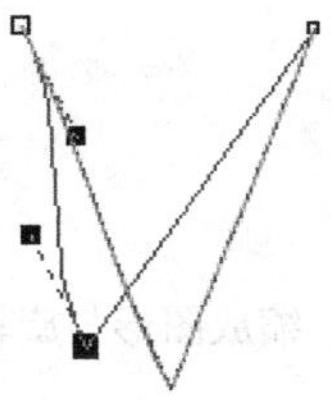

图 2-3-19　转换为曲线节点

图 2-3-20　转换为直线节点

（2）尖突节点和平滑节点的相互转换：尖突节点和平滑节点都属于曲线节点。用鼠标拖曳尖突节点时，节点两边的路径会完全不同，节点处呈尖突状，如图 2-3-19 所示。用鼠标拖曳平滑节点时，节点两边的路径在节点处呈平滑过渡，如图 2-3-21 所示。

使用工具箱中的“形状”工具，单击选中节点。此时，如果选中的节点是尖突节点，则属性栏内的“平滑”按钮变为可使用，单击“平滑”按钮即可将尖突节点转换为平滑节点；如果选中的节点是平滑节点，则属性栏内的“尖突”按钮变为可使用，单击“尖突”按钮即可将平滑节点转换为尖突节点。

（3）对称节点：单击选中如图 2-3-18 所示图形的中间节点，再单击属性栏内的“平滑”按钮，使该节点变为曲线节点，则中间的曲线节点两边的线均变为曲线。如果单击终点或起始节点，则“平滑”按钮无效。单击中间的曲线节点，此时属性栏内的“对称”按钮变为可使用，单击“对称”按钮即可将该节点变为对称节点。

用鼠标拖曳对称节点时，对称节点两边的路径的幅度会有相同的变化，变化的方向相反，而且在同一条直线上，如图 2-3-22 所示。用鼠标拖曳平滑节点时，平滑节点一边的路径幅度会有变化。

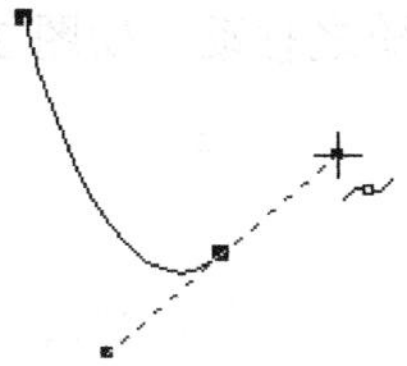

图 2-3-21　平滑节点

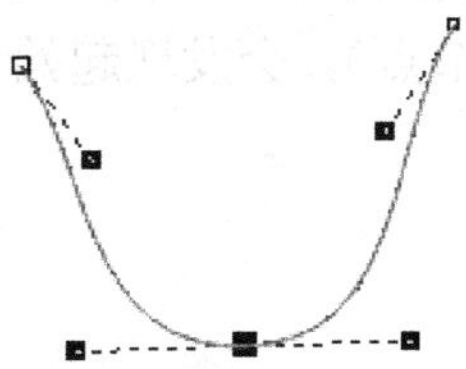

图 2-3-22　对称节点

3．调整节点位置、缩放图形与旋转图形

（1）调整节点位置：使用工具箱中的“形状”工具，单击选中的节点。用鼠标拖曳节点，可以调整节点的位置，同时也改变了曲线的形状。

（2）缩放图形与旋转图形：使用工具箱中的“形状”工具，选中两个或两个以上的节点。此时属性栏内的“缩放”按钮与“旋转和倾斜”按钮变为可使用，单击“缩放”按钮，则选中的节点与它们之间的曲线周围出现 8 个黑色矩形句柄，如图 2-3-23（a）所示。此时用鼠标拖曳句柄即可缩放选中的图形。

单击“旋转和倾斜”按钮，则选中的节点与它们之间的曲线周围出现 8 个双箭头句柄，如图 2-3-23（b）所示。此时用鼠标拖曳句柄即可旋转与倾斜选中的图形。

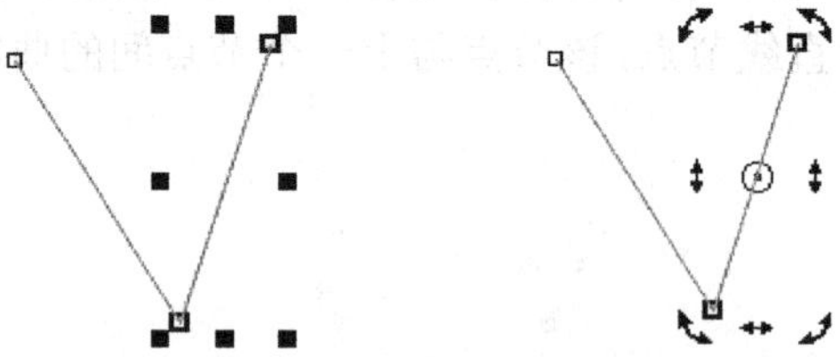

（a）　　（b）

图 2-3-23　缩放图形与旋转图形

2.3.4　节点的弹性与方向

1．对齐节点与弹性模式设定

（1）对齐节点：将几条曲线进行结合，选中两个或两个以上的节点，例如，选中两个节点，如图 2-3-24 所示。此时属性栏内的“对齐”按钮变为可使用，单击“对齐”按钮，调出“节点对齐”对话框，如图 2-3-25 所示。选择一种对齐方式（如水平对齐）后，单击确定按钮，即可将选中的节点按要求对齐，如图 2-3-26 所示。

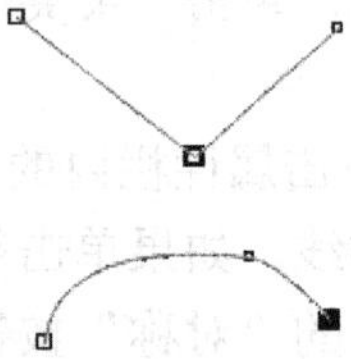

图 2-3-24　选中两个节点

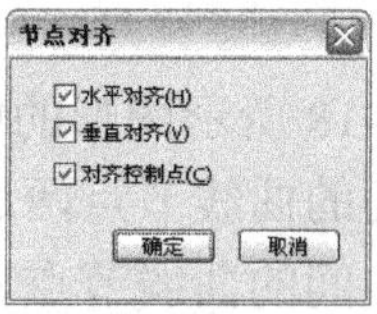

图 2-3-25　“节点对齐”对话框

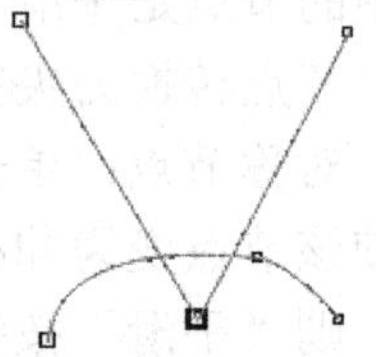

图 2-3-26　将选中的节点对齐

（2）弹性模式设定：使用工具箱中的“形状”工具，单击其属性栏内的“节点”按钮，选中如图 2-3-18 所示图形中的三个节点，然后用鼠标拖曳一个节点，会发现整个图形会随之移动。如图 2-3-27 所示。此时单击属性栏内的“弹性模式”按钮，再用鼠标拖曳一个节点（如终止节点），会发现起始节点位置不变，其他节点与曲线随之移动，如图 2-3-28 所示。

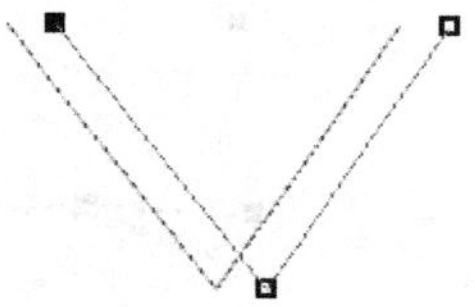

图 2-3-27　整个图形会随之移动

图 2-3-28　其他节点与曲线随之移动

2. 反转曲线方向和曲线封闭

（1）反转曲线方向：一条非封闭的曲线，有起始节点与终止节点之分，可以通过按下【Home】键或【End】键来选择判断。使用工具箱中的“形状”工具，再单击属性栏内的“反转曲线”按钮，即可将起始节点与终止节点互换。

（2）曲线封闭：绘制两条直线，将它们结合成一体。使用工具箱中的“形状”工具，选中两条直线各一个节点，如图 2-3-29 所示。再单击属性栏内的“闭合”按钮，即可产生一条连接两个节点的直线，如图 2-3-30 所示。

如果绘制一条曲线，选中其起始节点与终止节点，再单击属性栏内的“自动闭合”按钮，即可产生一条连接起始节点与终止节点的直线，如图 2-3-31 所示。

图 2-3-29 选中节点

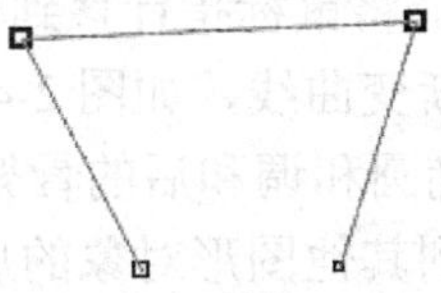
图 2-3-30 闭合曲线

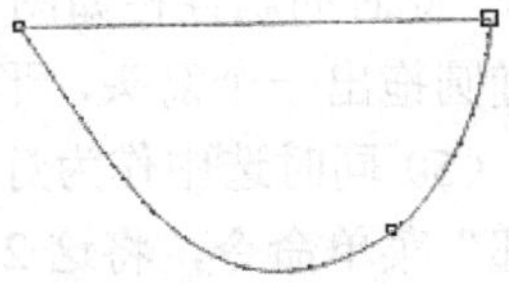
图 2-3-31 自动闭合曲线

2.4 大红灯笼——颜色填充

【案例效果】

这是一个红灯笼的效果图，如图 2-4-1 所示，其中有两个红色的灯笼，中间亮四周暗，突出地表现了灯光的效果，配合灯笼上的弧形纹路，更加体现出灯笼的立体感。灯笼的背后隐隐约约地显示出灯笼红色的阴影，给人一种强烈的三维立体效果和逼真的灯光照射感觉，烘托出一种喜庆的气氛。制作该图形的特点是要突出光线与颜色。

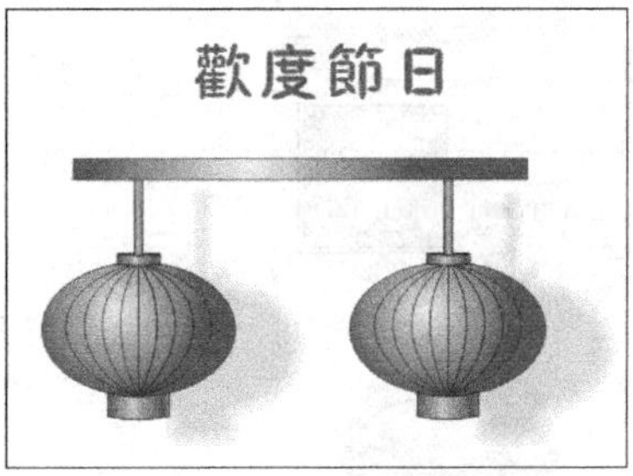

图 2-4-1 大红灯笼

2.4.1 制作过程

1. 制作灯笼图形

（1）设置绘图页面的宽度为 200mm，高度为 160mm。然后使用工具箱中的“椭圆”工具，在绘图页面中绘制一个椭圆作为灯笼的主体，完成后的效果如图 2-4-2 所示。

（2）使用工具箱中的“矩形”工具，在椭圆的下面绘制一个矩形。单击其属性栏中的按钮，将矩形转换为可编辑的曲线。再使用工具箱中的“形状”工具，调整矩形的节点，如图 2-4-3 所示，完成灯笼底部图形的绘制。

（3）使用相同的方法，在椭圆的上面绘制一个矩形并转换为曲线，作为灯笼的顶部图形。再在上面绘制一个椭圆，作为顶部图形的表面。此时的图形如图 2-4-4 所示。

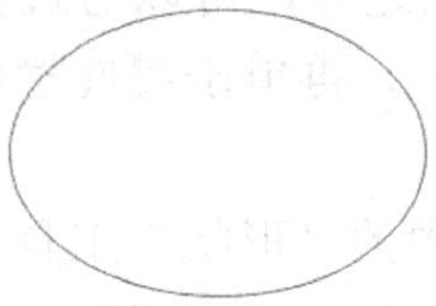

图 2-4-2　绘制椭圆

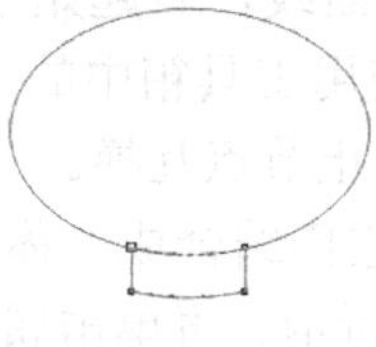

图 2-4-3　绘制矩形并调整

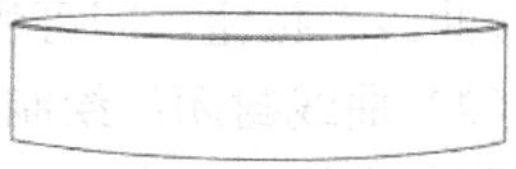

图 2-4-4　绘制顶部图形

（4）在灯笼的中央绘制一条竖直的线，并将所绘竖线设置为棕褐色，如图 2-4-5 所示。再单击工具箱中的“交互式调和”工具按钮，在其属性栏中的“调和层次数”文本框中输入 3，此时的属性栏如图 2-4-6 所示。将鼠标指针移到椭圆中间的竖线上，按住鼠标不放，并向椭圆拖出一个箭头，形成一系列渐变曲线，如图 2-4-7 所示，制作出灯笼的骨架。

（5）同时选中作为灯笼主体的椭圆和调和后的骨架对象，单击“排列”→“顺序”→“到后部”菜单命令，将这 2 个对象移到其他图形对象的后面。

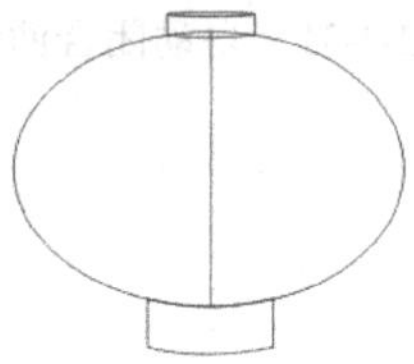

图 2-4-5　绘制直线

图 2-4-6　属性栏：交互式调和工具

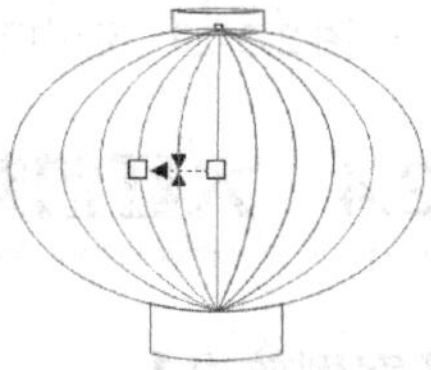

图 2-4-7　形成灯笼的骨架

（6）选中椭圆图形，单击工具箱中的“渐变填充”工具按钮，调出“渐变填充方式”对话框。再按照如图 2-4-8 所示进行各种参数的设置。然后，单击“确定”按钮，即可给灯笼的椭圆部分填充从红色到黄色的圆形渐变色，完成后的效果如图 2-4-9 所示。

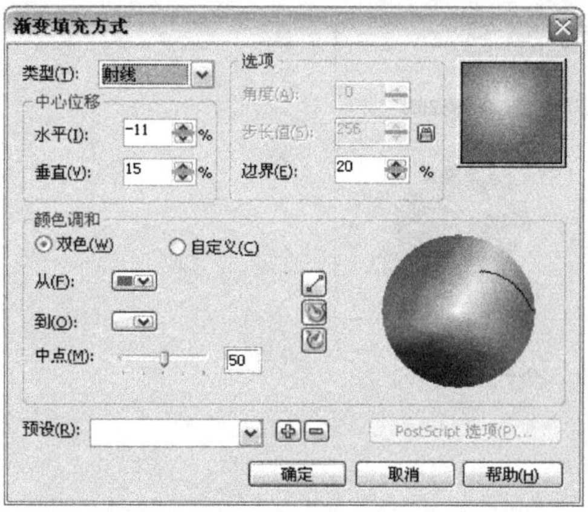

图 2-4-8 “渐变填充方式”对话框

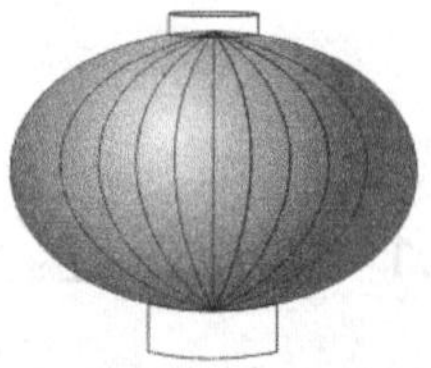

图 2-4-9　给椭圆填充从红色到黄色的渐变色

（7）选中灯笼顶部和底部的矩形图形，单击工具箱中的“渐变填充”工具按钮，调出“渐变填充方式”对话框。再按照如图 2-4-10 所示进行各种参数的设置。然后，单击“确定”按钮，即可给灯笼的顶部和底部填充从红色到白色的线性渐变色，完成后的效果如图 2-4-11 所示。

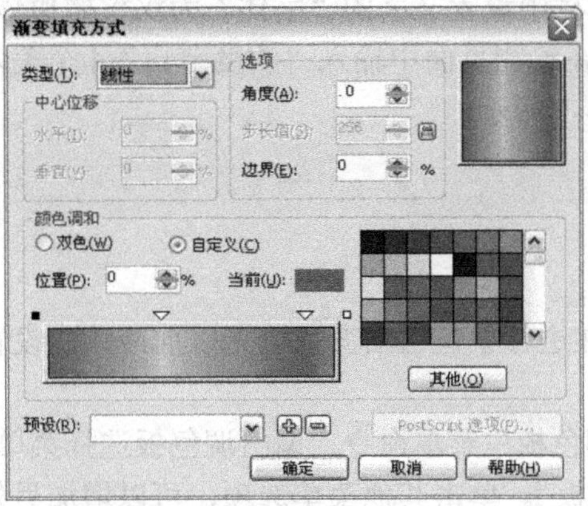

图 2-4-10　“渐变填充方式”对话框

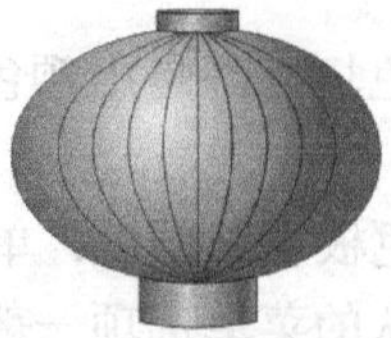

图 2-4-11　顶部和底部填充从红色到白色的渐变色

（8）使用工具箱中的“矩形”工具 □，在灯笼的顶部绘制一个长条矩形，为其填充和顶部矩形相同的渐变色，作为灯笼的挂绳。完成后的效果如图 2-4-12 所示。

2．制作阴影

（1）选中红灯笼中的所有对象，然后单击“排列”→“群组”菜单命令，将所选对象组成一个对象。

（2）单击工具箱中的“交互式阴影”工具按钮 。将鼠标指针移到灯笼上，单击鼠标左键不放，并向右下角拖曳，拖曳出一个箭头。在属性栏中设置“阴影羽化”值为 10，在“阴影颜色”列表框中选择阴影的颜色为粉红色。此时的属性栏如图 2-4-13 所示，即可看到灯笼的阴影变成了粉红色，如图 2-4-14 所示。

图 2-4-12　绘制挂绳

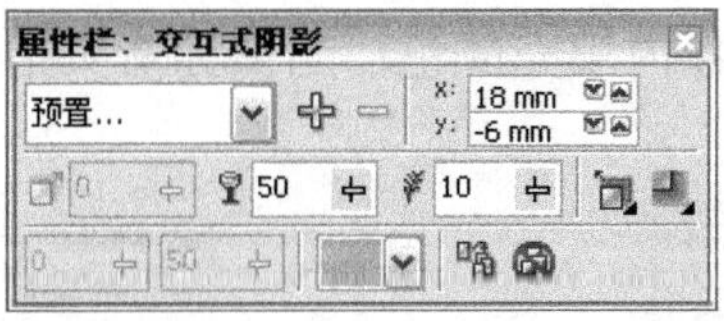

图 2-4-13　属性栏：交互式阴影

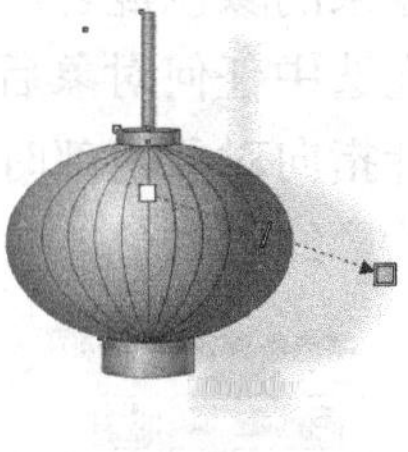

图 2-4-14　添加阴影效果

（3）使用工具箱中的“挑选”工具 ，选中灯笼和它的阴影，然后将它们组成群组。按下【Ctrl+D】键，复制一份灯笼和它的阴影图形。再将其移动到右侧，完成后的效果如图 2-4-15 所示。

（4）使用工具箱中的“矩形”工具 □，绘制一个水平细长的矩形，为其填充和灯笼主体相同的渐变色，制作出灯笼架图形。再将其移动到适当的位置，完成后的效果如图 2-4-16 所示。

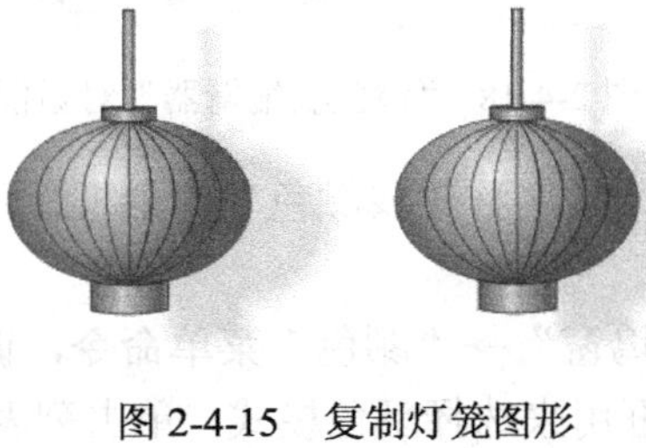

图 2-4-15　复制灯笼图形

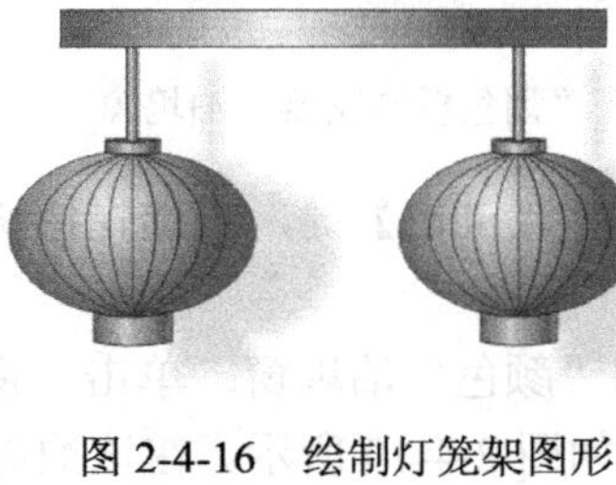

图 2-4-16　绘制灯笼架图形

（5）使用工具箱中的“文本”工具，在属性栏中设置文字的“字体”为汉仪橄榄体、“字号”为 48、排列方式为“水平排列文本”。然后在绘图页面中输入“欢度节日”4 个美术字并为其填充红色，完成整个图形的绘制，如图 2-4-1 所示。

2.4.2 颜色的设置与单色填充

1. 颜色的设置

单色与渐变色填充都是用颜色进行填充，所以在进行单色与渐变色填充以前应该先设置填充的颜色。

（1）使用调色板填充颜色：单击“窗口”→“调色板”菜单命令，调出调色板选择菜单。在该菜单中，默认的菜单选项一般是“CMYK 调色板”。单击其他菜单选项，可以增加另外一个调色板。如果要取消一个调色板，只要单击相应的菜单选项即可。

如果要加入其他类型的调色板，还可以单击“窗口”→“泊坞窗”→“调色板浏览器”菜单命令，调出“调色板浏览器”泊坞窗，如图 2-4-17 所示。在该泊坞窗内单击选择调色板的复选框，即可自动装入所选择的调色板。还可以单击“打开一个调色板”按钮，调出“打开调色板”对话框，使用该对话框可以加载外部的调色板。

“装入调色板”泊坞窗内还有四个按钮、、、，将鼠标指针移到按钮之上，即可显示按钮的作用。使用它们可以新建调色板和打开“调色板编辑器”对话框。“调色板编辑器”对话框如图 2-4-18 所示。

使用工具箱中的挑选工具选中对象，将鼠标指针移到调色板内某种颜色块之上，稍等片刻后，会显示颜色的名称。此时，单击鼠标左键，即可给选中的对象填充颜色；单击鼠标右键，即可改变选中对象的轮廓颜色；如果单击鼠标时，按住【Ctrl】键，则可以将选中的颜色与原来的颜色混合。

在选中任何对象后，用鼠标拖曳调色板中的某一种颜色块到某一个对象上方，当鼠标箭头指针指向对象内部时，则给对象内填充颜色；当鼠标箭头指针指向对象轮廓线时，则改变对象轮廓线的颜色。

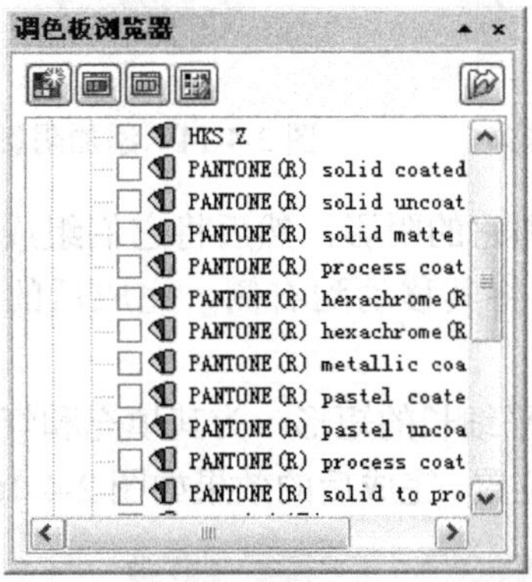

图 2-4-17 “调色板浏览器”泊坞窗

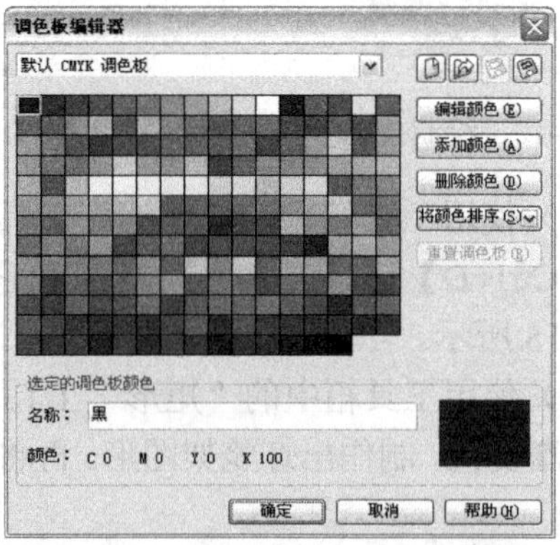

图 2-4-18 “调色板编辑器”对话框

如果先按住【Shift】键，再选择色块，则会出现“按名称查找颜色”对话框，用来选取颜色。

（2）使用“颜色”泊坞窗：单击“窗口”→“泊坞窗”→“颜色”菜单命令，调出“颜色”泊坞窗，如图 2-4-19 所示。在该泊坞窗内，列表框用来选择颜色模式，单击列表框的按钮可调出下拉菜单，如图 2-4-20 所示。

然后，在色条中单击选择某种颜色或在相应的文本框中导入颜色数据。颜色选好后，单击“填充”按钮即可给图形内填充选定的颜色，单击“轮廓”按钮即可改变选中对象的轮廓线颜色。

2．单色填充

（1）使用“单色填充”对话框：使用工具箱中的“挑选”工具，单击选中对象，再单击工具箱中的“交互式填充工具”按钮，此时的属性栏如图 2-4-21 所示。

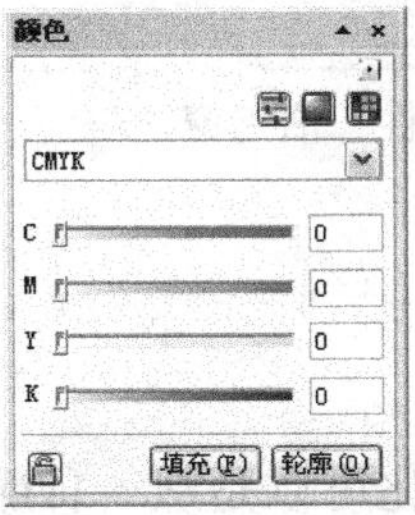

图 2-4-19 “颜色”泊坞窗

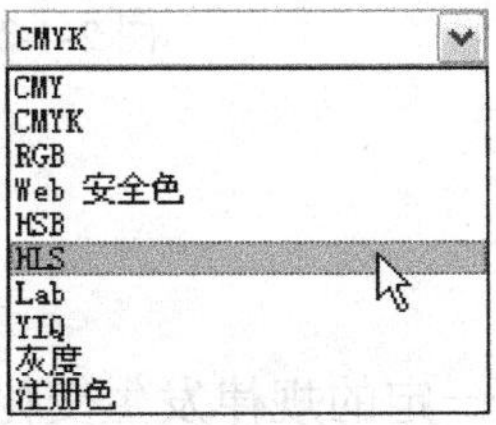

图 2-4-20 颜色模式下拉列表

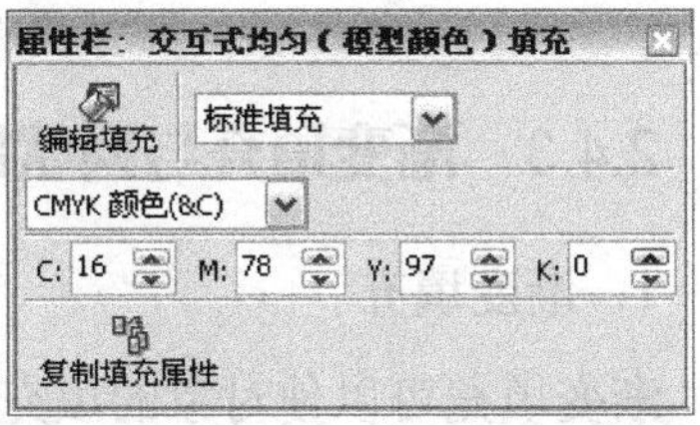

图 2-4-21 属性栏：交互式填充均匀工具

单击属性栏中的“编辑填充”按钮，调出“标准填充”（模型）对话框，如图 2-4-22 所示。

单击“混合器”标签，可以调出“标准填充”（混合器）对话框，如图 2-4-23 所示。单击“调色板”，还可以调出相应的对话框。使用这些对话框可以选择填充的颜色。选定颜色后，单击“确定”按钮，即可给选定的对象填充选定的颜色。要调出“标准填充”对话框，还可以单击工具箱中“填充展开工具栏”中的“颜色”按钮 。

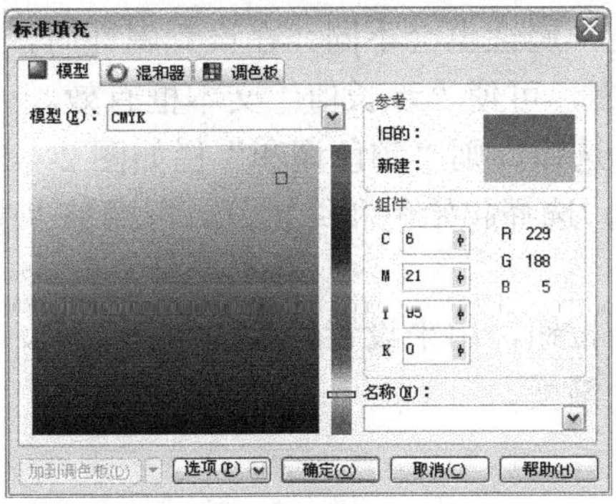

图 2-4-22 “标准填充”（模型）对话框

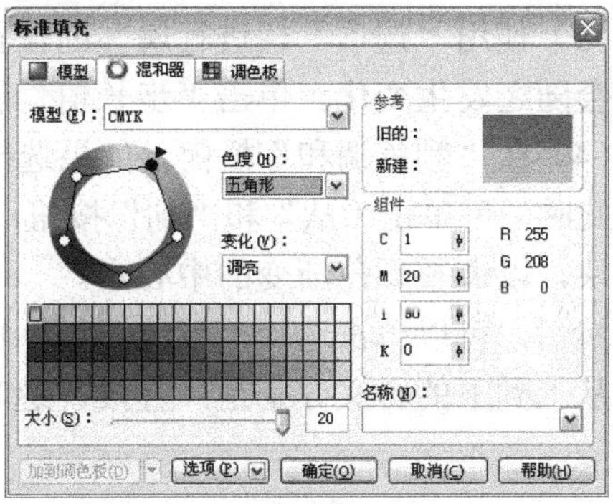

图 2-4-23 “标准填充”（混合器）对话框

（2）使用“对象属性”泊坞窗：使用工具箱中的“挑选”工具，单击选中对象，在选中的对象上单击右键，调出它的快捷菜单，如图 2-4-24 所示。再单击快捷菜单中的“属性管理器”菜单命令，即可调出“对象属性”泊坞窗，如图 2-4-25 所示。使用该泊坞窗也可以选择填充的颜色。

如果“对象属性”泊坞窗内的“自动应用”按钮 处于按下的状态，则选定颜色后会自动进行颜色的填充；如果“自动应用”按钮 处于抬起的状态，选定颜色后，要单击“应用”按钮，才可给选定的对象填充选定的颜色。

单击“对象属性”泊坞窗的“编辑”按钮，也可以调出如图 2-4-22 所示的“标准填充”对话框。

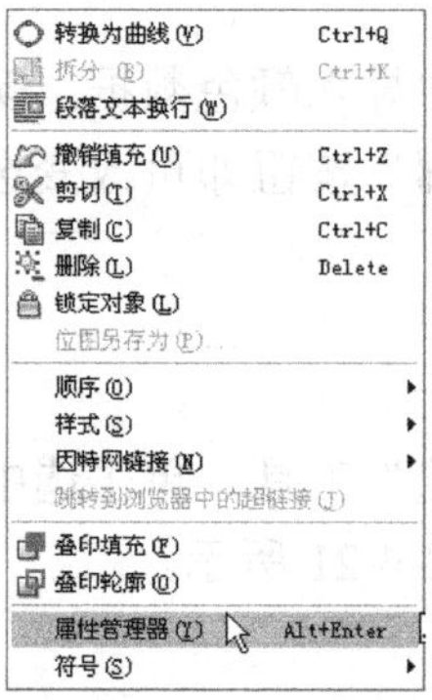

图 2-4-24 快捷菜单

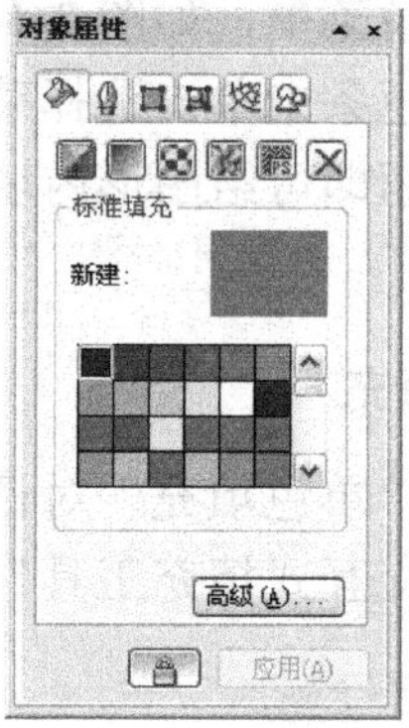

图 2-4-25 “对象属性”泊坞窗

2.4.3 渐变填充与网状填充

1. 渐变填充

渐变填充可以使对象的填充颜色按照一定的规律发生变化，这种变化可以是从一种颜色逐渐向另外一种颜色变化，也可以由用户自定义颜色的变化方式填充颜色。

（1）使用工具箱中的“挑选”工具，单击选中对象，再单击工具箱中“填充展开工具栏”的“渐变”工具按钮，调出“渐变填充方式”对话框，如图 2-4-26 所示。

（2）在“类型”列表框内选择渐变填充的类型（线性、射线、圆锥和方角）。如果选择的不是线性类型，则还需要在“中心点偏移”栏内选择起始颜色所在的点，也可以用鼠标在“渐变填充”对话框右上角的图像（效果图）内拖曳，确定起始颜色所在的点。选择类型和中心点后，效果图会随之发生变化，该图像形象地给出了渐变填充的效果。

（3）使用“选项”栏进行属性的设置，类型不同，属性也会不同。在设置属性时，效果图也会随之发生变化。单击“步长值”属性的按钮，可使“步长值”文本框有效。

（4）在“颜色调和”栏内，如果选择“双色”单选钮，则“颜色调和”栏如图 2-4-27 所示。此时，可单击“从”和“到”按钮，调出调色板，选择起始色和终止色。再调整“中点”的滑块，以调整颜色渐变的中心点。

然后，可以单击选择“颜色调和”栏内间的三个按钮，用来设置颜色的渐变方式。三个按钮从上到下的含义分别是：直接、逆时针和顺时针渐变。

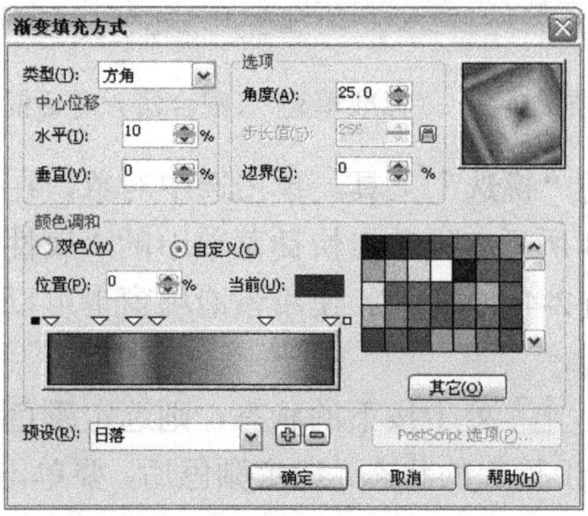

图 2-4-26 “渐变填充方式”对话框

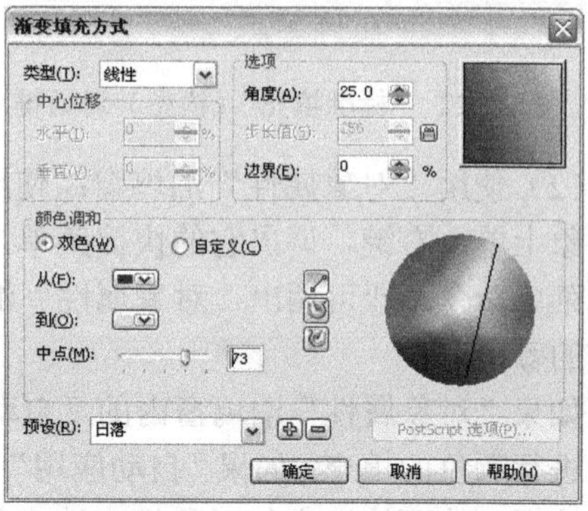

图 2-4-27 “渐变填充方式”（颜色调和设置）对话框

（5）在“颜色调和”栏内，如果选择“自定义”单选项，则“颜色调和”栏如图 2-4-26

所示。此时，单击预览带左上角的“□”标记，再单击调色板中的一种颜色，即可设置起始色；单击预览带右上角的“□”标记，再单击调色板中的一种颜色，即可设置终止色。

用鼠标双击预览带上边，可以使预览带上边出现一个▼标记，单击“位置”文本框的按钮或用鼠标拖曳▽标记可以改变标记的位置。用鼠标拖曳▼标记到一定位置后，单击调色板中的一种颜色，即可设置此处的中间色，可以设置 99 种颜色。

在“颜色调和”栏内，“当前”框内会显示▼标记处的颜色。单击“其他”按钮，可以调出“选择颜色”对话框，它与如图 2-4-23 所示的“标准填充”对话框一样，也是用来选定颜色的。

（6）完成上述设置后，单击“确定”按钮，即可完成对选定对象的渐变填充。如果要将设置好的渐变填充方式进行保存，可在“预设”文本框内输入名字，再单击⊕按钮即可。如果要删除某种渐变填充方式，可先选中它的名字，再单击⊟按钮。

2．网状填充

（1）单击工具箱中“交互式填充工具”中的“交互式网状填充”工具按钮，再单击要填充的对象，即可给对象添加网格线，如图 2-4-28 所示。

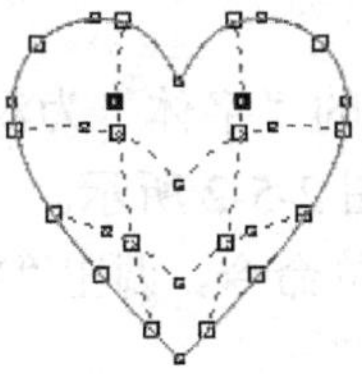

图 2-4-28　给对象添加网格线

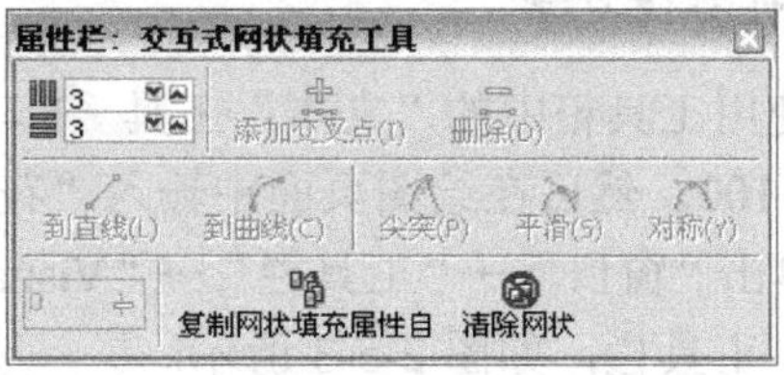

图 2-4-29　属性栏：交互式网状填充工具

（2）单击其属性栏中的两个文本框按钮（如图 2-4-29 所示），可以改变网格线的水平与垂直线的个数。用鼠标拖曳网格线的节点，可以改变网格线的形状，如图 2-4-30 所示。

（3）用鼠标拖曳调色板内不同的颜色到网格线的不同网格内，即可完成对象内的网状填充，如图 2-4-31 所示。

（4）单击其属性栏中的“清除网状”按钮，可以清除网状格内的填充颜色。“复制网状填充属性自”按钮的作用可以复制网格线和填充色。

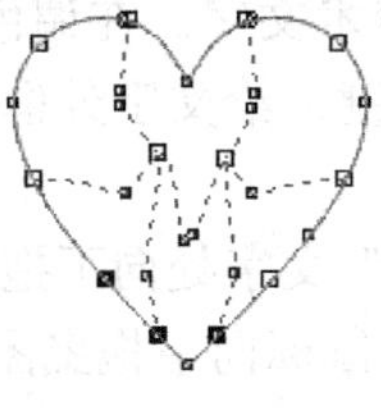

图 2-4-30　可以改变网格线的形状

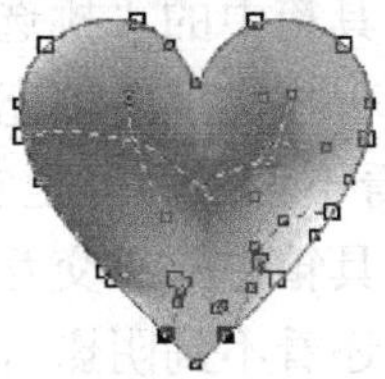

图 2-4-31　对象内的网状填充

2.5　花边与按钮——高级填充

【案例效果】

这是一幅展示各种花边与按钮的图形。花边与按钮在多媒体和网页制作中经常需要使用。实例按钮通常有两种状态，一个是按下的状态，另一个是抬起的状态。绘制如图 2-5-1

所示的展示各种花边与按钮的图形，需要使用“Visual Basic 应用软件”工具栏和交互式填色工具等。在本实例中，还将介绍一种立体字的制作过程，以及如何将一个完整的制作步骤录制成一个文件并保存成 Script 文件（扩展名为.csc）。

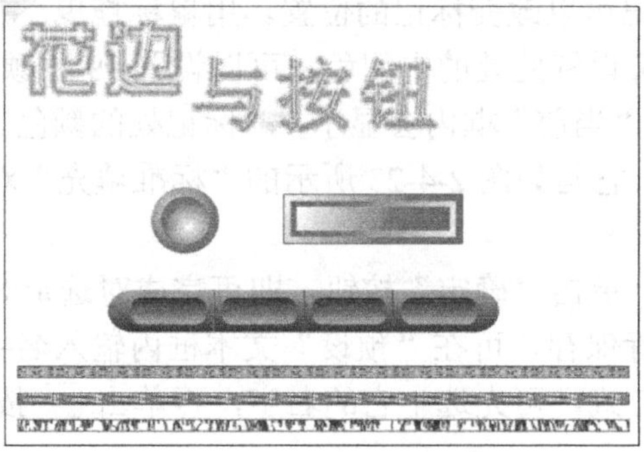

图 2-5-1　花边与按钮

2.5.1　制作过程

1. 制作立体文字

（1）使用工具箱中的“文本”工具 字，在属性栏中设置文字的“字体”为汉仪综艺体、“字号”为 100。然后在绘图页面中输入“花边”2 个美术字，如图 2-5-2 所示。

（2）单击“窗口”→“工具栏”→“Visual Basic 应用软件”菜单命令，调出“Visual Basic 应用软件”工具栏，如图 2-5-3 所示。

图 2-5-2　输入美术文字

图 2-5-3　“Visual Basic 应用软件”工具栏

（3）使用工具箱中的“挑选”工具，选中“花边”美术文字。然后，单击“Visual Basic 应用软件”工具栏中的（录制）按钮，调出“保存宏”对话框。在该对话框中输入“宏名”为花边，如图 2-5-4 所示。再单击“确定”按钮，开始录制以后的操作步骤。

（4）使用工具箱中的“挑选”工具，选中“花边”美术文字。在调色板中的“×”处单击鼠标左键，去除文字的填充；再在白色块上单击鼠标右键，给文字外框添加白色。这时“花边”文字已看不见了，但是它还存在。

（5）使用工具箱中的“交互式阴影”工具，在“花边”文字处向下拖曳，以产生下落式阴影（但此时还看不到阴影），如图 2-5-5 所示。然后，用鼠标向下拖曳图 2-5-5 中条状控制柄，使阴影颜色加深。

（6）单击属性栏内的按钮，调出“羽化方向”选择框，如图 2-5-6 所示。在该选择框中单击“中间”按钮。稍等片刻，即可显示如图 2-5-7 所示的带阴影的图形。再使用工具箱中的“挑选”工具，选中花边文字。单击“排列”→“拆分”菜单命令，使“花边”美工字与它的阴影分离。

（7）单击绘图页其他空白处，再单击选中白边的“花边”美工字，如图 2-5-8 所示。再用鼠标拖曳“花边”美工字四周的黑色句柄和中心的“×”，以调整它的大小与位置，使它与阴影字重合，完成后的效果如图 2-5-9 所示。

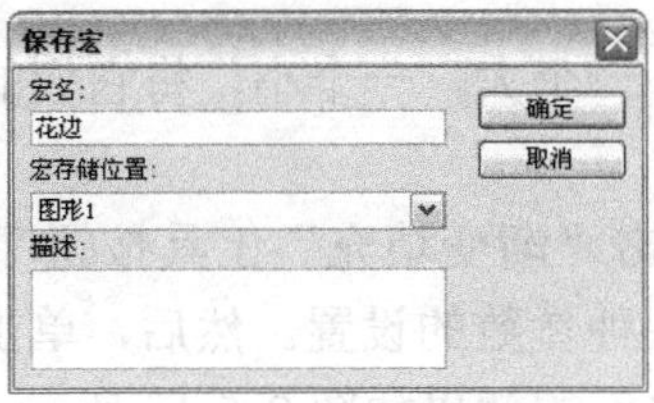

图 2-5-4　添加阴影

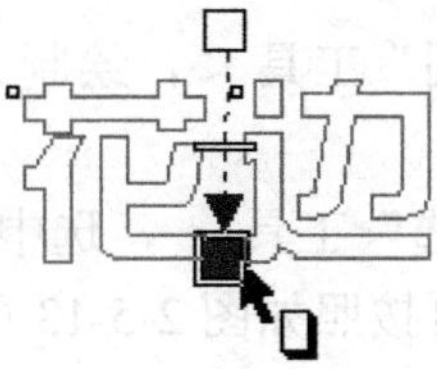

图 2-5-5　添加阴影

图 2-5-6　“羽化方向”选择框

图 2-5-7　显示出带阴影的图形

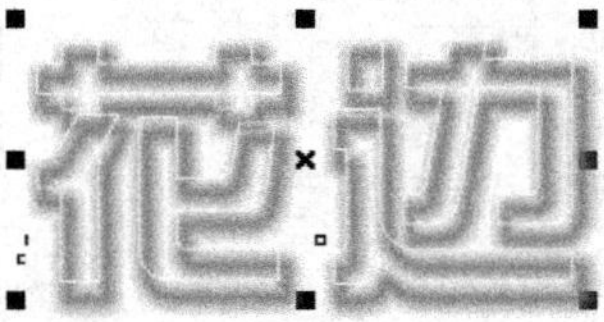

图 2-5-8　选中白边的“花边”美工字

（8）使用工具箱中的“挑选”工具 ，选中“花边”美工字和它的阴影，再单击“排列”→“群组”菜单命令。这样，具有立体感的“花边”美工字即制作完毕。

（9）单击“Visual Basic 应用软件”工具栏中的 （停止）按钮，终止宏的操作录制。

（10）使用工具箱中的文本工具 ，在属性栏中设置文字的“字体”为汉仪综艺体、“字号”为 100。然后在“花边”文字的右下角输入“与按钮”3 个美术字，完成后的效果如图 2-5-10 所示。

图 2-5-9　移动花边

图 2-5-10　输入文字

（11）使用工具箱中的“挑选”工具 ，选中“与按钮”3 个美术文字。双击“Visual Basic 应用软件”工具栏中的 按钮。调出“CorelDRAW 12 Visual Basic for Applications 宏”（运行 Visual Basic 宏）”对话框。在该对话框的列表框中选中刚录制的“花边”文件，如图 2-5-11 所示。然后，单击“Run（运行）”按钮，稍等片刻，即可制作出与“花边”具有相同特点的立体字“与按钮”，完成后的效果如图 2-5-12 所示。

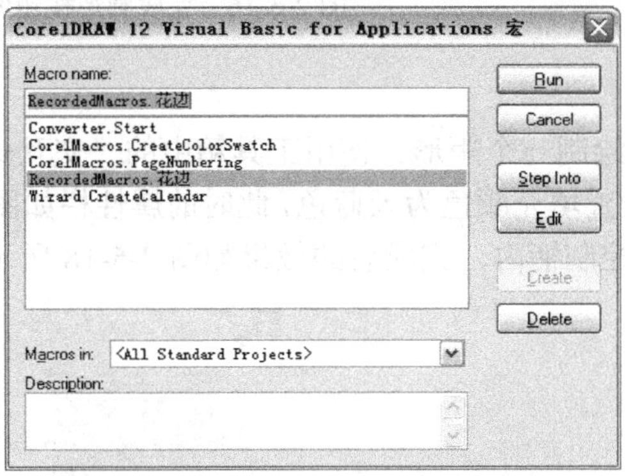

图 2-5-11　“CorelDRAW 12 Visual Basic for Applications 宏”对话框

图 2-5-12　完成立体文字的制作

2．制作圆形按钮

（1）使用工具箱中的“椭圆”工具，绘制 2 个正圆，一个大，一个小，将它们的外框线取消。

（2）使用工具箱中的“挑选”工具，选中大圆。单击“渐变填充”工具按钮，调出“渐变填充方式”对话框。再按照如图 2-5-13 所示进行各种参数的设置。然后，单击“确定”按钮，即可给按钮填充从白到蓝色的圆形渐变色，完成后的效果如图 2-5-14 所示。

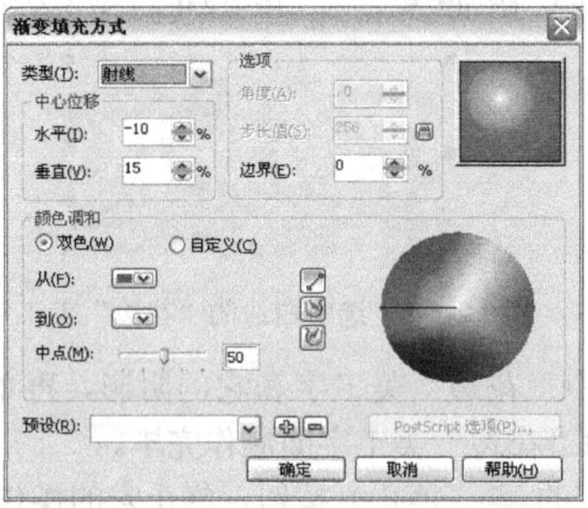

图 2-5-13 “渐变填充方式”对话框

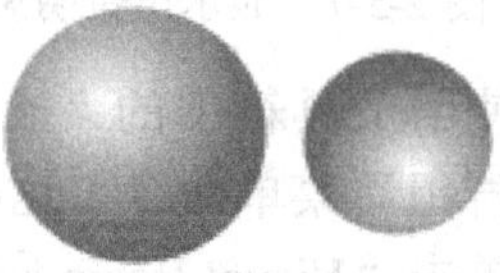
图 2-5-14　填充渐变

（3）采用上述方法，将小圆渐变填色，不同的是：将亮点拖曳到圆的右下角，完成后的效果如图 2-5-14 所示。

（4）使用工具箱中的“挑选”工具，同时选中 2 个对象。再单击属性栏中的“对齐和分布”按钮，调出“对齐与分布”（对齐）对话框。在该对话框中单击选中垂直和水平“中”复选框，如图 2-5-15 所示。然后，单击“应用”按钮，将所有的对象以垂直和水平居中的方式对齐，完成圆形按钮的绘制，如图 2-5-16 所示。

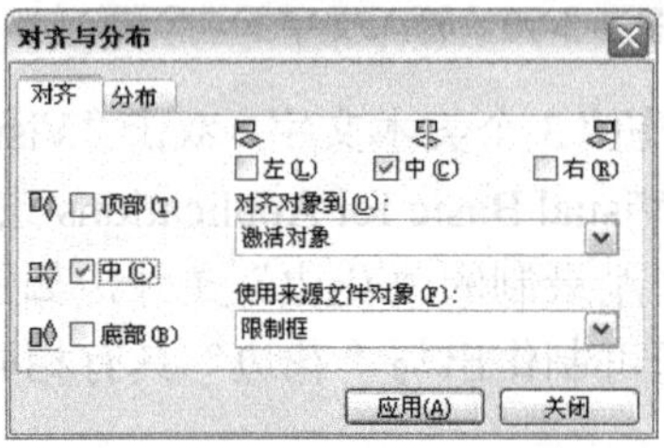

图 2-5-15 “对齐与分布”（对齐）对话框

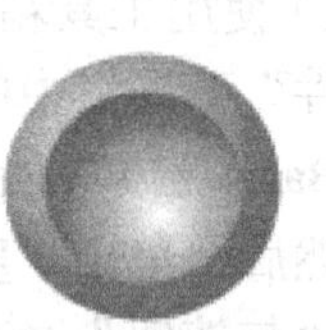
图 2-5-16　完成圆形按钮的绘制

3．制作矩形按钮

（1）使用工具箱中的“矩形”工具，绘制一个矩形。使用工具箱中的“交互式填充”工具，在矩形上倾斜拖曳，在其属性栏中设置填充颜色为天蓝色，此时的属性栏如图 2-5-17 所示。然后，将条形控制柄拖曳到方形蓝色控制柄内，完成后的效果如图 2-5-18 所示。

图 2-5-17　属性栏：交互式双色喷泉式填充

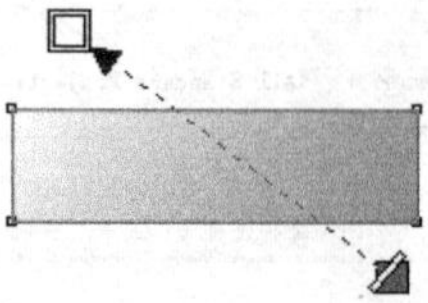
图 2-5-18　填充颜色后的效果

（2）将矩形复制一个并适当缩小。使用工具箱中的“交互式填充”工具，调整其填充效果，完成后的效果如图 2-5-19 所示。

（3）使用工具箱中的“挑选”工具，同时选中 2 个矩形对象。再单击属性栏中的“对齐和分布”按钮，调出“对齐与分布”（对齐）对话框。在该对话框中单击选中垂直和水平“中”复选框，如图 2-5-20 所示。然后，单击“应用”按钮，将所有的对象以垂直和水平居中的方式对齐，如图 2-5-21 所示。

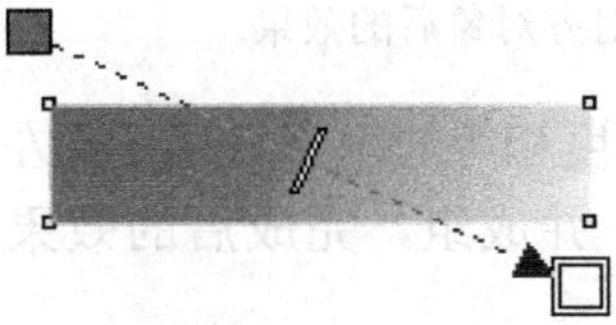

图 2-5-19　调整填充效果

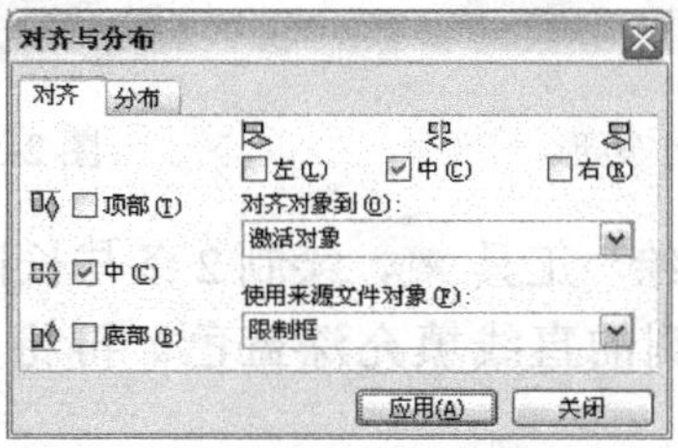

图 2-5-20　“对齐与分布”（对齐）对话框

图 2-5-21　对齐后的效果

（4）再将矩形复制 1 个并适当缩小。使用工具箱中的“交互式填充”工具，调整其填充效果，完成后的效果如图 2-5-22 所示。使用工具箱中的“挑选”工具，同时选中 3 个矩形对象。将其以垂直和水平居中的方式对齐，完成方形按钮的绘制，如图 2-5-23 所示。

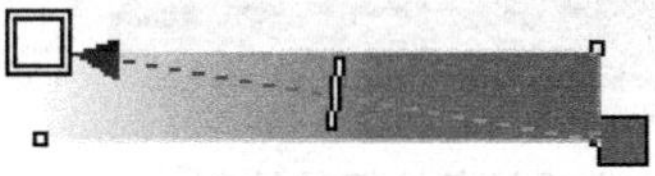

图 2-5-22　调整填充效果

图 2-5-23　完成方形按钮的绘制

4．制作长条按钮

（1）使用工具箱中的“矩形”工具，绘制一个边角圆滑度都为 100 的长条矩形。单击“渐变填充”工具按钮，调出“渐变填充方式”对话框。再按照如图 2-5-24 所示进行各种参数的设置。然后，单击“确定”按钮，即可给按钮填充从浅蓝到深蓝色的线性渐变色，完成后的效果如图 2-5-25 所示。

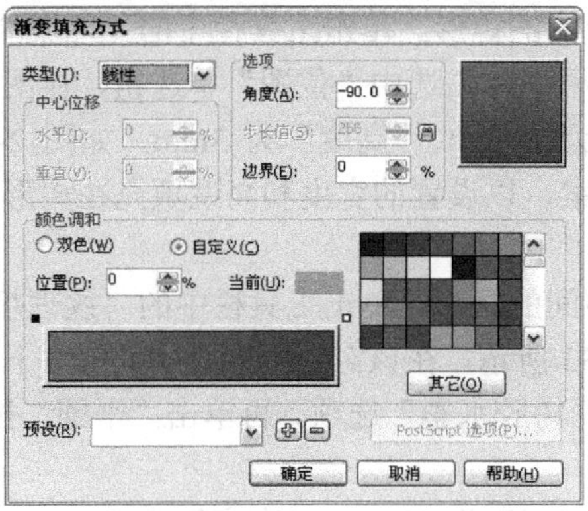

图 2-5-24　“渐变填充方式”对话框

图 2-5-25　绘制长条矩形

（2）使用工具箱中的“矩形”工具，绘制一个边角圆滑度都为 30 的矩形，对其填充与长条矩形相反方向的渐变。再将其复制 3 个，完成后的效果如图 2-5-26 所示。

（3）使用工具箱中的“挑选”工具，同时选中 5 个矩形对象。再单击属性栏中的“对齐和分布”按钮，调出“对齐与分布”（对齐）对话框。在该对话框中单击选中垂直和水平“中”复选框，如图 2-5-20 所示。然后，单击“应用”按钮，将所有的对象以垂直和水平居中的方式对齐，如图 2-5-27 所示。

图 2-5-26 绘制小矩形

图 2-5-27 对齐对象后的效果

（4）使用工具箱中的“手绘”工具，绘制 2 条与长按钮高度相等的垂直直线，为左侧的直线填充为浅蓝色，为右侧的直线填充深蓝色。再将其对齐并成组，完成后的效果如图 2-5-28 所示。

（5）将成组后的直线移动到小矩形的中间，作为分割线。再将其复制 2 个，移动到适当的位置，完成长条按钮的绘制，效果如图 2-5-29 所示。

图 2-5-28 绘制直线

图 2-5-29 完成长条按钮的绘制

5. 制作花边

（1）使用工具箱中的“矩形”工具，在绘图页内绘制 3 个长条矩形，如图 2-5-30 所示。

图 2-5-30 绘制矩形

（2）使用工具箱中的“挑选”工具，选中上面的矩形。单击工具栏中的“图案填充”工具按钮，调出“填充图案”对话框。在该对话框中单击选中“位图”单选钮，在图案列表框中选择一种图案，再设置填充图案的“宽度”为 20mm、“高度”为 3mm，如图 2-5-31 所示。然后，单击“确定”按钮，即可将选择的图案，以设置的宽度和高度填充在矩形中，完成后的效果，如图 2-5-32（a）所示的花边图形。

（3）使用工具箱中的“挑选”工具，选中中间的矩形。单击工具栏中的“纹理填充”工具按钮，调出“底纹填充”对话框，如图 2-5-33 所示。在该对话框的“底纹库”下拉列表框中选中“样本”选项，在“底纹列表”中选中“树胶水彩”选项。再单击“平铺”按钮，又调出“平铺”对话框。

（4）在“平铺”对话框中，设置纹理平铺的“宽度”为 20mm、“高度”为 2.54mm，如图 2-5-34 所示。然后，单击“确定”按钮，关闭该对话框并返回“底纹填充”对话框中。此时的“底纹填充”对话框如图 2-5-33 所示。再单击“确定”按钮，即可将选择的纹理，以设置的宽度和高度填充在矩形中，完成后的效果，如图 2-5-32（b）所示的花边图形。

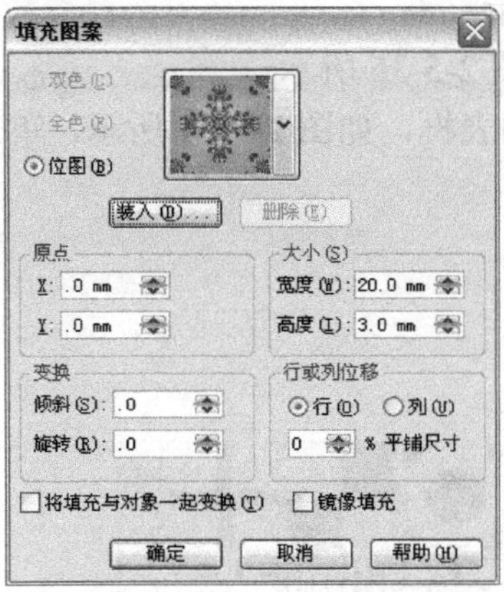

图 2-5-31　“填充图案”对话框

图 2-5-32　形成花边效果

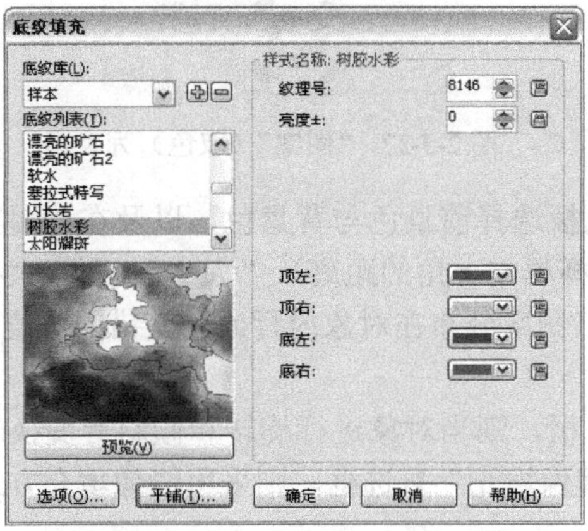

图 2-5-33　“底纹填充”对话框

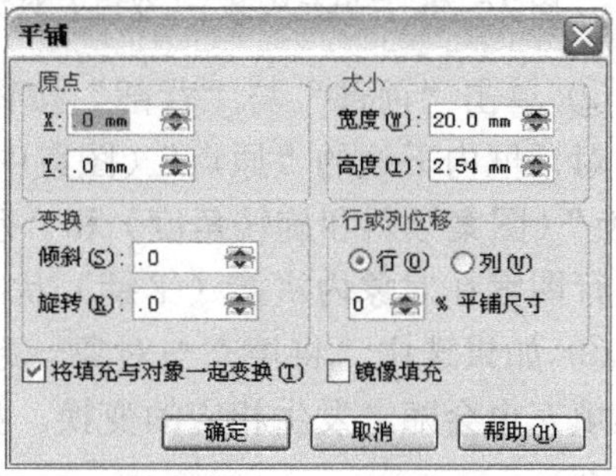

图 2-5-34　“平铺”对话框

（5）使用工具箱中的“挑选”工具，选中下面的矩形。单击工具栏中的“PostScript 底纹填充”工具按钮，调出“PostScript 底纹”对话框。在该对话框中先选中“预览填充”复选框，再在填充列表中选择“Grass”选项，此时在右侧的预览窗口中显示选择的 PostScript 底纹效果，如图 2-5-35 所示。然后，单击“确定”按钮，即可将选择的 PostScript 底纹填充在矩形中，完成后的效果，如图 2-5-32（c）所示的花边图形。至此，整个图形绘制完成。

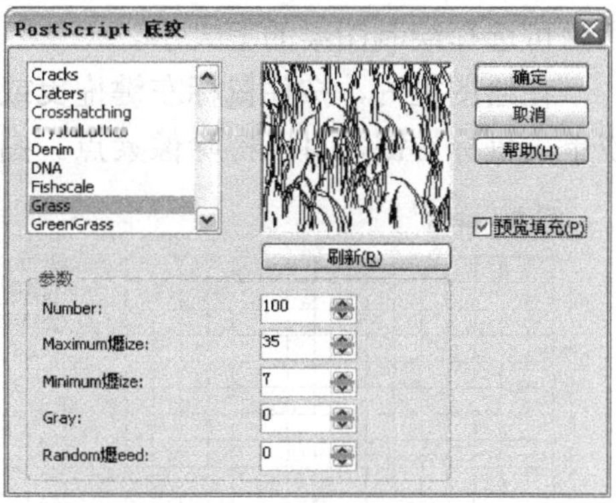

图 2-5-35　“PostScript 底纹”对话框

2.5.2　图案与纹理填充

1．图案填充

图案填充可以用花纹或图像填充对象的内部。图案填充有双色（双色位图）、全色（矢量图）和位图（全色位图）三种类型。图案填充的操作方法如下。

（1）使用工具箱中的“挑选”工具选中对象，单击工具箱中“填充展开工具栏”的“图案”工具按钮，调出“填充图案”对话框，如图 2-5-36 所示。

（2）双色图案填充：单击“双色”单选钮，对话框如图 2-5-36 所示。

① 单击“图案”右边的 按钮，可以调出“图案”列表框，如图 2-5-37 所示，单击选中该列表框内某种图案即可。

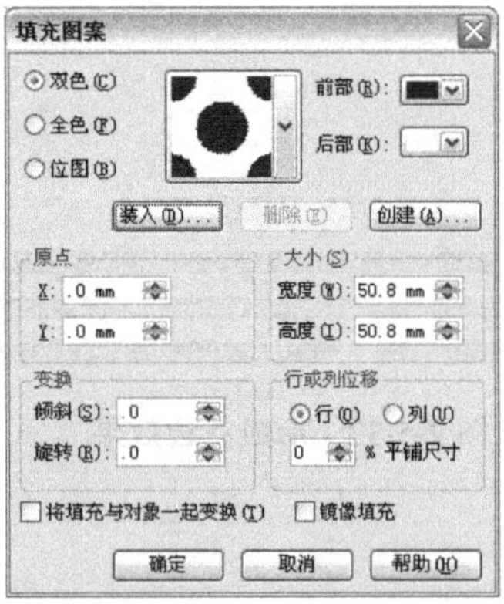

图 2-5-36 “填充图案”（双色）对话框

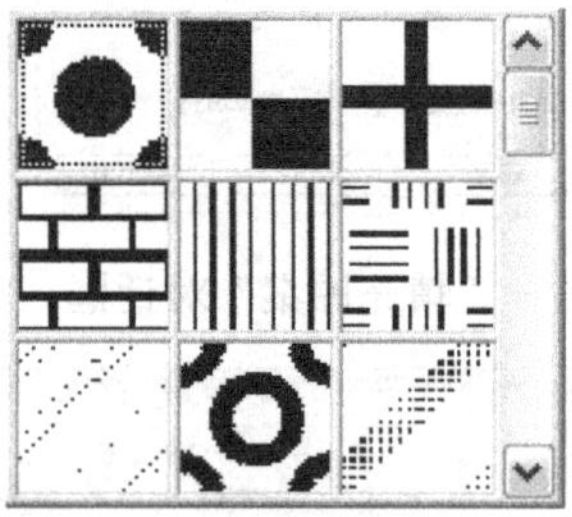

图 2-5-37 “图案”（双色）列表框

② 单击“前部”与“背部”按钮，使用调色板选择前景色与背景色，以及在“图案填充”对话框内下边的“原点”（图案中心距对象选择框左上角的距离）、“大小”（图案大小）、“变换”（图案倾斜和旋转角度）和“行或列位移”（图案分布在对象内行或列交错的数值）栏内进行图案在对象内拼接（平铺）状况的设置。

③ 如果选中“将填充与对象一起变换”复选框，则当对象进行旋转和倾斜等变换时，图案填充也会随之发生相应的变换。如果选中“镜像填充”复选框，则采用镜像填充方式进行填充。

④ 如果要设计新的图案，可以单击“创建”按钮，调出“双色图案编辑器”对话框，如图 2-5-38 所示。在该对话框内“位图尺寸”栏内可选择组成图案的点阵个数，在“笔尺寸”栏内可选择绘制图案的笔大小。

在绘图框内，按住鼠标左键拖曳或单击鼠标左键，可以绘制像素点；按住鼠标右键拖曳或单击鼠标右键，可以擦除像素点。图 2-5-39 给出一种绘好的图案。

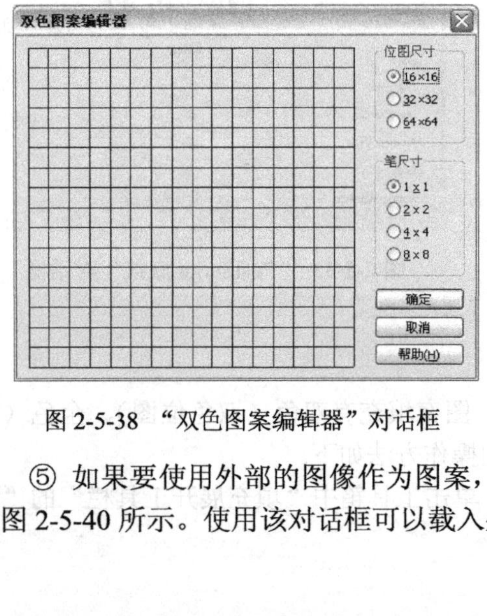

图 2-5-38 “双色图案编辑器”对话框

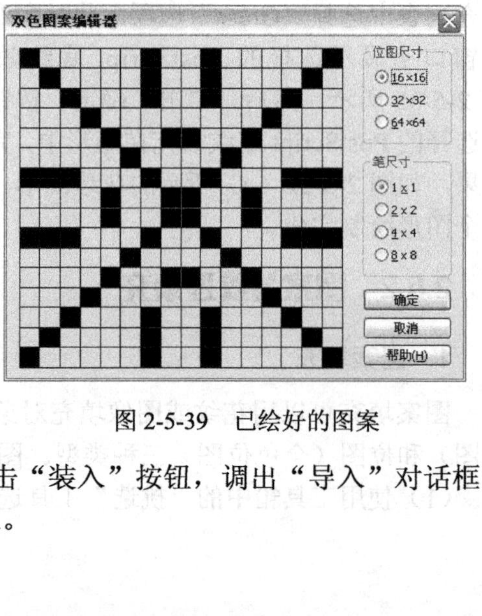

图 2-5-39 已绘好的图案

⑤ 如果要使用外部的图像作为图案，可以单击“装入”按钮，调出“导入”对话框，如图 2-5-40 所示。使用该对话框可以载入外部图像。

⑥ 如果要删除图案，可首先选择要删除的图案，再单击“删除”按钮。

图 2-5-40 “导入”对话框

（3）全色图案填充：单击“全色”单选钮，则对话框上半部分发生变化，如图 2-5-41 所示。单击“图案”右边的 按钮，可以调出“图案”列表框，如图 2-5-42 所示。单击选中“图案”列表框内某种图案，再进行其他设置，然后单击“确定”按钮即可。

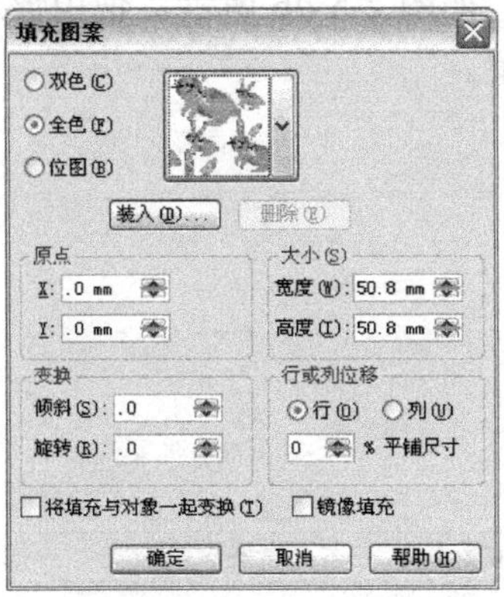

图 2-5-41 “填充图案”（全色）对话框

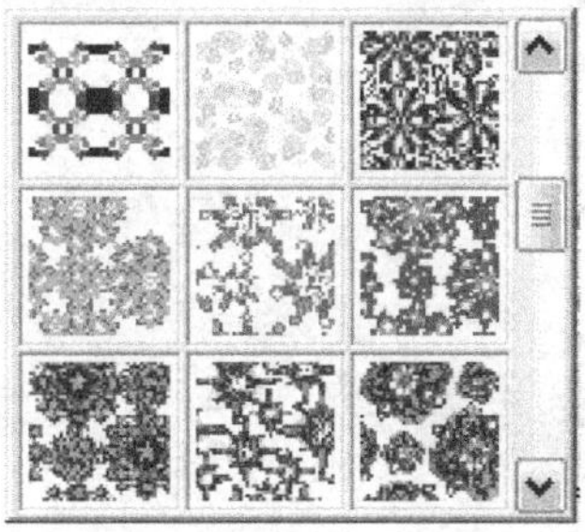
图 2-5-42 “图案”（全色）列表框

（4）位图图案填充：单击“位图”单选钮，则对话框上半部分发生变化，如图 2-5-43 所示。单击“图案”右边的 按钮，可以调出“图案”列表框，如图 2-5-44 所示。单击选中“图案”列表框内某种图案，再进行其他设置，然后单击“确定”按钮即可。

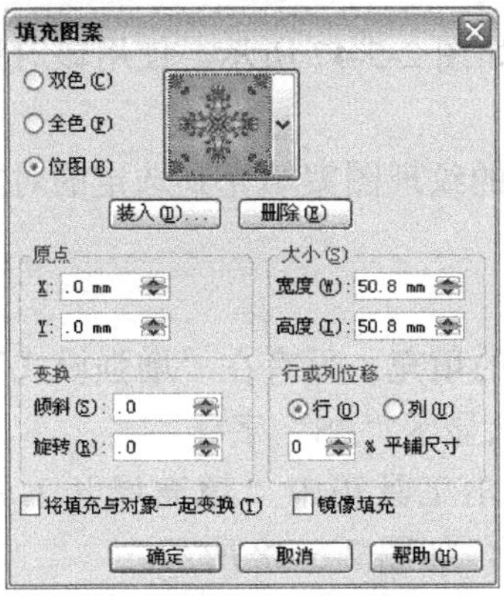

图 2-5-43 “填充图案”（位图）对话框

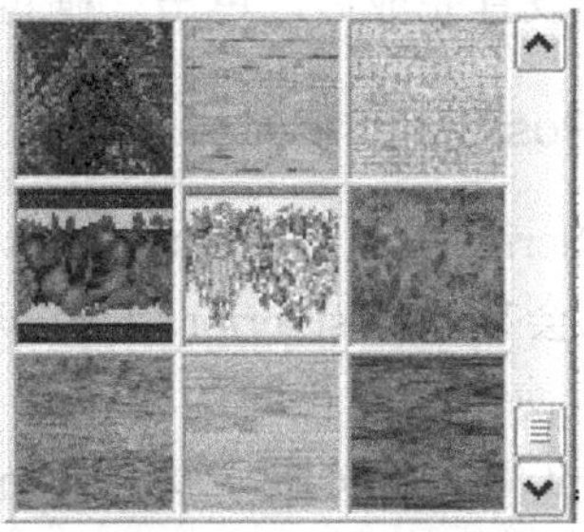
图 2-5-44 “图案”（位图）列表框

2．纹理填充

纹理填充可以用小块的位图随机地填充到对象的内部，以产生天然纹理的效果。纹理位图只能是 RGB 颜色，打印与显示的颜色会有差别。

（1）使用工具箱中的“挑选”工具选中对象，单击工具箱中“填充展开工具栏”的“纹理”工具按钮，调出“底纹填充”对话框，如图 2-5-45 所示。

（2）在“底纹库”列表框内选择某类纹理库，每个纹理库有多种纹理图案。再在“纹理列表”列表框内选择某种纹理图案，选中的纹理图案会在预览框内显示出来。

（3）在“样式名称”栏内进行纹理图案参数的设置，不同的纹理图案会有不同的参数。纹理图案参数设置完成后，单击“预览”按钮，即可看到修改参数后的纹理图案。

（4）单击各参数选项右边的锁状小按钮后，表示选中此参数，再不断单击“预览”按钮，可使选中的参数随机变化，同时预览框内的纹理图案也会随之变化。

对于生成的新纹理图案，可以单击 按钮保存。选中某种纹理图案，单击 按钮即可删除选中的纹理图案。

（5）单击“选项”按钮，调出“底纹选项”对话框，如图 2-5-46 所示。使用该对话框，可以进行“位图分辨率”和纹理“最大平铺宽度”的设置。

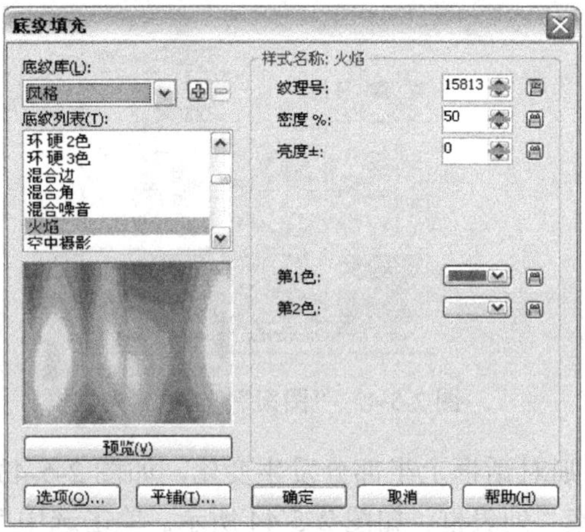

图 2-5-45 “底纹填充”对话框

图 2-5-46 “底纹选项”对话框

（6）单击“平铺”按钮，可调出“平铺”对话框，如图 2-5-47 所示。使用该对话框，可以进行纹理图案在对象内拼接状况的设置。

上述设置完成后，单击“确定”按钮，即可将选定的纹理图案填充到选定的对象内。

3．PostScript 填充

PostScript 填充是用 PostScript 语言设计的一种特殊的填充。只有在“增强模式”的视图模式下才会显示 PostScript 填充内容，其他视图模式下只显示“PS”字样。

（1）使用工具箱中的“挑选”工具选中对象，单击工具箱中“填充展开工具栏”的“PostScript 工具”按钮，调出“PostScript 底纹”对话框，如图 2-5-48 所示。

（2）在列表框内选择样式，在“参数”栏内修改参数，单击“确定”按钮即可。

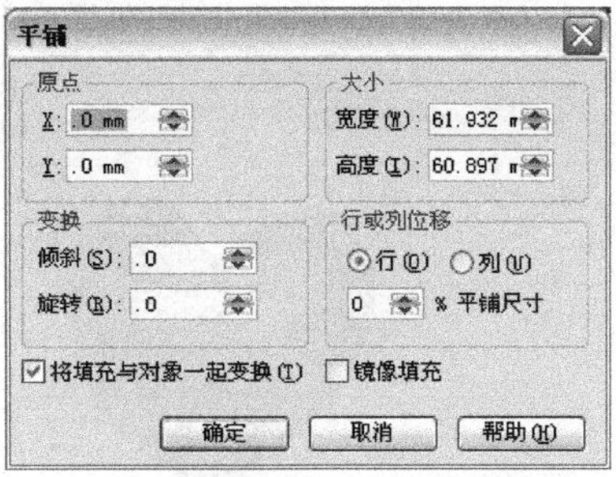

图 2-5-47 “平铺”对话框

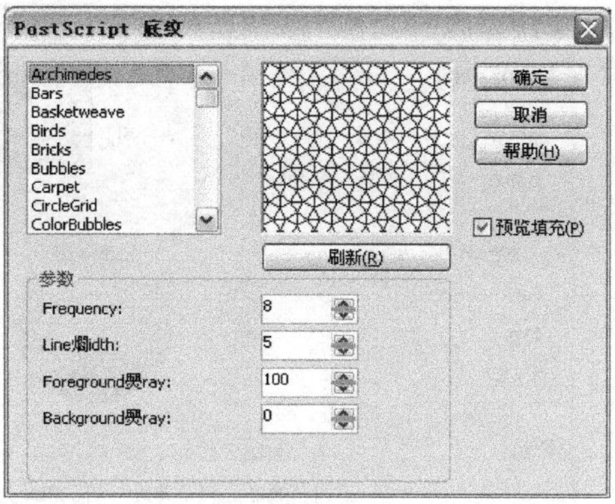

图 2-5-48 “PostScript 底纹”对话框

2.6 丘比特之箭——应用透明

【案例效果】

实例“丘比特之箭”，如图 2-6-1 所示，一支蓝色的箭射穿 1 红 1 粉 2 个心脏，心脏的旁边有“思念”两个字，它表示思恋着心中的人。绘制红色心脏的过程应该是先绘制心脏曲线，再进行颜色填充。

图 2-6-1 丘比特之箭

通过制作该实例，可以掌握各种对象的颜色填充、渐变填充、箭头的设置等操作方法。

2.6.1 制作过程

1．绘制心形图形

（1）设置绘图页面的宽度为 148mm，高度为 105mm。使用工具箱中的“椭圆”工具，绘制一个椭圆图形，再单击其属性栏中的按钮，将图形转换为可调节的曲线对象，如图 2-6-2 所示。

（2）使用工具箱中的“形状”工具，调整椭圆图形的节点，将椭圆图形调整成如图 2-6-3 所示的心形。

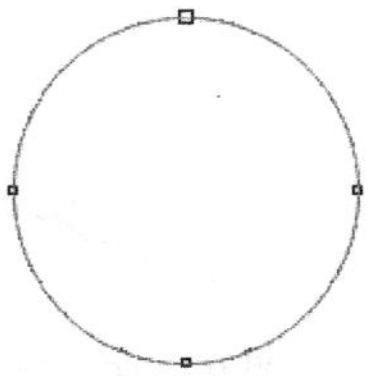

图 2-6-2 绘制椭圆图形

图 2-6-3 将椭圆图形调整成心形

（3）使用工具箱中的“挑选”工具，选中心形图形，单击“渐变填充”工具按钮，调出“渐变填充方式”对话框，再按照如图 2-6-4 所示进行各种参数的设置。然后，单击“确定”按钮，即可给心形填充从白色到红色的圆形渐变色，完成后的效果如图 2-6-5 所示。

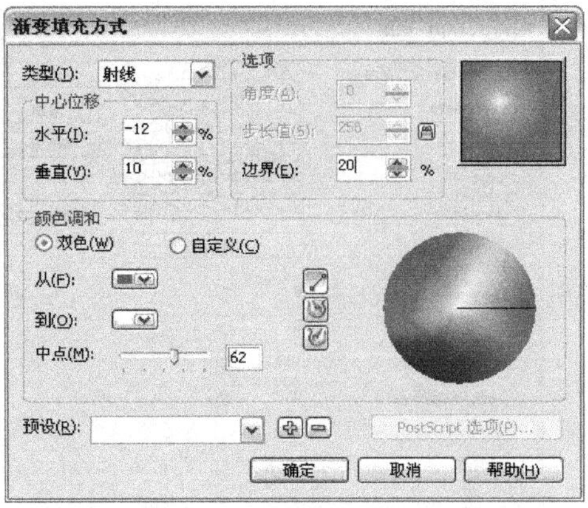

图 2-6-4 “渐变填充方式”对话框

图 2-6-5 给心形填充圆形渐变色

（4）使用工具箱中的“挑选”工具，选中心形图形将其复制一个，移动到适当的位置。再调整其颜色为从白色到粉色的圆形渐变色，如图 2-6-6 所示。

2. 绘制箭和文字

（1）使用工具箱中的“贝塞尔”工具，绘制 1 条倾斜的直线，为其轮廓填充蓝色，作为箭的尾部图形。再在其属性栏中设置直线的“起始箭头”为双箭头、轮廓宽度为 1.5mm，此时的属性栏如图 2-6-7 所示。完成后的图形如图 2-6-8 所示。

图 2-6-6 复制心形并调整颜色

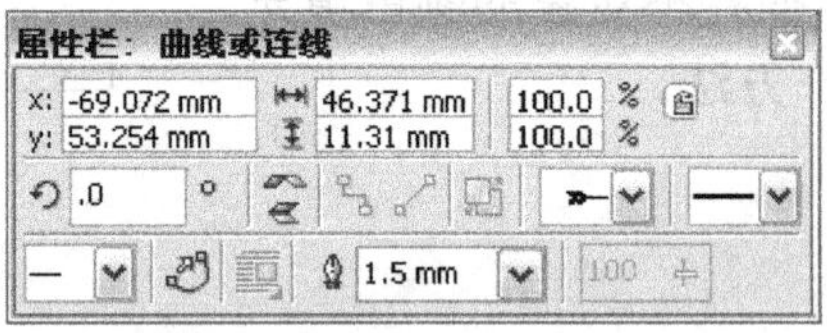

图 2-6-7 属性栏：曲线或连线

图 2-6-8 完成箭的尾部图形

（2）使用工具箱中的“贝塞尔”工具，再绘制 1 条相同角度的倾斜直线，为其轮廓填充蓝色，作为箭的头部图形。在其属性栏中设置直线的“终止箭头”为双箭头、轮廓宽度为 1.5mm，此时的属性栏如图 2-6-9 所示。完成后的图形如图 2-6-10 所示。

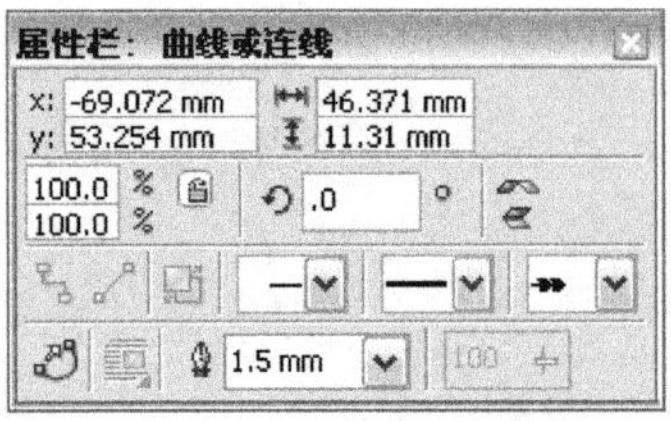

图 2-6-9 属性栏：曲线或连线

图 2-6-10 完成箭的头部图形

（3）使用工具箱中的“挑选”工具，选中箭的 2 个图形，将其移动到心形的上面，如图 2-6-11 所示。再选中箭的头部图形，单击“排列”→“顺序”→“到后部”菜单命令，将箭的头部图形放置在其他对象的后面，形成箭穿过心形的效果，如图 2-6-12 所示。

（4）使用工具箱中的“贝塞尔”工具，绘制 1 条曲线，为其轮廓填充深褐色，作为箭穿过心形时的凹陷效果，如图 2-6-13 所示。

图 2-6-11　移动箭图形

图 2-6-12　形成箭穿过心形的效果

图 2-6-13　绘制箭穿过心形时的凹陷效果

（5）使用工具箱中的“文本”工具 字，在属性栏中设置文字的“字体”为华文彩云体、“字号”为 72。在心形的右下方输入“思念”2 个美术字，再为其内部填充黄色、轮廓填充橙色，如图 2-6-14 所示。

（6）选中“思念”文字，单击工具箱中的“交互式封套”工具按钮 。为文字添加封套变形效果。再将文字调整成如图 2-6-15 所示的样子。至此，整个图形绘制完成。

图 2-6-14　输入文字

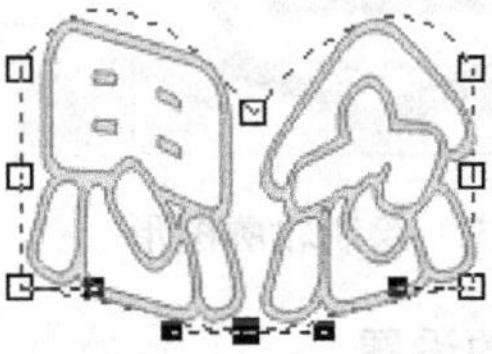

图 2-6-15　为文字添加封套变形效果

2.6.2　对象的透明与轮廓

1．创建透明效果

创建透明效果就是使填充对象具有透明的效果。当对象具有透明效果后，改变对象的填充内容不会影响其透明效果，改变对象的透明效果也不会影响其填充内容，但是整体效果会随之发生变化。填充与透明可以配合使用，两者具有一定的独立性。透明效果有标准透明、渐变透明、花纹透明和纹理透明四类。

2．轮廓

轮廓是指封闭或不封闭图形的路径曲线。使用“轮廓展开”工具栏可以对轮廓的形状、粗细、颜色等进行操作。

使用工具箱中的“挑选”工具单击选中对象。单击工具箱中的“轮廓”按钮，调出“轮廓展开”工具栏，如图 2-6-16 所示。

图 2-6-16 “轮廓展开”工具栏

（1）单击“轮廓展开”工具栏内的“颜色”按钮，即可调出“颜色”泊坞窗，它与图 2-4-17 完全相同，使用它可以选定轮廓颜色。改变轮廓颜色的方法在介绍单色填充时已有介绍。

（2）单击“轮廓展开”工具栏内的“细线”、“1/2 点”等按钮，可以改变选中对象的轮廓粗细。绘制的多边形为 16 点红色轮廓、正方形为 8 点蓝色轮廓、椭圆为 2 点绿色轮廓，如

图 2-6-17 所示。

（3）单击“轮廓展开”工具栏内的“轮廓笔”按钮，可以调出“轮廓笔”对话框，如图 2-6-18 所示。

可以认为轮廓是用一个可以调整笔尖大小、颜色和形状的轮廓笔绘出的，使用“轮廓笔”对话框即可调整轮廓笔的笔尖大小、颜色和形状，从而也就调整了选中的对象图形的轮廓。

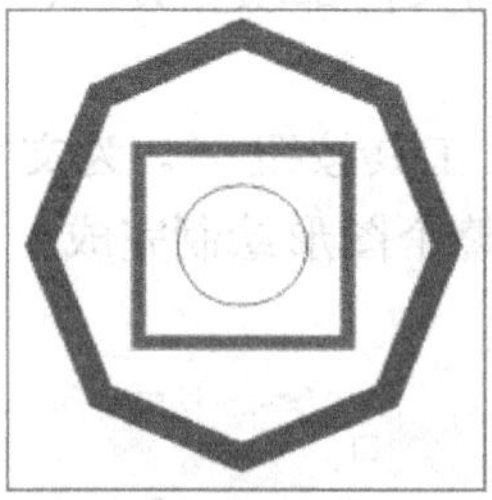

图 2-6-17　绘制轮廓图形

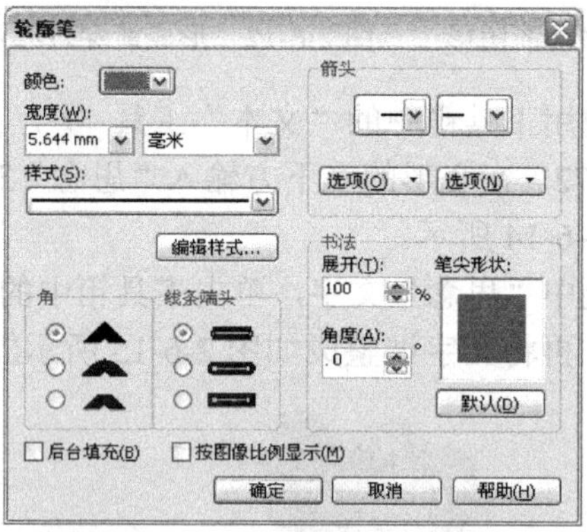

图 2-6-18　“轮廓笔”对话框

3．轮廓笔的设置

（1）轮廓笔的颜色、宽度和样式设置：使用“轮廓笔”对话框左上角的按钮、列表框和文本框可以完成此任务。单击“编辑样式”按钮，可调出“编辑线条样式”对话框，如图 2-6-19 所示。依据该对话框内的提示，可以设计轮廓笔的线条形状。

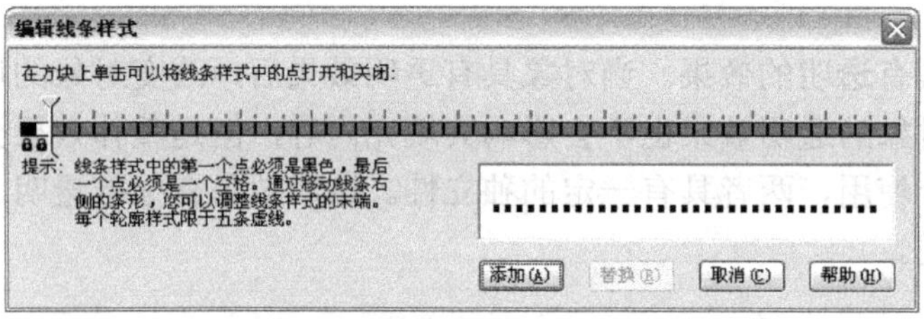

图 2-6-19　“编辑线条样式”对话框

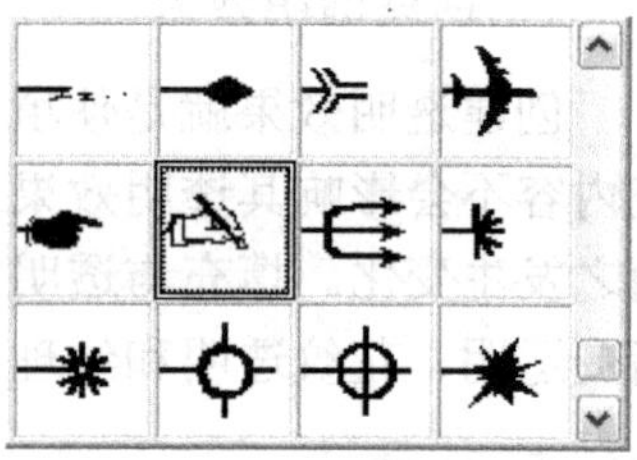

图 2-6-20　箭头图案列表框

（2）轮廓笔的箭头设置：使用“轮廓笔”对话框“箭头”栏可以完成此任务。单击“箭头”栏左、右箭头图案按钮，可调出箭头图案列表框，如图 2-6-20 所示。单击其中一种箭头即可选定。选定左、右箭头的直线如图 2-6-21 所示。

单击“选项”按钮，调出“选项”菜单，如图 2-6-22 所示。再单击“选项”菜单中的“编辑”或“新建”菜单命令，即可调出“编辑箭头尖”对话框，如图 2-6-23 所示，可以同绘制图形那样绘制箭头，用来编辑修改或增加箭头图案。使用“选项”菜单，还可以删除箭头图案。

（3）角栏：用来选择轮廓线的拐角。

（4）线条端头栏：用来选择轮廓线两端的形状。

（5）书法栏：用来设定轮廓笔笔尖的形状与方向。

（6）“后台填充”复选框：决定轮廓笔在填充色之前，还是在填充色之后。

（7）“按图像比例显示”复选框：决定当图形大小变化时，轮廓线宽度是否随之变化。

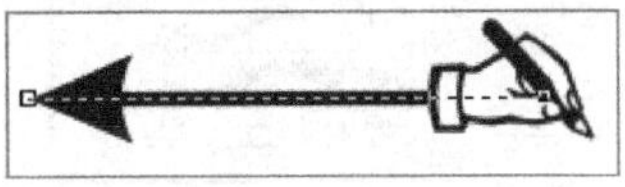

图 2-6-21　选定左、右箭头的直线

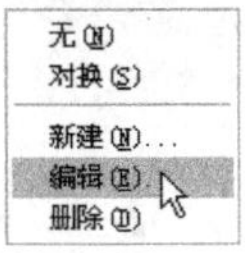

图 2-6-22　“选项”菜单

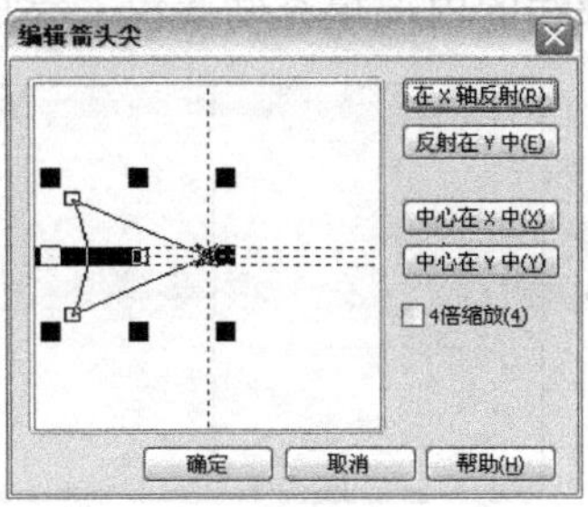

图 2-6-23　“编辑箭头尖”对话框

2.7　综合实例

【综合实例 2】青春鸟

【案例效果】

实例“青春鸟”标志图形主要使用“艺术笔”工具绘制，如图 2-7-1 所示。标志作为企业 CIS 战略的最主要部分，在企业形象传递过程中，是应用最广泛、出现频率最高，同时也是最关键的元素。企业强大的整体实力、完善的管理机制、优质的产品和服务，都被涵盖于标志中，通过不断的刺激和反复刻画，深深地留在受众心中（标志设计，商标设计）。

该图形特点明显，色彩雅丽，线条舒展，构图简洁大方，给人以轻松舒适的感觉，充分体现了标志设计新颖、个性独特、便于大众识别和记忆，并能产生良好的视觉效果的特点。通过制作该实例，可以掌握各种线条的绘制、节点的编辑、艺术笔触的使用等基本操作方法。

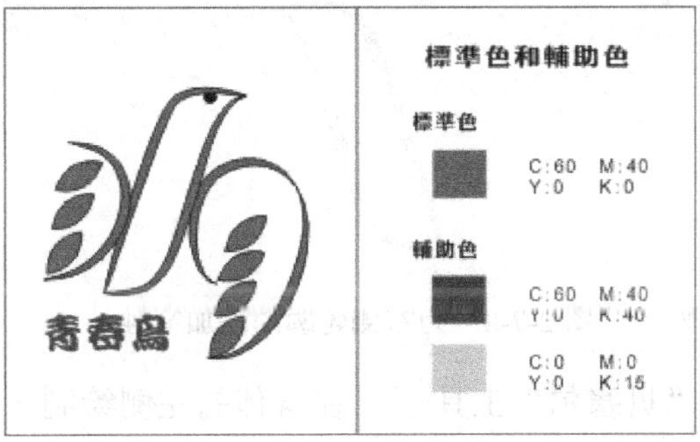

图 2-7-1　青春鸟

1. 绘制标志图形

（1）设置绘图页面的宽度为 150mm，高度为 95mm。然后使用工具箱中的“矩形”工具，绘制一个 95mm×75mm 的矩形，放置在页面的右侧，作为图形与配色表的分界线，完成后的图形如图 2-7-2 所示。

（2）使用工具箱中的“贝塞尔”工具，绘制一条曲线，作为小鸟身体左侧的轮廓，如图 2-7-3 所示。再单击“效果”→“艺术笔”菜单命令，调出“艺术笔”泊坞窗。在该泊坞窗中单击第 4 个“默认笔触”，如图 2-7-4 所示。然后，单击“应用”按钮，这时曲线变成了两头细中间粗的曲线轮廓线。

（3）在属性栏中设置“艺术笔触工具的宽度”为 2mm，按下【Enter】键确认，表示笔触的宽度为 2mm，此时的属性栏如图 2-7-5 所示。单击右侧调色板中的“幼蓝”色块，为曲线轮廓线的内部填充幼蓝色，完成后的图形如图 2-7-6 所示。

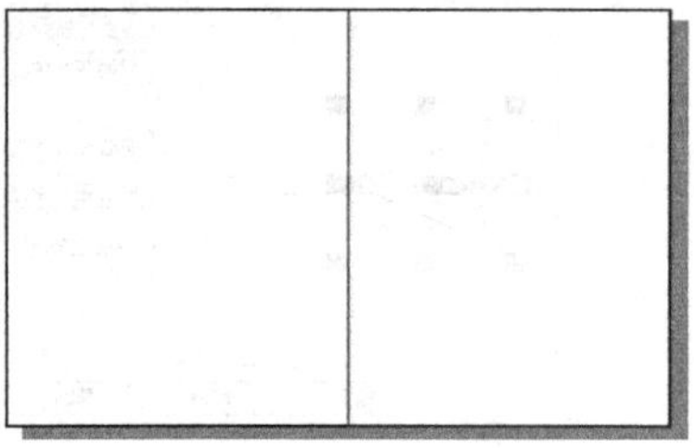

图 2-7-2　绘制曲线

图 2-7-3　绘制曲线

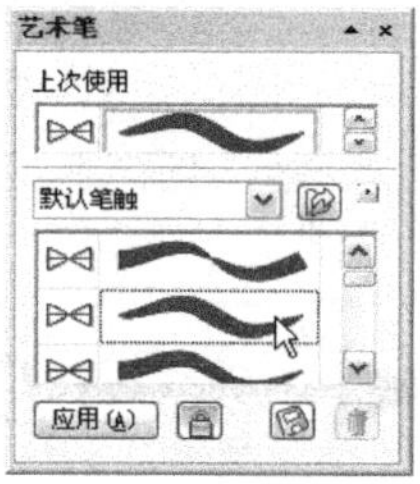

图 2-7-4　“艺术笔”泊坞窗

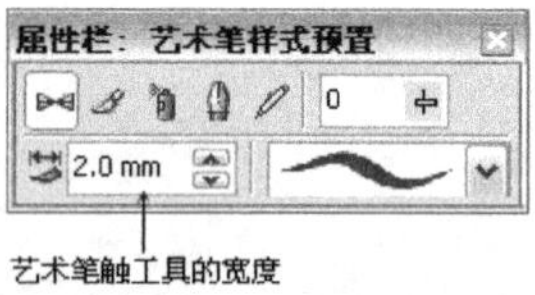

图 2-7-5　属性栏：艺术笔样式预置

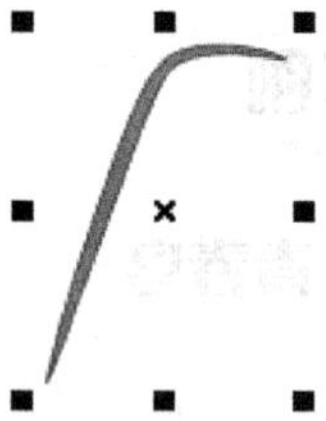

图 2-7-6　完成后的图形

（4）使用工具箱中的“贝塞尔”工具，再绘制一条与曲线轮廓线相连的曲线，作为小鸟身体右侧的轮廓，如图 2-7-7 所示。然后在“艺术笔”泊坞窗中，同样单击第 4 种“默认笔触”，其他设置与身体左侧的轮廓完全相同，完成后的图形如图 2-7-8 所示。

（5）使用工具箱中的“椭圆”工具，在头部的位置绘制一个椭圆，为其内部填充黑色，作为小鸟的眼睛。完成后的图形如图 2-7-9 所示。

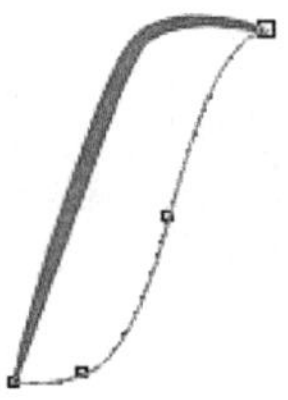

图 2-7-7　绘制身体右侧的轮廓

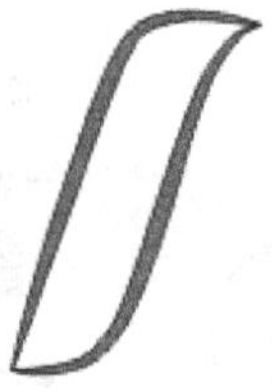

图 2-7-8　为右侧轮廓的添加笔触

图 2-7-9　绘制眼睛

（6）使用工具箱中的“贝塞尔”工具，在身体的左侧绘制一条曲线，作为小鸟左侧的翅膀，如图 2-7-10 所示。然后，在“艺术笔”泊坞窗中，同样单击第 4 种“默认笔触”，其他设置与身体左侧的轮廓完全相同，完成后的图形如图 2-7-11 所示。

（7）使用工具箱中的“贝塞尔”工具，在身体的右侧绘制一条曲线，作为小鸟右侧的翅膀，如图 2-7-12 所示。然后，在“艺术笔”泊坞窗中，单击第 8 种“默认笔触”，其他设置与身体左侧的轮廓完全相同，完成后的图形如图 2-7-13 所示。

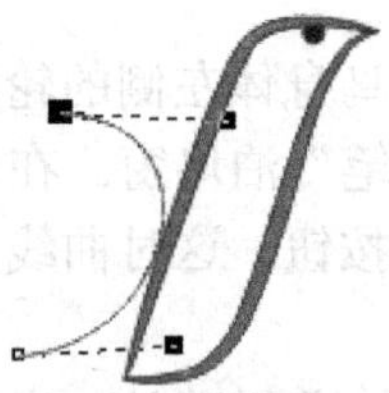

图 2-7-10　绘制左侧的翅膀

图 2-7-11　为左侧的翅膀添加笔触

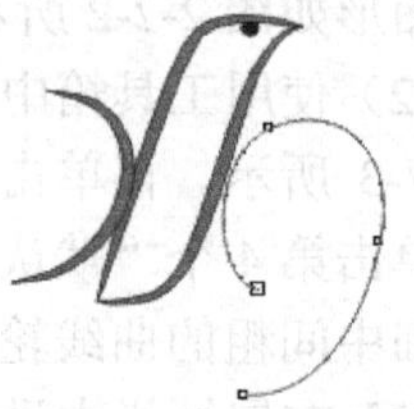

图 2-7-12　绘制右侧的翅膀

（8）使用工具箱中的“椭圆”工具 ，绘制一个椭圆。单击属性栏中的“转换为曲线”按钮，将图形转换为曲线。然后，使用工具箱中的“形状”工具 ，对椭圆曲线左右两侧的节点进行调整，如图 2-7-14 所示。

（9）单击右侧调色板中的“幼蓝”色块，为椭圆曲线的内部填充幼蓝色，完成后的图形如图 2-7-15 所示。然后将椭圆图形复制 6 个，再分别将其进行旋转、移动，完成后的图形如图 2-7-16 所示。

图 2-7-13　为右侧的翅膀添加笔触

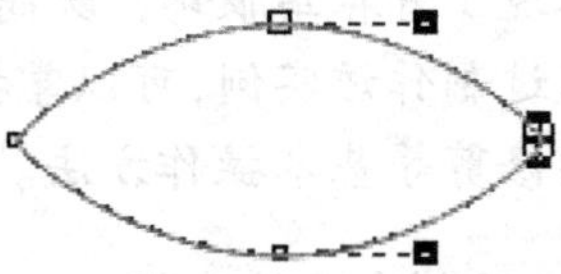

图 2-7-14　节点进行调整

图 2-7-15　填充幼蓝色

2．输入文字

（1）使用工具箱中的“文本”工具 ，在属性栏中设置文字的“字体”为经典繁勘亭、“字号”为 24。然后再以默认的“美术字文本”文本属性，输入“青春鸟”3 个字并为其填充“海军蓝”色，完成后的图形如图 2-7-17 所示。

图 2-7-16　复制椭圆图形

图 2-7-17　输入文字

（2）再次使用工具箱中的“文本”工具 ，以默认的“美术字文本”文本属性，输入如图 2-7-18 所示的文字，其“字体”都为经典繁仿圆，上面一行文本的“字号”为 16。卜面 2 行文本的“字号”为 12。

（3）使用工具箱中的“矩形”工具 ，绘制 3 个大小完全相同的矩形，将其放在适当的位置。然后为“标准色”的颜色块填充幼蓝色、为第一个“辅助色”填充海军蓝色、为第二个“辅助色”填充 15%的灰色，完成后的图形如图 2-7-19 所示。

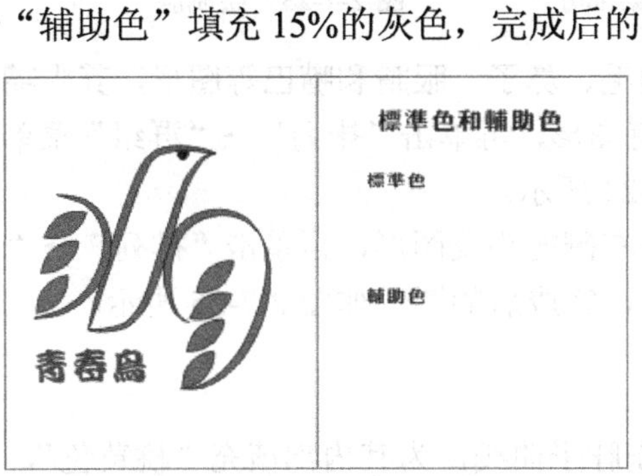

图 2-7-18　输入文字

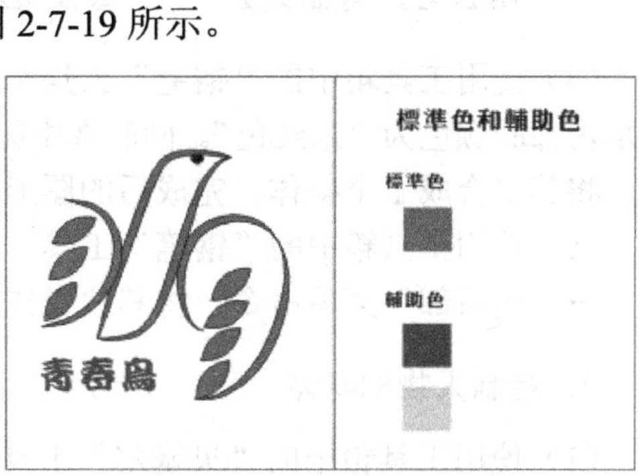

图 2-7-19　绘制颜色块

（4）使用工具箱中的“文本”工具，输入美术字文本，表示出每个颜色块的具体数值，完成后的图形如图 2-7-1 所示。

【综合实例 3】我有我风采

【案例效果】

实例“我有我风采”图形是青春鸟服饰宣传海报中的时装宣传海报，如图 2-7-20 所示，主要使用中文 CorelDRAW 12 的绘图工具绘制。该海报采用了“突出特征法”的表现形式，特点明显、构图简洁大方、线条舒展、给人以轻松舒适的感觉，充分体现了青春鸟服饰，既高雅大方又不失活泼俏丽的特点。

图 2-7-20 我有我风采

通过制作该实例，可以掌握各种对象的组合、顺序的调整、对象的修剪等基本操作方法。

1. 绘制人物的头部

（1）设置绘图页面的宽度为 420mm，高度为 594mm。然后，使用工具箱中的“钢笔”工具，绘制一条封闭的曲线，为其内部填充黑色，作为人物的头发，完成后的图形如图 2-7-21 所示。

（2）使用工具箱中的“钢笔”工具，再绘制一条封闭的曲线，为其内部填充“褐红色”，作为头发挑染的部分。然后同时选中所有的图形，单击“排列”→“群组”菜单命令，将其组合成 1 个整体，完成后的图形如图 2-7-22 所示。

（3）使用工具箱中的“贝塞尔”工具，绘制脸部曲线，为其内部填充“杏黄色”。再单击“排列”→“顺序”→“到后部”菜单命令，将其放置在头发的后面，完成后的图形如图 2-7-23 所示。

图 2-7-21 绘制头发

图 2-7-22 绘制挑染部分

图 2-7-23 绘制脸

（4）使用工具箱中的“钢笔”工具，绘制眉毛、鼻子、眼睛和嘴巴等图形，其中嘴巴图形内部的颜色为“朱红色”。同时选中脸部的所有图形，再单击“排列”→“群组”菜单命令，将其组合成 1 个整体，完成后的图形如图 2-7-24 所示。

（5）使用工具箱中的“钢笔”工具，绘制出右侧的头发图形，再单击“排列”→“顺序”→“到后部”菜单命令，将其放置在脸的后面，完成后的图形如图 2-7-25 所示。

2. 绘制人物的身体

（1）使用工具箱中的“贝塞尔”工具，绘制脖子曲线，为其内部填充“桃黄色”，完成后的图形如图 2-7-26 所示。

图 2-7-24　绘制五官

图 2-7-25　绘制右侧的头发

图 2-7-26　绘制脖子

（2）使用工具箱中的“贝塞尔”工具，绘制身体和左侧手臂的轮廓，为其内部填充“砖红色”，完成后的图形如图 2-7-27 所示。

（3）使用工具箱中的“贝塞尔”工具，绘制丝巾和其阴影部分，为其内部填充淡蓝色和青蓝色。然后，选中左侧的头发图形，单击“排列”→“顺序”→“到前部”菜单命令，将其放置在最前面，完成后的图形如图 2-7-28 所示。

（4）使用工具箱中的“钢笔”工具，绘制右侧的手臂和裙子的立体轮廓，为手臂填充砖红色，为裙子的立体轮廓填充黑色。同时选中这 2 个图形，再单击“排列”→“顺序”→“到后部”菜单命令，将其放置在最后面，完成后的图形如图 2-7-29 所示。

图 2-7-27　绘制身体

图 2-7-28　绘制丝巾

图 2-7-29　绘制手臂和裙子的立体轮廓

（5）使用工具箱中的“贝塞尔”工具，绘制手和腿脚图形，为其内部填充杏黄色和桃黄色，完成后的图形如图 2-7-30 所示。

3．绘制皮箱

（1）使用工具箱中的“矩形”工具，在人物的下面绘制一个矩形，作为皮箱，为其内部填充荒原蓝色，然后，在属性栏中设置矩形的“轮廓宽度”为 5.6mm，完成后的图形如图 2-7-31 所示。

图 2-7-30　绘制手和腿脚图形

图 2-7-31　绘制皮箱图形

（2）使用工具箱中的“形状”工具，选中矩形上面的 2 个角点，在属性栏中设置矩形上面 2 个角“边角圆滑度”都为 50；再选中矩形下面的 2 个角点，在属性栏中设置矩形下面 2 个角“边角圆滑度”都为 30，完成后的图形如图 2-7-31 所示。

（3）将矩形复制一个并缩小，取消其轮廓线，将内部填充色改为灰蓝色。然后将其移动到适当的位置，完成后的图形如图 2-7-32 所示。

4．绘制背景

（1）使用工具箱中的“矩形”工具，绘制一个比页面稍小一些的矩形作为背景。再使用工具箱中的“形状”工具，选中矩形左上角和右下角的 2 个角点，在属性栏中设置 2 个角的“边角圆滑度”都为 40，完成后的图形如图 2-7-32 所示。

（2）选中矩形，单击工具箱中的“图案填充”工具按钮，即可调出“填充图案”对话框。在该对话框中单击“位图”单选钮，在图案下拉列表中选择一种图案，然后，在“宽度”和“高度”文本框中输入 150.0mm，表示填充的图案单个大小为 150.0mm，如图 2-7-33 所示。

图 2-7-32　绘制矩形

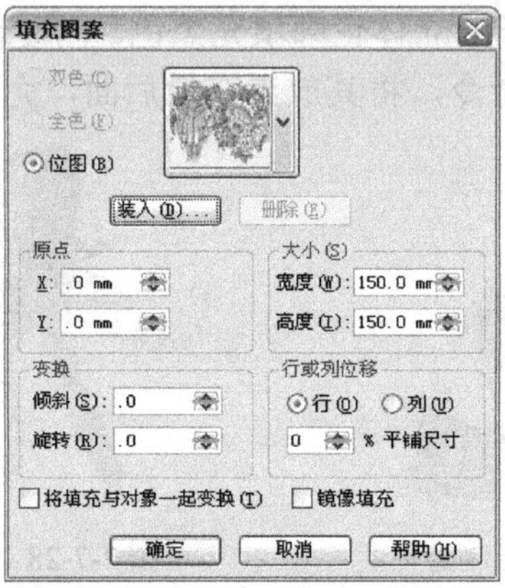

图 2-7-33　“填充图案”对话框

（3）单击“确定”按钮，即可将选择的图案填充在矩形内，取消其轮廓线。然后单击“排列”→“顺序”→“到后部”菜单命令，将矩形放置在最后面，完成后的图形如图 2-7-34 所示。

（4）将【综合实例 2】绘制的青春鸟标志拷贝、粘贴过来，再将其缩小放置在图形的左上角，完成后的图形如图 2-7-35 所示。

图 2-7-34　填充后的效果

图 2-7-35　添加标志图形

（5）使用工具箱中的“文本”工具 字，在属性栏中设置文字的“字体”为经典繁勘字、“字号”为 48。在绘图页面中输入“我有我风采——秋冬服饰发布会”12 个美术字，并为其填充黑色，完成后的图形如图 2-7-20 所示。

练习 2

（1）参照本章所学的知识，绘制如图 2-8-1 所示的“飞鸟”图形。

（2）参照本章所学的知识，绘制如图 2-8-2 所示的“艺术文字”图形。

图 2-8-1　飞鸟

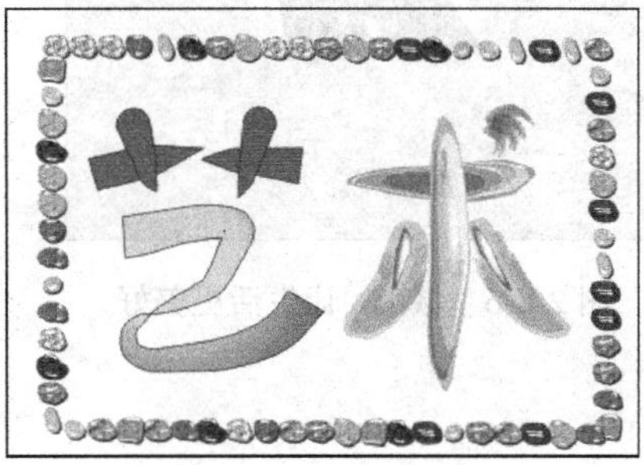

图 2-8-2　艺术文字

（3）参照本章所学的知识，绘制如图 2-8-3 所示的“海中小岛”图形。

（4）参照本章所学的知识，绘制如图 2-8-4 所示的“螃蟹”图形。

图 2-8-3　海中小岛

图 2-8-4　螃蟹

（5）参照本章所学的知识，绘制如图 2-8-5 所示的“雕琢文字”图形。

图 2-8-5　雕琢文字

（6）参照本章所学的知识，绘制如图 2-8-6 所示的“城市，让生活更美好”图形。

（7）参照本章所学的知识，绘制如图 2-8-7 所示的“中国 2010 年上海世博会”宣传海报图形。

图 2-8-6　城市，让生活更美好

图 2-8-7　“中国 2010 年上海世博会”宣传海报图形

第 3 章　对象的变换与组织

【导读】

对象的组织是指利用多重对象属性栏来加工多个对象，对多个对象进行对齐、分布、结合、群组、焊接、修剪、交叉和管理等操作。

对象的变换是指对对象进行移动定位、调整大小、旋转、倾斜、复制、镜像、变形和套封等操作。

3.1　与时间赛跑——定位与排列对象

【案例效果】

实例“与时间赛跑”图形用简单明快的手法，充分表现出争分夺秒的主题思想，如图 3-1-1 所示。通过制作该实例，可以掌握各种对象的组合、顺序的调整、变换泊坞窗的使用等基本操作方法，还可了解到属性栏里镜像按钮和修剪按钮的使用方法。

图 3-1-1　与时间赛跑

3.1.1　制作过程

1．绘制闹钟钟体

（1）设置绘图页面的宽度为 150mm，高度为 80mm，页面为水平方向。

（2）使用工具箱中的“椭圆”工具，绘制 3 个正圆，并取消该这 3 个对象的轮廓线颜色，作为闹钟底盘的轮廓。其中左侧圆的直径为 35mm、内部填充为深蓝色；中间圆的直径为 32mm、内部填充为橘黄色；右侧圆的直径为 30mm、内部填充为天青色。完成后的图形如图 3-1-2 所示。

（3）使用工具箱中的“挑选”工具，同时将 3 个圆全部选中。单击属性栏中的按钮，调出“对齐与分布”（对齐）对话框。在该对话框中，单击水平和垂直方向的“中”复选框，如图 3-1-3 所示。然后，单击“应用”按钮，即可水平和垂直居中对齐对象，效果如图 3-1-4 所示。

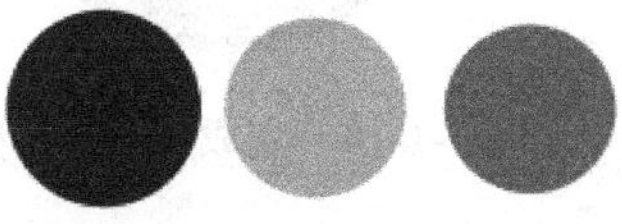

图 3-1-2　绘制正圆

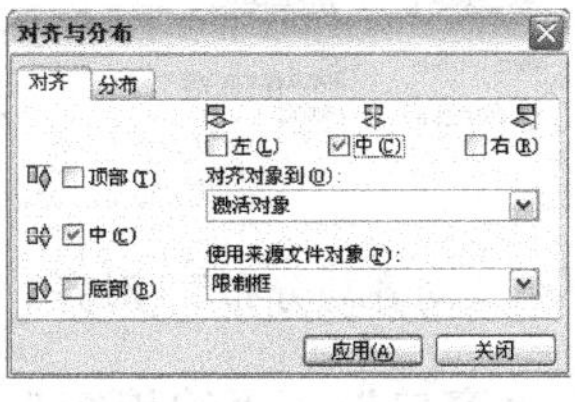

图 3-1-3　“对齐与分布”（对齐）对话框

（4）单击“排列”→“群组”菜单命令，将 3 个正圆组成一组。再分别在绘图区上部和左侧的标尺中，各拖曳出一条水平和垂直辅助线放在正圆的中心位置，如图 3-1-5 所示。

（5）使用工具箱中的“椭圆”工具，绘制一个直径为 4mm 的正圆，为其内部填充粉红色、取消轮廓线颜色，作为表盘的装饰图形。然后，单击属性栏中的按钮，将圆转换为“饼形”图形；再设置“起始角度”为 235°、“结束角度”为 310°，此时的属性栏如图 3-1-6 所示。完成后的图形效果如图 3-1-7 所示。

图 3-1-4　对齐对象后的效果

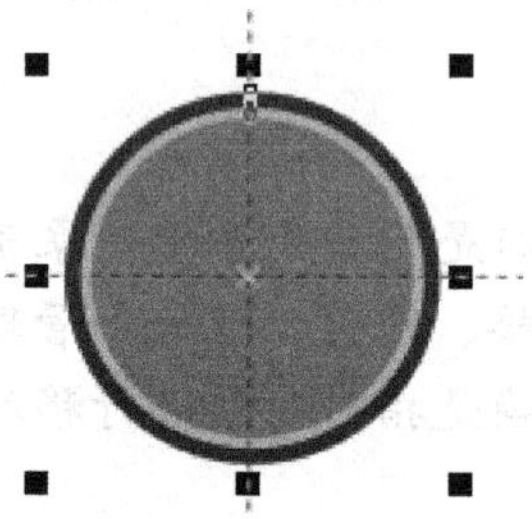
图 3-1-5　水平与垂直辅助线

（6）使用工具箱中的“椭圆”工具，绘制一个直径为 2mm 的椭圆，为其填充和扇形相同的粉红色、取消轮廓线。使用工具箱中的“挑选”工具选中它，将此椭圆形摆放在刚绘制扇形上面，如图 3-1-8 所示。

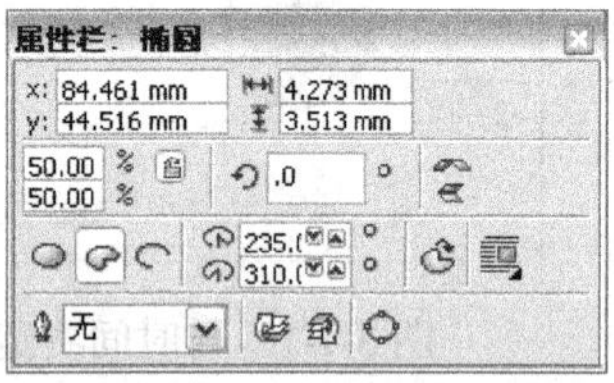

图 3-1-6　属性栏（椭圆）

图 3-1-7　绘制饼形图形

图 3-1-8　绘制椭圆图形

（7）同时选中扇形和小圆图形，单击“排列”→“群组”菜单命令，将这两个图形组成群组。

（8）使用工具箱中的“挑选”工具选中扇形和底部的正圆图形，单击属性栏中的按钮，调出“对齐与分布”（对齐）对话框，选中垂直“中”复选框，如图 3-1-9 所示。再单击“应用”按钮，即可居中对齐对象，完成后的图形效果如图 3-1-10 所示。

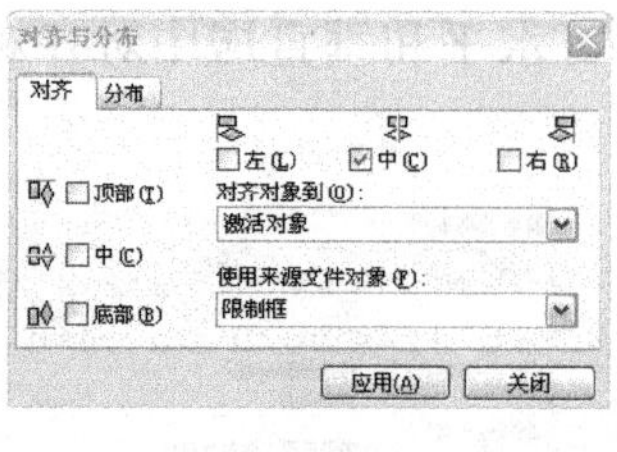

图 3-1-9 “对齐与分布”（对齐）对话框

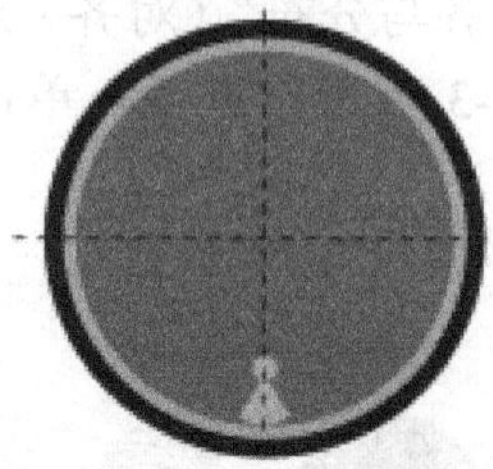
图 3-1-10　完成后的图形效果

（9）单击“窗口”→“泊坞窗”→“变换”→“旋转”菜单命令，调出“旋转”泊坞窗。在该泊坞窗中输入旋转“角度”为 20.0、“中心”为表盘中心的位置，在底部的旋转圆心设置栏中设置旋转圆心为圆形上端中点位置，如图 3-1-11 所示。然后，连续单击“应用到再制”按钮，直到图形旋转并复制一周为止。完成后的图形效果如图 3-1-12 所示。

（10）使用工具箱中的“矩形”工具，绘制 3 个矩形，再单击“排列”→“转换为曲线”菜单命令，将矩形转换为曲线。再使用工具箱中的“形状”工具，将其调节成针状，为其内部填充相应的颜色，完成后的效果如图 3-1-13 所示。

（11）使用工具箱中的“挑选”工具，将刚绘制好的 3 个表针放在表盘中，表针与辅助线的交叉点对齐，将其分别旋转一定的角度，完成后的效果如图 3-1-14 所示。

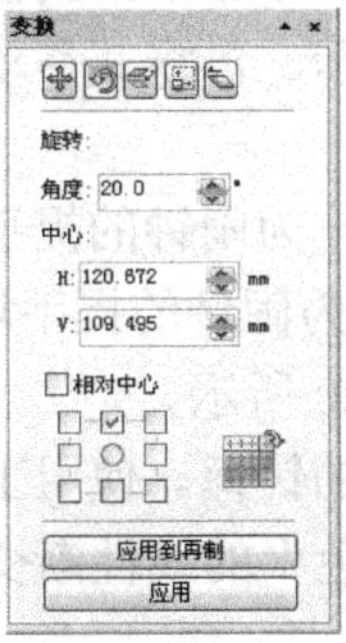

图 3-1-11 “旋转”泊坞窗

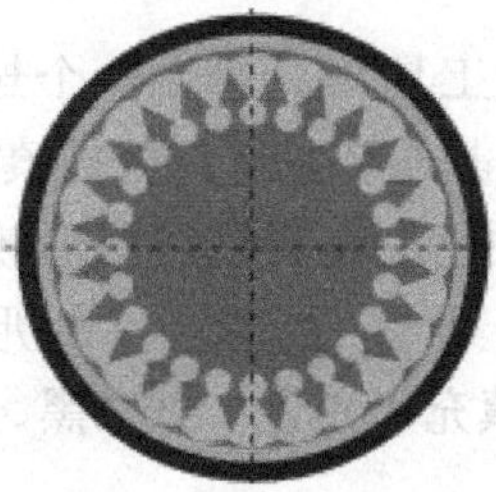

图 3-1-12 完成后的图形效果

图 3-1-13 绘制表针

（12）使用工具箱中的“椭圆”工具，以辅助线的交点为中心，绘制一个直径为 1.2mm 的圆，为其内部填充橙黄色，作为闹钟表针的旋转轴，如图 3-1-15 所示。

（13）使用工具箱中的“文本”工具，在属性栏中设置文字的“字体”为 108－CAI978、“字号”为 12，输入“3、6、9、12”4 个数字，为其填充黑色。单击“文本”→“转换为美术字”菜单命令，将该文本转换为美术字。单击“排列”→“拆分美术字在图层 1”菜单命令，将这 4 个美术字拆分为单个对象。再使用工具箱中的“挑选”工具，将每个数字按表针所指方向摆放在表盘中。完成后的图形效果如图 3-1-16 所示。

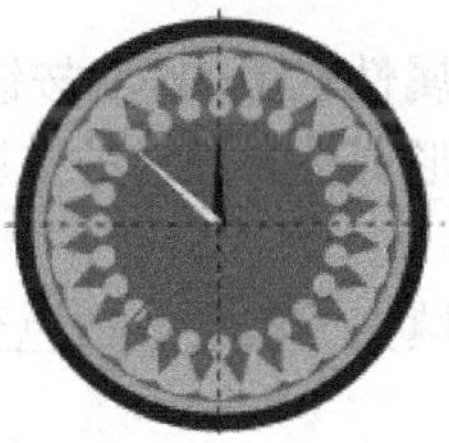

图 3-1-14 移动表针

图 3-1-15 绘制旋转轴

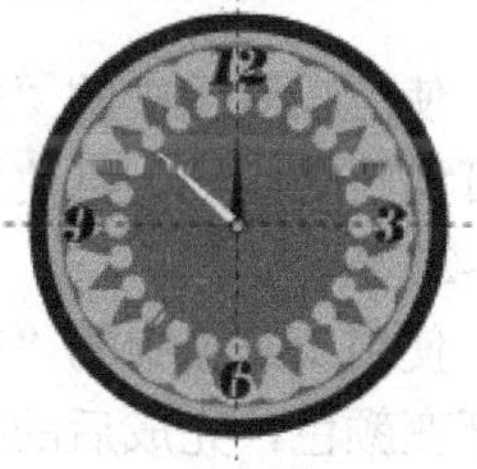

图 3-1-16 输入文字

2．绘制闹铃、提手、钟锤和支脚

（1）使用工具箱中的“椭圆”工具，绘制一个椭圆图形，单击属性栏中的按钮，将图形转换为曲线，作为闹铃的轮廓线。使用工具箱中的“形状”工具，对椭圆曲线的节点进行调整，制作出闹铃的轮廓，如图 3-1-17 所示。

（2）使用工具箱中的“交互式填充”工具，在属性栏中选择射线渐变，设置渐变颜色依次为白色、黄色和橘黄色。然后，从闹铃的右上端至左下端拖曳鼠标，为闹铃填充“白色到黄色再到橘黄色”的渐变色，如图 3-1-17 所示。

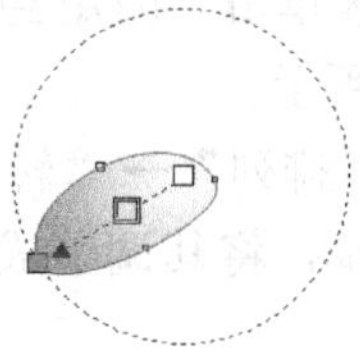
图 3-1-17 绘制铃盖

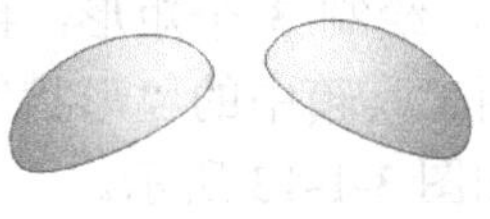
图 3-1-18 镜像闹铃

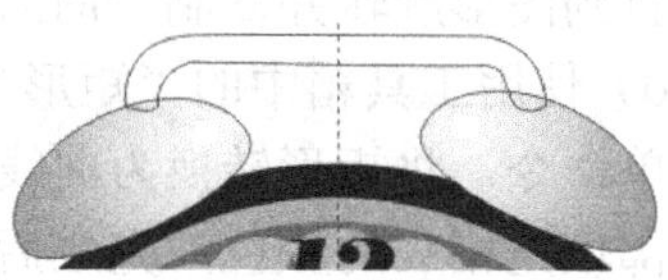
图 3-1-19 绘制提手

（3）使用工具箱中的“挑选”工具，选中闹铃图形并将其复制一个。单击属性栏中的按钮，将复制的闹铃进行水平镜像，完成后的效果如图 3-1-18 所示。再将其移动到闹钟的顶部。

（4）使用工具箱中的“贝塞尔”工具，绘制一个封闭的图形，作为闹钟的提手，完成后的效果如图 3-1-19 所示。再使用工具箱中的“交互式填充”工具，为闹钟的提手填充“浅蓝到白色再到浅蓝色”的线性渐变颜色。完成后的图形效果如图 3-1-20 所示。

（5）使用工具箱中的“矩形”工具，绘制一个矩形，作为闹钟的钟锤。使用工具箱中的“交互式填充”工具，为钟锤填充“黑色、70%黑、白色再到黑色”的线性渐变色。完成后的图形效果如图 3-1-21 所示。

（6）使用工具箱中的“挑选”工具，选中钟锤图形并将其复制一个。在其属性栏中设置“旋转角度”为 90，将复制的矩形旋转 90°。然后将两个图形组成一个“T”形，调整大小后放在两个铃盖中间的位置。完成后的效果如图 3-1-22 所示。

图 3-1-20 为提手填充颜色

图 3-1-21 绘制闹钟的钟锤

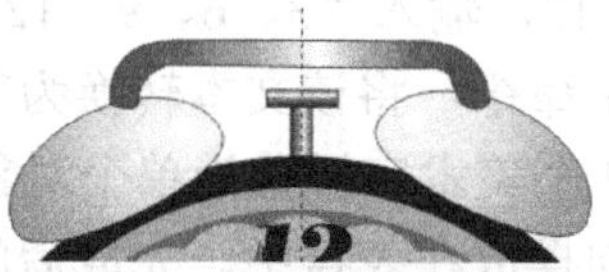
图 3-1-22 复制钟锤

（7）使用工具箱中的“矩形”工具，绘制一个矩形，单击属性栏中的按钮，将其转换为可调整的曲线。再使用工具箱中的“形状”工具，将矩形调整为闹钟的支脚形状，如图 3-1-23 所示。

（8）使用工具箱中的“交互式填充”工具，为闹钟的支脚填充“黑色、白色到黑色”的线性渐变颜色，完成后的效果如图 3-1-24 所示。

（9）使用工具箱中的“挑选”工具，将闹钟的支脚缩小、旋转方向后放在闹钟的底部。再将其复制一个，单击属性栏中的按钮，将复制的支脚水平镜像，完成闹钟图形的绘制如图 3-1-25 所示。

图 3-1-23 绘制闹钟的支脚

图 3-1-24 为支脚填充颜色

图 3-1-25 完成闹钟图形的绘制

3．绘制装饰图与文字

（1）使用工具箱中的“艺术笔”工具，在其属性栏中单击按钮，再在“喷涂列表文件”下拉列表框中选中“蘑菇”选项，将要“喷涂对象的大小”设置为 50%，此时的属性栏如图 3-1-26 所示。然后，在页面中围绕闹钟绘制 4 条曲线，如图 3-1-27 所示。

（2）使用工具箱中的“挑选”工具，选中所有的“蘑菇”图形，为其内部填充“粉红色”。

（3）使用工具箱中的“文本”工具，在属性栏中设置文字的“字体”为汉仪娃娃篆简、“字号”为 20。在页面中输入“与时间赛跑赛跑……”一行美术字，为其填充蓝色。最后将该文字进行旋转一定的角度，完成整个图形的绘制，如图 3-1-1 所示。

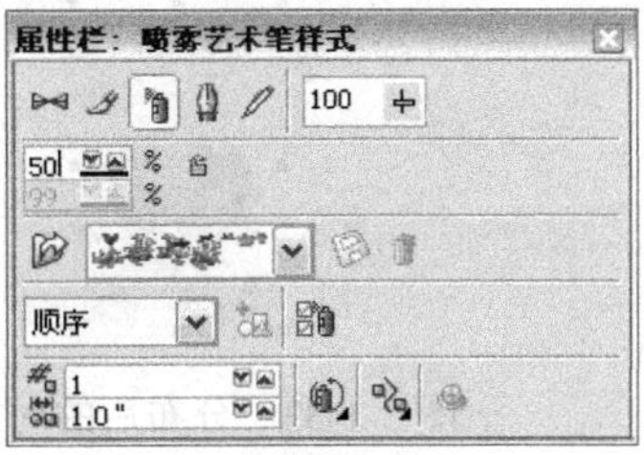

图 3-1-26　属性栏：喷雾艺术笔样式

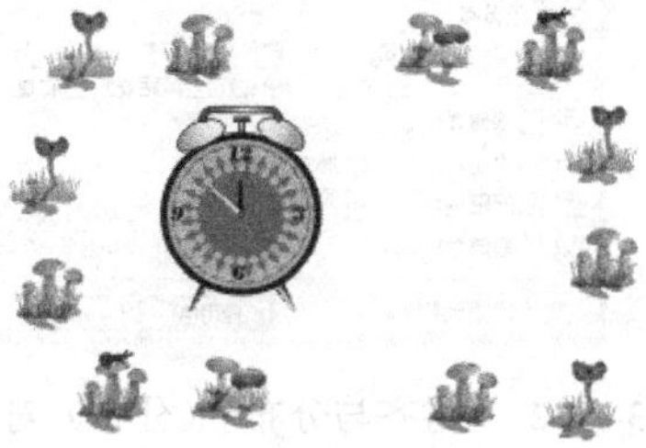

图 3-1-27　绘制蘑菇后的图形

3.1.2　多重对象的排列与分布

1．多重对象的排列与排序

对象的组织是指利用多重对象属性栏来加工多个对象，对多个对象进行对齐、分布、结合、群组、焊接、修剪、交叉和管理等操作。对象的变换是指对象的移动定位、调整大小、旋转、倾斜、复制、镜像、变形和套封等操作。

绘制多个对象图形，如图 3-1-28 所示。选中多个对象图像，则其属性栏如图 3-1-29 所示。

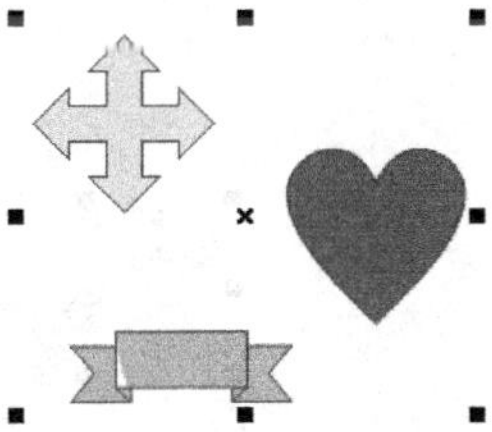

图 3-1-28　绘制多个对象图像

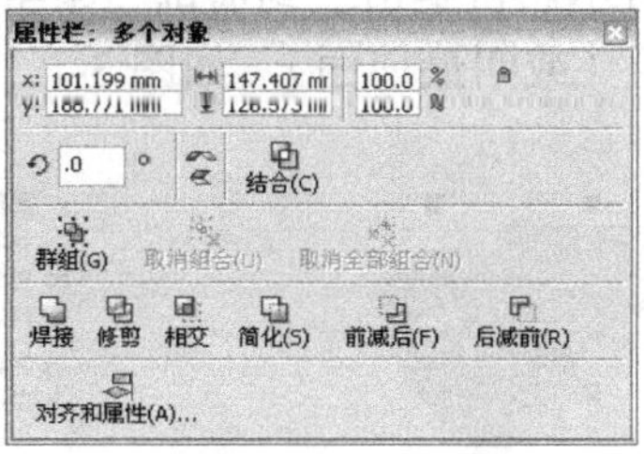

图 3-1-29　属性栏：多个对象

2．多重对象的对齐与分布

（1）多重对象的对齐：选中多个图形后，单击属性栏中的“对齐与属性”按钮，调出“对齐与分布”（对齐）对话框，如图 3-1-30 所示。

（2）单击选中该对话框内的一种或多种对齐方式复选框，再单击“应用”按钮，即可按选择的方式对齐对象，对齐后的对象如图 3-1-31 所示。

（3）多重对象的分布：选中多个图形后，单击属性栏中的“对齐和属性”按钮，单击“对齐和分布”对话框中的“分布”标签，调出“对齐和分布”（分布）对话框，如图 3-1-32 所示。单击选中该对话框内的一种分布方式，再单击“应用”按钮，即可按选择的方式分布对象，分布后的对象如图 3-1-33 所示。

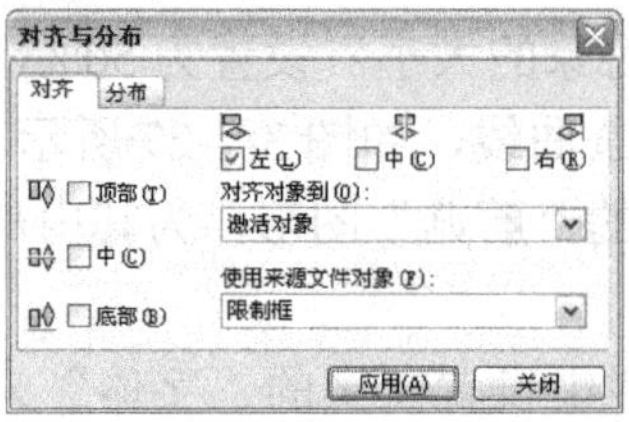

图 3-1-30 “对齐与分布”（对齐）对话框

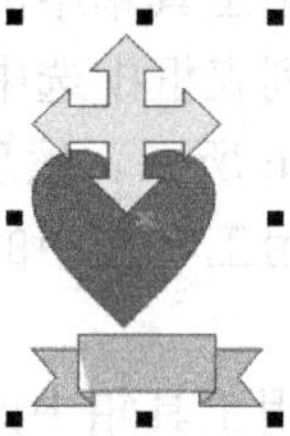

图 3-1-31 对齐后的对象

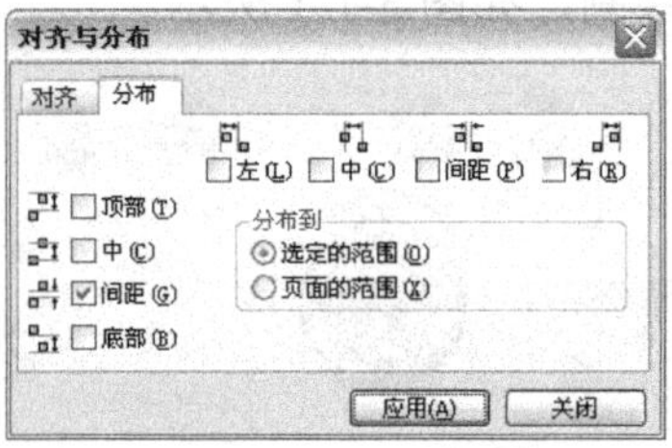

图 3-1-32 “对齐与分布”（分布）对话框

图 3-1-33 分布后的对象

3.1.3 对象的排列顺序与锁定

1. 对象的排列顺序

当多个对象相互堆叠时，存在着堆叠顺序，如图 3-1-34 所示，横幅图形在最上边，其次是标注形，最下边是心形。堆叠的顺序由绘图的过程来决定，最后绘制的图形堆叠的顺序最高（即在最上边）。对象的堆叠顺序也叫对象排列顺序或对象排序，对象排列顺序可以通过执行菜单命令来完成。

（1）如果选中一个对象后，单击“排列”→“顺序”菜单选项，调出“顺序”的子菜单如图 3-1-35 所示。再单击“到前部”菜单命令，可以使选中对象的排列顺序最高，即在所有对象的最上面（或叫最前面），如图 3-1-36 所示。

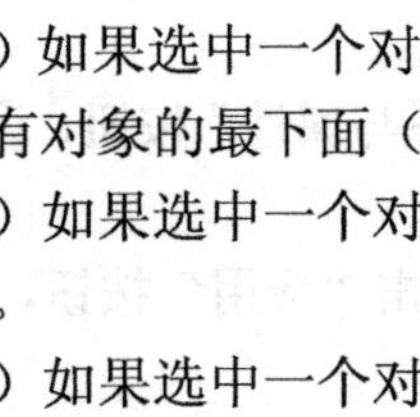

图 3-1-34 多个对象相互堆叠

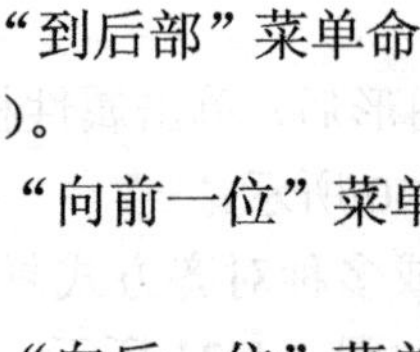

图 3-1-35 “顺序”菜单命令

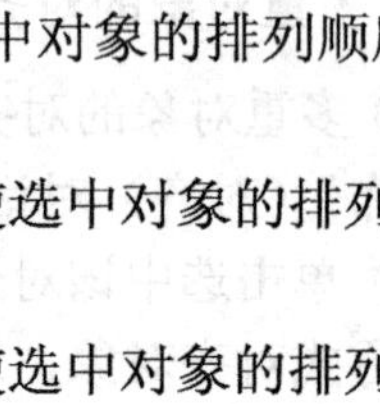

图 3-1-36 调整顺序后的效果

（2）如果选中一个对象后，单击“到后部”菜单命令，可以使选中对象的排列顺序最低，即在所有对象的最下面（或叫最后面）。

（3）如果选中一个对象后，单击“向前一位”菜单命令，可以使选中对象的排列顺序提高一层。

（4）如果选中一个对象后，单击“向后一位”菜单命令，可以使选中对象的排列顺序下降一层。

（5）如果选中一个对象后，单击“在前面”菜单命令，则鼠标指针会变为黑色的大箭头状，将鼠标指针移到某一个对象处，单击该对象，即可将选中的对象移到鼠标指针指示的对象的上面。

（6）如果选中一个对象后，单击“在后面”菜单命令，则鼠标指针会变为黑色的大箭头状，将鼠标指针移到某一个对象处，单击该对象，即可将选中的对象移到鼠标指针指示的对象的下面。

（7）如果选中两个或两个以上的对象，则单击“逆序”菜单命令，即可将选中的对象的排列顺序颠倒。

2. 对象的锁定与解锁

对象的锁定就是使一个或多个对象不能被鼠标移动，这样可以防止对象被意外地修改。

（1）对象的锁定：选中要锁定的对象，单击“排列”→“锁定对象”菜单命令，可将选定的对象锁定，如图 3-1-37 所示。

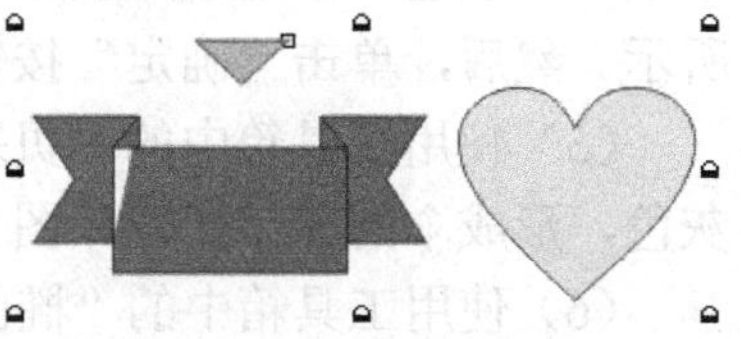

图 3-1-37　对象的锁定效果

（2）对象的解锁：选中锁定的对象，再单击“排列”→“解除对象锁定”菜单命令，即可将锁定的对象解锁。单击“排列”→“解除全部对象锁定”菜单命令，即可将多层次的锁定对象解锁。

3.2　小雨伞——组合与调整对象

【案例效果】

实例“小雨伞”图形简单明快，如图 3-2-1 所示。通过制作该实例，可以掌握各种对象的组合、顺序的调整、对象的修剪等基本操作方法。

图 3-2-1　小雨伞

3.2.1　制作过程

1. 绘制伞面

（1）设置绘图页面的宽度为 257mm，高度为 182mm。然后使用工具箱中的“椭圆”工具，绘制 4 个椭圆，其中最大的椭圆图形在最后面，完成后的图形如图 3-2-2 所示。

（2）使用工具箱中的“挑选”工具，同时选中 4 个椭圆图形。单击“排列”→“修整”→“后减前”菜单命令，用后面的大圆减去前面的 3 个小圆，完成后的图形如图 3-2-3 所示。

（3）使用工具箱中的“挑选”工具，选中修整后的图形。单击“排列”→“拆分”菜单命令，将其拆分为 2 个图形。再选中下半部分无用的图形，按下【Delete】键将其删除，完成后的图形如图 3-2-4 所示。

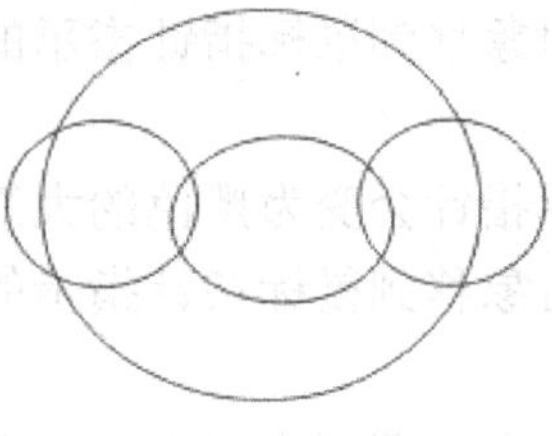

图 3-2-2　绘制 4 个椭圆

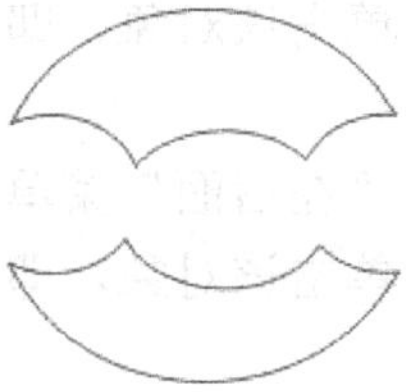

图 3-2-3　用大圆减去 3 个小圆

图 3-2-4　拆分图形

（4）使用工具箱中的“形状”工具，分别将伞形图案左右两侧的节点，分别向两侧移动一些。单击工具箱中的“渐变填充”工具按钮，调出“渐变填充方式”对话框。在该对话框中设置“类型”为射线、“水平”位置为 37%、“垂直”位置为–37%；在“颜色调和”选项中选中“双色”单选钮，设置“从”为蓝色、“到”为白色，其他设置保持不变，如图 3-2-5 所示。然后，单击“确定”按钮，完成对图形的渐变填充，如图 3-2-6 所示。

（5）使用工具箱中的“贝塞尔”工具，在伞的中间绘制一个三角形，为其填充 5%的灰色，形成伞的 3 个面，如图 3-2-7 所示。

（6）使用工具箱中的“椭圆”工具，绘制 4 个椭圆图形，放置在 4 个角点的下面，作为伞骨露出的部分，如图 3-2-8 所示。

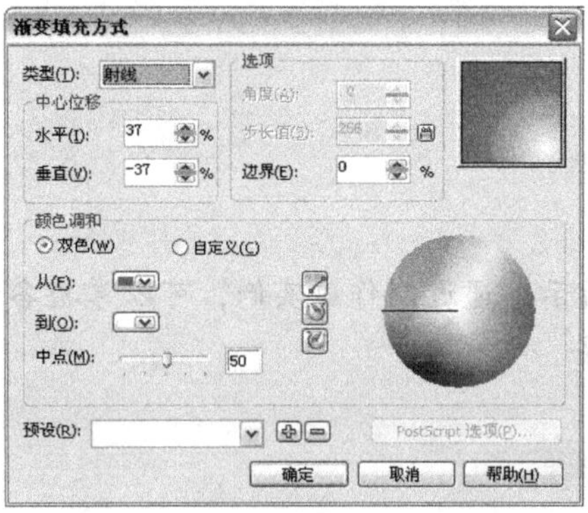

图 3-2-5 “渐变填充方式”对话框

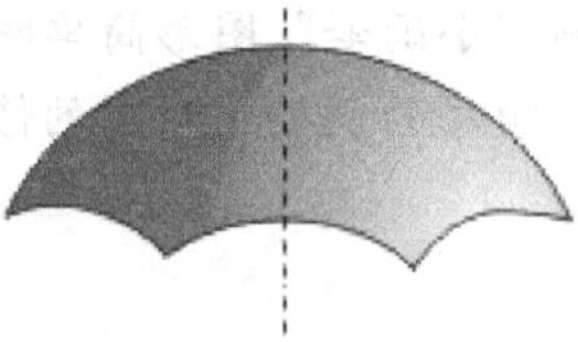

图 3-2-6　完成对图形的渐变填充

（7）使用工具箱中的“钢笔”工具，绘制 2 个封闭的图形。再为其填充海军蓝色，放置伞的上面，作为伞把顶部的图形，如图 3-2-9 所示。

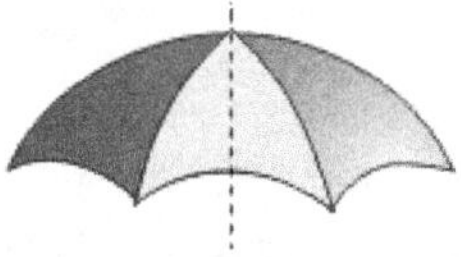

图 3-2-7　绘制一个三角形

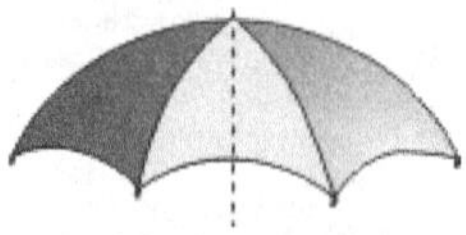

图 3-2-8　绘制伞骨

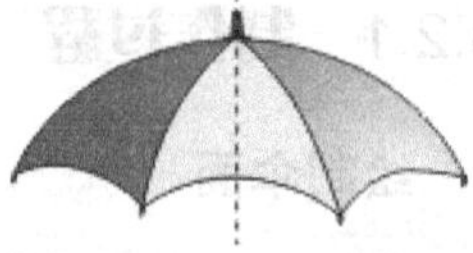

图 3-2-9　绘制伞把顶部的部分

2．绘制伞把

（1）使用工具箱中的“矩形”工具，绘制 1 个矩形，为其填充海军蓝色。然后，单击“排列”→“顺序”→“到后部”菜单命令，将其放置在伞的后面，作为伞把，如图 3-2-10 所示。

（2）使用工具箱中的“贝塞尔”工具，绘制 1 个封闭的把手图形。单击工具箱中的“渐变填充”工具按钮，调出“渐变填充方式”对话框。在该对话框中设置“类型”为线性；在

"颜色调和"选项中选中"双色"单选钮，设置"从"为海军蓝色、"到"为冰蓝色，其他设置保持不变，如图 3-2-11 所示。然后，单击"确定"按钮，完成对把手图形的渐变填充，如图 3-2-12 所示。

图 3-2-10　绘制伞把

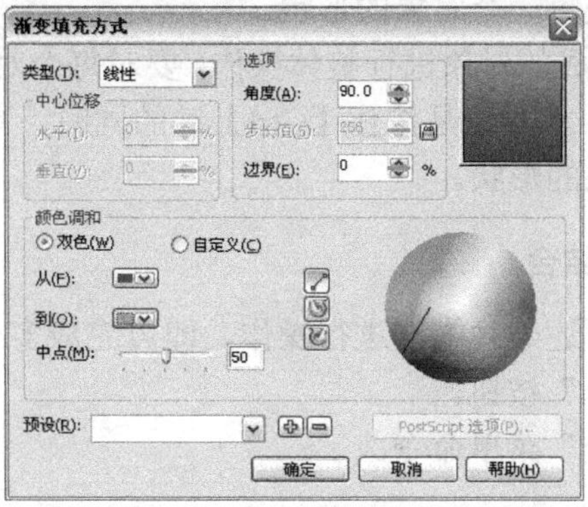

图 3-2-11　"渐变填充方式"对话框

图 3-2-12　完成对把手的渐变填充

（3）使用工具箱中的"挑选"工具，将把手图形移动到伞把的下面。然后选中所有的图形，单击"排列"→"群组"菜单命令，将所有的图形组合成一个整体，如图 3-2-13 所示。

（4）使用工具箱中的"挑选"工具，选中组合的小雨伞图形，在其属性栏中设置"旋转角度"为 330，完成后的图形如图 3-2-14 所示。

（5）使用工具箱中的"挑选"工具，选中小雨伞图形，按下【Ctrl+D】组合键，将其复制一个。再将其移动到原图形的右边，如图 3-2-15 所示。

图 3-2-13　将把手移动到伞把的下面

图 3-2-14　旋转图形

图 3-2-15　复制图形

（6）使用工具箱中的"挑选"工具，选中右侧的小雨伞图形，单击"排列"→"取消组合"菜单命令，将右侧的小雨伞图形分解成单个的图形对象。再调整其颜色为紫色，完成整个图形的绘制，如图 3-2-1 所示。

3.2.2　多个对象的组合与群组

1．结合与群组的特点

如图 3-2-16 所示，选中多个对象后，可以对多个对象进行"结合"和"群组"等操作。

图 3-2-16　选中多个对象

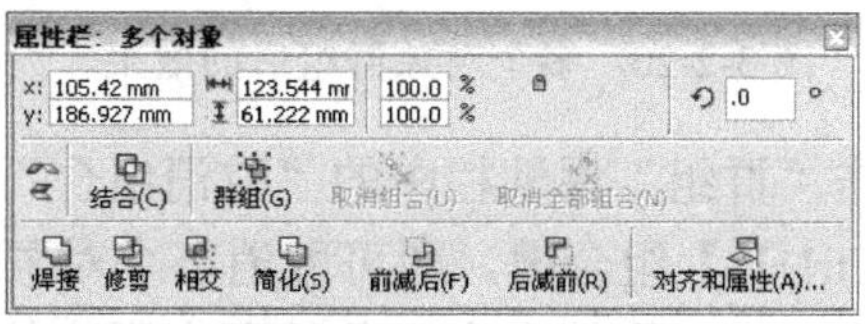

图 3-2-17　属性栏：多个对象

多个对象结合或群组后，可以同时对多个对象进行一些统一的操作，例如，调整大小、移动位置、改变填充颜色、改变轮廓线颜色或进行顺序的排列，等等。

（1）结合后对象的颜色会变为一样，结合的各个对象仍保持每个对象各个节点的可编辑性，可以通过节点的调整来改变每一个对象的形状。

（2）群组后的对象只能对合成的对象进行整体操作，要对每个对象的各个节点进行调整，需要先选中群组中的一个对象，其方法是按住【Ctrl】键的同时，单击该对象，也可用鼠标拖曳节点来调整群组中单个对象的形状。

2．多个对象的结合与取消结合

选中多个图形后，可按照下述一种方法进行操作，即可完成多个对象的结合。

（1）单击属性栏中的“结合”按钮。

（2）单击“排列”→“结合”菜单命令。

（3）按下【Ctrl+L】组合键。

将多个对象结合后，效果如图 3-2-18 所示，其属性栏改为“曲线或连线”属性栏，如图 3-2-19 所示。

再单击“曲线或连线”属性栏中的“拆分曲线在图层 1”按钮、单击“排列”→“拆分曲线在图层 1”菜单命令或按下【Ctrl+K】组合键，又可以取消多个对象的结合。

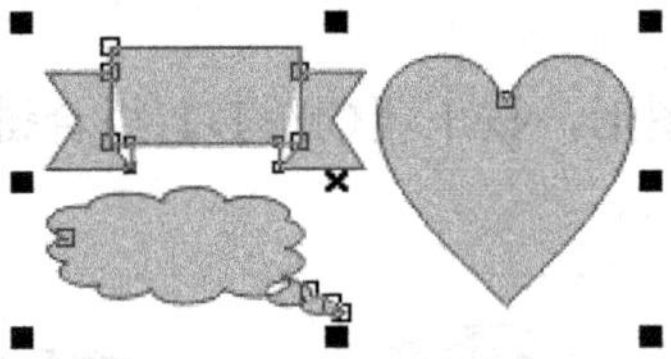

图 3-2-18　多个对象结合后的效果

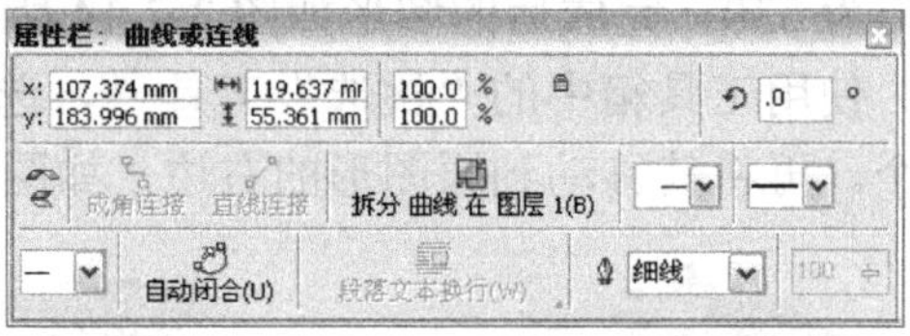

图 3-2-19　属性栏：曲线或连线

3．多个对象的群组与取消群组

选中多个图形后，可按照下述一种方法进行操作，即可完成多个对象的群组。

（1）单击属性栏中的“群组”按钮。

（2）单击“排列”→“群组”菜单命令。

（3）按下【Ctrl+G】组合键。

将多个对象群组后，效果如图 3-2-20 所示，其属性栏改为“群组”属性栏，如图 3-2-21 所示。

图 3-2-20　多个对象群组后的效果

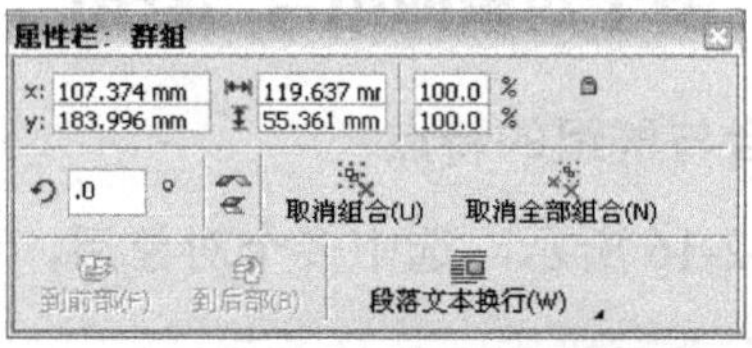

图 3-2-21　属性栏：群组

单击“群组”属性栏中的“取消组合”按钮、单击“排列”→“取消组合”菜单命令或按下【Ctrl+U】组合键，即可取消多个对象的一层群组。如果单击属性栏中的“取消全部组合”按钮，可以取消多个对象的所有层次的群组。

将非群组的对象组成的群组叫第一层群组，将多个第一层群组对象与其他对象组成的群组叫第二层群组……

3.2.3 对象的变换调整

1. 对象的自由旋转和镜像

（1）“旋转”又叫“自由旋转”，可以使对象围绕任意的轴心进行任意角度的旋转。

① 使用工具箱中的“挑选”工具，选中要旋转的对象，再单击工具箱中的“自由变换”工具按钮。在其属性栏中单击“旋转”按钮，在“旋转中心位置”文本框中设置旋转中心的坐标位置，在“旋转角度”文本框中输入要旋转的角度，然后，单击要旋转的对象，即可将选中的对象进行旋转操作。

② 用鼠标拖曳的方法也可以使对象进行自由旋转，在选中要旋转的对象后，单击工具箱中的“自由变换”工具按钮，在属性栏中单击“旋转”按钮；然后在绘图页面内任意处单击鼠标左键并拖曳鼠标，此时屏幕上会产生一条以鼠标单击处为原点的水平射线，如图 3-2-22 所示，拖曳鼠标时射线及对象的轮廓会以射线的原点为圆心，随鼠标的拖曳而旋转，如图 3-2-23 所示；松开鼠标左键旋转操作即结束，旋转后的对象如图 3-2-24 所示。

图 3-2-22 产生水平射线

图 3-2-23 随鼠标的拖曳而旋转

图 3-2-24 旋转后的对象

（2）“反射”又叫“自由角度镜像”，可以使对象在镜像后围绕着任意的轴心进行任意角度的旋转。使用工具箱中的“挑选”工具，选中要镜像的对象，再单击工具箱中的“自由变换”工具按钮。在属性栏中单击“旋转”按钮，然后在绘图页面内任意处单击鼠标左键并拖曳鼠标，此时屏幕上会产生一条以鼠标单击处为原点的直线，并产生以直线为镜面的镜像对象的轮廓，拖曳鼠标时直线及对象的轮廓会以直线的原点为圆心，随鼠标的拖曳而旋转，如图 3-2-25 所示；松开鼠标左键结束操作，镜像后的对象如图 3-2-26 所示。

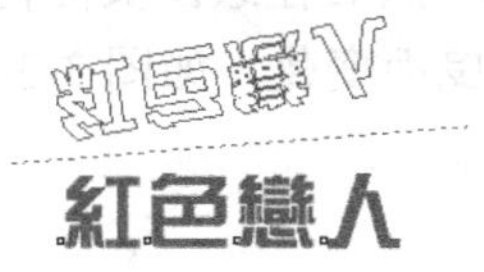

图 3-2-25 随鼠标的拖曳而旋转

图 3-2-26 镜像后的对象

2. 对象的按比例调节

“按比例调节”又叫“自由调节”。可以使对象在水平及垂直方向上做任意的延展和收缩。

（1）使用工具箱中的“挑选”工具，选中要调节的对象，再单击工具箱中的“自由变换”工具按钮。在属性栏中单击“按比例调节”按钮，在“对象的大小”文本框中设置对象的宽和高的尺寸，即可改变原对象的尺寸；也可以在“缩放因子”文本框中输入对象要缩放的比例，以改变原对象的尺寸。

（2）用鼠标拖曳的方法也可以使对象进行自由调节，在选中要调节的对象后，单击工具箱中的“变换”工具按钮，在属性栏中单击“按比例调节”按钮；然后在绘图页面内任意处单击鼠标左键并拖曳鼠标，拖曳鼠标时对象的轮廓会随鼠标的拖曳而变化，如图 3-2-27 所示；松开鼠标左键调节操作即结束，调节后的对象如图 3-2-28 所示。

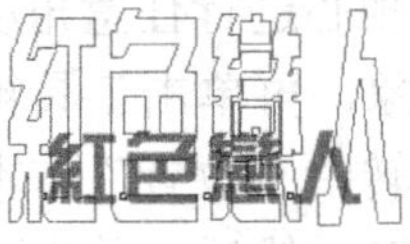

图 3-2-27 轮廓会随鼠标的拖曳而变化

图 3-2-28 调节后的对象

（3）在拖曳鼠标时对象以鼠标单击处为基点进行缩放，向上拖曳鼠标可以在垂直方向上放大对象，向下拖曳鼠标可以在垂直方向上缩小对象，当鼠标向下拖曳使对象缩小过基点时，即可使对象产生垂直镜像，并放大镜像的对象；向右拖曳鼠标可以在水平方向上放大对象，向左拖曳鼠标可以在水平方向上缩小对象，当鼠标向左拖曳使对象缩小过基点时，即可使对象产生水平镜像，并放大镜像的对象。如图 3-2-29 所示为从鼠标单击处为起点向对象的左下角拖曳鼠标时，随鼠标拖曳产生的对象轮廓。如图 3-2-30 所示为调节后的效果。

3．对象的扭曲

“扭曲”又叫“自由扭曲”，可以使对象进行任意角度的倾斜扭曲。

（1）使用工具箱中的“挑选”工具，选中要调节的对象，再单击工具箱中的“自由变换”工具按钮。在属性栏中单击“扭曲”按钮，在“倾斜角度”文本框中设置垂直倾斜和水平倾斜的角度，然后再单击要扭曲的对象，即可将选中的对象进行扭曲操作。

图 3-2-29 随鼠标拖曳产生的放大镜像

图 3-2-30 放大镜像后的效果

（2）用鼠标拖曳的方法也可以使对象进行自由扭曲，在选中要扭曲的对象后，单击工具箱中的“变换”工具按钮，在属性栏中单击“扭曲”按钮；然后在绘图页面内任意处单击鼠标左键并拖曳鼠标，拖曳鼠标时对象的轮廓会随鼠标的拖曳而变化，如图 3-2-31 所示；松开鼠标左键扭曲操作即结束，扭曲后的对象如图 3-2-32 所示。

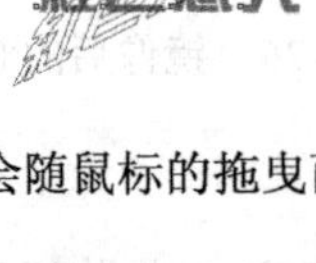

图 3-2-31 轮廓会随鼠标的拖曳而扭曲变化

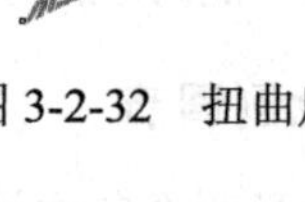

图 3-2-32 扭曲后的对象

3.3 热爱自然——修整对象

【案例效果】

“热爱自然”宣传画向我们展示了四幅美丽的大自然风景画，如图 3-3-1 所示，四幅画分

图 3-3-1　热爱自然

别镶嵌在一个象征地球的圆中。圆的上方有呈弧形分布的宣传词“让我们共同保护我们的家园”，圆的下方有用自然风景图画填充的透空标题文字“热爱大自然”。

“热爱自然”宣传画结构合理，画面严肃、大方，形象地展示出大自然是地球上人类生存的保证，号召人们要共同保护我们的家园，热爱大自然。绘制“热爱自然”宣传画，采用了页面设置、辅助线的使用、图形精确定位、修剪、图框精确裁剪和文字沿路径分布、透空标题文字等绘图基本方法和基本技巧。

3.3.1　制作过程

1．绘制四等分圆

（1）设置页面宽为 200mm，高为 250mm。然后，绘制一个正圆。同时在圆的垂直与水平直径处加入两条辅助线，如图 3-3-2 所示。

（2）沿垂直辅助线绘制一条直线，使它比圆的直径稍长一些，同时选中它，如图 3-3-3 所示。

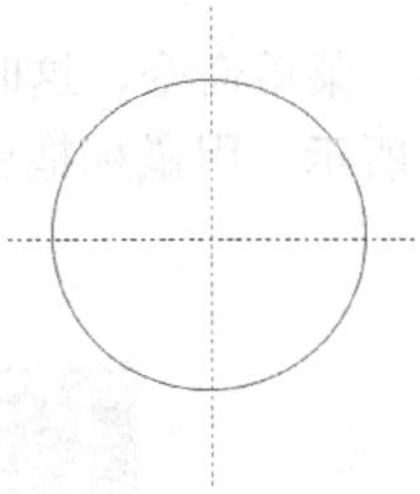
图 3-3-2　绘制正圆

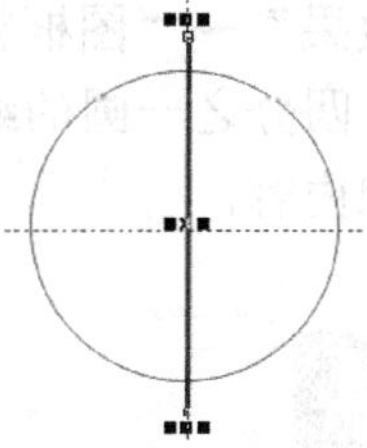
图 3-3-3　绘制直线

（3）单击“窗口”→“泊坞窗”→“修整”菜单命令，调出“修整”泊坞窗。在“修整”泊坞窗中的下拉列表框中选中“修剪”选项，取消选中“保留对象”选项栏内的任何复选框，如图 3-3-4 所示。单击“修剪”按钮。将鼠标的箭头指针移到正圆的线条上，单击鼠标左键，即可将正圆沿垂直直线分割为两个半圆。

（4）这两个半圆是组合成一个对象的。在选中该对象的情况下，单击“排列”→“拆分”菜单命令，即可将两个半圆分离成两个独立的对象。再单击选中右边的半圆，如图 3-3-5 所示。

（5）沿水平辅助线画一条直线，同时选中它。再按照上述（3）的方法，将右边的半圆分割成上下两个四分之一圆，如图 3-3-6 所示。然后将两个四分之一圆分离。

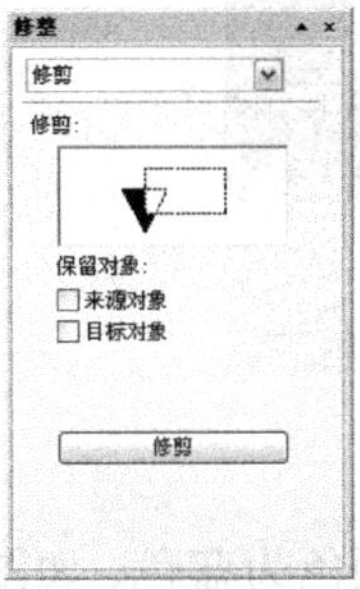

图 3-3-4　“修整”泊坞窗

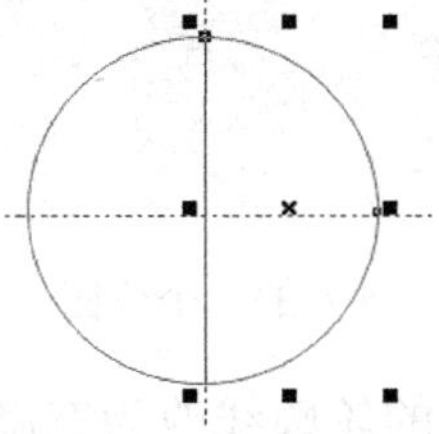
图 3-3-5　分离成两个独立的对象

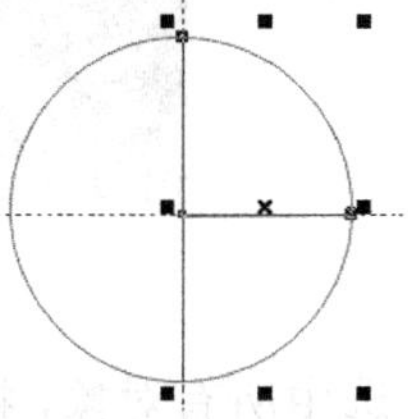
图 3-3-6　分割成上下两个四分之一圆

（6）单击绘图页面的空白处，取消对象的选中，再按照上述（5）的方法将左边的半圆分割成上下两个四分之一圆，如图 3-3-7 所示。然后将两个四分之一圆分离。此时一个正圆已经被分割成四等份，成为四个对象，单击其中一个对象的边框线，只会选中该对象，如图 3-3-8 所示。

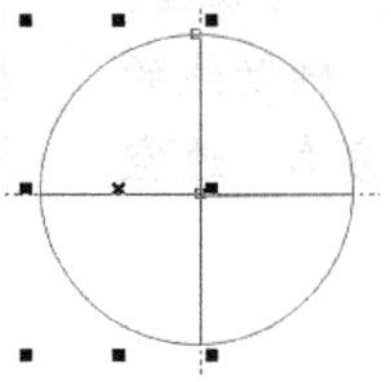

图 3-3-7　分割成上下两个四分之一圆

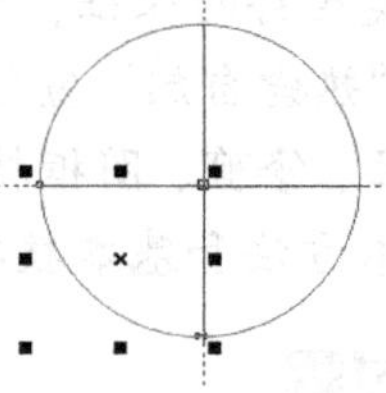

图 3-3-8　成为四个对象

2．在圆内镶嵌位图

（1）导入一个风景位图，如图 3-3-9 所示，单击选中它。

（2）单击“效果”→“精确裁剪”→“放置在容器中”菜单命令，这时鼠标指针呈黑色大箭头状，将它移到右上角四分之一圆的边线处，单击鼠标左键，则将风景位图镶嵌到四分之一圆内，如图 3-3-10 所示。

（3）单击“效果”→“图框精确裁剪”→“编辑内容”菜单命令，这时整个图像会在四分之一圆处出现，四分之一圆的线条仍存在，如图 3-3-11 所示。用鼠标拖曳图像，可以调整四分之一圆的图像内容。

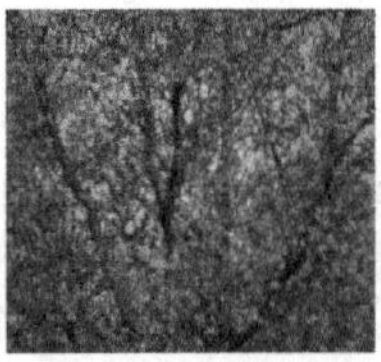

图 3-3-9　导入位图

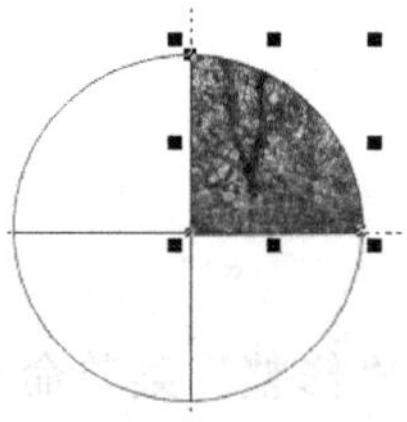

图 3-3-10　将位图镶嵌到四分之一圆内

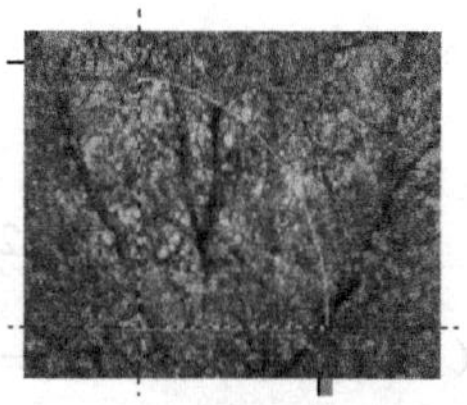

图 3-3-11　调整图像内容

（4）单击“效果”→“精确裁剪”→“完成编辑这一级”菜单命令，可以使画面回到图 3-3-10 所示状态，只是四分之一圆内的图像已改为调整后的内容。

（5）按照上述方法，将图 3-3-12 所示的三个图像，分别镶嵌到其他三个四分之一圆内，完成后的效果如图 3-3-13 所示。

图 3-3-12　导入的 3 个位图

（6）选中所有对象，将四个四分之一圆的轮廓线改为宽度 8mm，颜色为蓝色，如图 3-3-14 所示。

图 3-3-13　分别镶嵌到其他三个四分之一圆内

图 3-3-14　修改轮廓线

3．制作文字

（1）输入“字体”为隶书、“字号”为 72、“颜色”为红色的美术字“让我们共同保护我们的家园”。

（2）画一个比如图 3-3-14 所示的正圆稍大一点的一个同心正圆，再单击选中美术字。

（3）单击“文本”→“使文本适合路径”菜单命令，这时鼠标指针呈黑色大箭头状，将它移到刚画的同心正圆的边线处，单击鼠标左键，则将美术字沿正圆上半边的外部呈弧形分布，如图 3-3-15 所示。然后删除这个正圆。

图 3-3-15　美术字沿正圆外部呈弧形分布

（4）输入“字体”为华文琥珀、“字号”为 130、“颜色”为红色的美术字“热爱大自然”，如图 3-3-16 上边的美术字所示。

（5）输入一个风景位图，并调整它的大小，使它比“热爱大自然”美术字稍大一点，如图 3-3-16 所示。

（6）将美术字移到图像之上。再绘制一个比图像稍大的矩形，将图像围起来，如图 3-3-17 所示。然后单击选中“热爱大自然”美术字。

注意

一定要只选中美术字。

图 3-3-16　输入文字和导入图像

图 3-3-17　绘制矩形

（7）单击“排列”→“修整”→“修整”菜单命令，调出“修整”泊坞窗。在该泊坞窗中的下拉列表框中选中“修剪”选项，取消选中“保留对象”选项栏内的任何复选框，单击“修剪”按钮。将鼠标的箭头指针移到矩形线上，再单击鼠标左键。此时的图形如图 3-3-18 所示。

（8）单击工具箱中的“渐变填充”工具按钮，调出“渐变填充方式”对话框，利用该对话框，给矩形填充从红到白、射线类型的渐变颜色，如图 3-3-19 所示。

（9）调整如图 3-3-19 所示的图形大小，将它移到绘图页内，完成整个图形的绘制，如

图 3-3-1 所示。

图 3-3-18　修整对象

图 3-3-19　填充渐变色

3.3.2　对象的焊接与修剪

1．多重对象的焊接

绘制两个部分重叠的图形，如图 3-3-20 所示。选中它们，此时的属性栏如图 3-3-21 所示。单击属性栏中的“焊接”按钮，或单击“排列”→“修整”→“焊接”菜单命令，两个图形对象的重叠部分被焊接在一起，两个图形对象变为只有单一轮廓的一个对象，如图 3-3-22 所示。

图 3-3-20　部分重叠

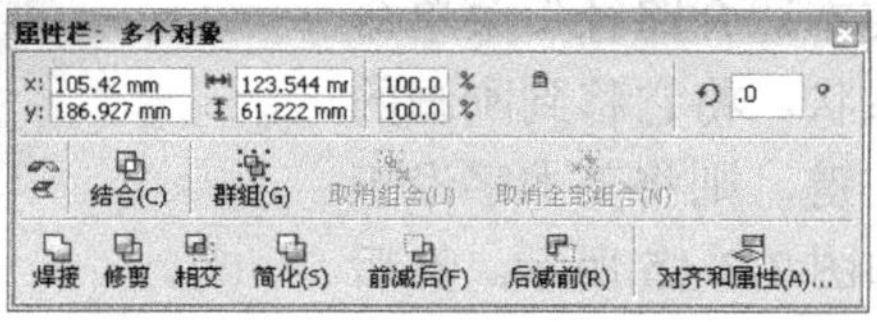

图 3-3-21　属性栏：多个对象

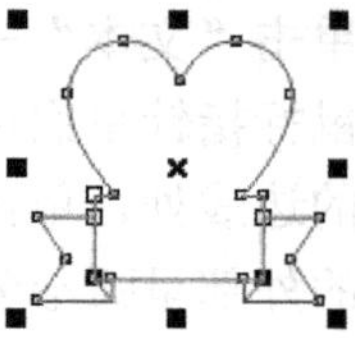

图 3-3-22　多重对象的焊接效果

2．多重对象的修剪

单击属性栏中的“修剪”按钮，或单击“排列”→“修整”→“修剪”菜单命令，则下边的图形对象与上边的图形对象重叠的部分被修剪掉，对象的个数不变，如图 3-3-23 所示。

如果在挑选对象时，是按住【Shift】键进行多个对象的选择的，则最后被选中的对象是被修剪的对象。

3．多重对象的相交

单击属性栏中的“相交”按钮，两个对象重叠部分的图形会形成一个新的对象，而且处于被选中状态，用鼠标拖曳它可将它单独移动出来，如图 3-3-24 所示。

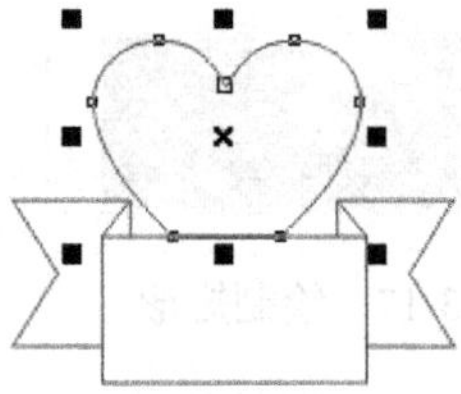

图 3-3-23　多重对象的修剪效果

图 3-3-24　多重对象的相交效果

3.3.3　对象的简化与相减

1．简化

单击属性栏中的“简化”按钮，或单击“排列”→“修整”→“简化”菜单命令，则下边的图形对象中被上边的图形对象遮挡的部分被简化，对象的个数不变，如图 3-3-25 所示。

2. 前减后

单击属性栏中的"前减后"按钮，或单击"排列"→"修整"→"前减后"菜单命令，则下边的图形对象与上边图形对象重叠的部分被上边的图形对象修剪掉，并只保留被修剪的图形对象，如图 3-3-26 所示。

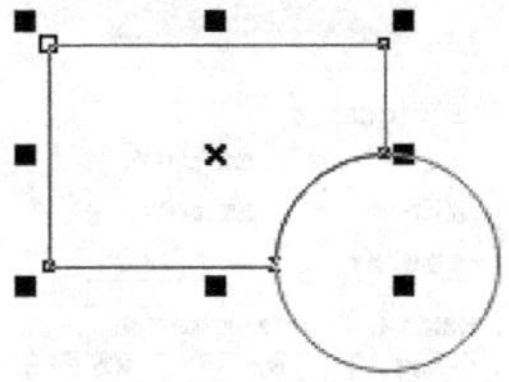

图 3-3-25 简化效果

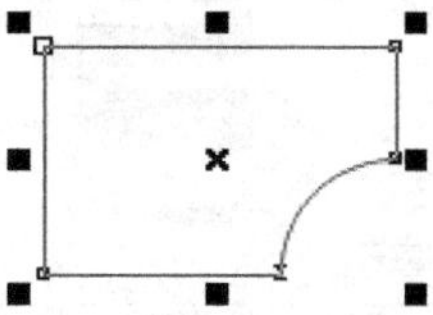

图 3-3-26 前减后效果

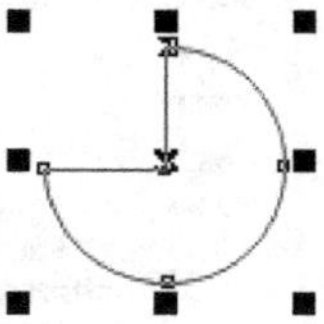

图 3-3-27 后减前效果

3. 后减前

单击属性栏中的"后减前"按钮，或单击"排列"→"修整"→"后减前"菜单命令，则上边的图形对象与下边的图形对象重叠的部分被下边的图形对象修剪掉，并只保留被修剪的图形对象，如图 3-3-27 所示。

3.4 双色文字——图形的分离

【案例效果】

"世外桃源"是具有两种颜色的文字，如图 3-4-1 所示，在美丽的背景衬托下，显得格外醒目，突出地表达人们向往自然，渴望与自然交流的愿望。绘制该文字图形使用了导入图像与相交等操作。

图 3-4-1 双色文字

3.4.1 制作过程

1. 导入图像

(1) 设置绘图页面的宽度为 140mm，高度为 105mm。单击"文件"→"导入"菜单命令，或单击常用工具箱中的"导入"按钮，调出"导入"对话框，如图 3-4-2 所示。

(2) 在"导入"对话框中选择"静意"jpg，在"文件类型"列表框右边的列表框内选择"裁剪"选项，如图 3-4-3 所示。然后单击"导入"按钮，调出"裁剪图像"对话框。

图 3-4-2　“导入”对话框

图 3-4-3　“裁剪图像”对话框

（3）在“裁剪图像”对话框中，设置好要裁剪的范围，如图 3-4-3 所示。单击“确定”按钮，将该图像导入到绘图页面中，如图 3-4-4 所示。

图 3-4-4　导入的图像

图 3-4-5　输入文字

2. 制作文字

（1）在绘图区中输入“字体”为隶书、“字号”为 200 磅的“世外桃源”美工字，如图 3-4-5 所示。再使用工具箱中的贝塞尔工具，在页面上绘制一个封闭的三角形，框住前两个文字和第三个文字的一半，如图 3-4-6 所示。

（2）单击选中“世外桃源”文字，单击“排列”→“修整”→“相交”菜单命令，调出“修整”泊坞窗口中的“相交”选项卡。

图 3-4-6　绘制三角形

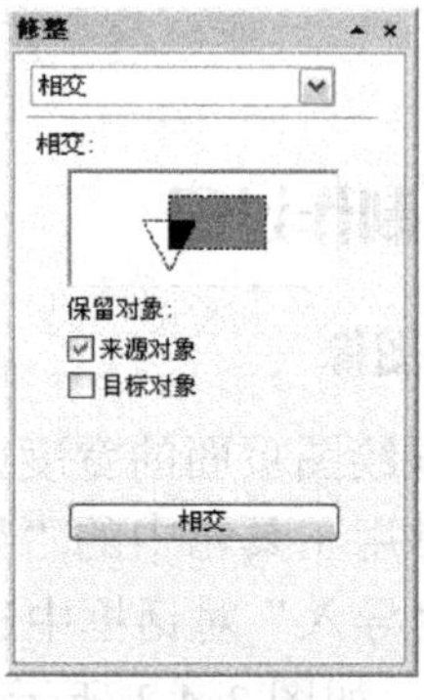

图 3-4-7　相交选项卡

（3）“修整”泊坞窗口中选中“来源对象”复选框，单击“相交”按钮，如图 3-4-7 所示。这时屏幕上出现了一个黑箭头，用黑箭头单击三角框作为目标对象，进行交叉操作。这时我们看到文字串的左半部分被切了下来，并呈选中状态，同时原文字也保留了下来，而目标对象三角框却消失了，如图 3-4-8 所示。单击“关闭”按钮，关闭“修整”泊坞窗口。

图 3-4-8　修整后的对象

（4）单击鼠标右键，会弹出一个快捷菜单，单击其中的“排列”→“到最前面”菜单命令，将左半部分文字串排列到最前面。再将左边的文字块填充成白色，如图 3-4-8 所示。

（5）为白色的文字块填充黄色、为黑色的文字块填充橙色，取消这 2 个对象的轮廓线，完成整个图形的绘制如图 3-4-1 所示。

3.4.2　切割与擦除图形

1．切割图形

对于绘制好的一个图形，可以使用工具箱中的“刻刀”工具，将它切割成两个或多个部分。单击“刻刀”工具按钮后，其属性栏如图 3-4-9 所示。其中，“自动闭合”按钮抬起时，表示只将路径线切割断开，切割点间不产生封闭的曲线；“自动闭合”按钮按下时，表示将路径线切割断开，切割点间产生封闭的曲线。另外，“成为一个”按钮抬起时，表示切割后的图形被分为两个图形；“成为一个”按钮按下时，表示切割后的图形仍为一个图形。

图 3-4-9　属性栏：刻刀和擦除器工具

（1）单击“刻刀”工具按钮，调出相应的属性栏，单击属性栏中的“自动闭合”按钮，使它呈按下状态；而使“成为一个”按钮呈抬起状态，如图 3-4-9 所示。

（2）单击“刻刀”工具按钮，将鼠标指针（美工刀状）移到图形的切割点处（如心形的上边线中点处），此时美工刀变为竖直状，单击鼠标左键。

（3）将鼠标指针移到另一个切割点处（如心形的左侧边线处），此时美工刀又会立起来，再单击鼠标左键。此时，会在两个切割点处产生两个节点，两个节点间会产生一条连接直线，如图 3-4-10 所示。如果属性栏中的“自动闭合”按钮呈抬起状态，则不会产生两个切割点间的连接直线。

（4）另外，还可以从第一个切割点处拖曳鼠标到第二个切割点处，拖曳鼠标时会产生一条切割曲线，如图 3-4-11 所示。

（5）单击工具箱中的“挑选”工具按钮，再单击切割后的右边对象选中它，然后用鼠标拖曳该对象向右移动一点，移动后的图形如图 3-4-12 所示。如果属性栏中的“成为一个”呈按钮按下状态，则不会产生两个对象。

图 3-4-10 产生一条连接直线

图 3-4-11 切割曲线

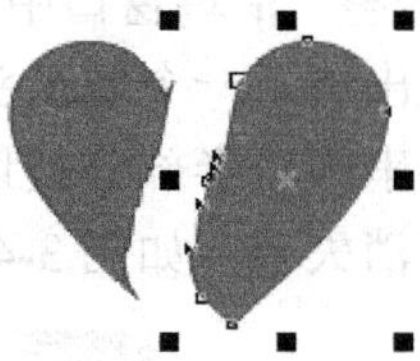
图 3-4-12 移动后的图形

2．擦除图形

对于绘制好的一个图形，还可以使用工具箱中的“橡皮擦”工具将它的一部分擦除，还可以通过擦除，将原来的图形分成两个或多个部分。单击“橡皮擦”工具按钮后，其属性栏如图 3-4-13 所示。其中，修改“橡皮擦厚度”文本框内的数据，可以改变橡皮擦的大小，如图 3-4-14 所示。

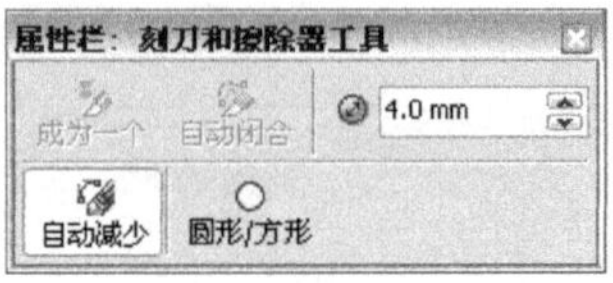

图 3-4-13 属性栏：刻刀和擦除器工具

图 3-4-14 橡皮擦的大小

另外，属性栏中的“圆形/方形”按钮抬起时，表示橡皮擦（即鼠标指针）形状为圆形；“圆形/方形”按钮按下时，表示橡皮擦形状为方形。“自动减少”按钮抬起时，表示橡皮擦除过的图形所产生的连接线上会有许多节点，如图 3-4-15 所示；“自动减少”按钮按下时，表示橡皮擦擦过的图形所产生的连接线上的节点会自动减少，如图 3-4-16 所示。

（1）单击“橡皮擦工具”按钮，调出相应的属性栏，使属性栏中的“圆形/方形”按钮，和“自动减少”按钮呈抬起状态。

（2）单击“橡皮擦工具”按钮，将鼠标指针（呈小圆形）移到起点处，拖曳鼠标到终点处，擦除后的图形如图 3-4-14 所示。

图 3-4-15 连接线上有许多节点

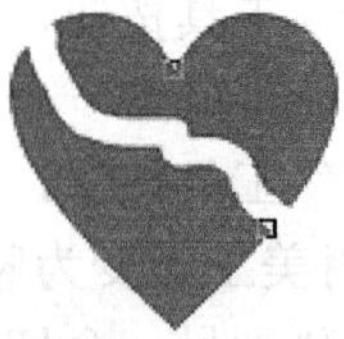
图 3-4-16 连接线上的节点会自动减少

3.4.3 笔刷工具的使用

1．涂抹笔刷工具简介

将绘制好的图形对象用“涂抹笔刷”工具做涂抹处理后，可以使矢量的图形对象沿其轮廓变形。“涂抹笔刷”工具只能应用于曲线对象。单击工具箱中的“涂抹笔刷”工具按钮，属性栏随之改变为如图 3-4-17 所示。通过对属性栏中的“笔尖大小”、“笔压”等参数的修改，可以对“涂抹笔刷”进行相应的设置。

（1）单击工具箱中的“多边形”工具按钮，在绘图页面内绘制一个多边形，然后单击属性栏中的“转换为曲线”按钮或单击“排列”→“转换为曲线”菜单命令，将多边形转换成曲线，如图 3-4-18 所示。

（2）单击工具箱中的“涂抹笔刷”工具按钮，即可在图形上进行涂抹处理。若图形对象从内向外涂抹时，可以延展图形对象的轮廓；若图形对象从外向内涂抹时，可以收缩图形对象的轮廓。涂抹后的图形对象如图 3-4-19 所示。

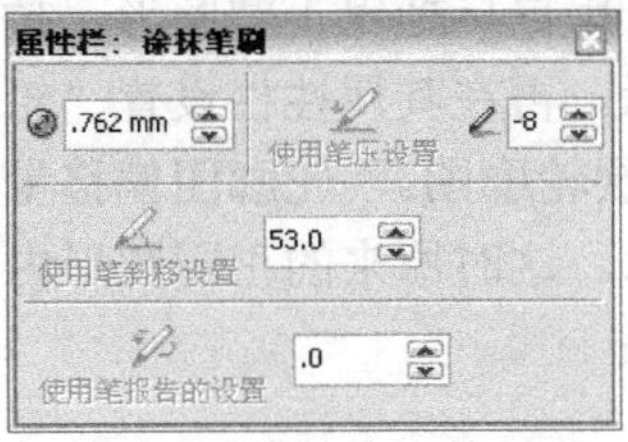

图 3-4-17　属性栏：涂抹笔刷

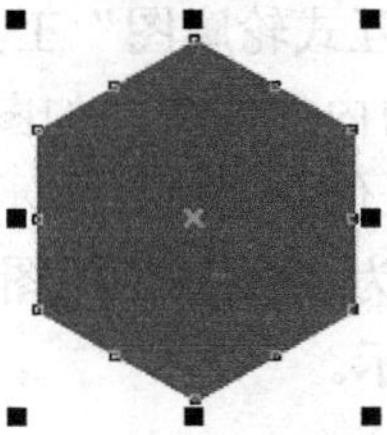

图 3-4-18　多边形转换成曲线

图 3-4-19　涂抹后的图形

2. 粗糙笔刷工具简介

将绘制好的图形对象的轮廓用“粗糙笔刷”工具做粗糙处理后，可以使矢量的图形对象的轮廓由光滑变成粗糙。“粗糙笔刷”只能应用于曲线对象。

单击工具箱中的“粗糙笔刷”工具按钮，属性栏随之改变为如图 3-4-20 所示。通过对属性栏中的“笔尖大小”、“笔压”等参数的修改，可以对“粗糙笔刷”进行相应的设置。

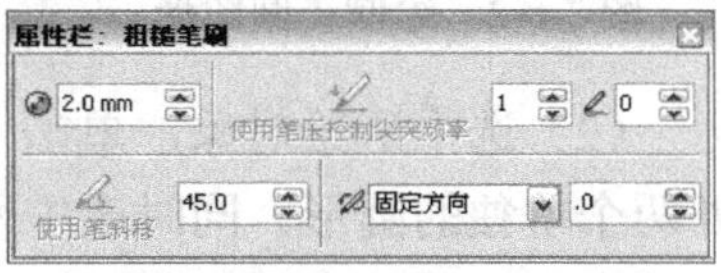

图 3-4-20　属性栏：粗糙笔刷

（1）单击工具箱中的“多边形”工具按钮，在绘图页面内绘制一个多边形，然后单击属性栏中的“转换为曲线”按钮或单击“排列”→“转换为曲线”菜单命令，将多边形转换成曲线，如图 3-4-21 所示。

（2）单击工具箱中的“粗糙笔刷”工具按钮，在属性栏中设置相应的参数后，用鼠标在图形对象的轮廓上拖曳，即将图形对象的轮廓进行粗糙处理。粗糙处理后的图形对象如图 3-4-22 所示。

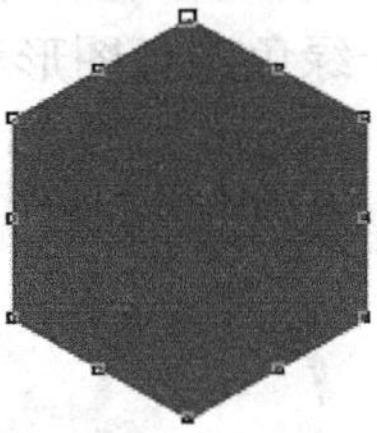

图 3-4-21　将多边形转换成曲线

图 3-4-22　粗糙处理后的图形

3.5　奥运五环旗——应用管理

【案例效果】

奥运五环标志图形由五种不同颜色（蓝、黄、黑、绿和红色）的圆环圈套在一起，如图 3-5-1 所示，象征着奥运会的团结精神。制作奥运会五连环标志图形运用了轮廓图、图框裁剪等技术。

图 3-5-1　奥运五环旗

3.5.1　制作过程

1．切割圆环

（1）设置绘图页面的宽度为 257mm、高度为 182mm，在绘图页绘制一个正圆图形，如图 3-5-2 所示。单击工具箱中的“交互式轮廓图”工具按钮，用鼠标拖曳正圆图形，拉出一个向内的箭头，如图 3-5-3 所示。再在其属性栏设置“轮廓图步长值”为 1，表示只建立 1 层轮廓图。“轮廓图偏移量”为 7.0mm，表示轮廓图与原图的距离为 7.0mm，如图 3-5-4 所示。这时原来的正圆图形内部出现了一个正圆图形，如图 3-5-3 所示。

图 3-5-2　绘制正圆图形

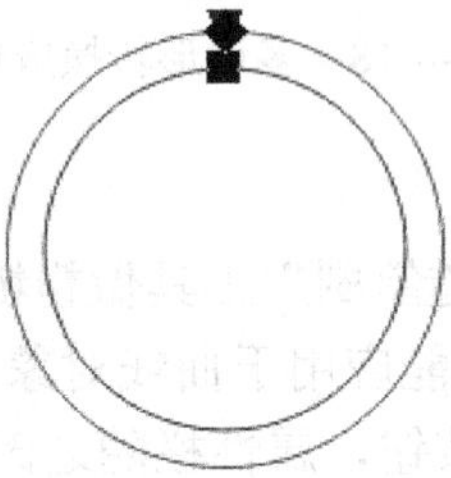

图 3-5-3　轮廓对象

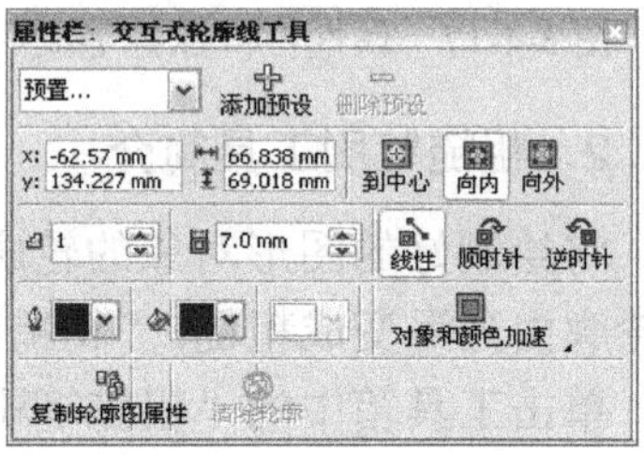

图 3-5-4　属性栏：交互式轮廓线工具

（2）选中所绘对象，单击“排列”→“拆分”菜单命令，将所选对象进行分离，形成内外两个单独的圆形。同时选中两个圆形，单击“排列”→“结合”菜单命令，将所选对象进行结合，组成一个圆环图形。

（3）将鼠标指针移到调色板的蓝色色块上，分别单击鼠标左键和右键，将圆环图形内部和轮廓线填充为蓝色，如图 3-5-5 所示。

（4）选中蓝色圆环图形，按下【Ctrl+D】组合键，复制一份蓝色圆环图形。单击选中复制的蓝色圆环图形，再将鼠标指针移到调色板的黑色色块之上，单击鼠标左键和右键，将圆环图形内部和轮廓线填充为黑色。然后，将黑色圆环图形移到蓝色圆环图形的右边。

（5）按照上述方法，再制作一个红色圆环图形、一个绿色圆环图形和一个黄色圆环图形，并将它们移到适当位置，如图 3-5-6 所示。

图 3-5-5　填充颜色

图 3-5-6　复制圆环图形

2．切割图形

（1）由图 3-5-6 可以看出：黄色圆环图形在蓝色圆环图形的下边，在黑色圆环图形的上边；绿色圆环图形在黑色圆环图形的上边，在红色圆环图形的下边，与需要的图形不符。下面的操作是将黄色圆环图形与蓝色圆环图形下边相交处的蓝色圆环图形裁剪掉，显示出下边的黄色圆环图形，从而形成黄色圆环图形与蓝色圆环图形的相互圈套。

（2）单击“窗口”→“泊坞窗”→“修整”菜单命令，调出“修整”（相交）泊坞窗。选中“修整”（相交）泊坞窗内的“来源对象”和“目标对象”两个复选框，如图 3-5-7 所示。

（3）使用工具箱中的“挑选”工具，单击选中黄色圆环图形，再单击“修整”（相交）泊坞窗内的“相交”按钮，然后单击蓝色圆环图形，即可将蓝色圆环图形与黄色圆环图形相交处的两小块蓝色圆环图形的部分图形剪裁出来，如图 3-5-8 所示。

（4）单击“排列”→“分离”菜单命令，将两小块蓝色圆环图形的部分图形分离。

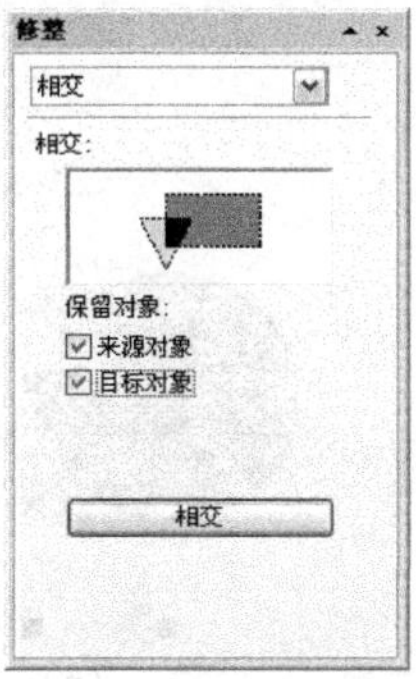

图 3-5-7　“修整”（相交）泊坞窗

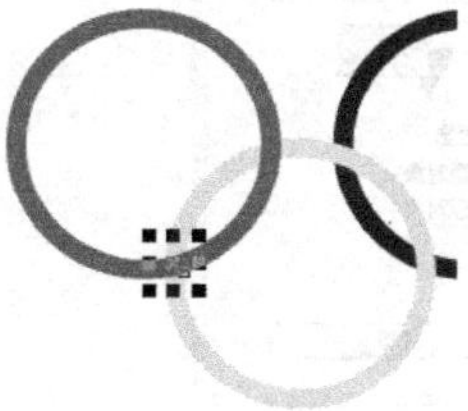

图 3-5-8　图形剪裁出来

（5）单击非图形处，不选取两小块蓝色圆环图形的部分图形。再单击选中下边的一块蓝色圆环图形的部分图形，如图 3-5-8 所示。然后，按下【Delete】键，删除选中的蓝色圆环图形的部分图形，即可获得蓝色圆环图形与黄色圆环图形相互圈套的效果。

（6）按照上述方法，将黄色圆环图形和黑色圆环图形形成圈套，将黑色圆环图形和绿色圆环图形形成圈套，将红色圆环图形和绿色圆环图形形成圈套。最终效果如图 3-5-9 所示。

（7）使用工具箱中的“矩形”工具，在页面的左侧绘制一个与页面等高的矩形，并为其内部填充嫩绿色，作为旗帜的装饰图形，如图 3-5-9 所示。

（8）在绘图区中输入“字体”为隶书、“字号”为 72 磅的“新北京 新奥运”美工字。再为文字的内部填充“赭石色”、轮廓填充“杏黄色”，如图 3-5-10 所示。

（9）使用工具箱中的挑选工具，调整文字的位置，完成整个图形的绘制，如图 3-5-1 所示。

图 3-5-9　绘制矩形

图 3-5-10　输入文字

3.5.2　对象的管理与编辑

1．泊坞窗的使用

“泊坞工具窗口”也叫“泊坞窗窗口”，它是中文 CorelDRAW 12 特有的一种窗口，它除了具有与一般对话框相同的功能外，还具有更好的交互性能。

例如，它不像一般对话框那样，进行设置后就关闭，它可以仍然保留在屏幕上，便于继续进行其他操作，直到单击 关闭按钮才关闭。另外，单击“泊坞窗”右上角的“▲”按钮，可以将“泊坞窗”卷起来，以节约屏幕空间。

单击“窗口”→“泊坞窗”菜单选项，可以调出“泊坞窗”的子菜单，再单击“泊坞窗”菜单中的一个菜单命令，即可调出相应的泊坞窗。

例如，单击“窗口”→“泊坞窗”→“修整”菜单命令，即可调出“修整”泊坞窗，如图 3-5-11 所示。利用“修整”泊坞窗可以对多个对象进行焊接、修剪和相交操作。对图 3-5-12（a）所示图形进行修剪操作后的效果如图 3-5-12（b）所示。

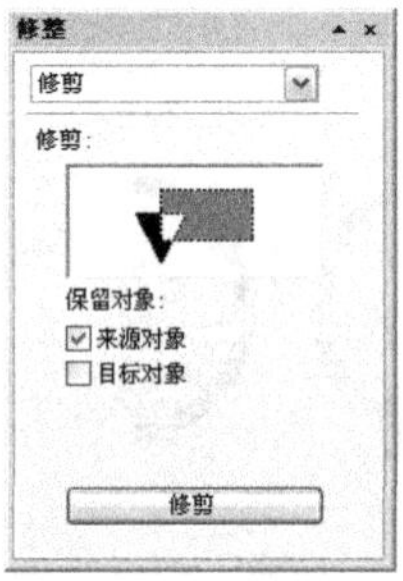

图 3-5-11 “修整”泊坞窗

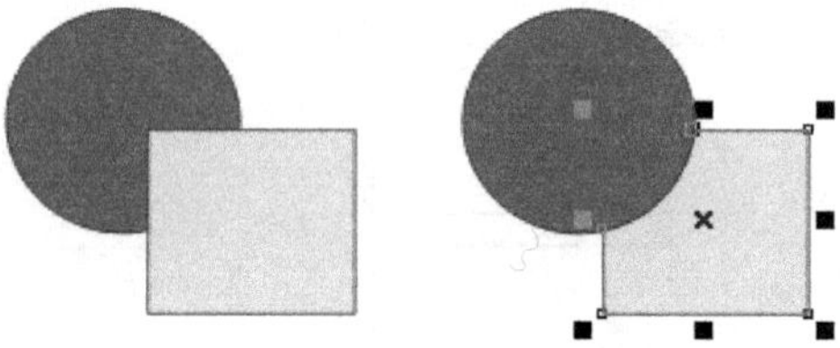

（a） （b）

图 3-5-12 修剪对象

2．对象管理器的调出

“对象管理器”也叫“对象管理员”，它是以分层结构的形式显示当前文档的页面情况，以及各页面内的对象、图层和各个对象的特点（填充颜色、轮廓颜色、形状、排列顺序等）。

（1）绘制一页或多页图形，此处绘制两页图形，第一页的图形由三条不同颜色的曲线组成，第二页的图形由一个红色椭圆形和一个黄色矩形组成。图形的轮廓均为黑色细线。

（2）单击“工具”→“对象管理器”菜单命令，或者单击“窗口”→“泊坞窗”→“对象管理器”菜单命令，即可调出“对象管理器”泊坞窗，如图 3-5-13 所示。

3．“对象管理器”泊坞窗的使用

- “显示对象属性”按钮 ：单击按下它（这种状态是默认状态），可以在其下边的显示框内显示各个对象的填充与轮廓等属性，如图 3-5-13 所示。该按钮处于抬起状态时，不显示各个对象的填充与轮廓等属性。
- “跨图层编辑”按钮 ：它处于按下状态时，允许编辑跨越图层中的对象；它处于抬起状态时，不允许编辑跨越图层中的对象。
- “图层管理员检视”按钮 ：按下它时，即可进入“图层管理员检视”状态，如图 3-5-14 所示。此时，可以对桌面、图层、辅助线和网格进行显示或不显示等操作。例如，单击 图标标记，将它隐藏，即可将相应的内容隐藏；再单击此处，又可使隐藏的内容显示出来。
- “新建图层”按钮 ：单击它可以增加一个新图层。
- “新建主图层”按钮 ：单击它可以增加一个新的主图层。
- “删除”按钮 ：单击选中“对象管理器”内的图层或对象等后，单击它可以删除选中的内容。

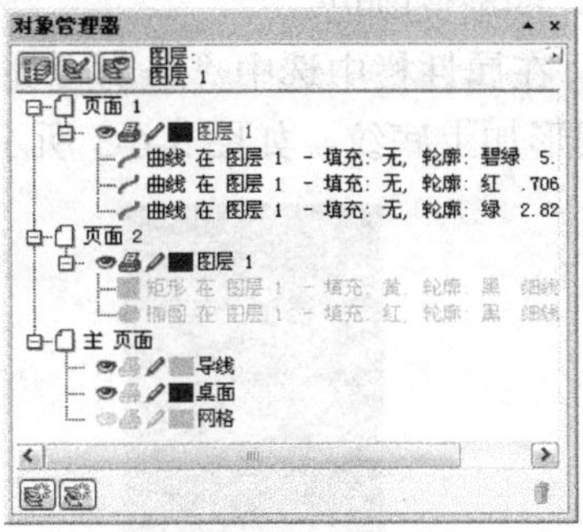

图 3-5-13　“对象管理器”泊坞窗

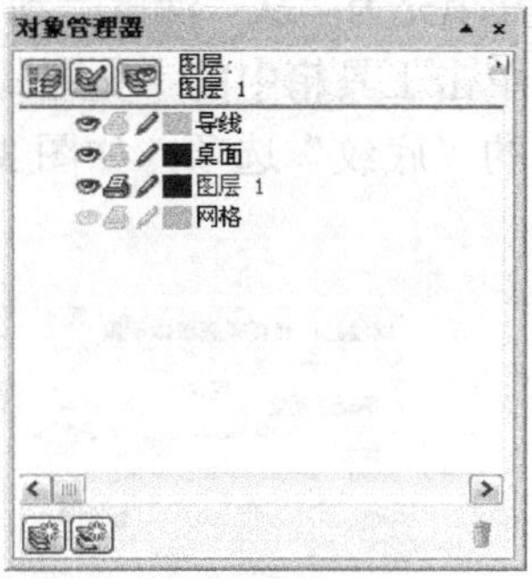

图 3-5-14　“图层管理员检视”状态

◎ “对象管理器”泊坞窗的快捷菜单：单击上述按钮栏右边的“▶”按钮，或将鼠标指针移到“对象管理器”泊坞窗内，并单击鼠标右键，都可以调出“对象管理器”泊坞窗的快捷菜单，如图 3-5-15 所示。

利用“对象管理器”泊坞窗的快捷菜单可以对图层和对象进行相应的操作。

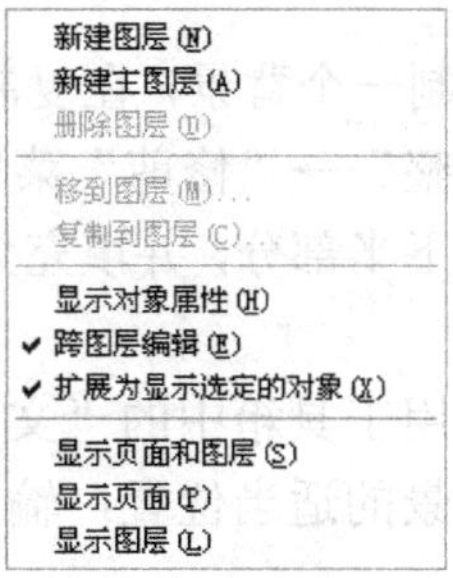

图 3-5-15　“对象管理器”泊坞窗的快捷菜单

◎ “对象管理器”泊坞窗内的页面、图层、对象、辅助线和网格的快捷菜单：将鼠标指针移到“对象管理器”泊坞窗内的页面、图层、对象、辅助线或网格等处，单击鼠标右键，可以调出相应的快捷菜单。

利用这些快捷菜单可以有针对性地进行新增图层、删除图层、移动对象到某一个图层、复制对象到某一个图层等操作。

◎ 对象操作：单击“对象管理器”泊坞窗内的某一个对象说明，即可在绘图页内选中该对象；按住【Shift】键的同时，单击多个对象说明，即可在绘图页内选中这些对象。然后，可以对选中的对象进行操作。

3.6　综合实例

图 3-6-1　春节年历

【综合实例 4】春节年历

【案例效果】

这是一幅公司春节宣传广告。它分为背景、日历和前景三部分。如图 3-6-1 所示，背景是一个蓝色渐变矩形，背景上面是 2006 年日历及公司标记，最上面是一个从礼盒中弹出的卡通人像及彩球。制作该图像运用了交互式花纹透明、修剪、渐变填充、螺旋线等技术。

1．制作背景与日历

（1）设置绘图页面的宽度为 210mm、高度为 297mm。使用工具箱中的“矩形”工具 □，绘制一个和页面相同大小的矩形，取消其轮廓线，并为其填充为“从”深蓝“到”蓝，“角度”为–90°的渐变颜色。

（2）单击工具箱中的“交互式透明”工具按钮，在属性栏中选中“透明度类型”下拉列表框中的“底纹”选项，如图 3-6-2 所示，给背景图形加上底纹，如图 3-6-3 所示。

图 3-6-2　属性栏：交互式底纹透明度

图 3-6-3　给背景图形加上底纹

（3）复制一个背景，在复制背景的下三分之一处画一条曲线，如图 3-6-4 所示。单击“排列”→“修整”→“修剪”菜单命令，将背景修剪成两部分。将背景分离后删除上半部分，选中背景的下半部分，并填充为“从”深蓝“到”黄，“角度”为–90°的渐变颜色，如图 3-6-4 所示。

（4）使用工具箱中的“文本”工具，定义好字形和大小，输入“2006”文字，然后将它移到背景的适当位置；输入公司名称等，再将文字移到背景图形的最下边，如图 3-6-4 所示。

（5）绘制一个矩形，填充为粉色、标准透明度。在矩形内适当位置输入月份、星期和日期。将矩形内的所有对象组成群组，如图 3-6-5 所示。

（6）使用同样方法再制作十一个月历，将做好的月历按照月份移到背景的适当位置，如图 3-6-4 所示。

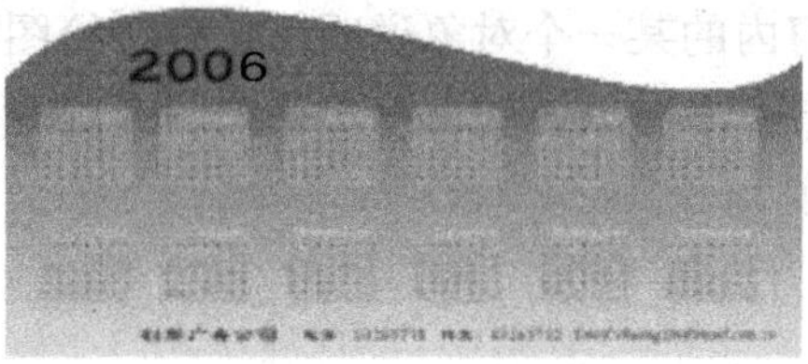

图 3-6-4　将背景修剪成两部分

图 3-6-5　绘制矩形和文字

2. 制作礼盒

（1）使用工具箱中的“螺旋形”工具，绘制一个“对数式”、“螺旋回圈”为 2 的螺旋线。再使用工具箱中的“交互式阴影“工具，用鼠标在螺旋线上拖曳出阴影，设置阴影颜色为绿色，如图 3-6-6 所示。

（2）单击“排列”→“拆分”菜单命令，将螺旋线和阴影分离，再将螺旋线删除，只留下阴影部分。

（3）再绘制一个深黄色螺旋线阴影，将两个螺旋线的阴影组成一个群组对象，如图 3-6-6 所示。使用同样方法再制作一个紫色与深绿色的螺旋线阴影。

（4）绘制 8 个黄色矩形。将两个螺旋线阴影分别组成群组，并移到其中两个矩形之上。

（5）单击“效果”→“添加透视点”菜单命令，调整这 8 个矩形的透视点，将其组成一个打开盖子的盒子，如图 3-6-6 所示。

（6）使用工具箱中的“椭圆“工具，绘制一大、一小两个椭圆形。再使用工具箱中的“交互式调和”工具，画一条曲线，使椭圆形沿曲线渐变，弹簧就做好了，如图 3-6-7 所示。

（7）绘制一个圣诞老人，单击“位图”→“转换为位图”菜单命令，将其转换成位图。再单击“位图”→“艺术笔触”→“蜡笔画”菜单命令，将图形转换成蜡笔画，如图 3-6-8 所示。

图 3-6-6 绘制盒子

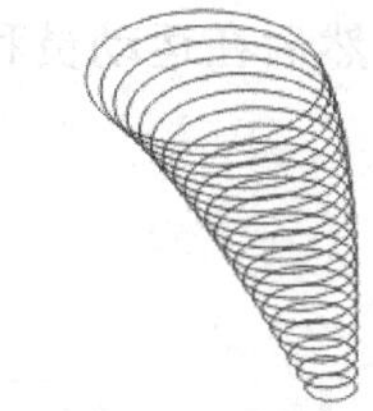

图 3-6-7　绘制弹簧

图 3-6-8　绘制卡通人像

（8）绘制一条彩带，取消轮廓线，并填充成蓝白相间的渐变光影效果。使用相同方法再制作几条不同颜色的彩带。将盒子、弹簧、卡通人像、彩带，移动到适当位置，组成一个对象，礼盒就做好了，如图 3-6-9 所示。

3. 制作气球

（1）绘制一个正圆形，并填充“从”为红色“到”为白色的“射线”渐变颜色。输入“恭喜发财”四个字，画一条曲线，使文字沿曲线分布。将文字与曲线拆分，并删除曲线。

（2）将文字移到圆形对象上，并组成群组，一个彩球就做好了，如图 3-6-10 所示。

（3）使用同样方法再制作 10 个彩球，分别填充不同颜色，填写不同文字，并调整它们的大小，然后将彩球均匀分布在礼盒周围。

图 3-6-9　组成礼盒

图 3-6-10　绘制气球

（4）绘制一个矩形，变换后制作彩色阴影，将阴影与矩形分离，并删除矩形。

（5）使用同样的方法绘制不同颜色和形状的彩带。

（6）将彩带移到彩球周围，如图 3-6-1 所示，这样圣诞老人年历就绘制完成了。

【综合实例 5】运动员与足球

图 3-6-11　运动员与足球

【案例效果】

“运动员与足球”是一幅足球的宣传画，如图 3-6-11 所示绘制该图形用到了基本绘图、用艺术笔工具绘图、填充、群组和分解群组、渐变等绘图技术。

1．绘制运动员

（1）使用“绘图”工具，用黑颜色绘制一个运动员和足球的背景图，如图 3-6-12 所示。也可以将一个同样的点阵图的轮廓转换成矢量图，修改后，再填充黑色。

（2）使用工具箱中的“艺术笔”工具，其属性栏如图 3-6-13 所示。在其属性栏内，单击“预设效果”按钮，再在“预设效果笔触效果列表”内选择合适的笔触，在“艺术笔触工具宽度”数字框内选择合适的笔触宽度，然后在运动员和足球的背景图中绘制裤线、鞋尖和领口等，如图 3-6-14 所示。

图 3-6-12　绘制运动员和足球的背景图

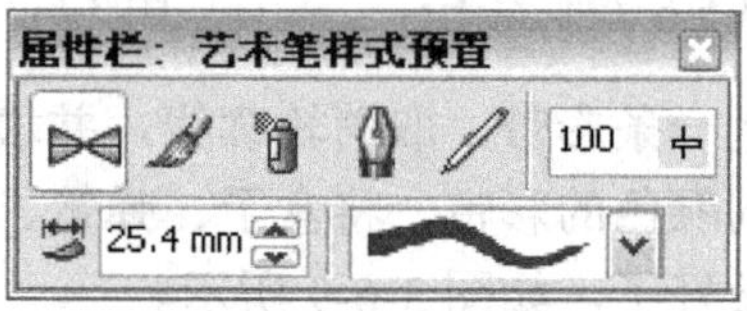

图 3-6-13　属性栏：艺术笔样式预置

（3）绘制手、腿和胳膊等，并填充浅黄色。将领口填充红色，如图 3-6-15 所示。最后绘制脸部，如图 3-6-16 所示。

图 3-6-14　绘制细节

图 3-6-15　绘制衣服

图 3-6-16　绘制脸部并填充颜色

（4）选中图 3-6-16 所示的所有对象，单击“排列”→“群组”菜单命令，将它们组成群组，形成一个对象。

2．绘制足球

（1）画一个正圆。再绘制一个正五边形，并填充黑色。将正五边形移到正圆的正中间，如图 3-6-17 所示。

（2）单击选中正五边形，按下【Ctrl+D】组合键，复制一份。然后将复制的正五边形移开一定距离。

（3）使用工具箱中的“交互式调和”工具，将其属性栏中“渐变的层次数”数据框内的数据改为 3，再用鼠标从一个正五边形拖曳到另外一个正五边形，从而产生如图 3-6-18 所示的图形。

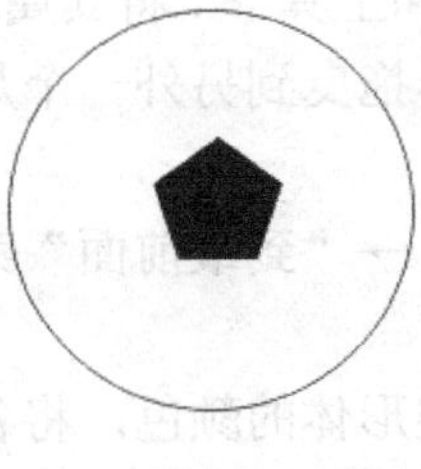

图 3-6-17　绘制正五边形和圆

图 3-6-18　复制正五边形

（4）绘制一个与原来的正圆同心的正圆。选中该正圆，单击“排列”→“顺序”→“到后部”菜单命令。选中外部正圆，再单击“排列”→“顺序”→“到后部”菜单命令，将两个圆形放置在其他对象的后面，效果如图 3-6-19 所示。

（5）单击选中渐变的五个正五边形，再单击属性栏内的“路径属性”按钮，这时鼠标指针变为弯曲的箭头，将它移到内部正圆处，单击鼠标左键，则五个正五边形将沿内部正圆均匀分布，如图 3-6-20 所示。

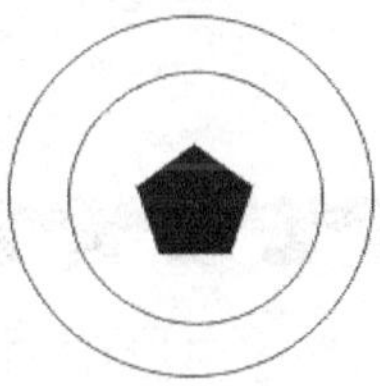

图 3-6-19　圆放置在其他对象的后面

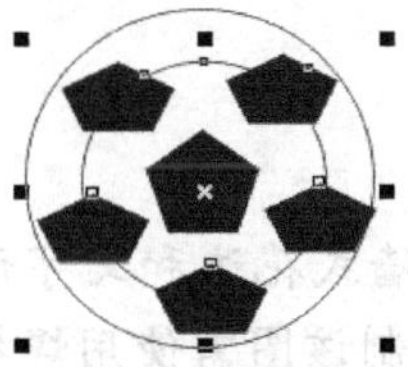

图 3-6-20　正五边形将沿内部均匀分布

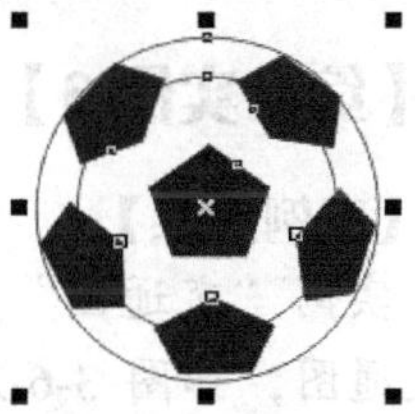

图 3-6-21　调整位置

（6）单击选中图 3-6-20 中下边的三个正五边形，再单击“排列”→“解散群组”菜单命令，将三个正五边形分离成独立的对象。

（7）分别双击各个正五边形对象，再旋转它们，然后调整外部正圆大小与位置，最后结果如图 3-6-21 所示。

（8）双击选中图 3-6-21 中正中间的正五边形对象，然后适当旋转它，使它的尖顶部与四周的正五边形对象的尖顶部对齐，再绘制 5 条短线，如图 3-6-22 所示。

（9）选中图 3-6-22 中的所有对象，再单击“排列”→“群组”菜单命令，将它们组成一个对象。

图 3-6-22　绘制五条短线

图 3-6-23　复制足球

3．合成最终图形

（1）单击选中足球图形，按下【Ctrl+D】组合键，复制一份。将复制的足球图形缩小到适当大小，再移到如图 3-6-16 所示的黑色圆球处。完成后的效果如图 3-6-23 所示。

（2）适当调整足球的大小与位置。使用工具箱中的交互式调和工具，将其属性栏中“渐变的层次数”数据框内的数据改为 3，再用鼠标从一个足球图形拖曳到另外一个足球图形，从而产生如图 3-6-24 所示的图形。

（3）单击选中最大的足球图形，再单击“排列”→“排列”→“到最前面”菜单命令，此时的图形如图 3-6-25 所示。

（4）在页面内画一个矩形，并填充自绿色到白色、圆锥形类形体的颜色，将各个足球和运动员组成群组，再将它们移到矩形内，并将它们置于矩形之上，如图 3-6-11 所示。

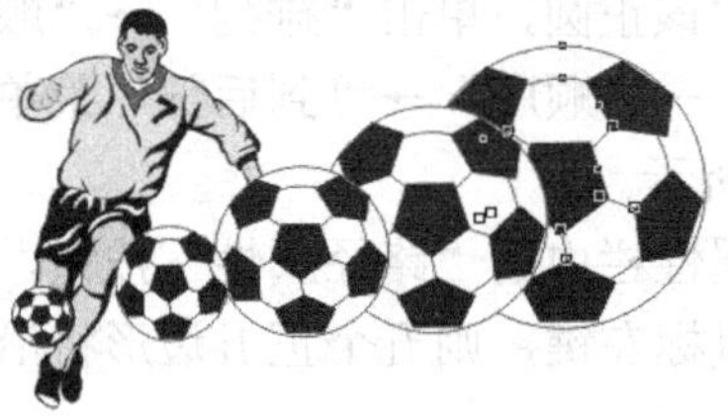

图 3-6-24　调和足球

图 3-6-25　调整顺序

【综合实例 6】交通图

【案例效果】

实例“交通图”是一幅带城墙式花边和文字说明的马路交通图，如图 3-6-26 所示。绘制该图需使用焊接、修剪和交叉等绘图技术。

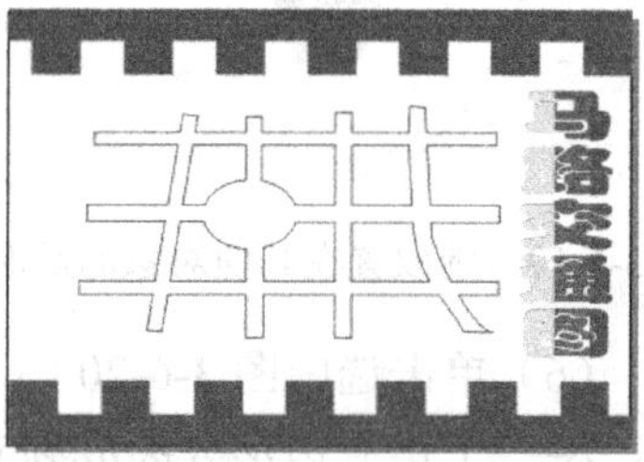

图 3-6-26　交通图

1. 绘制马路

（1）使用“矩形”工具和“椭圆”工具，绘制如图 3-6-27 所示的图形。

（2）选中如图 3-6-27 所示的所有对象。再单击“排列”→“修整”→“焊接”菜单命令，调出“修整”泊坞窗口，不选“来源对象”和“目标对象”复选框，如图 3-6-28 所示。

（3）单击“修整”泊坞窗口内的“焊接到”按钮，再将鼠标指针移到马路图形的一个线条上，单击鼠标左键，马路图形即变为如图 3-6-29 所示。

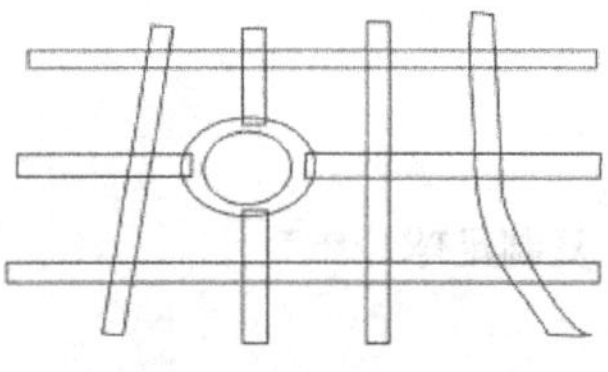

图 3-6-27　绘制图形

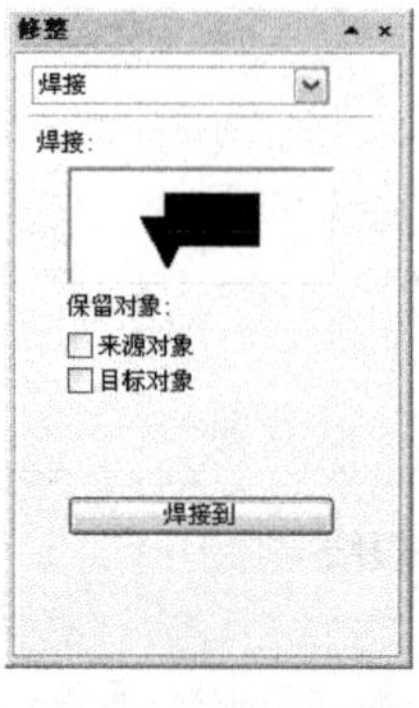

图 3-6-28　“修整”泊坞窗

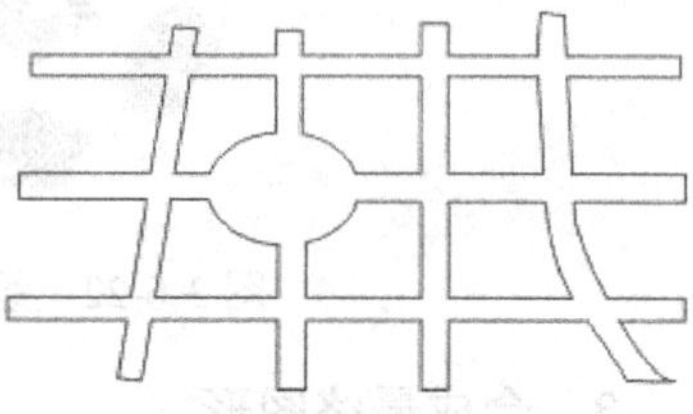

图 3-6-29　形成马路图形

（4）绘制一个绿色填充、无外框的矩形，如图 3-6-30（a）所示。利用属性栏，调整黄色矩形的宽度为 44mm。再绘制一个黄色填充、无外框的矩形，如图 3-6-30（b）所示。利用属性栏，调整黄色矩形的宽度为绿色矩形宽度的一半，即 22mm。

（5）将黄色矩形移到绿色矩形之上，且它们的右边线对齐，如图 3-6-31 所示。利用属性栏，调整黄色矩形中心的水平值 $X1=151$，宽度 $W1=22$，垂直值 $Y1=-30$，高度 $H1=20$；调整绿色矩形中心的水平值 $X2=140$，宽度 $W2=44$，垂直值 $Y2=-40$，高度 $H2=40$。取值不一定是上述数值，但是必须保证：$X2+W1/2=X1$，$Y2+H1/2=Y1$，$W1=W2/2$，$H1=H2/2$。

（6）单击选中黄色矩形。再单击“排列”→“修整”→“修剪”菜单命令，调出“修整”泊坞窗口，不选“目标对象”复选框，如图 3-6-32 所示。然后，单击“修剪”按钮，再将鼠标指针移到绿色矩形上，单击鼠标左键，绿色矩形即变为如图 3-6-33 所示。

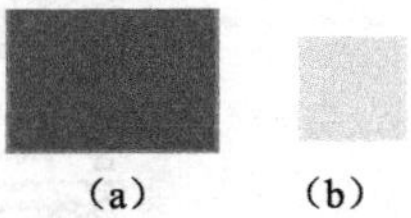

图 3-6-30　绘制 2 个矩形

图 3-6-31　右边线对齐

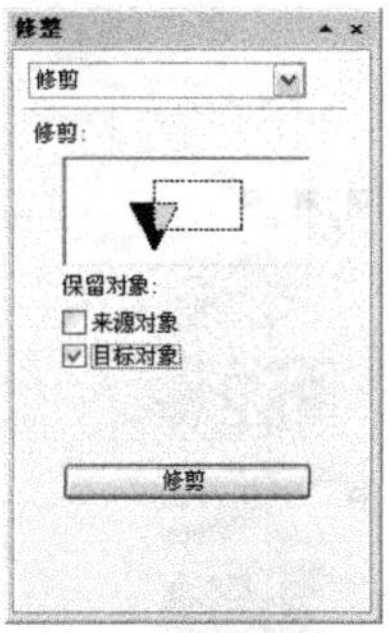

图 3-6-32 “修整”泊坞窗

（7）单击选中图 3-6-33 所示图形，复制 6 份，再将它们水平依次排列，底边对齐，这要通过改变属性栏的数据来精确完成。完成后的图形如图 3-6-34 所示。

图 3-6-33　修剪后的效果

图 3-6-34　复制 6 份并水平依次排列，底边对齐

（8）选中图 3-6-34 中所有对象，再单击“排列”→“组合”菜单命令，将它们组合成一个对象。再将图中右边多余处的部分，用美工刀去除，如图 3-6-35 所示。

图 3-6-35　去除右边多余处的部分

（9）单击选中图 3-6-35 所示的图形，按下【Ctrl+D】组合键，复制 1 份。选中复制的图形，再将属性栏内旋转角度文本框内的数据改为 180（即旋转 180°）。按【Enter】键后复制的图形会自动旋转 180°。然后将两个图形移到绘图页内，如图 3-6-36 所示。

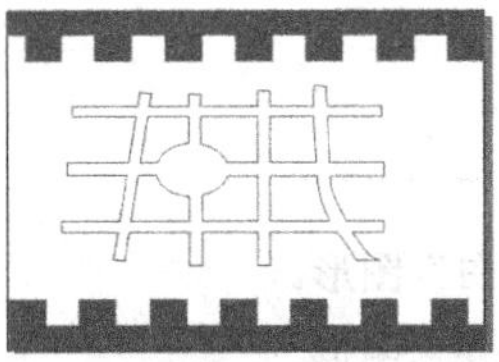

图 3-6-36　复制图形并旋转

图 3-6-37　输入文字

2．制作文字

（1）“字体”设为华文琥珀字体、“字号”为 72 磅、“颜色”为红色的竖排美工字“马路交通图”，如图 3-6-37 所示。

（2）画一个矩形，将它放置在“马路交通图”美工字的左边，如图 3-6-38 所示。再单击“排列”→“修整”→“相交”菜单命令，调出“修整”泊坞窗口，不选“来源对象”复选框，如图 3-6-39 所示。

（3）单击“修整”泊坞窗口内的“相交”按钮，再将鼠标指针移到“马路交通图”美工字上，单击鼠标左键。然后，单击调色板内的黄色色块，此时“马路交通图”美工字如图 3-6-40 所示。

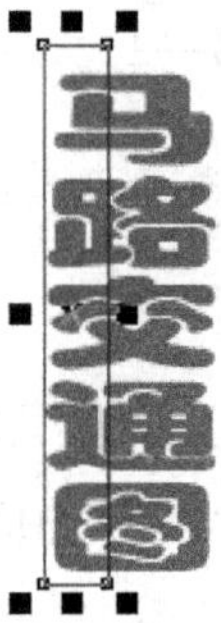

图 3-6-38　绘制左侧矩形

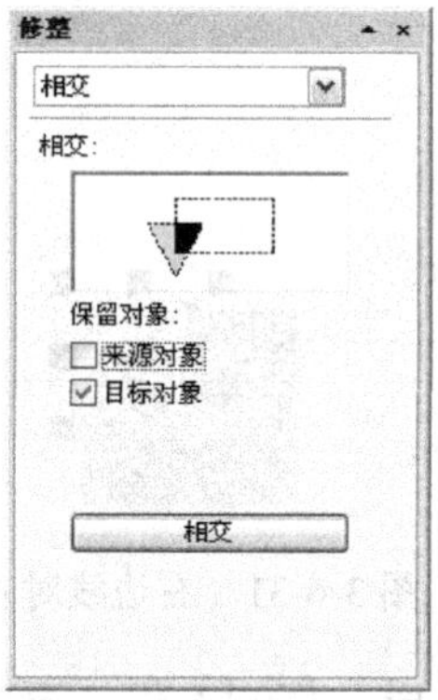

图 3-6-39　“修整”泊坞窗

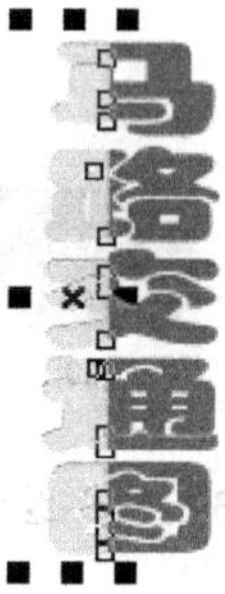

图 3-6-40　修整文字

（4）画一个矩形，将它放置在“马路交通图”美工字的右边，如图 3-6-41 所示。单击“修整”泊坞窗口内的“相交”按钮，再将鼠标指针移到“马路交通图”美工字上，单击鼠标左键。然后，单击调色板内的绿色色块，此时“马路交通图”美工字如图 3-6-42 所示。

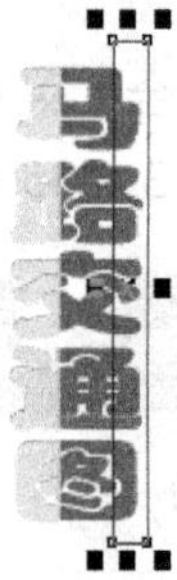

图 3-6-41　绘制右侧矩形

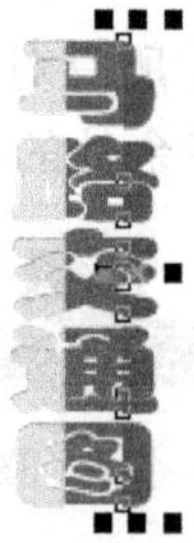

图 3-6-42　再次修整文字

（5）将最后绘制的三色“马路交通图”美工字移到绘图页内，完成整个图形的绘制，如图 3-6-26 所示。

练习 3

（1）参照本章所学的知识，绘制如图 3-7-1 所示的“黑与白”图形。

（2）参照本章所学的知识，绘制如图 3-7-2 所示的“连环套”图形。

图 3-7-1 “黑与白”图形

图 3-7-2 “连环套”图形

（3）参照本章所学的知识，绘制如图 3-7-3 所示的“婚礼贺卡”图形。

（4）参照本章所学的知识，绘制如图 3-7-4 所示的“卡通人”图形。

图 3-7-3 “婚礼贺卡”图形

图 3-7-4 “卡通人”图形

（5）参照本章所学的知识，绘制如图 3-7-5 所示的“包装袋”图形。

（6）参照本章所学的知识，绘制如图 3-7-6 所示的“彩虹”图形。

图 3-7-5 “包装袋”图形

图 3-7-6 “彩虹”图形

第4章 编辑文本

【导读】

中文 CorelDRAW 12 中文版的文本有两种类型：一种是美术字（也叫美工字），另外一种是段落文字。美术字可以加工成醒目的艺术效果，段落文字可以方便编排。在绘图过程中，往往离不开对文本的处理。中文 CorelDRAW 12 具备了专业字处理软件和专业彩色排版软件的强大功能。在这一章中，我们将介绍如何利用这些功能，制作引人入胜的艺术字体和美观大方的段落文本。

4.1 梦幻立体文字——应用文本

【案例效果】

实例“梦幻立体文字”图形中由多种颜色填充“CorelDRAW”文字，如图 4-1-1 所示。这五种颜色分别是：橙、黄、青、蓝、紫。绘制这个多彩文字图形使用了交互式填充等操作。

图 4-1-1 梦幻立体文字

4.1.1 制作过程

1．输入文字

（1）设置绘图页面的宽度为 297mm，高度为 100mm。

（2）使用工具箱中的“文本”工具 ，在绘图页内单击一下，再在其属性栏内确定“字体”为华文行楷，“字号”大小为 120 磅，“颜色”为黑色，输入“CorelDRAW”美工字，如图 4-1-2 所示。

图 4-1-2 输入文字

（3）选中文字对象，单击工具箱中的“渐变填充”工具按钮 ，调出“渐变填充方式”对话框。在该对话框中参照如图 4-1-3 所示，进行设置。为文字填充梦幻渐变色，如图 4-1-4 所示。

2. 制作立体效果

（1）单击工具箱中的“交互式立体化”工具按钮，在文字上向右上角拖曳鼠标，呈现立体效果。再在其属性栏中设置立体的“深度”为 3，单击“颜色”按钮，此时的属性栏如图 4-1-5 所示。在调出的“颜色选择”框中单击“纯色”按钮，选择紫色作为立体的颜色，如图 4-1-6 所示。为文字添加立体后的效果，如图 4-1-7 所示。

（2）选中文字，在调色板的红色色块上单击鼠标左键，为文字添加边框效果，完成整个图形的绘制，如图 4-1-1 所示。

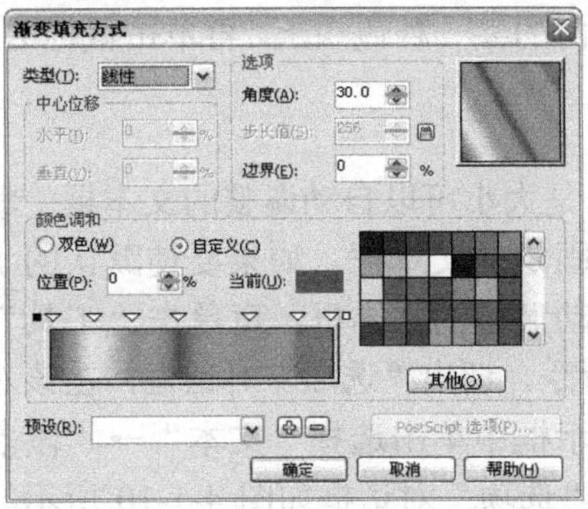

图 4-1-3　“渐变填充方式”对话框

图 4-1-4　为文字填充梦幻渐变色

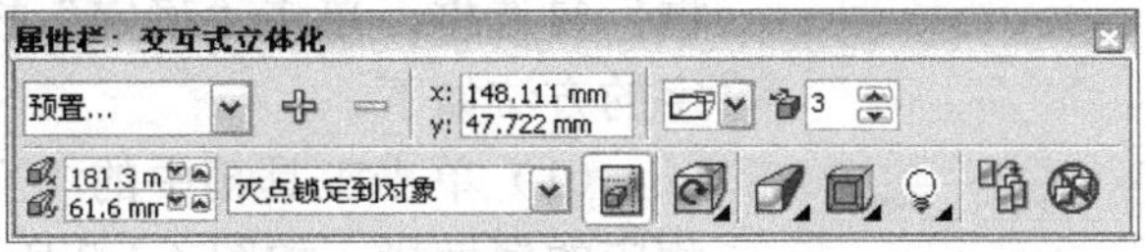

图 4-1-5　属性栏：交互式立体化

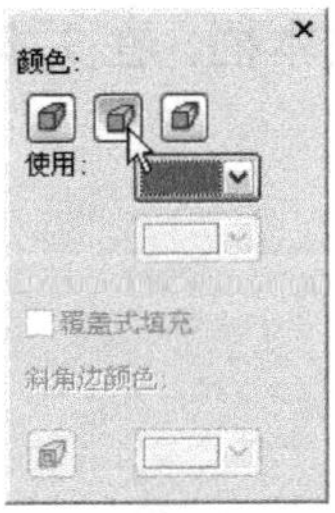

图 4-1-6　颜色选择框

图 4-1-7　为文字添加立体后的效果

4.1.2　添加文本

美术字可以加工成醒目的艺术效果，段落文字可以方便编排。

1. 加入美术字

（1）单击工具箱中的“文本”工具按钮 字 ，调出多语种文体属性栏，如图 4-1-8 所示。

（2）单击绘图页，进入美术字输入状态，此时鼠标指针变为一条竖线。

（3）在“多语种文本”属性栏中的列表框中，选择字体与字号等，然后，即可输入文字。直接输入的文字即为美术字，如图 4-1-9 所示。

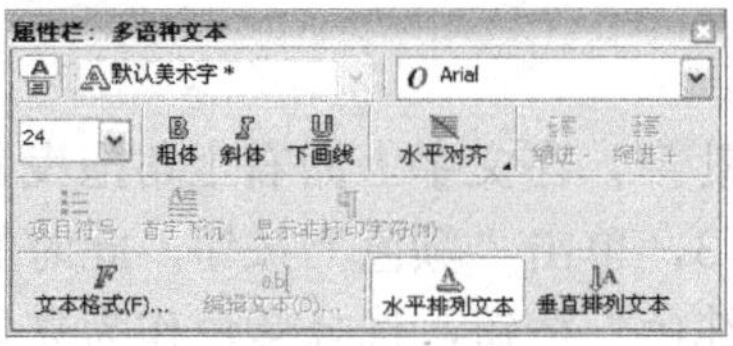

图 4-1-8　属性栏：多语种文本

图 4-1-9　输入美术字

如果要改变美术字的颜色，使用工具箱中的“挑选”工具，单击选中美术字，将鼠标指针移到调色板内的某一种色块上，单击鼠标左键。如果要改变美术字轮廓线的颜色，可以在单击选中美术字的情况下，将鼠标指针移到调色板内的某一种色块上，再单击鼠标右键。

2．加入段落文字

文本框有两种：一个是大小固定的文本框，另一个是大小可以自动调整的文本框。默认的状态是大小固定的文本框。如果要使默认的状态是大小可以自动调整的文本框，可单击“工具”→“选项”菜单命令，调出“选项”对话框，在该对话框内左边的显示框中单击选择“文本”→“段落”目录，此时的“选项”对话框如图 4-1-10 所示。在该对话框内单击选中“按文本扩大及缩小段落文本框”复选框，单击“确定”按钮即可。加入段落文字的方法如下。

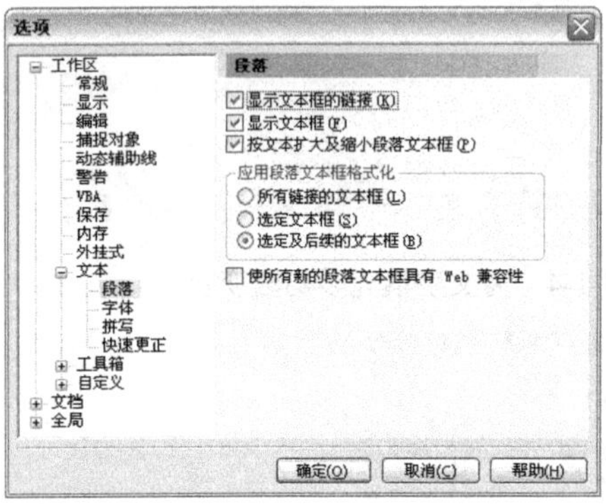

图 4-1-10 “选项”（段落）对话框

（1）单击工具箱中的“文本”工具按钮，调出相应的属性栏，如图 4-1-8 所示（只是“样式列表”列表框内的选项改为“默认段落文本”选项）。

（2）在绘图页内，用鼠标拖曳出一个矩形即可产生一个段落文本框。在文本框内可以输入段落文字，如图 4-1-11 所示。

图 4-1-11　输入段落文字

4.2　荧光文字——编辑段落

【案例效果】

实例“荧光文字”图形给出了两种荧光文字“CorelDRAW”效果，如图 4-2-1，4-2-2 所示。绘制荧光文字图形使用了轮廓笔、交互式阴影工具等操作。

图 4-2-1　荧光文字 1

图 4-2-2　荧光文字 2

4.2.1　制作过程

1．输入文字

（1）设置绘图页面的高为 60mm，宽为 100mm，背景颜色为蓝色。

（2）使用工具箱中的“文本”工具，在其属性栏中，设置“字体”为 Arial Black，“字号”为 36。然后，在绘图页面中输入“无填充”、轮廓线“颜色”为黄色的“CorelDRAW”文字。

（3）选中文字图形，单击工具箱中的“画笔”工具按钮，调出“轮廓笔”对话框。在该对话框中，设置轮廓线的“宽度”为 0.5mm，如图 4-2-3 所示。然后，单击“确定”按钮，使文字的轮廓线变粗，此时的文字效果如图 4-2-4 所示。

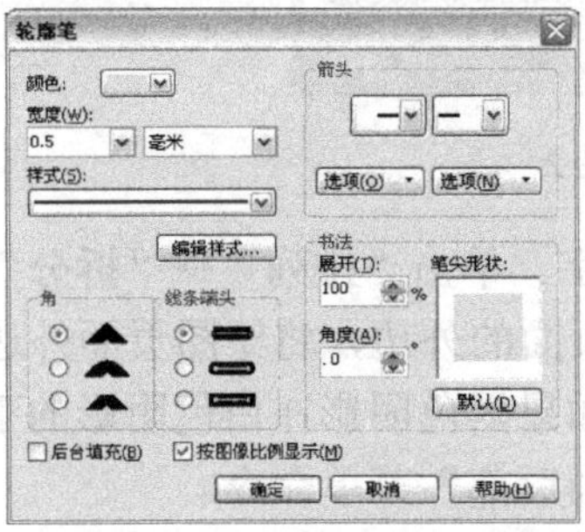

图 4-2-3　“轮廓笔”对话框

图 4-2-4　文字的轮廓线变粗

2．制作荧光文字

（1）使用工具箱中的“交互式阴影”工具，在文字上水平拖曳鼠标，创建文字的黑色阴影。在其属性栏的“预设列表”列表框中选择“中阴影”选项，设置“阴影羽化”的值为 40、“阴影不透明”的值为 80，此时的属性栏如图 4-2-5 所示。

（2）单击“方向”按钮，调出“羽化方向”面板，单击该面板中的“向外”按钮，如图 4-2-6 所示。单击属性栏中的“边缘”按钮，调出“羽化边缘”面板，单击该面板中的“反白方形”按钮，如图 4-2-7 所示。此时的文字与阴影效果如图 4-2-8 所示。

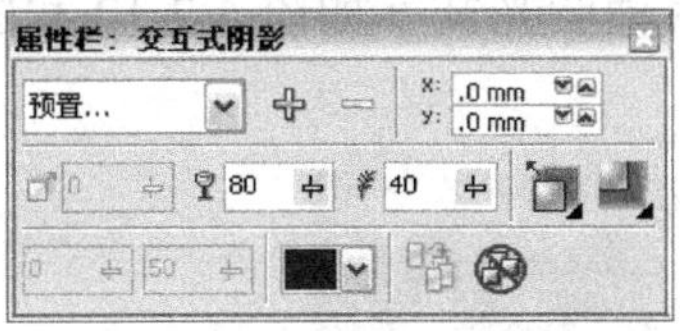

图 4-2-5　属性栏（交互式阴影）

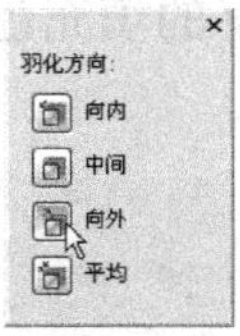

图 4-2-6　“羽化方向”面板

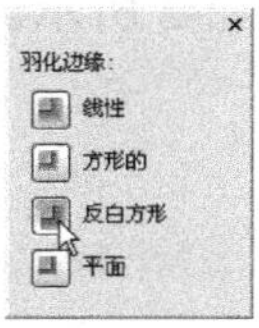

图 4-2-7　“羽化边缘”面板

图 4-2-8　文字与阴影效果 1

（3）使用工具箱中的“挑选”工具 ，选中文字。再单击“排列”→“拆分”菜单命令，将文字与阴影分离。然后再把阴影移到绘图页面的下边，阴影如图 4-2-9 所示。

图 4-2-9　阴影移到绘图页面的下边

（4）使用工具箱中的“交互式阴影”工具 ，对分离后的文字，再次创建文字的阴影。按照上述方法，在其属性栏中，设置“阴影羽化”的值为 80，“阴影的不透明”的值为 50。单击“方向”按钮，弹出“羽化方向”面板，单击该面板内的“向外”按钮。单击“边缘”按钮，弹出“羽化边缘”面板，单击该面板内的“反白方形”按钮。将阴影的颜色设置为白色。此时的文字与阴影效果如图 4-2-10 所示。

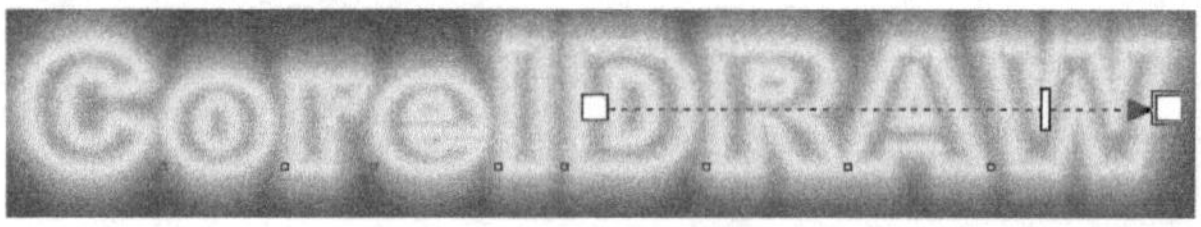

图 4-2-10　文字与阴影效果 2

（5）使用工具箱中的“挑选”工具 ，选中阴影文字。单击“排列”→“拆分”菜单命令，将文字与阴影分离。然后，将黄色的文字移到绘图页面的外边，将绘图页面外边的黑色阴影移到白色阴影之上，此时的阴影如图 4-2-11 所示。如果黑色阴影在白色阴影的下边，则可单击选中白色阴影，再单击“排列”→“顺序”→“到后部”菜单命令。

图 4-2-11　将黑色阴影移到白色阴影之上

（6）使用工具箱中的“挑选”工具 ，将金黄色的文字移到阴影之上，选中文字的所有部件。单击“排列”→“群组”菜单命令，将整个文字做成群组。最后的效果如图 4-2-1 所示。

（7）如果改变“下落式阴影羽化功能”文本框内的数据、“羽化方向”面板中的设置、“羽化边缘”面板中的设置，可以改变荧光文字的效果。如果不要黑色阴影，荧光文字的效果如图 4-2-2 所示。如果荧光文字的填充色为红色，则两种荧光文字如图 4-2-12 和图 4-2-13 所示。

图 4-2-12　不要黑色阴影的荧光文字的填充色为红色

图 4-2-13　要黑色阴影的荧光文字的填充色为红色

4.2.2　美术字与段落文本

1. 用其他方法加入文字

单击工具箱中的“文本”工具按钮后，在绘图页内单击或拖曳出一个文本框，然后按照下述方法操作。

（1）单击“文件”→“导入”菜单命令，调出“导入”对话框，利用该对话框可以调入外部的文本文件。然后用鼠标在绘图页面内拖曳，即可导入文本。

（2）单击“编辑”→“粘贴”菜单命令，将剪贴板内的文字粘贴到绘图页内。

2. 美术字与段落文本的相互转换

（1）美术字转换成段落文本：单击工具箱中的“挑选”工具按钮，再单击选中美术字，然后单击“文本”→“转换成段落文本”菜单命令即可。

（2）段落文本转换成美术字：单击工具箱中的“挑选”工具按钮，再单击选中段落文本，然后单击“文本”→“转换成美术字”菜单命令即可。

4.3　纹理文字——应用文本框

【案例效果】

实例“纹理文字”给出了纹理立体化文字“CorelDRAW”，如图4-3-1所示。绘制该文字图形使用了交互式立体化工具和交互式透明工具，以及其属性栏内的光源、修饰斜角的调整等操作。

图4-3-1　纹理文字

4.3.1　制作过程

1. 制作立体文字

（1）设置绘图页面的高为40mm，宽为80mm，背景颜色为黄色。

（2）使用工具箱中的“文本”工具，在绘图页面中输入“字体”为Arial Black，“字号”为36，“填充色”为红色，无轮廓线的“CorelDRAW”文字，如图4-3-2所示。

图4-3-2　输入文字

（3）使用工具箱中的“交互式立体化”工具，在文字上向上拖曳出一个箭头，形成立体文字，如图4-3-3所示。

图4-3-3　形成立体文字

（4）在其属性栏中单击“照明”按钮，调出一个“照明”面板，单击其中的“光源＃1”按钮，产生第一个光源，并将其移动到正前方，再选中“使用全色范围”复选框，并在“强度”输入框中输入光源的强度为 50，如图 4-3-4 所示。然后，加入第 2 个光源，光源的强度也为 50，最后按下【Enter】键。此时的文字效果如图 4-3-5 所示。

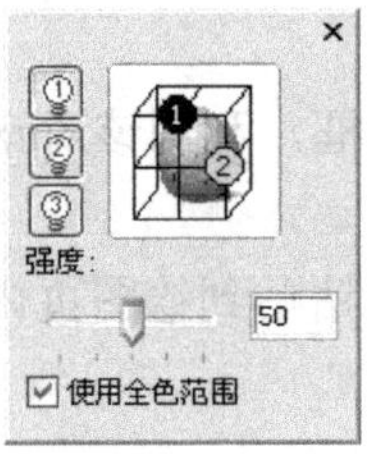

图 4-3-4 “照明”面板

图 4-3-5 添加光源后的文字

（5）单击属性栏中的“颜色”按钮，调出一个“颜色”面板，如图 4-3-6 所示。单击按下“颜色”面板中的“使用递减颜色”按钮，将“到”的颜色改为黄色，“从”的颜色仍为红色。

（6）用鼠标向右拖曳调整消失点控制柄“×”符号，改变立体文字的方向，此时的立体文字效果如图 4-3-7 所示。

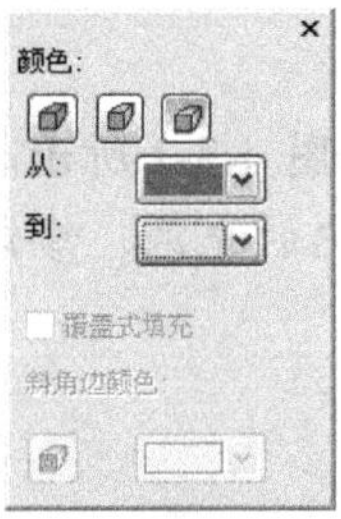

图 4-3-6 “颜色”面板

图 4-3-7 改变立体文字的方向

（7）使用工具箱中的“挑选”工具，单击选中文字，单击“排列”→“拆分”菜单命令，将原文字与其立体部分分离，如图 4-3-8 所示。

图 4-3-8 拆分文字与其立体部分

3. 产生木纹效果

（1）单击选中红色文字。单击工具箱中的“纹理填充”工具按钮，调出“底纹填充”对话框。如图 4-3-9 所示，在该对话框的“底纹库”列表框中选择“样本”选项，在“底纹列表”列表框中单击选择“拉糖”选项，再单击“第 1 色”按钮，调出调色板，选择棕色，第 2 色还保持原来的白色。

（2）单击“底纹填充”对话框中的“确定”按钮，即可给原红色文字“CorelDRAW”填充木纹纹理，如图 4-3-1 所示。

（3）选中所有文字，单击“排列”→“群组”菜单命令，将所有文字组成一个群组。

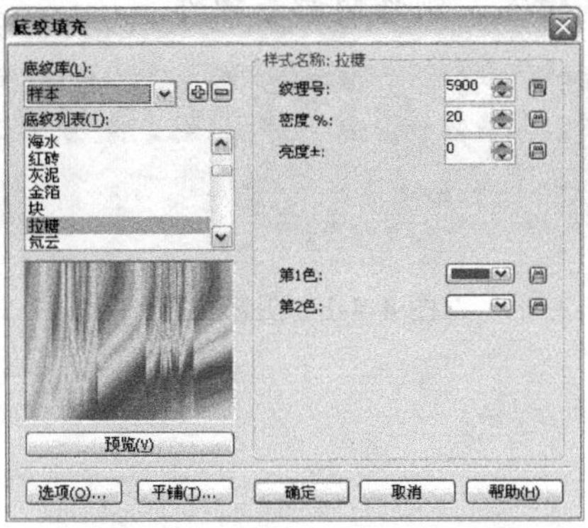

图 4-3-9 “底纹填充”对话框

4.3.2 文本框的使用与编辑

1. 文本框的设置

文本框有两种：一种是大小固定的文本框；另一种是大小可以随文字的多少自动调整的文本框。中文 CorelDRAW 12 默认状态下的文本框大小是固定的。如果要改变默认状态的文本框，使之成为大小可以自动调整的文本框，可以单击“工具”→“选项”菜单命令，调出“选项”对话框，在该对话框左边的选项栏中单击选中“文字”→“段落”选项，使“选项”对话框的右边显示“段落”选项的内容，如图 4-3-10 所示。在该对话框中单击选中“按文本扩大及缩小段落文本框”复选框，再单击“确定”按钮即可。

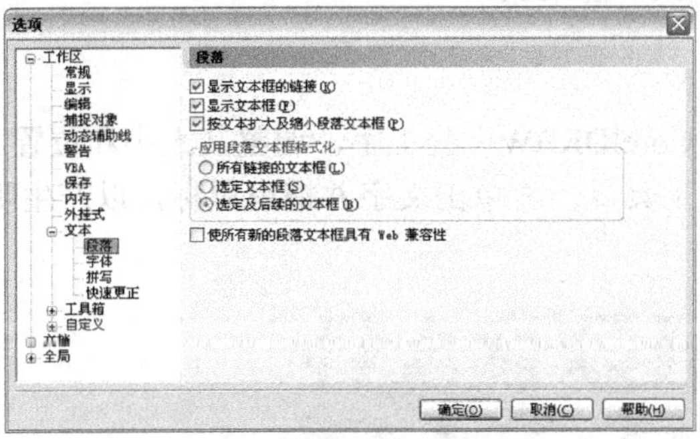

图 4-3-10 “选项”（段落）对话框

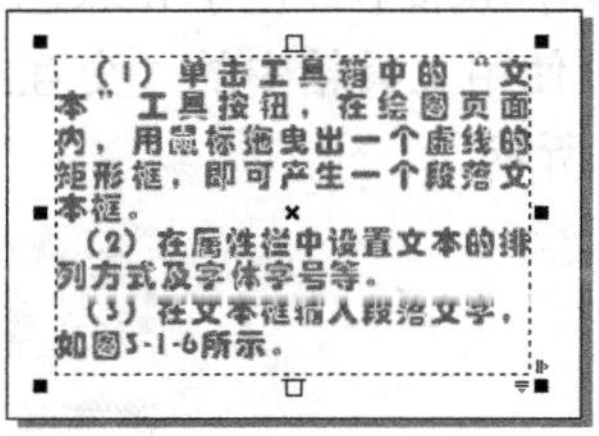

图 4-3-11 在文本框输入段落文字

2. 插入文本框及段落文本

（1）单击工具箱中的“文本”工具按钮，在绘图页面内，用鼠标拖曳出一个虚线的矩形框，即可产生一个段落文本框。

（2）在属性栏中设置文本的排列方式及字体字号等。

（3）在文本框输入段落文字，如图 4-3-11 所示。

4.4 阴影文字——选择文本

【案例效果】

“阴影文字”实例是以拖长阴影的方式显示“CorelDRAW”文字的图形，如图 4-4-1 所示。

绘制这个文字图形使用了文字输入、制作阴影等操作。

图 4-4-1　阴影文字

4.4.1　制作过程

1．输入文字

（1）设置绘图页面的宽度为 80mm，高度为 60mm。在页面中绘制一个无轮廓线的矩形，为其填充黄色，并将黄色的矩形置于最后面，构成阴影文字的背景色。

（2）使用工具箱中的“文本”工具，在绘图页内单击一下，再在其属性栏内确定“字体”为创艺琥珀，“字”大小为 26 磅，输入“CorelDRAW”美工字。

（3）单击选中“CorelDRAW”美工字，将鼠标指针移到调色板中的红色块上，再单击鼠标左键，即可给文字填充红色；将鼠标指针移到绿色块之上，单击鼠标右键，即可给文字边框填充绿色。最后的效果如图 4-4-2 所示。

图 4-4-2　输入文字

2．绘制有拖长阴影的文字

（1）单击选中红色字和绿色边框的“CorelDRAW”美工字，调整其大小和位置。

（2）使用工具箱中的“交互式阴影”工具，再单击文字并拖曳鼠标，以产生阴影，如图 4-4-3 所示。

图 4-4-3　添加阴影

（3）用鼠标拖曳图 4-4-3 中的白色正方形控制柄，改变阴影的起始位置，使它处于文字的下边；用鼠标拖曳黑色方形控制柄，改变阴影的大小与方向，使它向右下倾斜；拖曳长条透镜控制柄，改变阴影颜色的深浅。在拖曳调整黑色方形控制柄时，其属性栏内的“阴影角度”文本框内的数据会随之发生变化。

（4）用鼠标拖曳调色板中的深灰色色块到黑色方形控制柄之上，将阴影的颜色设置为深灰色。调整其属性栏内“阴影羽化”数字框中的数字为 10，可以调整阴影边缘的模糊度。

（5）单击“羽化方向”按钮，调出一个图形面板，如图 4-4-4 所示。利用它来调整阴影边缘的羽化方向，此处选择“中间”。

（6）单击“羽化边缘”按钮，调出一个图形面板，如图 4-4-5 所示。利用它来调整阴影边缘的羽化类型，此处选择“线性”。

（7）调整“阴影淡化”带滑块的文本框中的数值，改变阴影颜色的深浅，此处输入 50。

（8）调整“阴影延展”带滑块的文本框中的数值，改变阴影的延伸大小，此处输入 50。

（9）调整“阴影的不透明”文本框中的数值，即调整阴影的透光度，此处输入 66.0mm。

完成各种设置后的“交互式阴影”属性栏如图 4-4-6 所示。

图 4-4-4　羽化方向图形面板

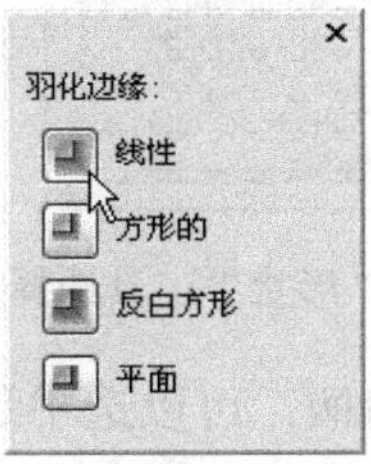

图 4-4-5　羽化边缘图形面板

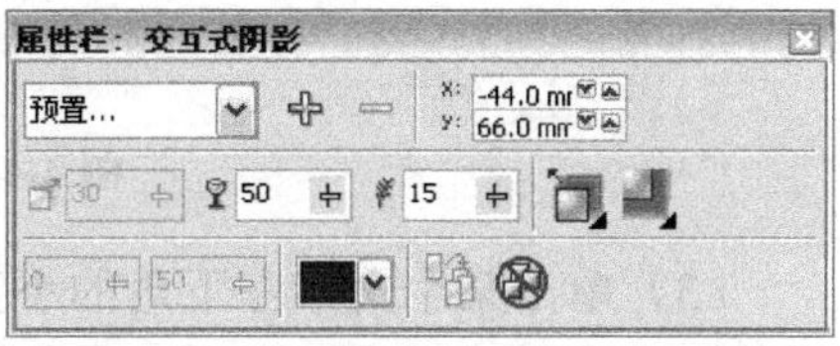

图 4-4-6　属性栏：交互式阴影

4.4.2　文本的选择与调整

1. 利用“挑选”工具选择文本

利用“挑选”工具可以选择一个或多个对象文本，选择文本后，可以像对图形一样对选择的文本进行剪切、复制、移动、调整大小、旋转、倾斜、镜像、套封和格式化等操作，还可以对美术字进行透视、阴影、立体化、调和、透镜和轮廓线等操作。选择文本的方法与选择图像的方法一样。选中的文字如图 4-4-7 所示。

2. 利用“文本工具”选择文本

利用“文本工具”可以选择一部分文本，选择文本后，也可以对文本进行上述的操作。选择文本的方法有以下几种。

（1）单击工具箱中的“文本”工具按钮。

（2）在段落文本或美术字中，单击要选中的一个或一段文字的起始或结尾处，然后用鼠标拖曳要选中的文字，如图 4-4-8 所示。

（3）如果要选择一段文本，可以用鼠标双击这段文字。

图 4-4-7　利用“挑选”工具选择文本

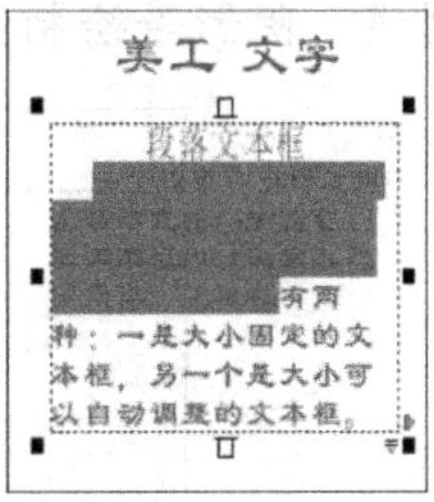

图 4-4-8　选择一部分文本

3. 利用“形状”工具选择文本

利用“形状”工具可以选择一个对象文本，然后可以对单个文字进行操作。选择文本的方法有以下几种。

（1）单击工具箱中的“形状”工具按钮。

（2）单击选中美术字或段落文本，如图 4-4-9 所示。可以看出，每个文字的左下角都有一个小正方形句柄，整个文字段的左下角与右下角各有一个特殊形状的句柄。

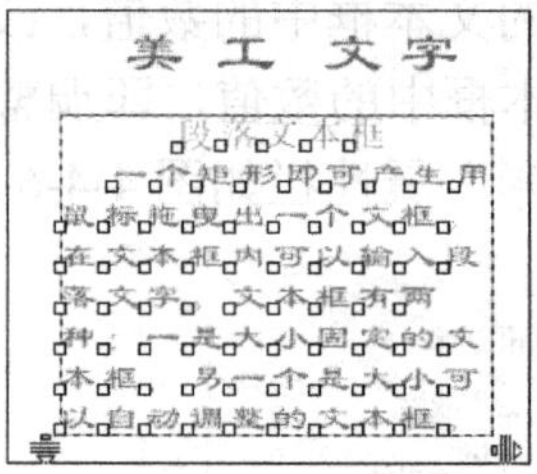

图 4-4-9　利用“形状”工具选择文本

（3）单击某个文字左下角的小正方形句柄，可以选中这个文字。如果要选中多个文字，可以按住【Shift】键的同时，单击各个文字左下角的小正方形句柄。也可以用鼠标拖曳选择多个文字，如图 4-4-10 所示。

在选中一个或多个文字时，其属性栏变为“调整文字间距”属性栏，如图 4-4-11 所示。利用该属性栏可以对选定文字的字体、大小和格式等进行调整。用鼠标拖曳选中的句柄，可以移动选中的单个文字。

图 4-4-10　用鼠标拖曳选择多个文字

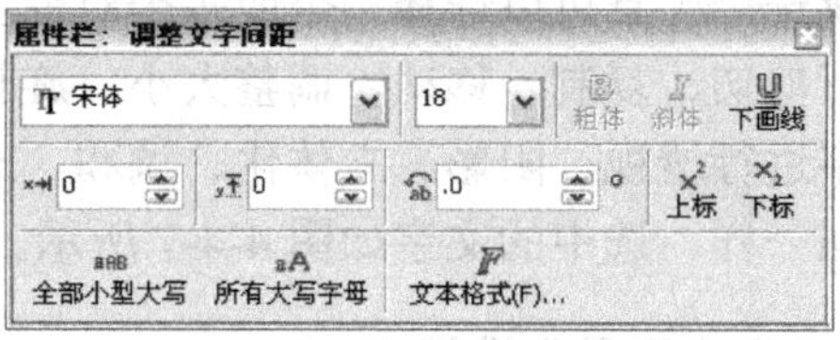

图 4-4-11　属性栏：调整文字间距

4.5　学生成绩表——格式化文本

【案例效果】

如图 4-5-1 所示，“学生成绩表”图形中的三个字是红字白边，有黑色阴影；表格的底色为黄色，有阴影；表中的文字，各列左对齐。制作“成绩表”图形，使用了设置页面、段落文字、导线、手绘制线、阴影等绘制图形的基本方法。

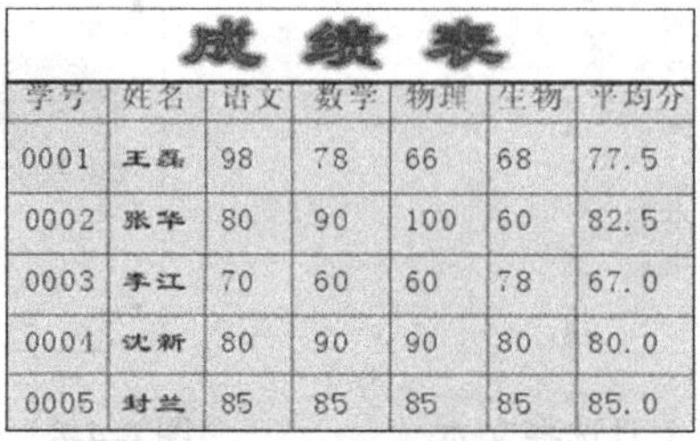

成绩表

学号	姓名	语文	数学	物理	生物	平均分
0001	王磊	98	78	66	68	77.5
0002	张华	80	90	100	60	82.5
0003	李江	70	60	60	78	67.0
0004	沈新	80	90	90	80	80.0
0005	封兰	85	85	85	85	85.0

图 4-5-1　学生成绩表

4.5.1　制作过程

1．制作文字

（1）单击“版面”→“页面设定”菜单命令，调出“选项”对话框，利用它设置页面的宽为100mm，高为120mm。

（2）为了以后绘制表格的位置与大小准确，在10mm和100mm处，加入水平辅助线；在10mm和900mm处，加入垂直辅助线，如图4-5-2所示。

（3）单击“工具箱”内的“矩形工具”按钮，绘制一个四边与导线相重合的矩形，并填充灰色。再按下【Ctrl+D】键，复制该矩形，将复制的矩形填充为黑色，并移到灰色矩形的右下角，以形成阴影，如图4-5-2所示。

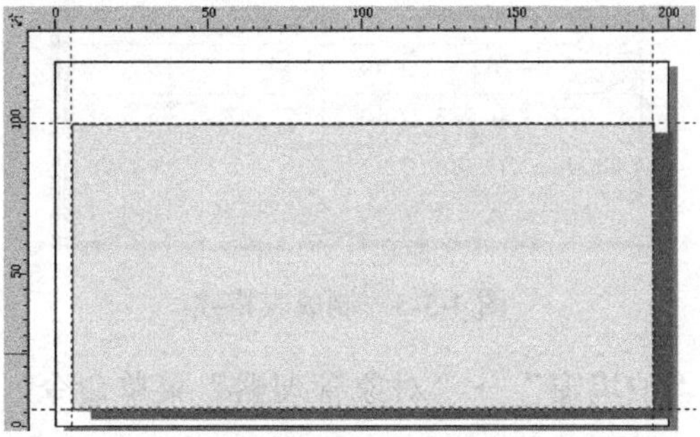

图4-5-2 加入导线

（4）使用工具箱中的“文本”工具 字 ，用鼠标沿导线所围的矩形拖曳，形成一个矩形段落文字框。此时绘图区上边标尺栏如图4-5-3所示。可以看出，标尺栏内出现许多“ L”定位标记，他们是杂乱分布的。

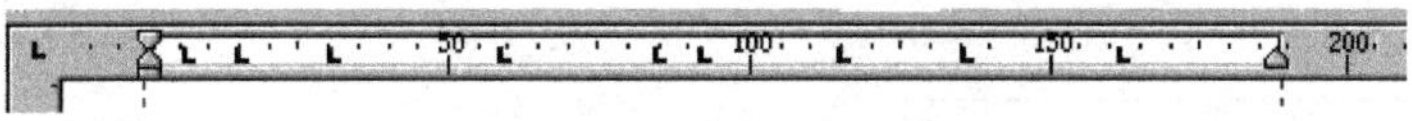

图4-5-3 标尺栏内出现定位标记

（5）用鼠标拖曳这些“ L”定位标记，使它们按照如图4-5-4所示的规律分布。多余的“ L”定位标记，可以用鼠标将它们拖曳出白色的标尺区域。

（6）在其属性栏内设定“字体”为隶书、“字号”为24。然后，在段落文字框内依次输入学生成绩内容，如图4-5-4所示。输入时，先按下【Tab】键，再输入“学号”两个字，输入完后，再按【Tab】键，再输入“姓名”两个字。输入完“平均分”文字后，按两次【Enter】键，再按下【Tab】键，再输入“0001”文字。按照上述规律，依次输入完其他内容，如图4-5-4所示。

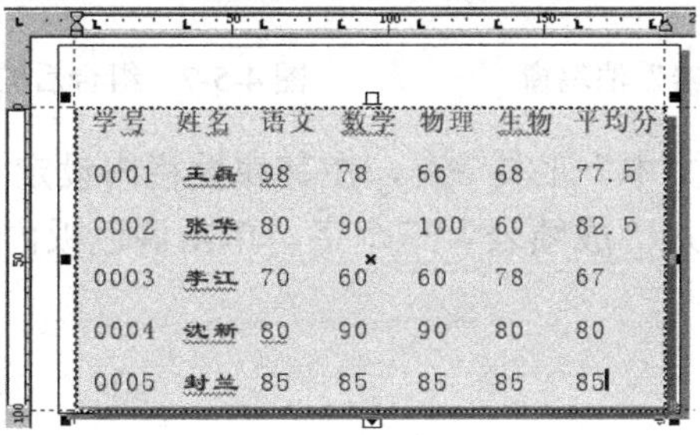

图4-5-4 输入文字

（7）由于在输入文字前已经设置好了定位点，所以输入的文字是按照定位点排列的，保证各行文字上下对齐。用鼠标在第一行文字处拖曳选中文字，然后在其属性栏内将字体改为宋体，如图4-5-4所示。

2．制作表格

（1）使用工具箱中的“手绘”工具，再在绘图页内绘制一条水平直线，调整它的位置与长短，然后按下【Ctrl+D】组合键，复制四份，并调整复制直线的位置。

（2）按照上述方法，绘制六份垂直直线，制成表格线，如图 4-5-5 所示。

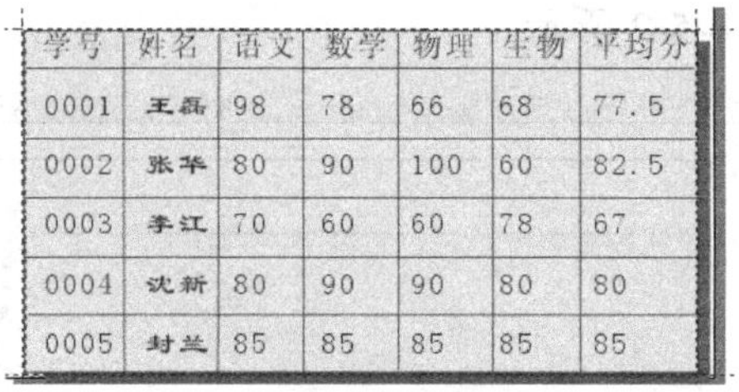

学号	姓名	语文	数学	物理	生物	平均分
0001	王磊	98	78	66	68	77.5
0002	张华	80	90	100	60	82.5
0003	李江	70	60	60	78	67
0004	沈新	80	90	90	80	80
0005	封兰	85	85	85	85	85

图 4-5-5　制成表格线

（3）单击“窗口”→“泊坞窗”→“对象管理器”菜单命令，调出“对象管理器”泊坞窗口，如图 4-5-6 所示。

（4）单击选中“对象管理员”对话框内第一个“曲线”对象名称，按住【Shift】键，同时单击最后一个“曲线”对象名称，选中所有“曲线”对象，如图 4-5-6 所示。

（5）单击“安排”→“组合”菜单命令，将所有曲线对象组成一个对象。此时“对象管理器”泊坞窗口内显示的内容如图 4-5-7 所示。

图 4-5-6　“对象管理器”泊坞窗

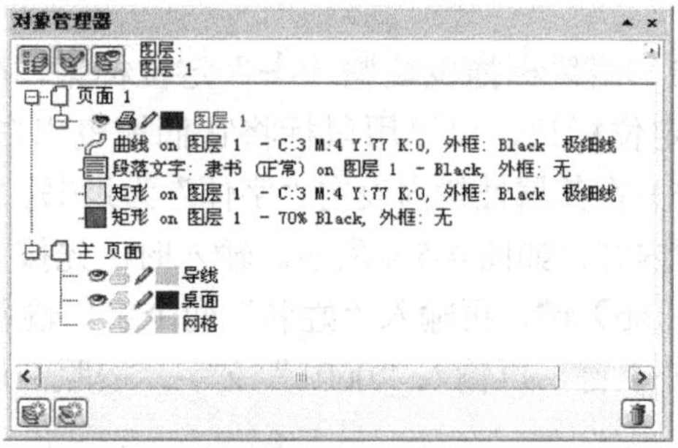

图 4-5-7　组合后的“对象管理器”泊坞窗

（6）使用工具箱中的“文本”工具，在其属性栏内设定“字体”为隶书、“字号”为 48。然后，单击绘图页，输入“成绩表”三个字，单击调色板内的红色色块，给文字填充红色，如图 4-5-8 所示。

图 4-5-8　输入文字

图 4-5-9　添加阴影

（7）使用“交互式阴影”工具，在“成绩表”文字上拖曳，以产生阴影，如图 4-5-9 所示。单击其属性栏内的“羽化方向”按钮，调出的面板如图 4-5-10 所示。单击该面板内的“平均”按钮，则文字阴影变为如图 4-5-11 所示。

（8）单击选中文字，单击“排列”→“拆分”菜单命令，将红色文字与阴影分开为两个对象。单击绘图页空白处，取消选中，再单击选中红色文字，并将它拖曳到阴影之上，如图 4-5-12 所示。

图 4-5-10 “羽化方向”控制框

图 4-5-11 平均阴影后的效果

（9）单击选中红色文字，将鼠标指针移到调色板的黑色色块上，单击鼠标右键，将红色文字的外框填充为黑色。然后，同时选中红色文字与阴影，单击“排列”→“群组”菜单命令，将红色文字与阴影组成一个对象，如图 4-5-13 所示。

图 4-5-12 拆分文字与阴影

图 4-5-13 填充颜色

（10）调整“成绩表”文字的大小与位置，将它移到表格的上边。单击“查看”→“辅助线”菜单命令，取消辅助线，此时的成绩表如图 4-5-1 所示。

4.5.2 文本的查找、替换与格式化

1. 利用“编辑文本”对话框编辑文本

选中要编辑的文本对象。单击如图 4-5-14 所示的“多语种文本”属性栏中的“编辑文本”按钮 abl，或单击“文字”→“编辑文本”菜单命令，即可调出“编辑文本”对话框，如图 4-5-15 所示。利用该对话框可以进行导入文本、格式化文本和检查文本等操作。

图 4-5-14 属性栏：多语种文本

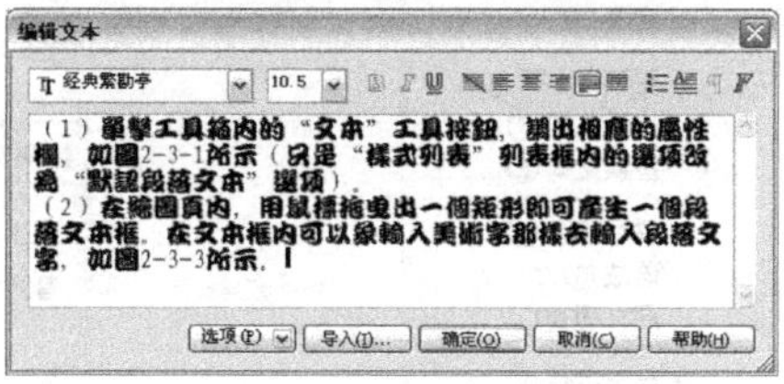

图 4-5-15 “编辑文本”对话框

2. 文本的格式化

单击如图 4-5-14 所示的“多语种文本”属性栏中的“格式”按钮 F，或单击“文字”→“格式”菜单命令，调出“格式化文本”（字符）对话框，如图 4-5-16 所示。利用该对话框可以进行文本的字体、大小、对齐方式和字间距等操作。

（1）利用该对话框中的“字符”选项卡内的选项，可以对选中文本的字体、大小、样式、脚本及各种划线方式、字符的大小写、上下标等进行设置。

（2）单击选中“段落”选项卡后，可以对选中文本的字距、行距及文字的对齐方式、排列方式等进行设置。

（3）单击选中“制表位”选项卡后，可以进行文本中的制表位的设置。

（4）单击选中“栏”选项卡后，可以对选中的文本对象进行分栏设置。

（5）单击选中“效果”选项卡后，可以对选中的段落文本进行“项目符号”及“首字下沉”的设置。

（6）单击选中“规则”选项卡后，可以对选中的文本对象进行“前导字符”、“下随字符”和“字符溢值”的设置。

图 4-5-16 “格式化文本”（字符）对话框

3. 文本替换、查询、校对与统计

单击如图 4-5-15 所示的“编辑文本”对话框内的“选项”按钮，调出一个菜单，如图 4-5-17 所示。利用该菜单可以进行文字的更改大小写、查询与替换文本、拼字与文法检查等操作。

例如，单击该菜单的“替换文本”菜单命令，会调出“替换文本”对话框，如图 4-5-18 所示。在该对话框内的“查找内容”文本框内输入要查找的内容，在“替换为”文本框内输入要替换的内容，确定是否要区分大小写，然后单击“替换”或“全部替换”按钮。如果单击的是“替换”按钮，则指替换第一个要替换的文字，要替换下一个文字还需单击“查找下一个”按钮。

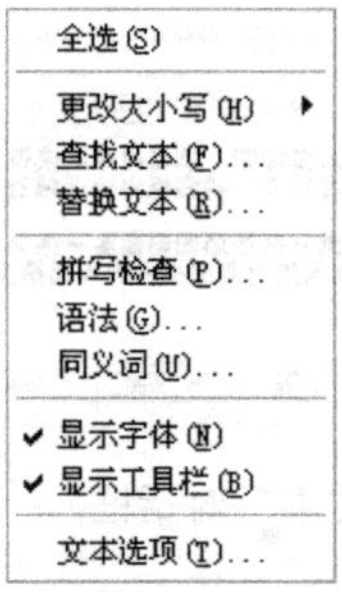

图 4-5-17 “选项”菜单

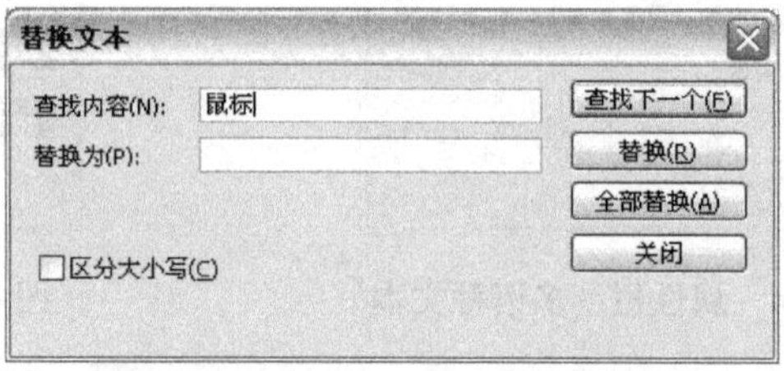

图 4-5-18 “替换文本”对话框

使用工具箱中的“挑选”工具，单击选中要统计的文字，然后单击“文本”→“文本统计信息”菜单命令，调出“统计”对话框，如图 4-5-19 所示。在该对话框中显示出选定的文本信息。

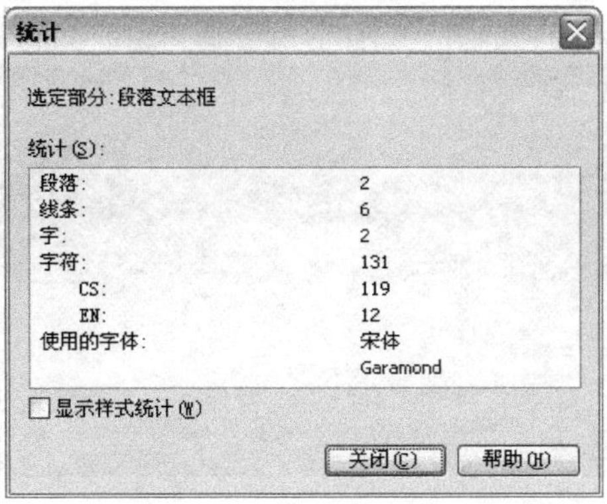

图 4-5-19 “统计”对话框

4.6　小板报——编辑文本

【案例效果】

春游动物园“小板报”的背景是一幅风景画，如图 4-6-1 所示，有水印效果，标题是立体字，老虎图像裁剪成椭圆形，文字有分栏和首字下沉，还有按椭圆状分布的文字。制作该板报，采用了文字编辑的许多功能，以及点阵图的一些处理方法。

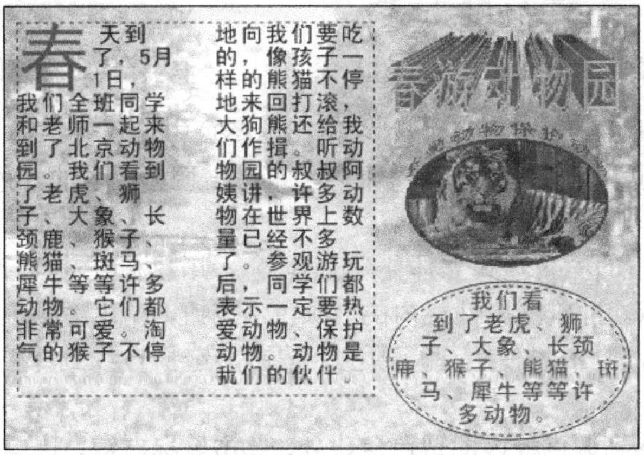

图 4-6-1　小板报

4.6.1　制作过程

1. 制作背景与标题

(1) 单击“文件”→“导入”菜单命令，调出“导入”对话框，选择大象风景图图像文件（素材\ 4.jpg 图像文件），单击“确定”按钮。然后用鼠标在绘图页内拖曳，即可显示出一幅风景图，如图 4-6-2 所示。

(2) 单击选中风景图像。单击“效果”→“调整””→“伽玛值”菜单命令，调出“伽玛值”对话框，如图 4-6-3 所示。用鼠标向左拖曳“伽玛值”滑块，改变伽玛值。

(3) 单击“预览”按钮，观察图像变化，如果满意，则单击“确定”按钮，退出该对话框。此时的图像变为如图 4-6-4 所示。

图 4-6-2　导入风景图

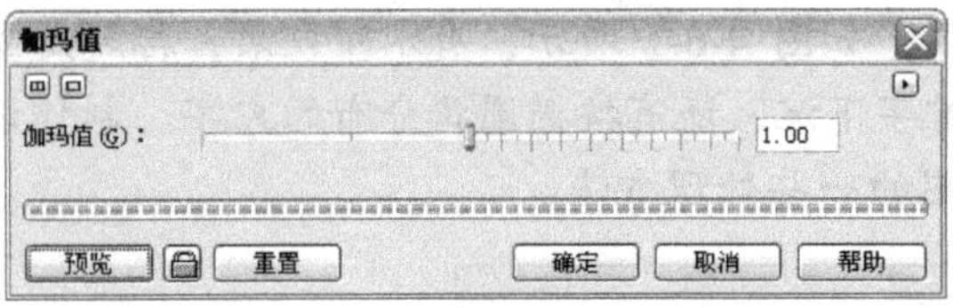

图 4-6-3 “伽玛值”对话框

图 4-6-4 “调整伽玛值”后的效果

（4）使用工具箱中的“文本”工具，在绘图页中输入“字体”为宋体、“字号”为 120 磅的“春游动物园”美工字。单击选中它，再单击调色板内的红色色块，给“春游动物园”美工字填充红色。

（5）使用工具箱中的“交互式立体化”工具，用鼠标在美工字上向上拖曳，产生立体字，如图 4-6-5 所示。再单击属性栏内的“颜色”按钮，调出“颜色”对话框，如图 4-4-6 所示。在该对话框内，单击“使用递减颜色”按钮，选择自红到绿，立体化阴影颜色选为绿色。

（6）将鼠标指针移到调色板内的黄色色块处，单击鼠标右键，使美工字的外框线为黄色。这时的“春游动物园”立体美工字如图 4-6-7 所示。适当调整立体美工字的大小，将它移到背景图像的右上角。

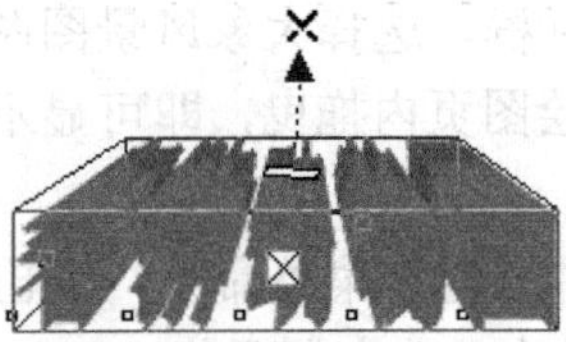

图 4-6-5　产生立体字

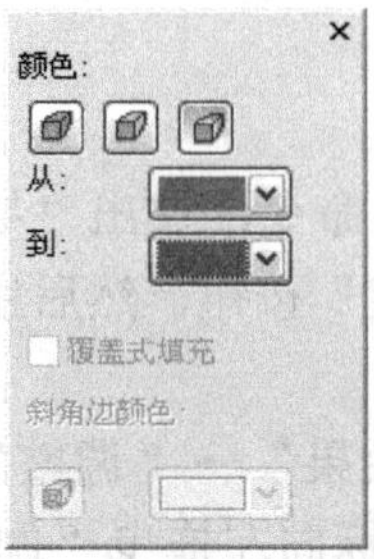

图 4-6-6 “颜色”对话框

图 4-6-7　添加黄色外框线

2．制作其他图像

（1）使用工具箱中的“椭圆”工具，画一个椭圆。再使用工具箱中的“文本”工具 字，按住【Shift】键，单击椭圆顶部的外缘边线处，这时鼠标指针变为“I”字形。然后单击鼠标左键，则椭圆内部会出现一个虚线的椭圆，如图 4-6-8 所示。

（2）单击椭圆顶部中间处，然后输入文字，如图 4-6-9 所示，可以看出文字自动在椭圆内分布。然后单击“工具箱”内的“选取工具”按钮，结束椭圆形分布文字的制作。适当调整按椭圆分布的美工字大小，将它移到背景图像的右边。

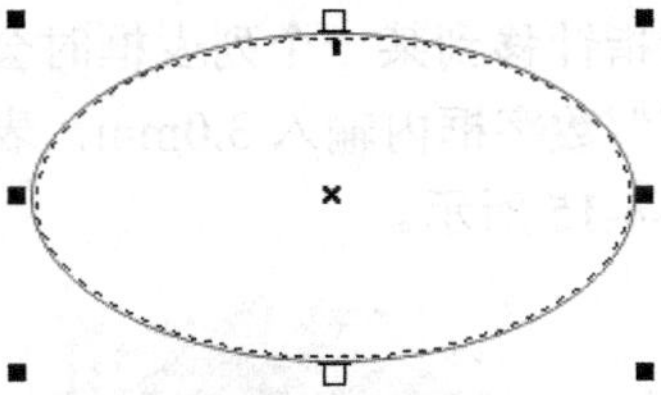

图 4-6-8　出现一个虚线的椭圆

图 4-6-9　输入文字

（3）单击“文件”→“导入”菜单命令，调出“导入”对话框，导入老虎图像，如图 4-6-10 所示。然后，单击选中它。再使用工具箱中的“椭圆”工具，画一个椭圆。

（4）单击“效果”→“精确裁剪”→“置于容器内”菜单命令，这时鼠标指针呈黑色大箭头状，将它移到椭圆的边线处，单击鼠标左键，则将老虎阵图镶嵌到椭圆内，如图 4-6-11 所示。

图 4-6-10　导入老虎图像

图 4-6-11　老虎图镶嵌到椭圆内

（5）单击“效果”→“精确裁剪”→“编辑内容”菜单命令，这时整个图像会在椭圆处出现，椭圆的线条仍存在，如图 4-6-12 所示。用鼠标拖曳图像，可以调整四分之一圆的图像内容。再单击“效果”→“精确裁剪”→“结束编辑此层次”菜单命令，可以使画面回到如图 4-6-11 所示状态，只是椭圆内的图像已改为调整后的内容。

（6）选中椭圆的老虎图像，单击工具箱中的“8 点轮廓”按钮，将椭圆的外框线改为宽度 8 个点。再用鼠标右键单击调色板内的蓝色色块，使椭圆的外框线颜色为蓝色。

（7）使用工具箱中的“文本”工具 字，输入“字体”为隶书、“字号”为 48 磅、“颜色”为红色的美工字“热爱动物保护动物”美工字。单击选中美工字。然后，单击“文字”→“使文本适合路径”菜单命令，这时鼠标指针呈黑色大箭头状，将它移到刚刚画的同心椭圆的边线处，单击鼠标左键，则将美工字沿正圆上半边的外部呈弧形分布，如图 4-6-13 所示。

图 4-6-12　调整圆的图像内容

图 4-6-13　美工字沿正圆上半边的外部呈弧形分布

（8）单击选中如图 4-6-13 所示的文字对象，此时的属性栏如图 4-6-14 所示。在属性栏中的“文字方向”列表框（在该对话框的左上角，将鼠标指针移到某一个列表框时会出现相应的中文名字提示）内，选择第二选项；在“与路径距离”数字框内输入 3.0mm，表示环绕的文字与椭圆的间距为 3.0mm。此时的美工字变为如图 4-6-15 所示。

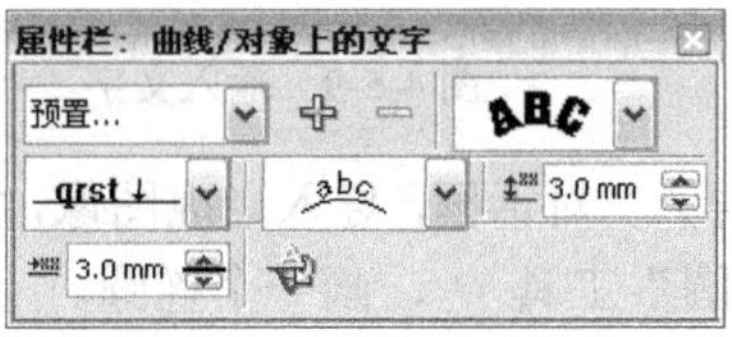

图 4-6-14　属性栏（曲线/对象上的文字）

图 4-6-15　调整美工字

3．制作段落文字

（1）使用工具箱中的“文本”工具 ，设定输入文字的“字体”为宋体、“字号”为 36、“颜色”为蓝色，输入图 4-6-1 中小板报左边的段落文字，如图 4-6-16 所示。

（2）使用工具箱中的“挑选”工具 ，单击选中段落文字。然后，单击其属性栏内的“编辑文本”按钮或单击“文本”→“编辑文本”菜单命令，调出“编辑文本”对话框，如图 4-6-17 所示。

图 4-6-16　输入段落文字

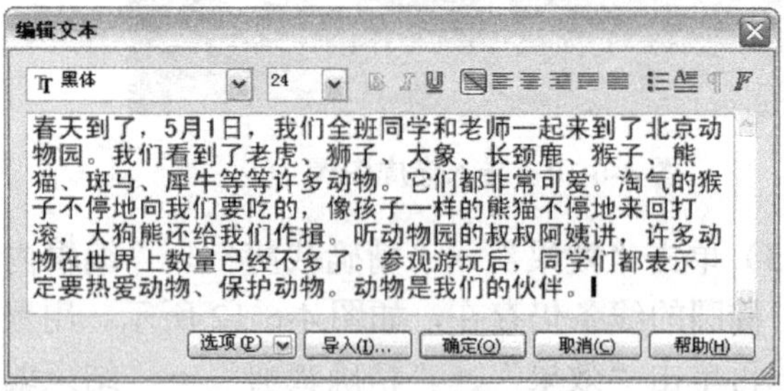

图 4-6-17　“编辑文本”对话框

（3）单击“编辑文本”对话框内的“文本格式”按钮，调出“格式化文本”（字体）对话框，如图 4-6-18 所示，利用该对话框可以调整字体、大小等。

（4）单击“格式化文本”对话框内的“效果”标签，调出“格式化文本”（效果）对话框，如图 4-6-19 所示。在该对话框内的“效果类型”列表框内选择“首字下沉”选项，在“下沉量”数字框内选择“3”，表示首字下沉为占三行。再单击“确定”按钮，退出该对话框，回到“编辑文字”对话框。

图 4-6-18 “格式化文本”（字符）对话框

图 4-6-19 “格式化文本”（效果）对话框

（5）单击“格式化文本”对话框中的“确定”按钮，退出“格式化文本”对话框。此时的段落文字的第一个字“春”已被放大，如图 4-6-20 所示。

（6）单击“文本”→“格式化文本”菜单命令，调出“格式化文本”对话框。单击该对话框内的“栏”标签，调出“格式化文本”（栏）对话框。在该对话框内的“宽度”数字框内输入 80mm，在“栏间距”数字框内选择 14mm，在“垂直调整”列表框内选择“上”，单击选中“栏宽相等”复选框，如图 4-6-21 所示。最后，单击“确定”按钮，退出“格式化文本”对话框，完成分栏工作。分栏后的效果图如图 4-6-1 所示。

图 4-6-20 “春”已被放大

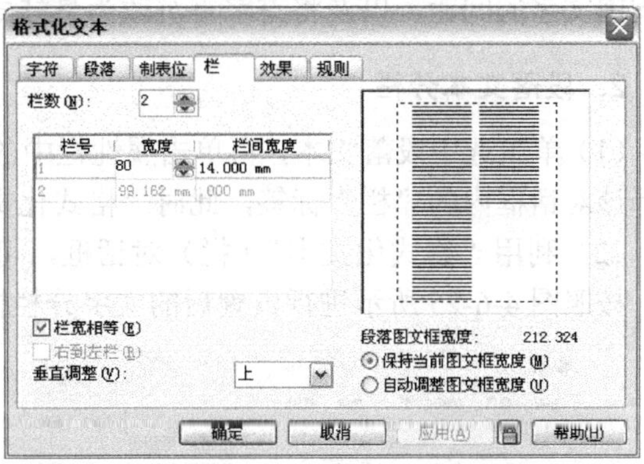

图 4-6-21 “格式化文本”（栏）对话框

（7）最后，调整图 4-6-1 中各个对象的大小与相对位置。再按住【Shift】键，单击选中所有对象，然后单击“排列”→“群组”菜单命令，将它们组成一个对象，如图 4-6-1 所示。

4.6.2 首字下沉与分栏

1. 首字下沉

（1）单击工具箱中的“文本”工具按钮，在绘图页内拖曳鼠标，建立段落文本框。再在 Word 文档中选取一段文字，单击 Word 中的“编辑”→“复制”菜单命令，将文字复制到剪贴板中。回到中文 CorelDRAW 12，单击“编辑”→“粘贴”菜单命令，将剪贴板内的文字粘贴到段落文本框内。

注意

第一个文字左边没有空格。

（2）用鼠标拖曳段落文本，选中它们，然后设置文字颜色、字体和大小，设置完的段落文本如图 4-6-22 所示。

图 4-6-22　设置完的段落文本

图 4-6-23　获得首字下沉图

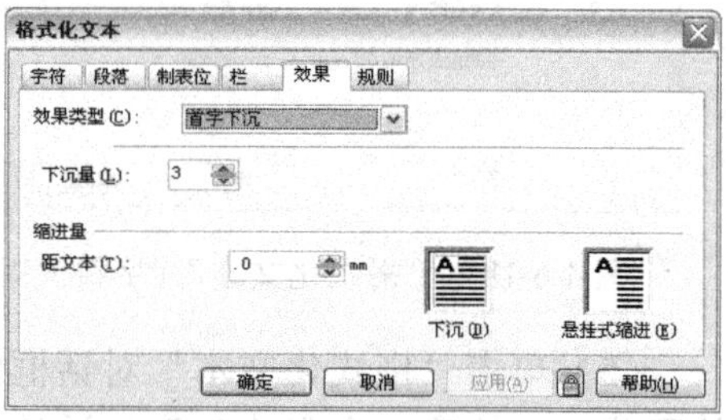

4-6-24　“格式化文本”（效果）对话框

（3）单击选中段落文本，再单击属性栏中的“首字下沉”按钮，即可获得首字下沉，如图 4-6-23 所示。

（4）单击属性栏中的“格式”按钮，调出“格式化文本”对话框，选择该对话框内的“效果”标签，此时“文字格式”对话框如图 4-6-24 所示。利用该对话框可以调整首字下沉量和与周围文字的间距，以及将首字下沉改为悬挂式缩进。

2. 段落文本分栏

（1）单击选中段落文本，再单击属性栏中的“格式”按钮，调出“格式化文本”对话框，选择该对话框内的“栏”标签，此时“格式化文本”对话框如图 4-6-25 所示。

（2）利用“格式化文本”（栏）对话框，可以调整段落文字的分栏个数、栏宽和栏间距等。按照图 4-6-25 所示进行设置后的文字分栏情况如图 4-6-26 所示。

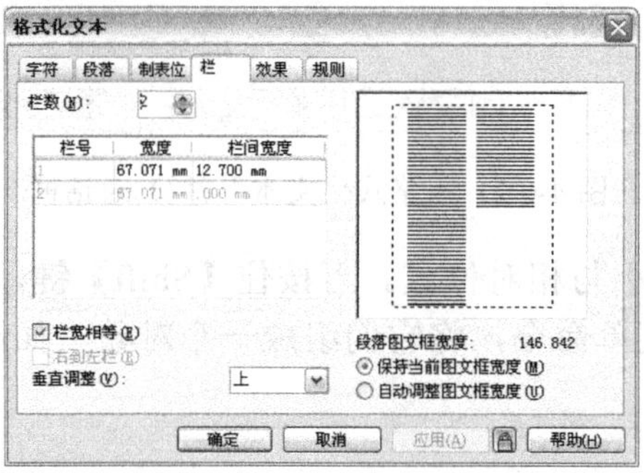

图 4-6-25　“格式化文本”（栏）对话框

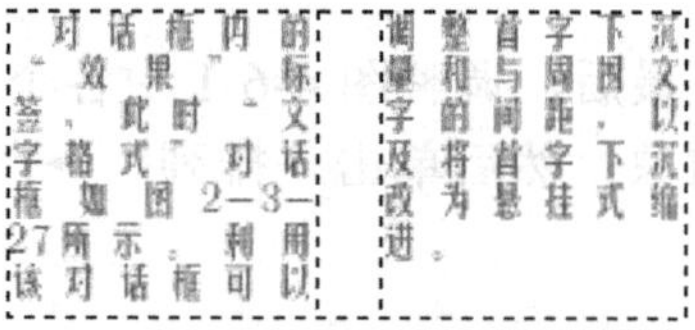

图 4-6-26　文字分栏情况

4.7　计算机图书——应用艺术文本

【案例效果】

“计算机图书”实例是一幅具有很强立体感的图书图形。如图 4-7-1 所示，它由书的正面、侧面、上面和背面组成。书的正面有象征计算机图书的计算机图形、图书的名称“DIY 专家”、

"硬件版"、标语及出版单位名称等。书的侧面有英文书名及书中内容介绍。书的侧面及上面都作了立体化倾斜变形，组合后形成了一幅具有很强真实感的立体图书。绘制"计算机图书"图形，采用了渐变填充、渐变透明、导入图像、倾斜变换、文字输入、竖排文字等绘图的基本方法和基本技巧。

图 4-7-1　电脑图书

4.7.1　制作过程

1. 绘制背景及输入文字

（1）使用工具箱中的"矩形"工具，绘制一个长条矩形作为书的侧面，填充成中间为白色，上下两端为橙色的渐变颜色，如图 4-7-2 所示。

（2）使用工具箱中的"挑选"工具，将上面绘制的长条矩形复制一份，然后调整其水平宽度，作为书的正面，如图 4-7-3 所示。再将书正面的矩形复制一份作为书的背面。

（3）使用工具箱中的"文本"工具，输入图书的名称"DIY 专家——宝典"、"自己动手"、标语及出版单位名称等。调整它们的大小和位置，并将它们组成群组。然后，将它们移到书正面矩形图形之上适当的位置，如图 4-7-4 所示。

图 4-7-2　绘制书的侧面

图 4-7-3　绘制书的正面

图 4-7-4　输入文字

（4）使用工具箱中的"文本"工具，输入字体为黑体、颜色为黑色、竖排的"DIY 专家——宝典"和"双 CD"文字，并将竖排的文字移到书的侧面矩形图形之上。

（5）使用工具箱中的"挑选"工具，选中书侧面上的所有对象，单击"排列"→"群组"菜单命令，将书侧面上的所有对象组成一个整体，如图 4-7-5 所示。

（6）选中如图 4-7-5 所示书的侧面图形，单击"排列"→"变换"→"倾斜"菜单命令，调出"变换"（倾斜）泊坞窗。在"变换"（倾斜）泊坞窗内的"V"数字文本框中输入–30，如图 4-7-6 所示。单击"应用"按钮，即可将书的侧面图形倾斜，如图 4-7-7 所示。

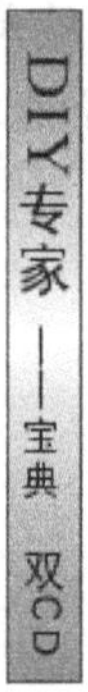

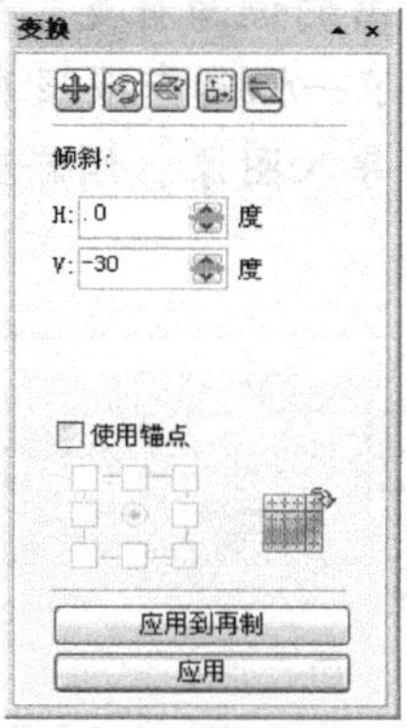

图 4-7-5　输入侧面文字　　图 4-7-6 “变换”（倾斜）泊坞窗　　图 4-7-7　书的侧面图形倾斜

2. 导入图像

（1）单击“文件”→“导入”菜单命令，导入一幅计算机图像和一幅键盘图像，如图 4-7-8 所示。

图 4-7-8　导入图像

（2）使用工具箱中的“交互式透明”工具，将这三幅计算机图像以“双色”方式进行透明处理。透明处理后的图像效果如图 4-7-9 所示。

图 4-7-9　透明处理后的图像

（3）将这三幅计算机图像移动到书正面，并调整其大小。

（4）绘制一个矩形，填充白色。再利用“变换”泊坞窗口，将该矩形水平倾斜 45°，形成平行四边形，如图 4-7-10 所示。

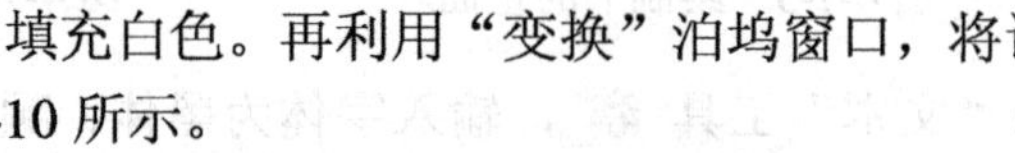

图 4-7-10　绘制平行四边形

（5）将前面复制的书正面矩形图形作为书的背面图形，与书的正面图形、侧面图形和平行四边形组合成立体书的形状，再将平行四边形的边框线去掉，平行四边形作为书的上面。最后，将图书的所有部件组合成群组，形成一本立体的图书图形，如图 4-7-1 所示。

4.7.2　特殊字符与路径文本

1．添加特殊符号

（1）单击“窗口”→“插入字符”菜单命令，调出“插入字符”对话框，如图 4-7-11 所示。

（2）在“代码页”列表框内选择代码。

（3）在“字体”列表框内选择字体。

（4）在“字符大小”文本框内选择或输入字符的大小。

（5）在列表框下边的显示框内选择相应的图形，即可用鼠标将选择的图形拖曳到绘图页内，如图 4-7-12 所示。

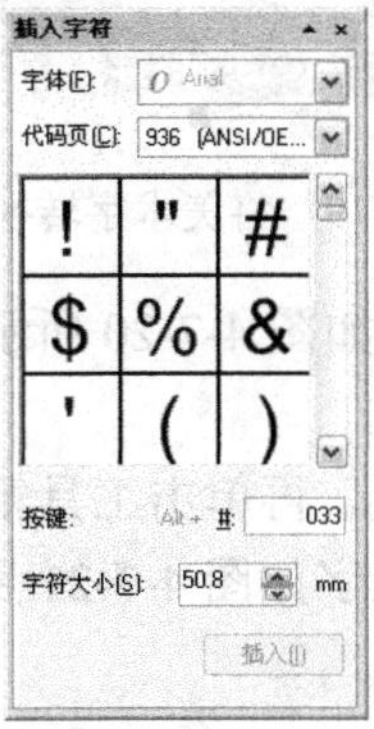

图 4-7-11　“插入字符”对话框

图 4-7-12　插入的字符

2．将文字填入路径

（1）输入一段美术字：“世界正在进入信息时代”。然后再绘制一个椭圆形，如图 4-7-13 所示。

（2）单击选中这段美术字，如图 4-7-13 所示。

（3）单击“文字”→“使文本适合路径”菜单命令，这时鼠标指针呈一个大箭头状，将鼠标指针移到图形路径处，单击图形路径，即可将选定的美术字沿路径排列，如图 4-7-14 所示。

图 4-7-13　输入文字与绘制图形

图 4-7-14　将选定的美术字沿路径排列

（4）单击工具箱中的“挑选”工具按钮，再单击美术字，调出“曲线/对象上的文字”属性栏，如图 4-7-15 所示。在该属性栏的“文字方向”列表框中选择 ABC ，用鼠标拖曳调整文字左边的红色菱形控制柄，此时的环绕文字如图 4-7-16 所示。利用该属性栏还可以调整美术字的环绕形状和与路径的间距等。

图 4-7-15　属性栏：曲线/对象上的文字

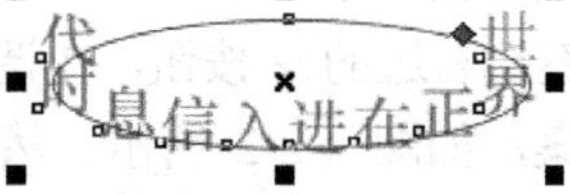

图 4-7-16　调整环绕文字

（5）单击工具箱中的“形状”工具按钮，再单击挑选路径图形，然后单击常用工具栏的“剪切”按钮，删除路径图形。经调整和删除路径图形后的美术字，如图 4-7-17 所示。

图 4-7-17 调整和删除路径后的美术字

3．将美术字转换为曲线

（1）单击工具箱中的“挑选”工具，再单击选中美术字，如图 4-7-18 所示。

（2）单击鼠标右键，调出其快捷菜单，再单击该菜单中的“转换成曲线”菜单命令，即可将美术字转换成曲线，如图 4-7-19 所示。

图 4-7-18 选中美术字

图 4-7-19 将美术字转换成曲线

（3）单击工具箱中的“形状”工具按钮，则美术字曲线如图 4-7-20 所示，可以看出它有许多曲线节点。

（4）用鼠标拖曳一些节点，可以改变美术字曲线的形状。再单击工具箱中的“挑选”工具按钮，单击绘图页面空白处，取消文字的选取。此时的文字如图 4-7-21 所示。

图 4-7-20 美术字曲线

图 4-7-21 改变美术字曲线的形状

4.8 综合实例

【综合实例 7】暗香

【案例效果】

实例“暗香”图形是一个香水宣传海报，主要使用中文 CorelDRAW 12 的框架文本制作。如图 4-8-1 所示，该海报采用了以文字代替图形的表现形式，体现出该广告创意的特点。通过制作该实例，可以掌握文本的输入、段落的调整等操作方法。

1．制作背景

（1）设置绘图页面的宽度为 100mm，高度为 150mm。单击“文件”→“导入”菜单命令，然后使用工具箱中的矩形工具，绘制一个和页面相同大小的矩形。

（2）单击工具箱中的“图案填充”按钮，调出“填充图案”对话框。在该对话框中单击“位图”单选钮，表示使用位图填充矩形；单击“图案”右边的 按钮，在调出“图案”列表框中选择木纹，作为填充图案，如图 4-8-2 所示。然后单击“确定”按钮，即可为矩形填充选定的图案，完成后的图形如图 4-8-3 所示。

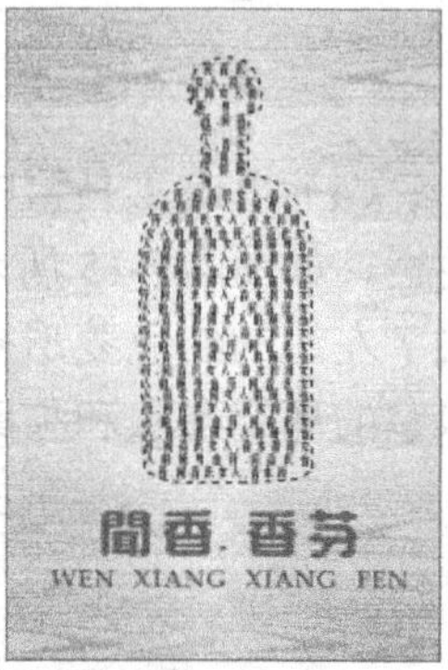

图 4-8-1 暗香

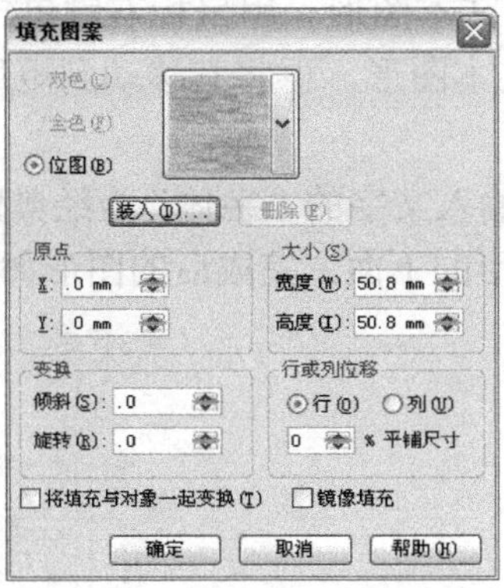

图 4-8-2 “填充图案”对话框

图 4-8-3 填充图案

（3）使用工具箱中的“挑选”工具，选中矩形图形。单击工具箱中的“交互式透明”工具按钮，在矩形上用鼠标拖曳。然后，在其属性栏的“透明度类型”列表框内选择“方角”透明效果类型，其属性栏如图 4-8-4 所示。绘图页面如图 4-8-5 所示。

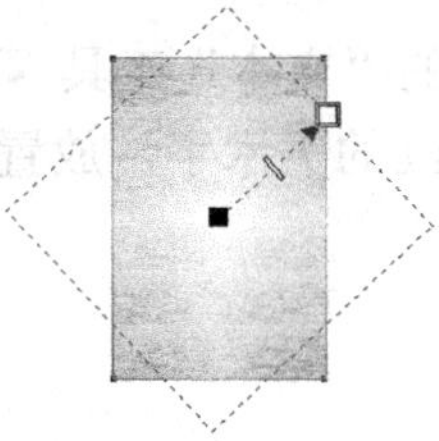

图 4-8-4 属性栏：交互式渐变透明　图 4-8-5 透明效果　图 4-8-6 绘制瓶子图形

2. 编辑文字

（1）使用工具箱中的“贝塞尔”工具，绘制一个瓶子图形，放置在页面的中间，完成后的图形如图 4-8-6 所示。

（2）使用工具箱中的“文本”工具，在封闭的图形内单击。此时，图形的内部出现一条虚线，如图 4-8-7 所示。

（3）在属性栏中设置文字的“字体”为汉仪长艺简、“字号”为 8；再单击“文本格式”按钮，调出“格式化文本”（段落）对话框。在该对话框中的设置段落的“对齐”方式为全部调整，如图 4-8-8 所示。然后，在图形内输入一段美术字，完成后的效果如图 4-8-9 所示。

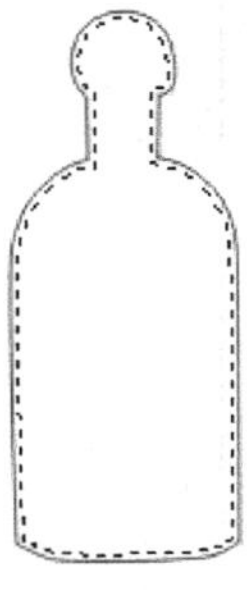

图 4-8-7 图形的内部出现虚线

图 4-8-8 “格式化文本”（段落）对话框

（4）使用工具箱中的“挑选”工具 ，选中文本图形。用鼠标右键单击右侧调色板中的“无”色块，取消图形轮廓线的显示，只剩下文本图形。再将其移动到矩形的上面，完成后的图形如图 4-8-10 所示。

（5）再次使用工具箱中的“文本”工具 字 ，输入文字的“字体”为经典繁圆艺、“字号”为 36；“颜色”为橙红色的美术字，放置在文本图形的下面，完成后的图形如图 4-8-11 所示。

图 4-8-9　输入一段美术字

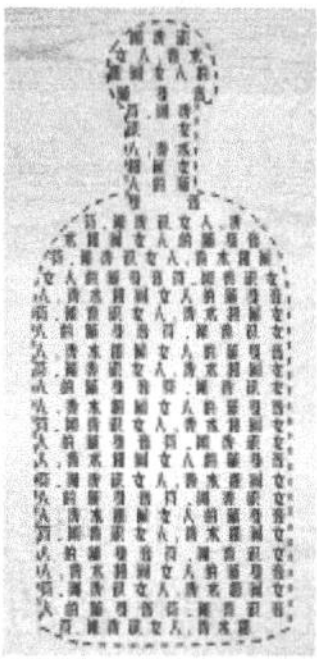

图 4-8-10　只剩下文本图形

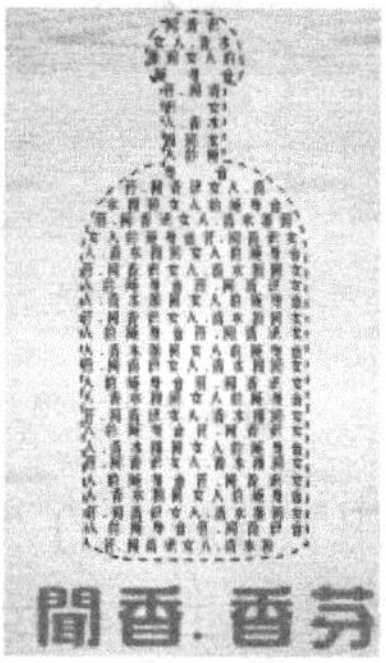

图 4-8-11　输入文字

（6）再次使用工具箱中的“文本”工具 字，输入文字的“字体”为 Book Antiqua、“字号”为 16；“颜色”为宝石红的美术字，放置在文本图形的下面，完成后的图形如图 4-8-1 所示。

【综合实例 8】月历

【案例效果】

实例“月历”图形是 2005 年 12 月的日历，如图 4-8-12 所示主要使用中文 CorelDRAW 12 的制表位文本和文本的格式化制作。该图形制作简洁大方，在构图和颜色选择中以雪花和玫瑰作为装饰，体现出 12 月的特点。通过制作该实例，可以掌握文本的输入、段落的调整、制表位的使用等操作方法。

1．制作背景

（1）设置绘图页面的宽度为 175mm，高度为 114mm。然后使用工具箱中的“矩形”工具，绘制 2 个矩形。其中左侧的矩形为 136mm×114mm，并为其内部填充“粉蓝色”；右侧的矩形为 38mm×114mm，并为其内部填充“粉红色”，完成后的图形如图 4-8-13 所示。

图 4-8-12　月历

（2）使用工具箱中的“艺术笔”工具，在其属性栏中单击按钮，在“喷涂列表文件”下拉列表框中单击“雪花”选项，此时的属性栏如图 4-8-14 所示。然后，在页面中绘制一条曲线，完成后的图形如图 4-8-15 所示。

图 4-8-13　绘制 2 个矩形

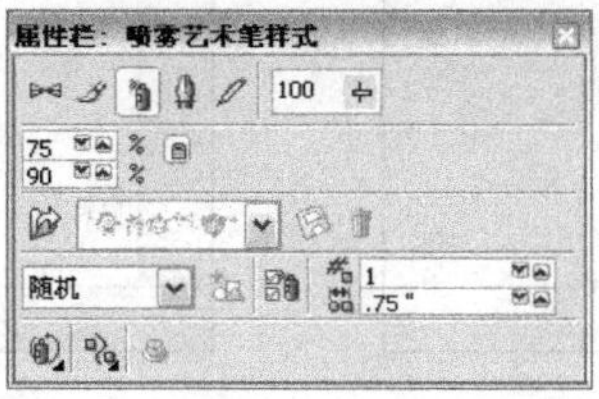

图 4-8-14　属性栏：喷雾艺术笔样式

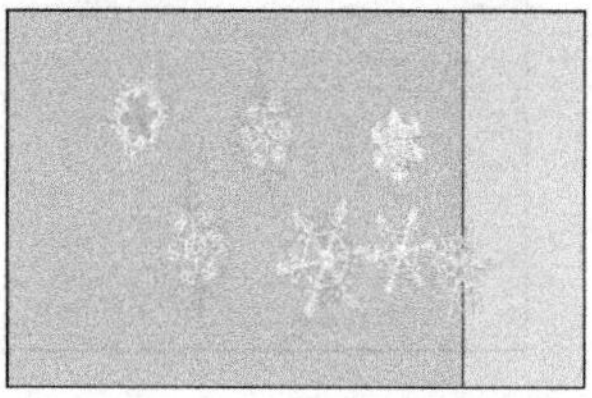

图 4-8-15　绘制雪花后的图形

（3）使用工具箱中的“矩形”工具，在页面中再绘制 2 个矩形。其中左侧的矩形为 106mm ×70mm，为其填充“白色”；右下角的矩形为 30mm ×8.5mm，为其内部填充“桃红色”，完成后的图形如图 4-8-16 所示。

（4）使用工具箱中的“手绘”工具，在白色矩形的内部绘制一条直线，为其轮廓填充“桃红色”，完成后的图形如图 4-8-16 所示。

（5）单击“文本”→“插入字符”菜单命令，调出“插入字符”泊坞窗。在“字体”下拉列表框中单击“Webdings”选项，在该泊坞窗的“代码页”下拉列表框中单击“65001[UTF-8]”选项，此时的“插入字符”泊坞窗如图 4-8-17 所示。

（6）在“插入字符”泊坞窗中单击选择图形，单击“插入”按钮，将该图形插入到绘图页面中，并为其填充和右下角矩形相同的“桃红色”。然后使用工具箱中的“挑选”工具，将该图形缩小并移动到页面的左侧。完成后的图形如图 4-8-18 所示。

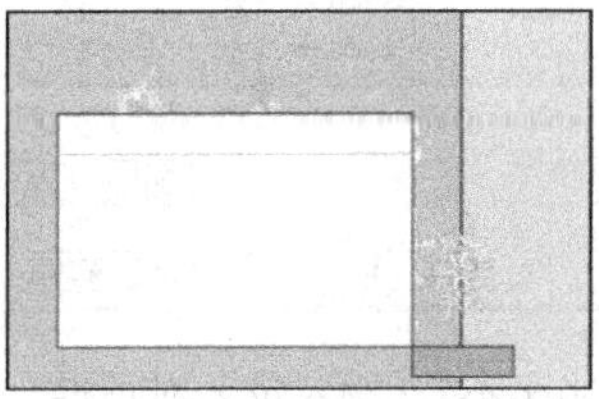

图 4-8-16　绘制矩形和直线

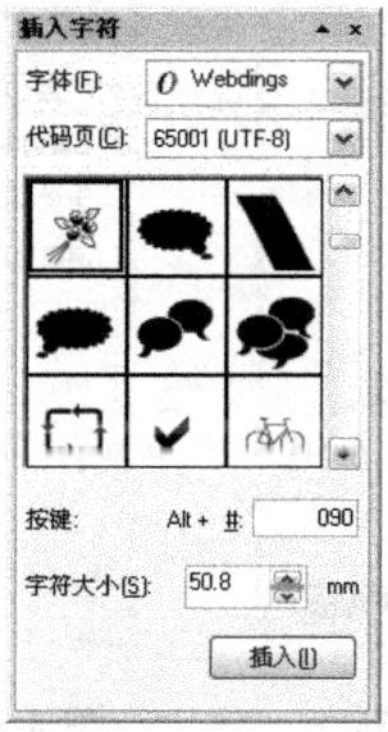

图 4-8-17　“插入字符”泊坞窗

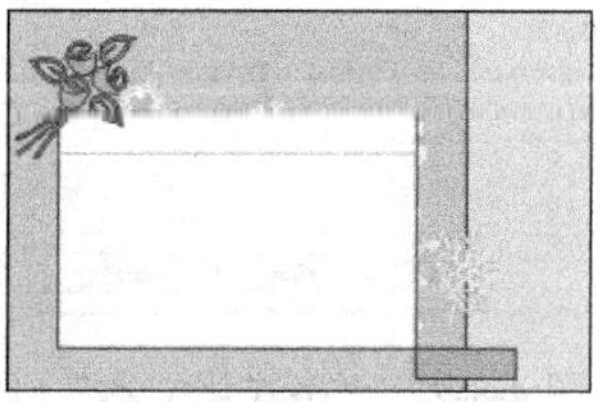

图 4-8-18　插入玫瑰花字符

（7）使用工具箱中的“文本”工具，在玫瑰花的右下角输入“字体”为 163-CAI978、“字号”为 24、颜色为“黑色”的“2005December 12”美术字。再使用工具箱中的“文本”工具，单独选中“12”文本，将其“字号”修改为 48、“颜色”修改为桃红色，完成后的图形如图 4-8-19 所示。

（8）使用工具箱中的“文本”工具，在右下角的桃红色矩形中输入“字体”为经典繁角篆、“字号”为 18、“颜色”为黑色的“寄情花语”4 个美术字。再单击属性栏中的按钮，将文本输入方式设置为“垂直排文”方式。在页面的右侧输入“字体”为经典繁角篆、“字号”为 20、“颜色”为黑色的“不敢奢望花开久长，只愿有人欣赏”2 行竖排美术字。完成后的图形如图 4-8-20 所示。

图 4-8-19　输入年和月

图 4-8-20　输入装饰文本

2．制作日期文字

图 4-8-21　输入星期

（1）使用工具箱中的“文本”工具，在桃红色的直线上面输入“字体”为宋体、“字号”为 18、“颜色”为黑色的 7 组表示星期的美术字，在每组美术字的后面按下【Tab】键，以制表位作为文本的间隔。

（2）再使用“文本”工具，同时选中“SAT 和 SUN”2 组文本，将其“颜色”修改为红色，完成后的图形如图 4-8-21 所示。

（3）使用文本工具选中作为星期的所有文本，单击属性栏中的 F 按钮，调出“格式化文本”对话框。再在该对话框中单击“段落”选项卡，打开“格式化文本”（段落）对话框的设置内容，再设置“字符”间距为 0，使字符的间距缩小，如图 4-8-22 所示。

图 4-8-22　“格式化文本”（段落）对话框

图 4-8-23　“格式化文本”（制表位）对话框

（4）再在该对话框中单击“制表位”选项卡，打开“格式化文本”（制表位）对话框的设置内容，再设置“制表位添加间隔”为 7.5mm，使每组文字之间的间隔为 7.5mm，如图 4-8-23 所示。然后单击“确定”按钮，完成设置。格式化后的文本效果如图 4-8-24 所示。

（5）使用工具箱中的“文本”工具，在桃红色的直线下面输入“字体”为 163-CAI978、“字号”为 24、“颜色”为黑色的 31 组表示日期美术字，在每组美术字的后面按下【Tab】键，以制表位作为文本的间隔。

图 4-8-24　格式化后的文本效果

（6）再使用“文本”工具，同时选中“2、3、9、10、16、17、23、24、30、31”10 组数字，将其“颜色”修改为红色，完成后的图形如图 4-8-25 所示。

（7）使用文本工具选中作为日期的所有文本，单击属性栏中的 F 按钮，调出“格式化文本”对话框。再在该对话框中单击“段落”选项卡，打开“格式化文本”（段落）对话框的设置内容，再设置“字符”间距为–10.0，使字符的间距缩小，如图 4-8-26 所示。然后单击“确定”按钮，完成设置。格式化后的文本效果如图 4-8-12 所示。

SAT	SUN	MON	TUE	WED	THU	FRI
						1
2	3	4	5	6	7	8
9	10	11	12	13	14	15
16	17	18	19	20	21	22
23	24	25	26	27	28	29
30	31					

图 4-8-25　输入数字

图 4-8-26　“格式化文本”（段落）对话框

练习 4

（1）参照本章所学的知识，绘制如图 4-9-1 所示的“透视文字”图形。

（2）参照本章所学的知识，绘制如图 4-9-2 所示的几种“变形文字”图形。绘制这些文字图形主要使用变形操作。

图 4-9-1　“透视文字”图形

图 4-9-2　“变形文字”图形

（3）参照本章所学的知识，绘制如图 4-9-3 所示的几种“套封文字”。绘制这些文字图形主要使用套封操作。

（4）参照本章所学的知识，绘制如图 4-9-4 所示的“图像文字”。绘制图像文字图形主要使用将图像置于容器中操作。

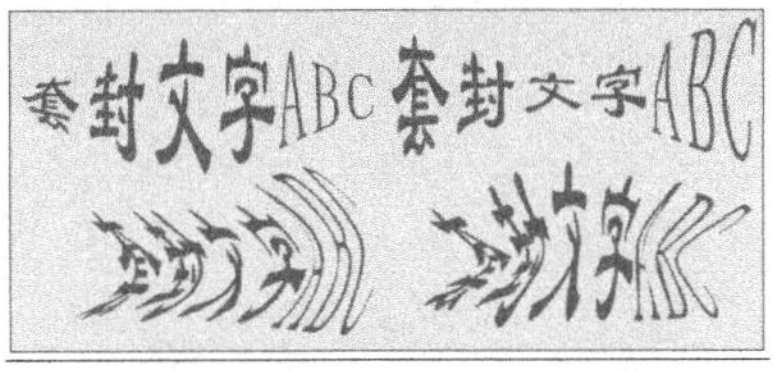

图 4-9-3　“套封文字”图形

图 4-9-4　“图像文字”图形

（5）参照本章所学的知识，绘制如图 4-9-5 所示的两种“立体文字”。绘制立体文字图形主要使用立体化等操作。

（6）参照本章所学的知识，绘制如图 4-9-6 所示的两种凸起的“木纹立体化”文字。绘制图像文字图形主要使用将图像置于容器中操作。

图 4-9-5 “立体文字”图形

图 4-9-6 “木纹立体化”文字

（7）参照本章所学的知识，绘制如图 4-9-7 所示的两种“倒影立体文字”。绘制倒影立体文字图形主要使用了交互式立体化工具和交互式透明工具，以及其属性栏内的光源、修饰斜角的调整等操作。

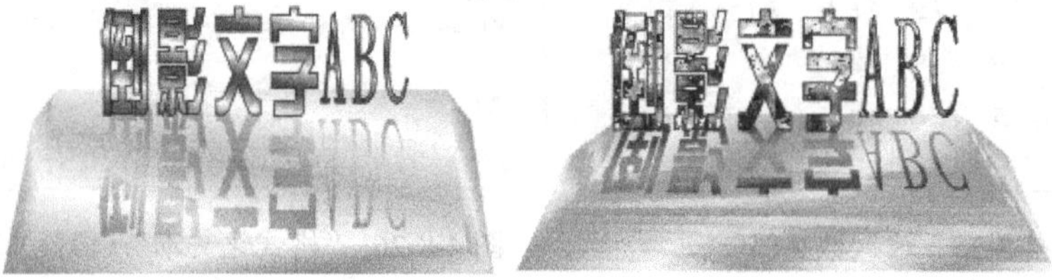

图 4-9-7 “倒影文字”

第5章 应用特殊效果

【导读】

效果包括调和渐变、轮廓图、变形、封套、立体化和阴影等，主要由“效果工具”栏的各个工具来完成。

创建透明效果就是使填充对象具有透明的效果。当对象具有透明效果后，改变对象的填充内容不会影响其透明效果，改变对象的透明效果也不会影响其填充内容，但是整体效果会随之发生变化。填充与透明可以配合使用，两者具有一定的独立性。透明效果有标准透明、渐变透明、花纹透明和纹理透明四类。

5.1 餐桌——基础透明渐变的应用

【案例效果】

实例“餐桌”图形是使用钢笔工具进行绘制，再对其填充不同的图形，制作而成的图案。通过制作该实例，可以掌握各种对象的颜色填充、渐变填充、图案填充等操作方法。制作的“餐桌”实例的显示效果如图5-1-1所示。

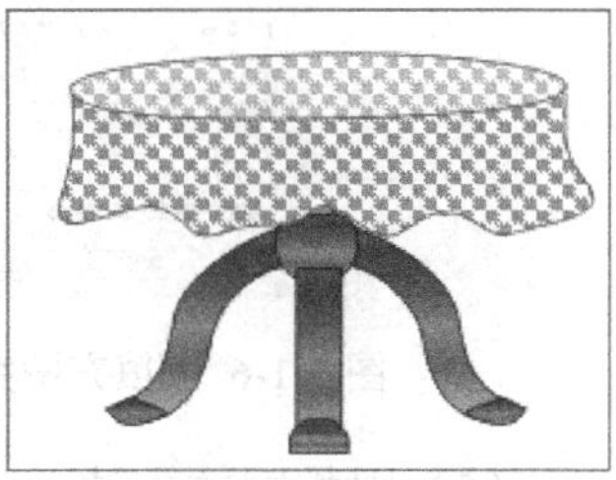

图5-1-1 餐桌

5.1.1 制作过程

1. 制作桌面

（1）设置绘图页面的宽度为250mm，高度为176mm。使用工具箱中的“椭圆”和“矩形”工具，绘制2个轮廓颜色为绿色的图形，如图5-1-2所示。

（2）使用工具箱中的“挑选”工具，选中矩形。单击属性栏中的“转换为曲线”按钮，将矩形转换为曲线。然后在转换为曲线的矩形上添加几个节点，将其调整成桌布效果，完成后的图形如图5-1-3所示。

图5-1-2 绘制图形

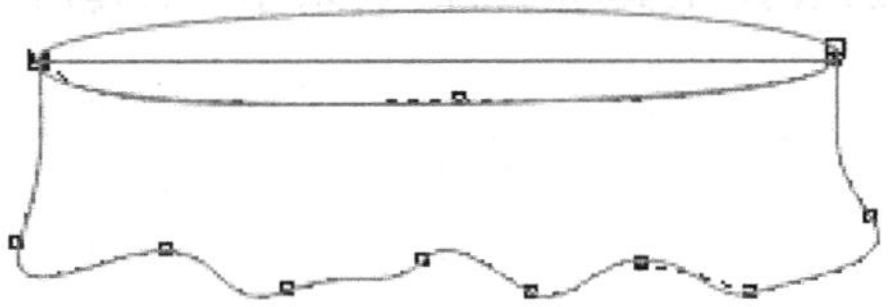

图5-1-3 调整成桌布效果

（3）同时选中2个图形，单击“排列”→“修整”→“修整”菜单命令，调出“修整”泊坞窗。在该泊坞窗中选中“修剪”选项和“保留来源”复选框，如图5-1-4所示。然后，单击“修剪”按钮，此时鼠标变为黑色的大箭头，在绘图页面中单击桌布图形，对图形进行修剪，完成后的图形如图 5-1-5 所示。

（4）选中桌面图形，单击工具箱中的“图案填充”按钮，调出“填充图案”对话框。在该对话框中单击“双色”单选钮，表示填充双色图案；单击“图案”右边的 ⌄ 按钮，在调出的“图案”列表框中选择方格图案，作为填充图案；设置“前部”颜色为月光绿色、“宽度”和“高度”为 5，如图 5-1-6 所示。然后，单击“确定”按钮，即可为桌面填充选定的图案，如图 5-1-7 所示。

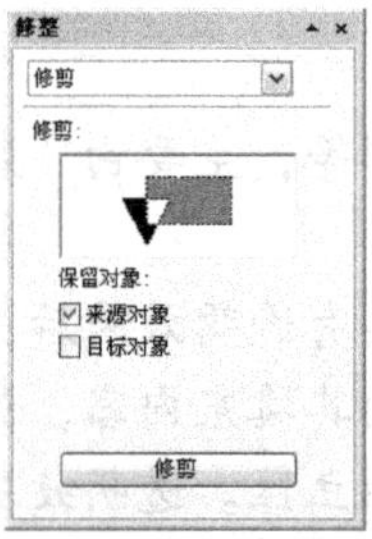

图 5-1-4 “修整”泊坞窗

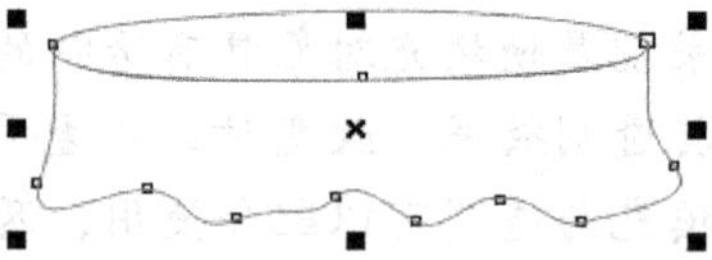

图 5-1-5 对图形进行修剪

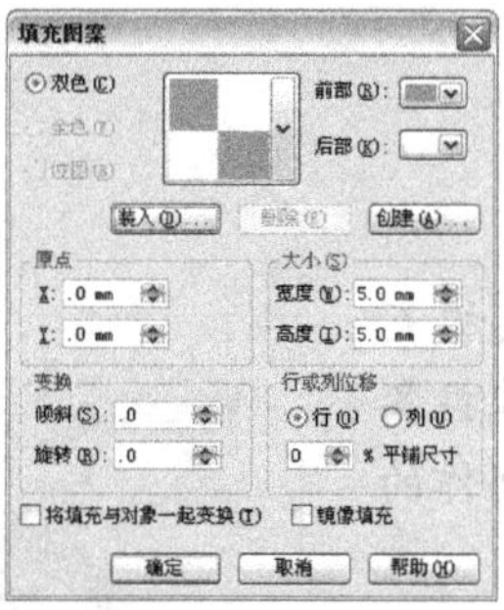

图 5-1-6 “填充图案”对话框

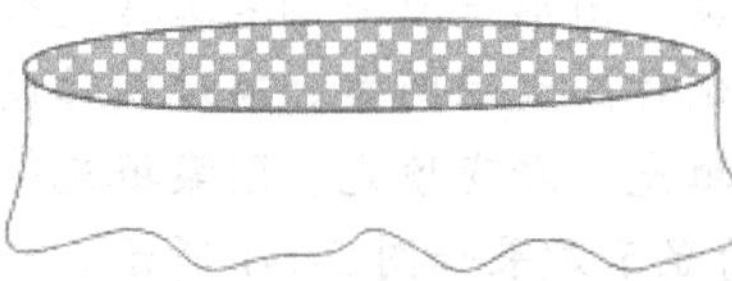

图 5-1-7 为桌面填充选定的图案

（5）用相同的方法，为桌布填充图案。其“前部”颜色为稍深的马丁绿色，完成后的图形如图 5-1-8 所示。

2. 制作桌腿

（1）使用工具箱中的“矩形”工具，绘制 2 个矩形作为正面桌腿图形。再将其中的小矩形转换为曲线。再使用工具箱中的“形状”工具，对其进行调整，完成后的图形如图 5-1-9 所示。

（2）使用工具箱中的“贝塞尔”工具，绘制 2 个封闭的图形，作为桌腿的支架，如图 5-1-10 所示。

图 5-1-8 为桌布填充图案

图 5-1-9 绘制正面桌腿

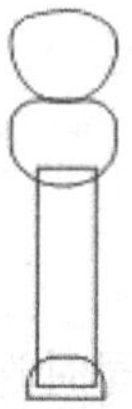

图 5-1-10 绘制支架

（3）使用工具箱中的“贝塞尔”工具，绘制 2 个封闭的图形，作为两侧的桌腿，如图 5-1-11 所示。

（4）使用工具箱中的“挑选”工具，选中正面的桌腿。单击工具箱中的“渐变填充”工具按钮，调出“渐变填充方式”对话框。在该对话框中设置“类型”为线性、“角度”为–90.0°；颜色调和为“自定义”颜色，然后，按照图 5-1-12 所示设置 5 个颜色。单击“确定”按钮，完成对正面的桌腿的渐变填充，如图 5-1-13 所示。

（5）为其他的桌腿图形，填充相同的渐变效果。再对其进行顺序的排列，完成后的图形如图 5-1-14 所示。

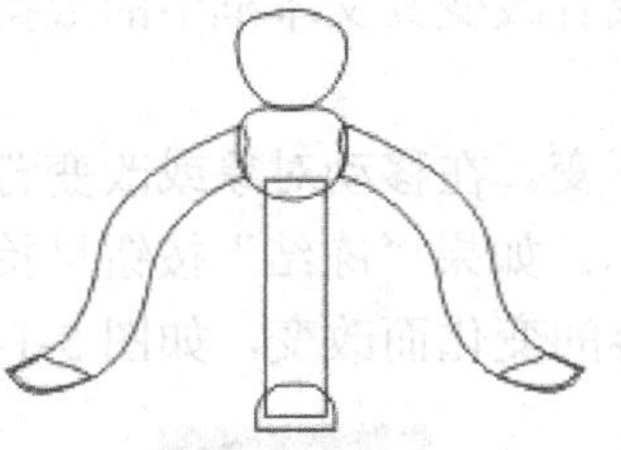

图 5-1-11　绘制两侧的桌腿

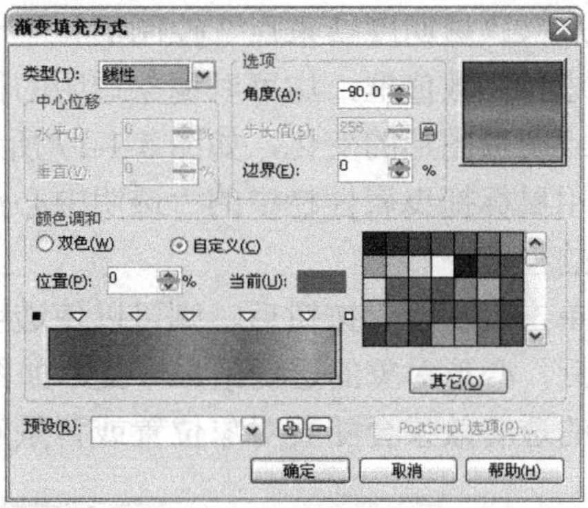

图 5-1-12　“渐变填充方式”对话框

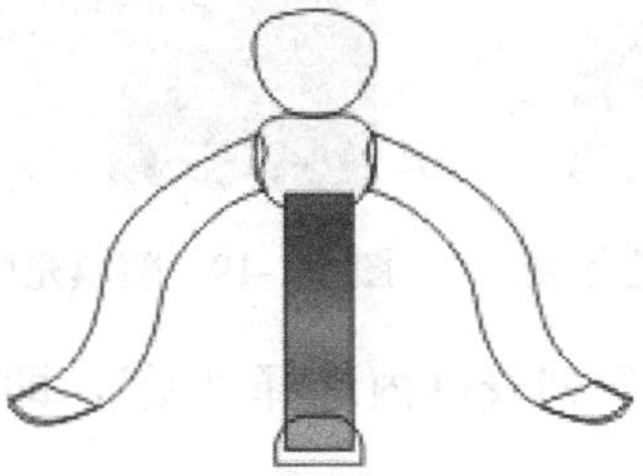

图 5-1-13　对正面的桌腿的渐变填充

图 5-1-14　填充其他的桌腿图形

（6）选中所有的桌腿图形，单击“排列”→“群组”菜单命令，将其组合成一个整体。移动到桌布的下面，完成整个图形如图 5-1-1 所示。

5.1.2　透明渐变的创建与编辑

1．创建线性的渐变透明效果

（1）为了能够看清楚透明效果，首先绘制两个矩形图形，填充不同的花纹。再在两个矩形之上绘制一个心形图形，填充丝状纹理图案，如图 5-1-15 所示。

（2）使用工具箱中的“挑选”工具，单击选中心形对象。单击工具箱中“交互式展开式工具”栏的“交互式透明”工具按钮，用鼠标在心形图形中从左向右拖曳，即可使心形图形产生透明效果，如图 5-1-15 所示。

（3）在属性栏上边的“透明度类型”列表框内中，选择线性透明效果类型；在中间的“透明度操作”列表框内选择正常透明度方式，此时的属性栏如图 5-1-16 所示。

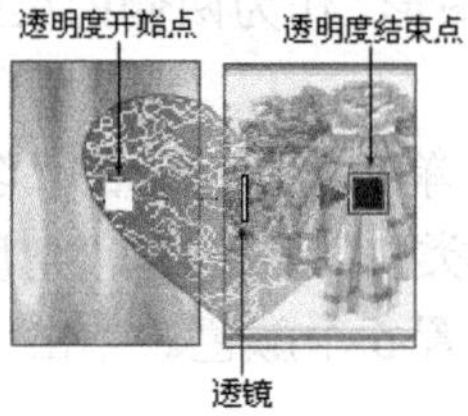

图 5-1-15　使心形图形产生透明效果

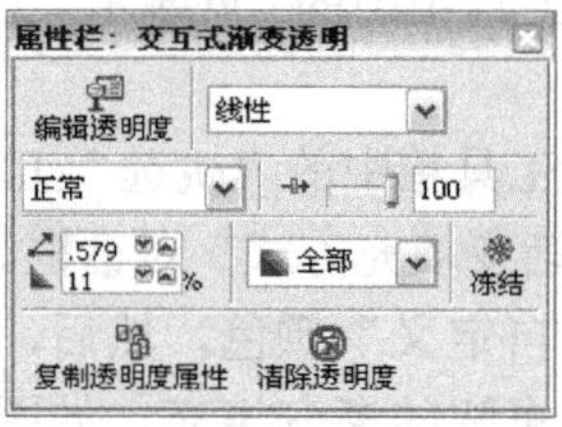

图 5-1-16　属性栏：交互式渐变透明

（4）更换两个矩形的填充物后，重新调整心形填充物的透明度。用鼠标拖曳中间的“透明度开始点”、“透明度结束点”控制柄和“透镜”滑块，或者调整属性栏中的两个“渐变透明角度与边衬”数值框，均可以调整透明的程度与透明的渐变状态。调整控制柄和滑块后，即可看到绘图页图形的变化，如图 5-1-17 所示。

（5）用鼠标拖曳属性栏中的“透明中心点”滑块，或者改变其文本框中的数据，都可以调整透明的程度。

（6）单击“冻结”按钮后，则可以使透明效果固定不变。在移动对象或改变背景对象的填充内容后，心形对象的透明效果不变，如图 5-1-18 所示。如果“冻结”按钮呈抬起状，则心形对象的透明效果会随着对象位置或背景对象填充内容的变化而改变，如图 5-1-19 所示。

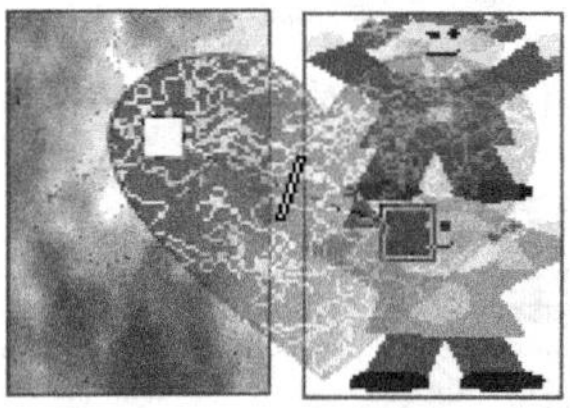

图 5-1-17　调整控制柄和滑块

图 5-1-18　使透明效果固定不变

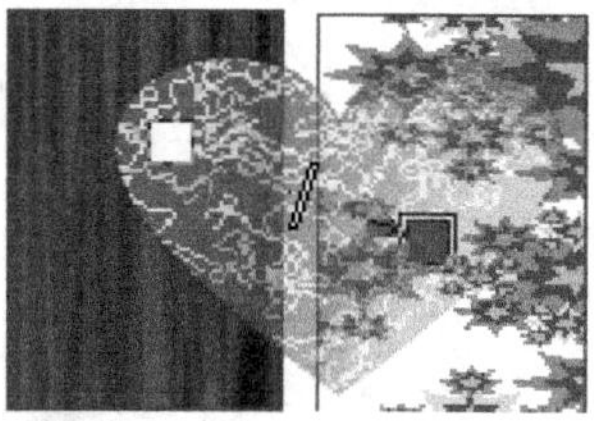

图 5-1-19　随填充内容而改变

（7）单击“删除透明度”按钮或在“透明度类型”列表框内选择“无”，即可清除透明效果。

2．创建射线、圆锥和方形的渐变透明效果

（1）创建射线的渐变透明效果：使用工具箱中的“挑选”工具选中心形对象，单击工具箱中的“交互式透明”工具按钮，在其上用鼠标拖曳。然后，在其属性栏的“透明度类型”列表框内选择“射线”透明效果类型，则其属性栏如图 5-1-20 所示。绘图页面如图 5-1-21 所示。

图 5-1-20　属性栏：交互式渐变透明

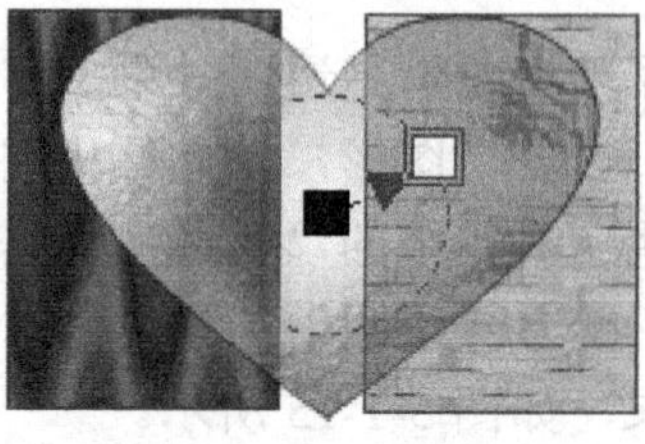

图 5-1-21　“射线”透明效果

（2）创建圆锥的渐变透明效果：在其属性栏的“透明度类型”列表框内选择圆锥透明效

果类型，则其绘图页面如图 5-1-22 所示。

（3）创建方形的渐变透明效果：在其属性栏的“透明度类型”列表框内选择方形透明效果类型，则其绘图页面如图 5-1-23 所示。

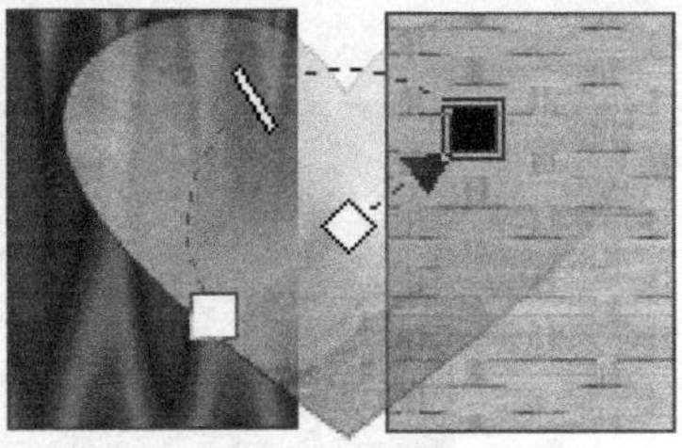

图 5-1-22　圆锥透明效果

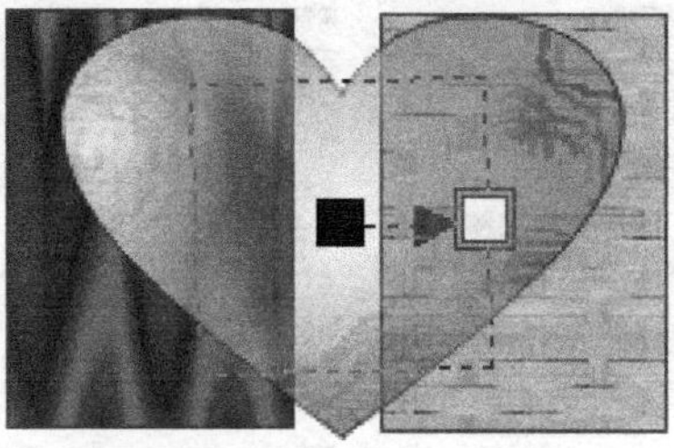

图 5-1-23　方形透明效果

5.2　梦幻星空——高级透明渐变的应用

【案例效果】

实例“梦幻星空”图形使用椭圆工具进行绘制，再对其填充纹理，制作出地球效果。如图 5-2-1 所示，在美丽的夜空中，一颗蓝色的星球在星星的衬托下，显得分外美丽，象征着我们的地球。通过制作该实例，可以掌握各种对象的颜色填充、渐变填充、纹理填充等操作方法。

5.2.1　制作过程

1．制作星球

（1）设置绘图页面的宽度为 80mm，高度为 60mm。使用工具箱中的“矩形”工具，绘制 1 个和页面相同大小的矩形，作为背景。为其内部填充“黑色”，取消轮廓。如图 5-2-2 所示。

（2）使用工具箱中的“椭圆”工具，按住【Ctrl】键的同时，在页面中绘制一个正圆，为其内部填充“白色”，取消轮廓。然后，选中这个圆，按下【Ctrl+D】组合键，将它复制一个，为其内部填充“冰蓝色”。完成后的图形如图 5-2-3 所示。

图 5-2-1　梦幻星空

图 5-2-2　绘制矩形

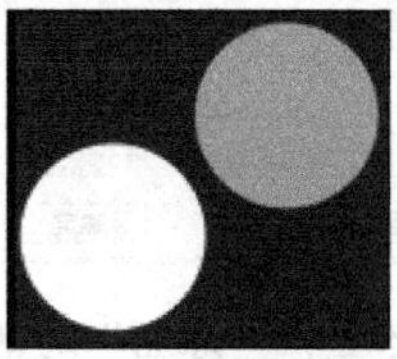

图 5-2-3　绘制椭圆

（3）使用工具箱中的“挑选”工具，选中白色的椭圆。然后，单击工具箱中的“纹理填充”工具按钮 ，调出“底纹填充”对话框。在该对话框的“底纹库”下拉列表框中选择“样本 7”选项；在“底纹列表”中选择“极地表面”选项；对右侧的各项参数进行如下设置：“柔和％”为 80、“密度％”为 30、“东方光”为 6、“西方光”为 6、“体积％”为 12、“波纹％”为 12、“阴影”颜色为黑色、“中-阴影”为蓝色、“光”为浅蓝色，此时的“底纹填充”对话框如图 5-2-4 所示。

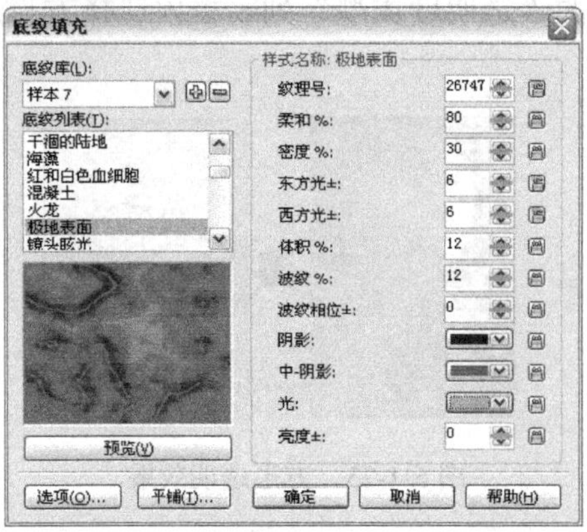

图 5-2-4 “底纹填充”对话框

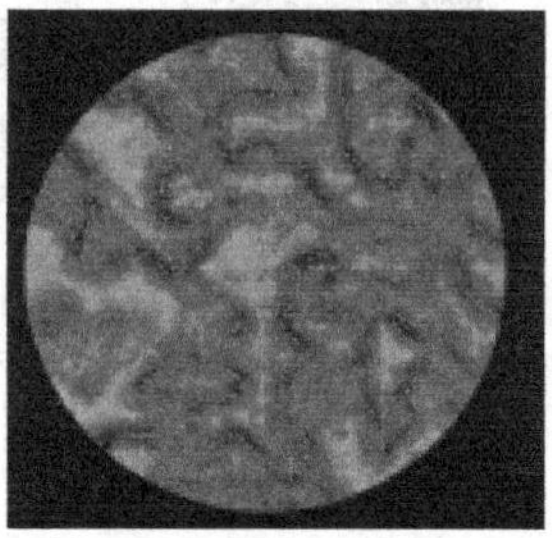

图 5-2-5 完成底纹填充后的图形

（4）在“底纹填充”对话框中，多次单击“预览”按钮，用于选择合适的纹理。单击“确定”按钮，完成底纹的填充。此时的图形效果如图 5-2-5 所示。

（5）使用工具箱中的“挑选”工具，选中刚填充过的圆。单击“位图”→“转换为位图”菜单命令，调出“转换为位图”对话框。在该对话框中将“颜色”设置为 RGB 色（24-位）、“分辨率”为 200dpi；单击选中“光滑处理”、“透明背景”和“应用 ICC 预置文件”3 个复选框，此时的“转换为位图”对话框如图 5-2-6 所示。然后，单击“确定”按钮，即可将图形转换为位图。

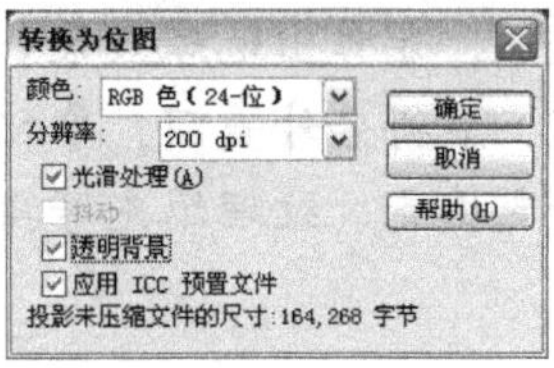

图 5-2-6 “转换成位图”对话框

（6）使用工具箱中的“挑选”工具，选中转换为位图的圆。单击“位图”→“三维效果”→“球面”菜单命令，调出“球面”对话框。在该对话框中设置球面化的“百分比”为 35，“优化”项选择“速度”单选钮，如图 5-2-7 所示。然后，单击“确定”按钮，完成对圆的球面化，形成星球上的纹理效果。此时的图形效果如图 5-2-8 所示。

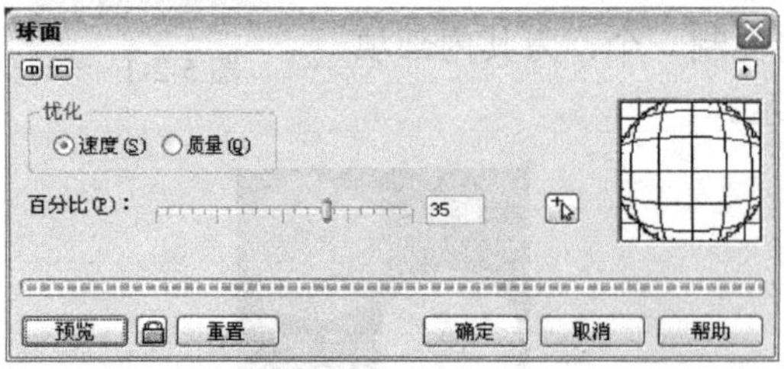

图 5-2-7 “球面”对话框

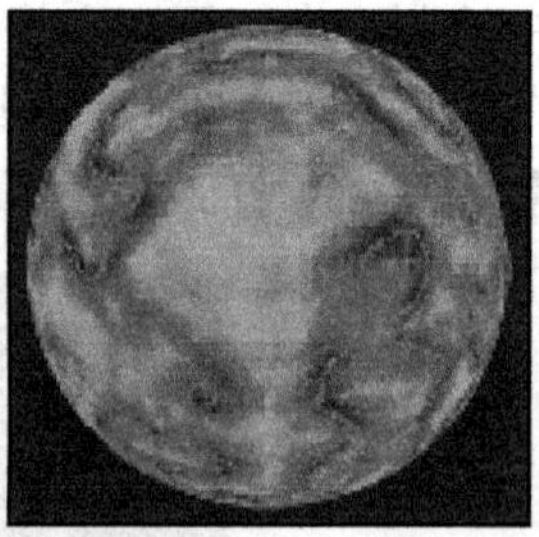

图 5-2-8 球面化后的效果

（7）确认球面化后的对象为选中状态，使用属性栏的“交互式阴影”工具，在其属性栏的“预置”下拉列表中选择 Large Glow（外发光）选项；设置“阴影不透明度”为 100、“阴影羽化”为 50、“阴影颜色”为天蓝色。此时的属性栏如图 5-2-9 所示。

（8）在属性栏中单击 按钮，调出“羽化方向”面板，单击“向外”按钮，如图 5-2-10 所示。完成阴影设置后的图形效果如图 5-2-11 所示。

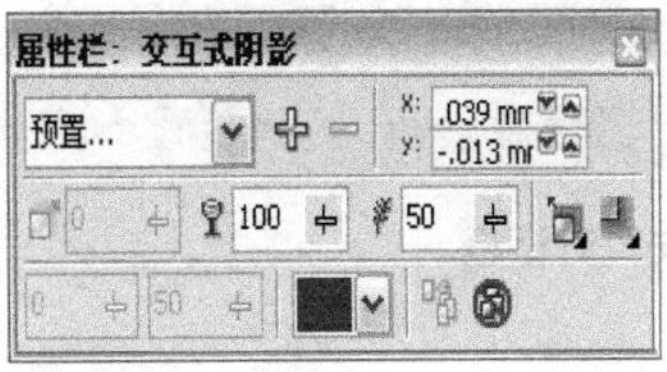

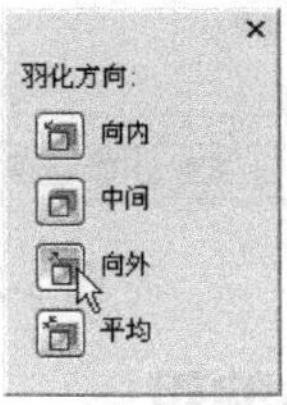

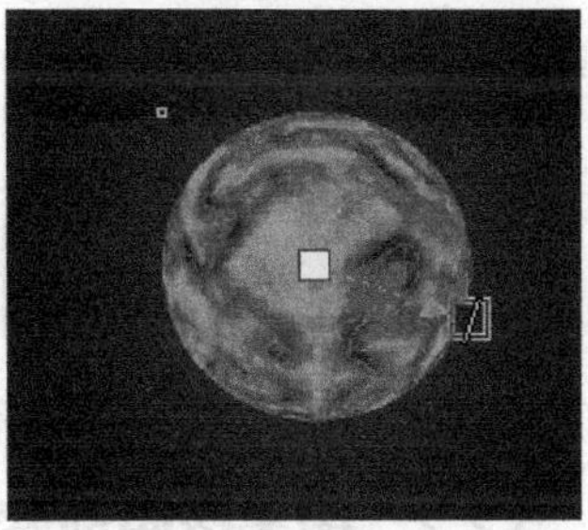

图 5-2-9 属性栏：交互式阴影　图 5-2-10 “羽化方向”选项　图 5-2-11 完成阴影设置后的效果

（9）使用工具箱中的“挑选”工具，将内部填充为“冰蓝色”的椭圆图形，移动到添加阴影的球体上，如图 5-2-12 所示。

（10）使用工具箱中的“交互式透明”工具，在其属性栏的“透明度类型”下拉列表中选择“射线”选项，将透明度的类型设置为射线方式；设置“透明度中心点”为 0。此时的属性栏如图 5-2-13 所示。通过这样操作之后，可以看到整个星体都好像透出一股蓝色的幽光，使它更接近真实。此时的图形效果如图 5-2-14 所示。

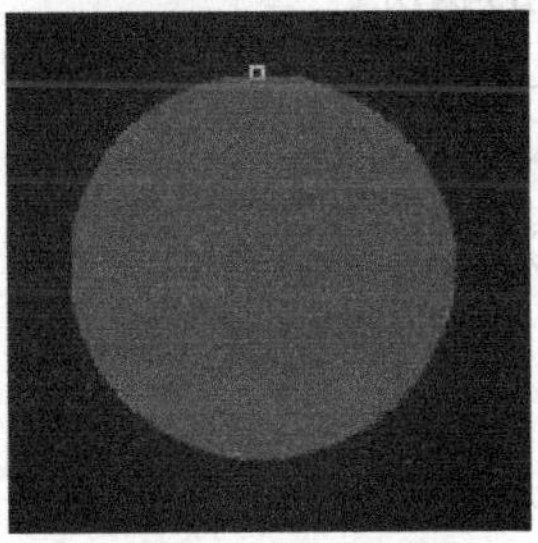

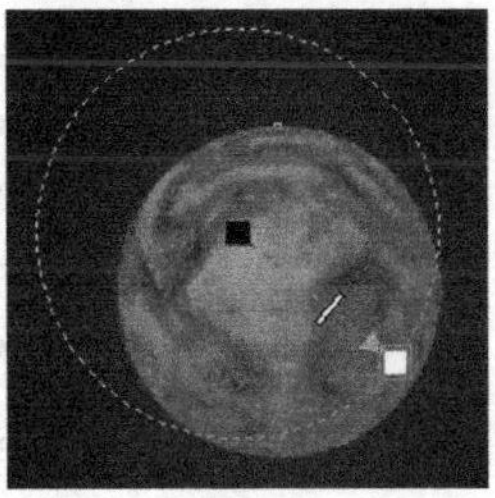

图 5-2-12 移动椭圆图形到球体上　图 5-2-13 属性栏：交互式渐变透明　图 5-2-14 添加透明后的效果

2. 制作背景星空

（1）使用工具箱中的“挑选”工具，选中黑色背景。单击“位图”→“转换为位图”菜单命令，调出“转换为位图”对话框。在该对话框中将“颜色”设置为 RGB 色（24-位）、“分辨率”为 200dpi；再单击选中“光滑处理”、“透明背景”和“应用 ICC 预置文件”3 个复选框，此时的“转换为位图”对话框如图 5-2-6 所示。然后，单击“确定”按钮，即可将黑色的背景转换为位图。

（2）确认黑色的背景为选择状态。单击“位图”→“创造性”→“质点”菜单命令，调出“质点”对话框。在该对话框中设置“样式”为星星、“粗细”为 15、“密度”为 1、“着色”为 75、“透明度”为 20，如图 5-2-15 所示。单击“确定”按钮，即可为黑背景添加星星效果，如图 5-2-16 所示。

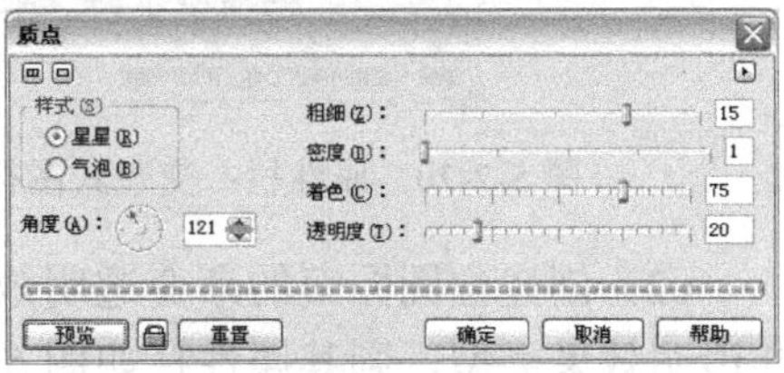

图 5-2-15 “质点”对话框

（3）确认黑色的背景为选择状态。单击“位图”→“模糊”→“缩放”菜单命令，调出“缩放”对话框。在该对话框中设置“数量”为 8，如图 5-2-17 所示。然后单击“确定”按钮，即可为黑背景添加缩放模糊效果，完成整个图形的制作如图 5-2-1 所示。

图 5-2-16　为黑背景添加星星效果

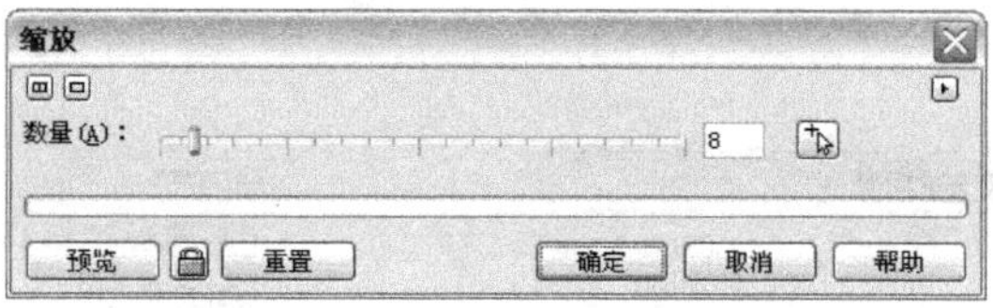

图 5-2-17　“缩放”对话框

5.2.2　图案透明渐变的创建与编辑

1．创建双色调色板的渐变透明效果

（1）使用工具箱中的“挑选”工具选中心形对象，单击工具箱中的“交互式透明”工具按钮，在其上用鼠标拖曳。然后，在属性栏的“透明度类型”列表框内选择双色图样透明效果类型，则其属性栏如图 5-2-18 所示。绘图页面如图 5-2-19 所示。

（2）使用属性栏中的按钮，可以改变图案的类别和图案的种类，这与图案填充的相应操作基本一样。用鼠标拖曳属性栏中的两个滑块，可以调整起点与终点的透明度。

（3）用鼠标拖曳对象上的控制柄，可以调整图案在对象内拼接的状况。

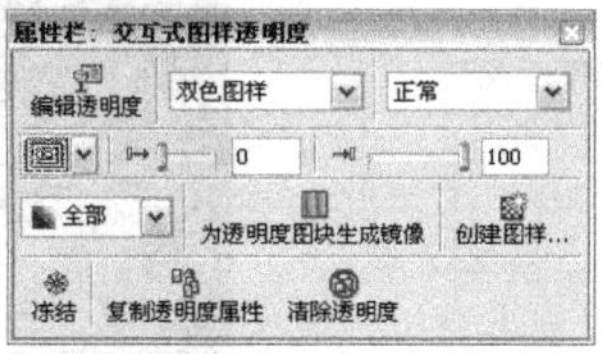

图 5-2-18　属性栏：交互式图样透明度

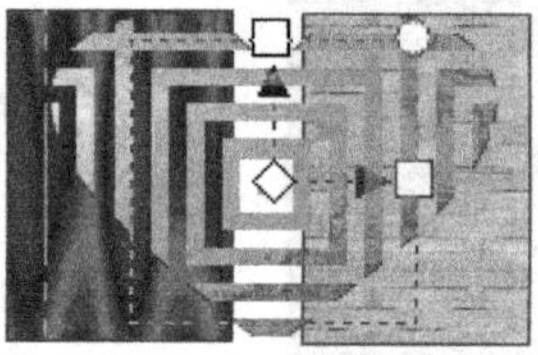

图 5-2-19　双色图样透明效果

2．创建全色图案、位图图案和纹理的渐变透明效果

（1）创建全色图案的渐变透明效果：在其属性栏的“透明度类型”列表框内选择全色图样透明效果类型，则其属性栏如图 5-2-20 所示。绘图页面如图 5-2-21 所示。

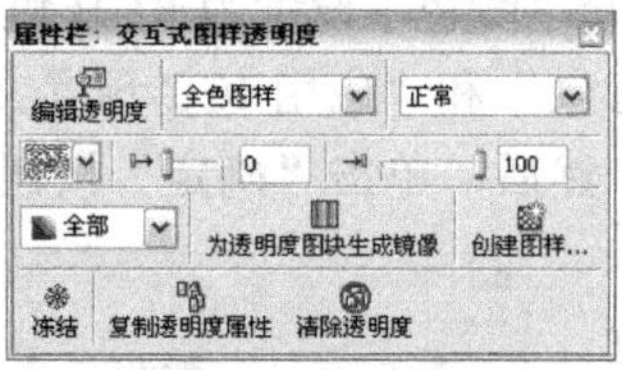

图 5-2-20　属性栏：交互式图样透明度

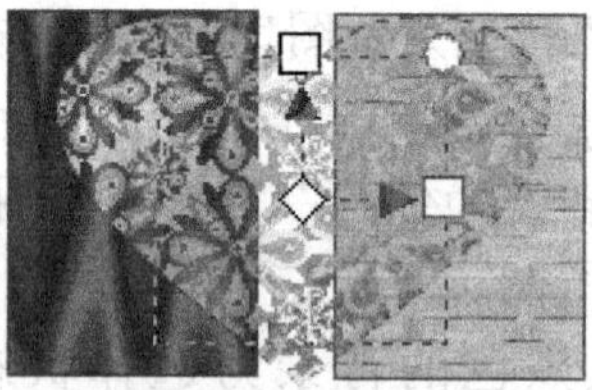

图 5-2-21　全色图样透明效果

（2）创建位图图案的渐变透明效果：在其属性栏的“透明度类型”列表框内选择位图图样透明效果类型，则其属性栏如图 5-2-22 所示。绘图页面如图 5-2-23 所示。

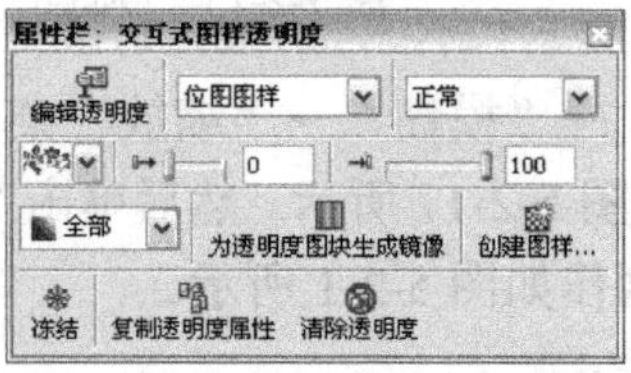

图 5-2-22　属性栏：交互式图样透明度

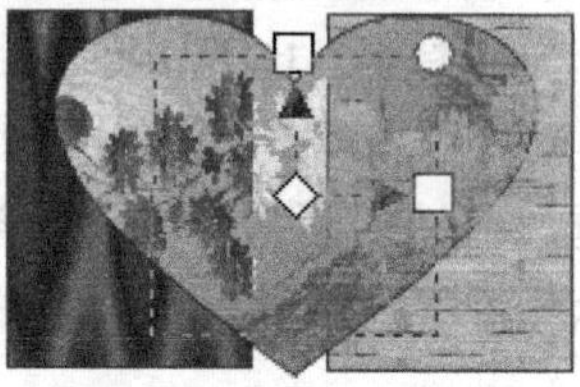

图 5-2-23　位图图样透明效果

（3）创建纹理的渐变透明效果：在其属性栏的“透明度类型”列表框内选择底纹透明效果类型，则其属性栏如图 5-2-24 所示。绘图页面如图 5-2-25 所示。

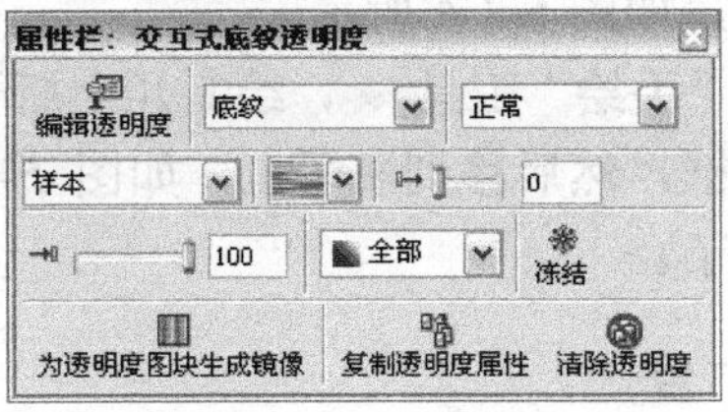

图 5-2-24　属性栏：交互式底纹透明度

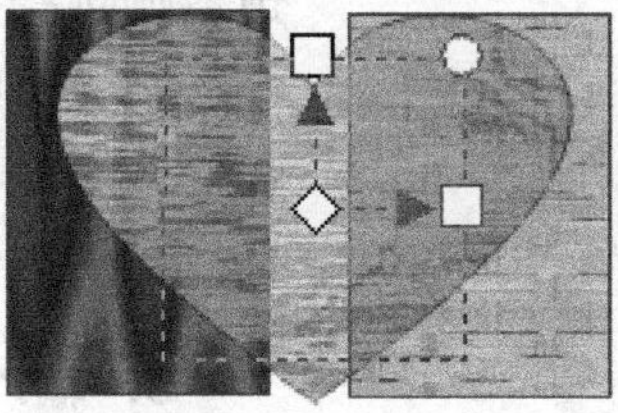

图 5-2-25　底纹透明效果

5.3　可乐广告——应用调和

【案例效果】

实例“可乐广告”图形是广告画，如图 5-3-1 所示，其背景为一个圆形的红色水珠，上面有一块白色高光区。中间是一个装满饮料的瓶子，最前面是饮料的中英文名字和它的净含量。整个广告颜色鲜艳，充满食欲。

图 5-3-1　可乐广告

5.3.1　制作过程

1．制作圆形背景

（1）在页面上绘制一个圆形，然后，按下小键盘的“+”键，复制一个圆形，并向中间缩小一些，如图 5-3-2 所示。

（2）使用工具箱中的“手绘”工具，在页面上绘制一段弧线，单击“效果”→“艺术笔触”菜单命令，将弧线变成高光区的形状，如图 5-3-2 所示。

（3）将大圆填充灰色，将小圆填充红色，取消外框颜色。

（4）使用工具箱中的“交互式调和”工具，创建一系列从小圆向大圆的渐变圆形，形成水珠效果，如图 5-3-3 所示。

（5）将高光区填充白色并取消外框颜色，如图 5-3-3 所示，完成背景制作。

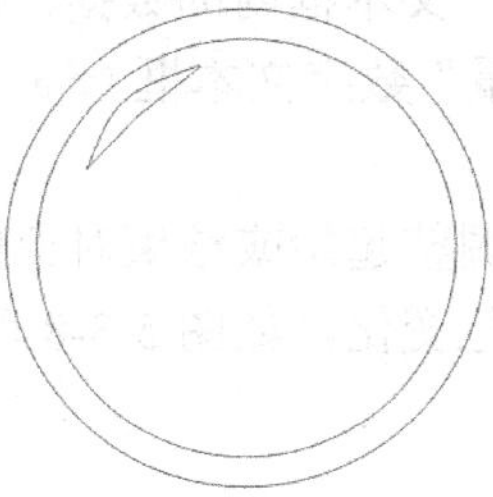

图 5-3-2　绘制圆形

图 5-3-3　完成背景制作

2．制作可乐瓶

（1）使用工具箱中的“椭圆”工具，在页面上绘制一个椭圆形瓶盖，为其外框填充红色，如图 5-3-4 所示。

（2）使用工具箱中的“手绘”工具，绘制一个瓶子，填充浅绿色，如图 5-3-4 所示。

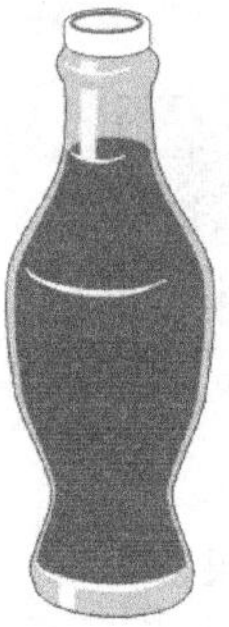

图 5-3-4　制作可乐瓶

（3）复制一个瓶子并将其变形和缩小，形成瓶中的可乐形状。填充咖啡颜色并取消外框，如图 5-3-4 所示。

（4）使用工具箱中的“手绘”工具，绘制几个瓶子上的高光物件，填充白色并取消外框，然后移到瓶子上，如图 5-3-4 所示，这样可乐瓶子就绘制完成了。

3. 输入文字并完成广告

（1）使用工具箱中的“文本”工具，在页面上输入商品名称“可口可乐”4 个美工字，填充白色。

（2）使用工具箱中的“交互式阴影”工具，制作文字阴影。

（3）将文字移入可乐瓶，并将文字和可乐瓶旋转 15°。

（4）输入其他文字并填充白色，如图 5-3-1 所示。完成广告图形的制作。

5.3.2　调和渐变的创建

1. 沿直线渐变

调和是效果中的一种，它可以产生由一种对象渐变为另外一种对象的过程。调和可以沿指定的路径进行，调和包括对象的大小、颜色、填充内容、轮廓粗细等的渐变。

（1）绘制两个大小、颜色、填充内容和轮廓粗细均不同的对象，如图 5-3-5 所示。

（2）单击工具箱中“互动式展开式工具”栏内的“调和”按钮，再用鼠标从一个对象拖曳到另外一个对象。此时，绘图页面如图 5-3-6 所示，属性栏（交互式调和工具）如图 5-3-7 所示。

图 5-3-5　绘制两个不同的对象

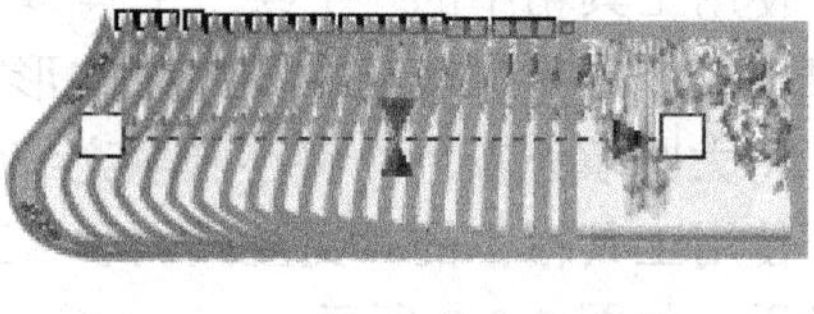

图 5-3-6　产生调和效果

（3）改变属性栏（交互式调和工具）内“x:”和“y:”文本框内的数据，可以改变调和对象的位置与大小。改变“步数或调和和形状之间的偏移量”数字文本框 10 内的数据，可以改变调和的层次数（图 5-3-7 中的层次数为 20）。

（4）用鼠标拖曳调和对象上的正方形控制柄，可以调整起始或结束对象的位置。拖曳调和对象上的两个箭头控制柄，可实现各层次的间距和颜色变化，如图 5-3-8 所示。

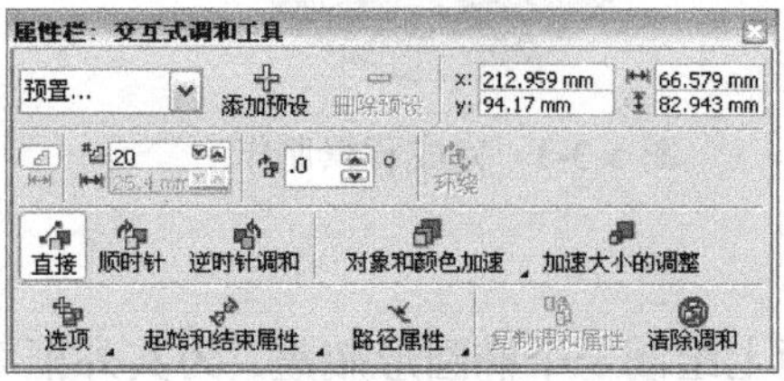

图 5-3-7　属性栏：交互式调和工具

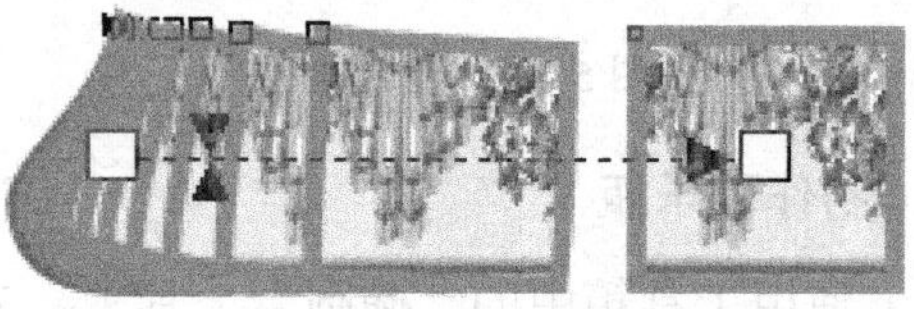

图 5-3-8　调整调和效果

（5）改变各层次的间距变化也可采用如下方法：单击属性栏（交互式调和工具）内的“对象和颜色加速”按钮，调出一个滑槽控制框，如图 5-3-9 所示，用鼠标拖曳滑块即可。如果要使各层画面的大小变化加大，可单击属性栏中的“加速大小的调整”按钮。

（6）改变属性栏（交互式调和工具）内“调和方向”数值框 内的数据，可以改变调和的旋转角度，旋转角度为 45° 时的调和对象如图 5-3-10 所示。

（7）单击属性栏（交互式调和工具）内“顺时针”按钮后调和对象的颜色会按顺时针方向变化。单击“逆时针调和”按钮后对象的颜色会按逆时针方向变化。单击“环绕”按钮后对象的中间层会沿起始和终止画面的旋转中心旋转变化，如图 5-3-11 所示。

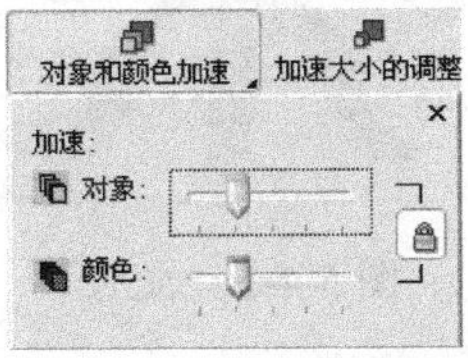

图 5-3-9　滑槽控制框

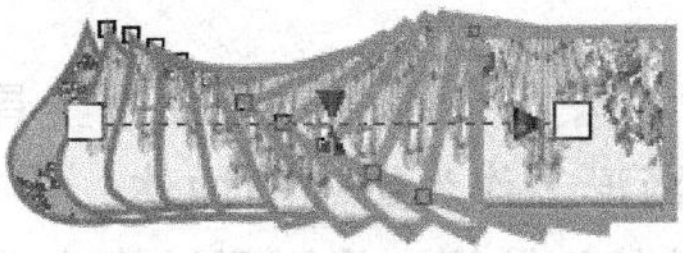

图 5-3-10　旋转角度为 90°

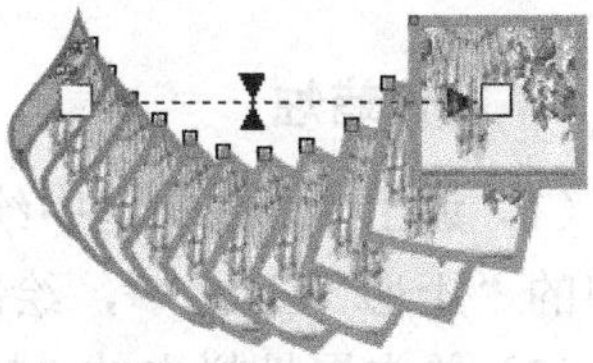

图 5-3-11　“环绕”后对象

2. 沿路径渐变

（1）调整上边加工的调和对象的位置和大小，再绘制一条曲线，如图 5-3-12 所示。

（2）将鼠标指针移到调和对象非起始和终止画面，单击鼠标右键，调出一个快捷菜单，如图 5-3-13 所示。再单击“新建路径”菜单命令，鼠标指针会变为弯曲的箭头状。将鼠标指针移到曲线路径上，再单击鼠标左键，即可使调和对象沿曲线路径变化，如图 5-3-14 所示。

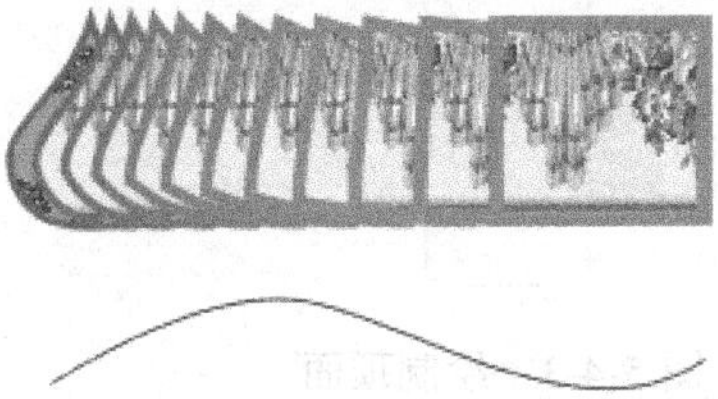

图 5-3-12　绘制曲线

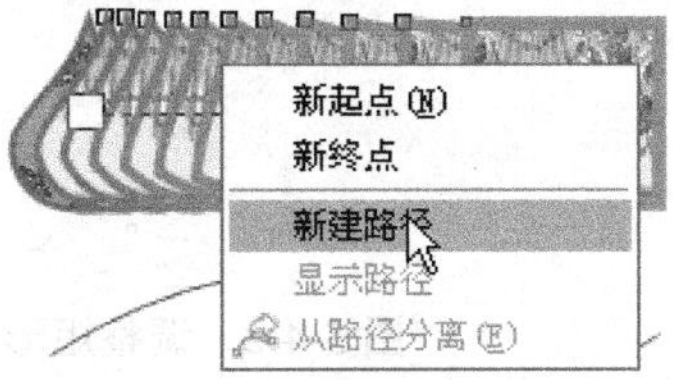

图 5-3-13　调出调和快捷菜单

（3）单击属性栏（交互式调和工具）内的“路径属性”按钮，调出一个快捷菜单，如图 5-3-15 所示。单击快捷菜单中的“新建路径”菜单命令，可以将渐变对象移到新的路径上。单击“显示路径”菜单命令，可以选中路径曲线并对它进行操作，如果改变了路径曲线，则渐变对象的路径也随之发生变化。单击“从路径分离”菜单命令，可以将渐变对象与路径分离。

（4）沿手绘路径渐变：单击工具箱中的“调和”按钮，再按住【Alt】键，从一个对象到另外一个对象，用鼠标拖曳绘出一条曲线路径，松开鼠标右键后，即可产生沿手绘路径调和的对象，如图 5-3-16 所示。

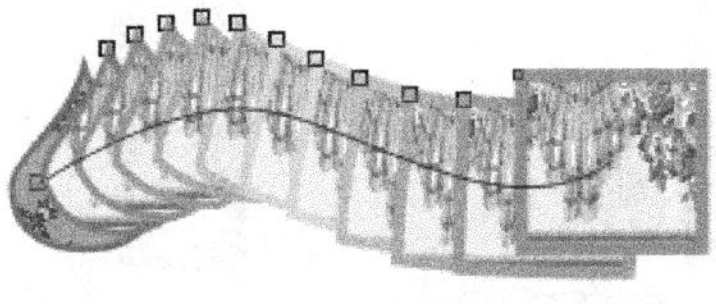

图 5-3-14　调和对象沿曲线变化

图 5-3-15　路径属性快捷菜单

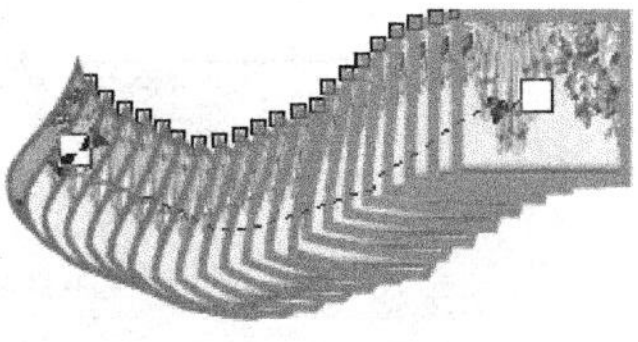

图 5-3-16　沿手绘路径调和的对象

5.4　烛光——编辑调和

【案例效果】

实例“烛光”图形主要使用调和工具绘制，如图 5-4-1 所示，该图形特点明显。通过制作该实例，可以掌握各种对象的颜色填充、渐变填充、图案填充等操作方法。

图 5-4-1　烛光

5.4.1　制作过程

1. 制作蜡烛

（1）调出 5.1 的实例中绘制的“餐桌”图形。然后使用工具箱中的“矩形”工具 □，绘制一个矩形，作为蜡烛的烛体。

（2）单击属性栏中的“转换为曲线”按钮，将矩形转换为曲线。再使用工具箱中的“形状”工具，对其进行调整，完成后的图形如图 5-4-2 所示。

（3）使用工具箱中的“椭圆”工具，绘制一个椭圆图形，作为蜡烛的顶面，完成后的图形如图 5-4-3 所示。

图 5-4-2　调整矩形

图 5-4-3　绘制顶面

（4）选中蜡烛的烛体，单击工具箱中的“渐变填充”工具按钮，调出“渐变填充方式”对话框。在该对话框中设置“类型”为线性、颜色调和为“自定义”颜色，然后，按照图 5-4-4 所示设置 3 个颜色。单击“确定”按钮，完成对烛体的渐变填充，如图 5-4-5 所示。

（5）为蜡烛的顶面填充粉色到白色的线性渐变效果，完成后的图形如图 5-4-6 所示。

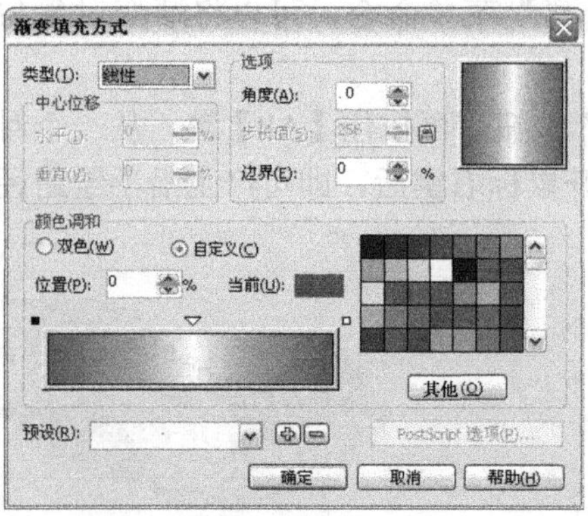

图 5-4-4 “渐变填充方式”对话框

图 5-4-5　填充烛体

图 5-4-6　填充顶面

2．制作烛火

（1）使用工具箱中的“贝塞尔”工具，在蜡烛的上面绘制一条曲线，作为蜡烛的烛芯图形，如图 5-4-7 所示。

（2）再绘制 2 个火苗图案，设置外侧火苗的轮廓颜色为红色、中心点火苗的轮廓颜色为黄色，完成后的图形如图 5-4-8 所示。

（3）单击工具箱中的“交互式”调和工具按钮，从中心黄色的轮廓线向上拖曳鼠标，制作出黄色到红色的混合效果。再在属性栏中设置调和的“步数”为 50，此时的属性栏如图 5-4-9 所示。完成后的图形如图 5-4-10 所示。

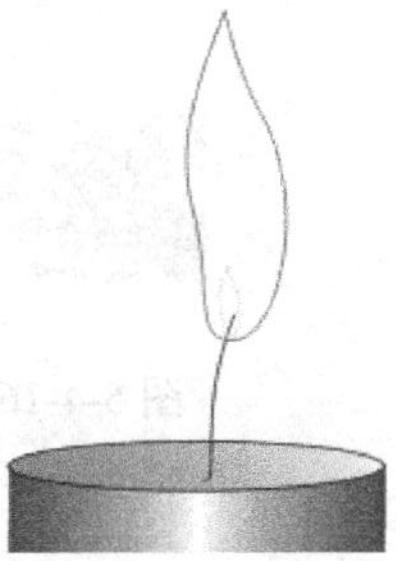

图 5-4-7　绘制曲线　　图 5-4-8　绘制火苗图形　　图 5-4-9　属性栏　　图 5-4-10　混合出火苗效果

（4）选中作为蜡烛的所有对象，单击“排列”→“群组”菜单命令，将其组合成一个整体。再将其移动到桌子上，复制 2 个，完成后的图形如图 5-4-1 所示。

5.4.2　调和渐变的编辑与复合调和

1．调和工具属性栏中的“选项”按钮的使用

（1）单击属性栏（交互式调和工具）内的“选项”按钮，调出一个快捷菜单，如图 5-4-11 所示。单击快捷菜单中的“沿全路径渐变”复选框，可以使渐变对象沿完整路径渐变。单击“旋转全部对象”复选框，可以使渐变对象的中间层与路径形状相匹配。

（2）映射节点：单击如图 5-4-11 所示快捷菜单的“映射节点”按钮，鼠标指针会变为弯箭头状，用鼠标分别先后单击起始和终止画面的节点，可以建立两个节点的映射，不同节点的映射会产生不同的调和效果，交错节点的映射所产生的效果如图 5-4-12 所示。

（3）拆分调和对象：单击如图 5-4-11 所示快捷菜单的“拆分”按钮，鼠标指针会变为弯箭头状，用鼠标单击调和对象的中部，即可以将一个调和对象分割成两个调和对象。移动分割点的方形控制柄，形成的图形如图 5-4-13 所示。

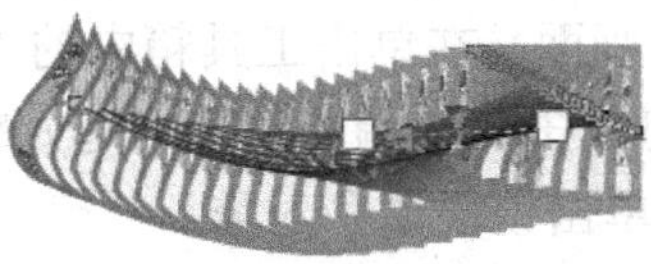
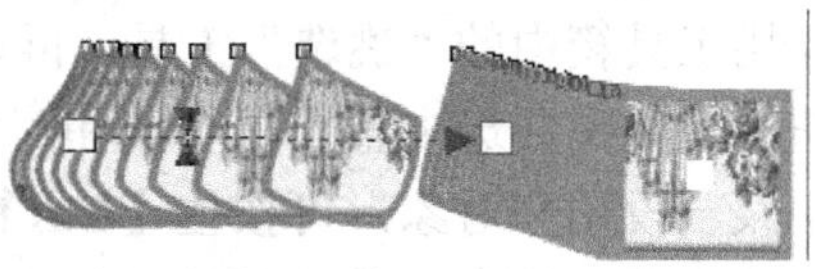

图 5-4-11　选项快捷菜单　　图 5-4-12　映射节点　　图 5-4-13　拆分调和对象

2. 改变起始或终止画面与渐变对象的分离

（1）改变起始或终止画面：绘制一个如图 5-4-14 所示的调和对象。使用工具箱中的“挑选”工具，再分别单击选中调和对象的起始和终止画面，改变它们的大小、填充内容和轮廓线宽，则调和对象也会随之改变，如图 5-4-15 所示。

（2）调和对象的分离：使用工具箱中的“挑选”工具，单击选中要分离的调和对象，然后，单击“排列”→“拆分”菜单命令，再单击“排列”→“取消全部组合”菜单命令，即可将调和对象分离。分离后的调和对象可以用鼠标拖曳其中的一部分或一层图形，形成独立的对象，如图 5-4-16 所示。

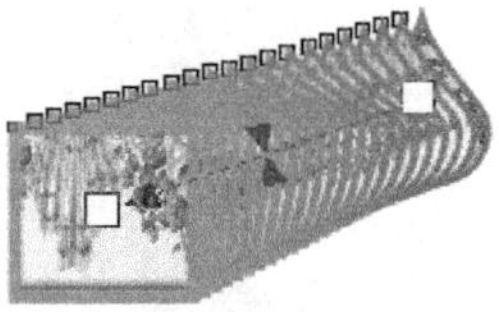
图 5-4-14　绘制调和对象

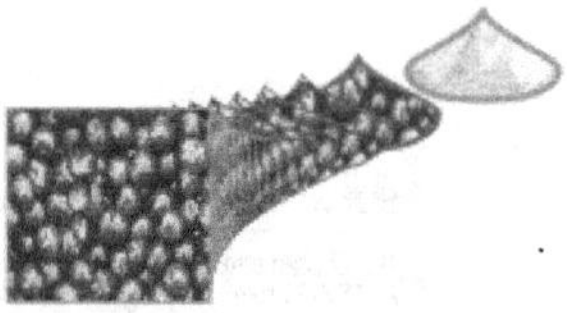
图 5-4-15　改变调和对象

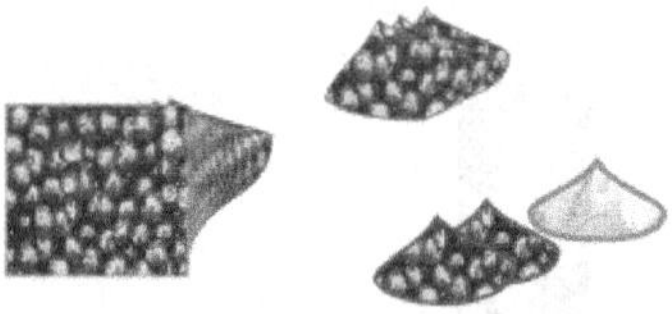
图 5-4-16　分离调和对象

3. 复合调和

复合调和就是由两个或多个调和对象组成一个调和对象，各个调和对象之间的连接也是有调和过程的。

（1）制作两个调和对象，如图 5-4-17 所示。

（2）单击工具箱中的“调和”工具按钮，再单击选中一个调和对象。然后，单击选中调和对象的起始或结束画面处，并用鼠标拖曳到另外一个调和对象的起始或结束画面，复合调和的结果如图 5-4-18 所示。

（3）单击属性栏（交互式调和工具）内的“起始和结束属性”按钮，调出一个快捷菜单。单击快捷菜单中的“新终点”菜单命令，则鼠标指针呈粗箭头状，再将鼠标指针移到下边调和对象的右边终止画面处，单击鼠标，即可改变复合调和的连接形式，如图 5-4-19 所示。采用此种方法也可以改变复合调和的起始点。

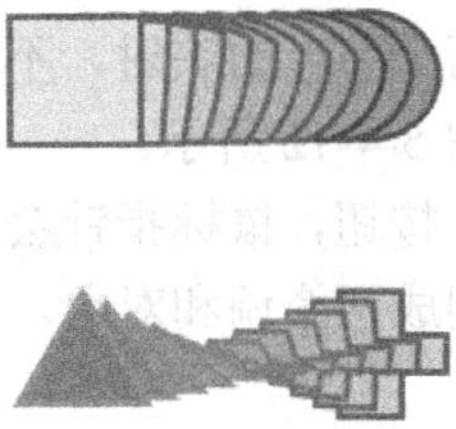
图 5-4-17　制作两个调和对象

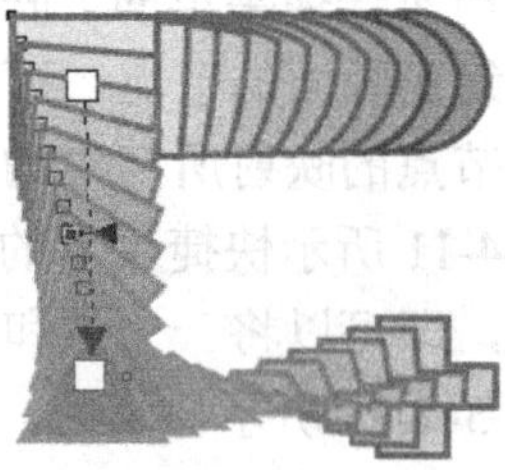
图 5-4-18　复合调和的结果

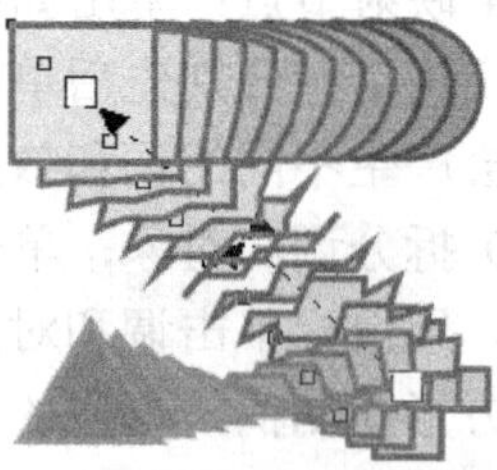
图 5-4-19　改变复合调和的连接形式

（4）在对复合调和进行对象选择时，如果要选中某一段调和对象的起始或结束画面，可先使用工具箱中的“挑选”工具，再单击该画面。在单击工具箱中的“挑选”工具或“调和”按钮后，如果要选中整个复合调和对象，可单击复合调和对象非起始或终止画面处；如果要选中某一段调和对象，可按住【Ctrl】键并单击该段调和对象。

选中某一调和对象的起始或结束画面，或用“调和”选中该调和对象时，再单击“起始和结束属性”快捷菜单中的“显示起点”或“显示终点”菜单命令。

5.5　水晶按钮——应用轮廓

【案例效果】

实例“水晶按钮”图形主要使用调和工具绘制，如图 5-5-1 所示。使用中文 CorelDRAW 12，可以非常容易制作各种按钮，还有着很高的实用价值，即可以用到光盘，网页等传媒上，也可以被多媒体软件（Director，Flash 等）所轻松调用。

图 5-5-1　水晶按钮

5.5.1　制作过程

1．绘制矩形

（1）使用工具箱中的“矩形”工具绘制一个矩形。再使用工具箱中的“形状”工具，调整矩形的控制点，完成后的图形如图 5-5-2 所示。

（2）按小键盘上的“+”键，复制一个矩形。使用工具箱中的挑选工具缩小所复制的矩形，然后，将其移动到原来图形的底部，完成后的图形如图 5-5-3 所示。

（3）再次使用工具箱中的矩形工具，在大矩形内绘制一个圆角矩形，完成后的图形如图 5-5-4 所示。

（4）单击“效果”→“添加透视点”菜单命令，调整该矩形，完成后的图形如图 5-5-4 所示效果。

图 5-5-2　绘制矩形

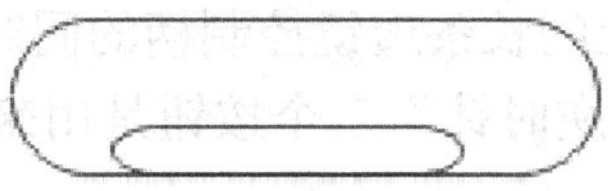

图 5-5-3　复制矩形

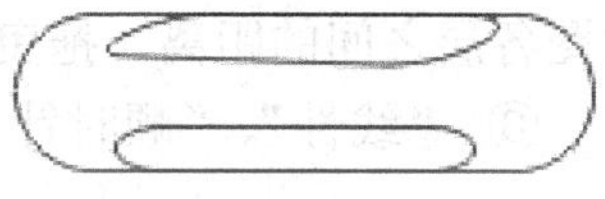

图 5-5-4　在顶部绘制矩形

2．制作立体效果

（1）将最大的矩形填充为深蓝色，第二个创建的矩形填充为天蓝色，最后一个创建的矩形填充为白色，并将轮廓统一设置为“无”，完成后的图形如图 5-5-4 所示。

（2）使用工具箱中的“调和”工具，单击最大图形的中央并拖曳到底部的图形上，让按钮产生过渡效果，完成后的图形如图 5-5-6 所示。

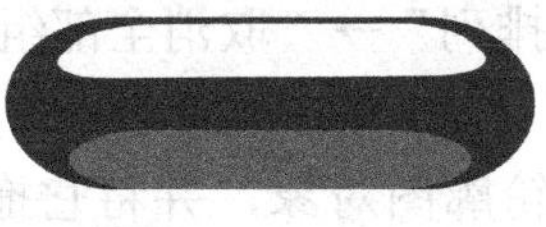

图 5-5-5　填充颜色

图 5-5-6　调和

（3）使用工具箱中的“交互式透明”工具，从白色图形的顶端单击拖曳到其底端，让按钮的高光部分柔和过渡，完成后的图形如图 5-5-1 所示。

5.5.2 轮廓的创建与编辑

1．创建轮廓图

轮廓图是指在对象轮廓线的内侧或外侧的一组同心线图形，同心线图形的形状与轮廓线相同，只是大小不一样。

（1）绘制一个如 5-3-7 左图所示的图形。使用工具箱中的“挑选”工具，单击选中该图形对象。

（2）单击工具箱中“互动式展开式工具”栏内的“轮廓图”工具按钮，再在对象上拖曳鼠标，即可形成轮廓图，如图 5-3-7 右图所示。此时的属性栏（交互式轮廓线工具）如图 5-3-8 所示。

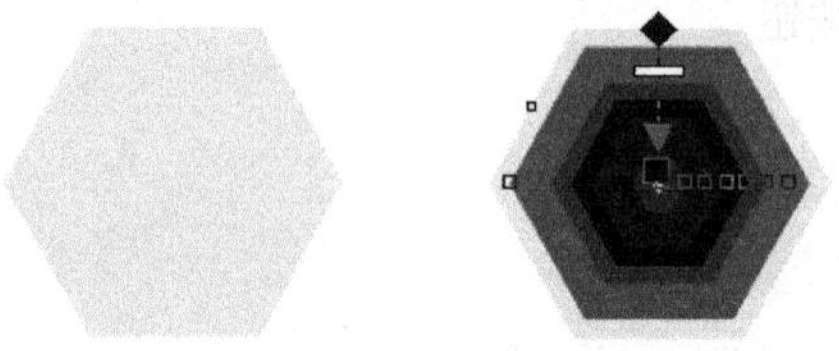

图 5-3-7　绘制图形与形成轮廓图

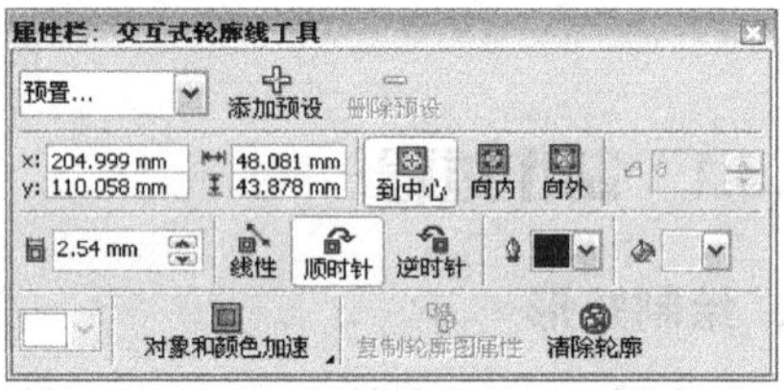

图 5-3-8　属性栏：交互式轮廓线工具

（3）在属性栏中设置轮廓图的属性。

① 单击“到中心”按钮，可创建向对象中心扩展的轮廓图。

② 单击“向内”按钮，可创建向对象内部扩展的轮廓图。

③ 单击“向外”按钮，可创建向对象外部扩展的轮廓图。

④ 改变“轮廓图步长值”数值框内的数字或拖曳对象上的方形控制柄，可改变轮廓图的层数。

⑤ 改变“轮廓图偏移量”数值框内的数字或拖曳对象上的长条透镜控制柄，可改变轮廓图各层之间的距离。拖曳对象上的长条透镜控制柄的同时也会改变轮廓图的层数。

⑥ “线性”、“顺时针”和“逆时针”三个按钮是用来控制颜色沿调色板颜色变化的顺序。

⑦ 单击“对象和颜色加速”按钮，可调出一个面板，用来调整轮廓线和颜色的变化速度。

⑧ 单击“清除轮廓图”按钮，可清除对象的轮廓图。

2．分离轮廓图

分离轮廓图可以将对象轮廓图的图形分离出来，使它成为独立的对象。

（1）使用工具箱中的“挑选”工具，单击选中有轮廓图的对象。

（2）单击“排列”→“拆分”菜单命令，再单击“排列”→“取消全部组合”菜单命令，即可将对象的轮廓图分离出来。

（3）再重新使用工具箱中的“挑选”工具，选中轮廓图对象，并将它拖曳到一边，如图 5-5-9 所示。

（4）用鼠标右键单击轮廓图对象，并拖曳到其他处，松开鼠标右键后会调出一个快捷菜单，如图 5-5-10 所示。单击“复制”菜单命令即可将轮廓图对象复制一份。

图 5-5-9　分离轮廓对象

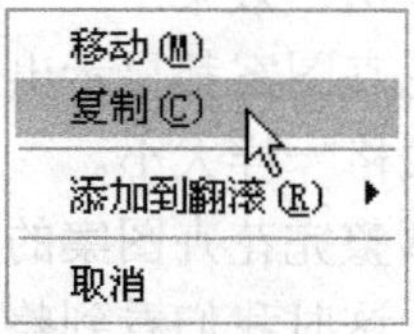

图 5-5-10　对象快捷菜单

5.6　方块拼图——应用变形

【案例效果】

实例“方块拼图”图形是由一系列分散放置的方块组成的一张花卉图案，如图 5-6-1 所示，每一个方块上都有一小块图案。我们可以将这些方块拼合起来组成一张花卉图案。这是不是有一点像我们小时候玩的拼图游戏？

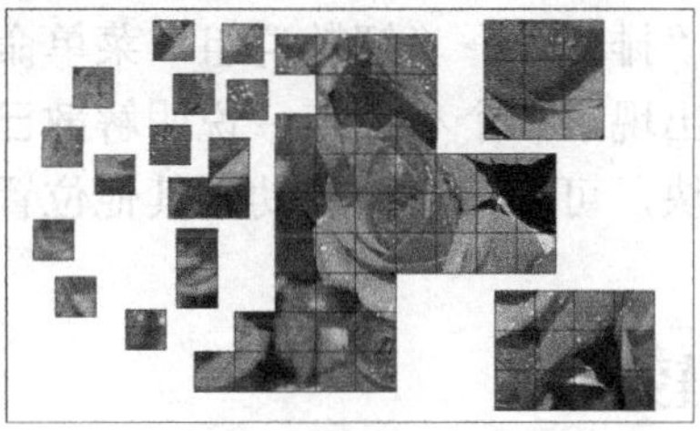

图 5-6-1　方块拼图

5.6.1　制作过程

1．制作表格

（1）将绘图页面设置为正方形。使用工具箱中的“图纸”工具 ▦，在属性栏中的方格纸工具栏与列文本框中，输入栏数为 9，输入列数为 9。

（2）按住【Ctrl】键不放，绘制出一个 9×9 的方形表格，如图 5-6-2 所示。

2．导入花卉图案

（1）单击“文件”→“导入”菜单命令，导入一张文件名为“玫瑰.bmp”花卉图形，如图 5-6-3 所示。

（2）单击“效果”→“精确裁剪”→“置于容器内”菜单命令。这时页面上出现了一个粗箭头，移动鼠标，用粗箭头单击表格，如图 5-6-3 所示。这时会看到表格产生了透明效果，透过表格可以看到花卉图案，如图 5-6-4 所示。

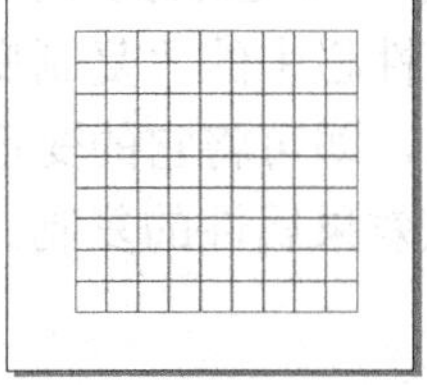

图 5-6-2　绘制方形表格

图 5-6-3　粗箭头单击表格

（3）单击“效果”→“精确裁剪”→“编辑内容”菜单命令，来编辑图案内容。这时会看到整张花卉图案都显示出来了，并且上面还有方形表格的轮廓线，选中花卉图案，并将其缩小到和表格一样大小。

（4）调整完花卉图案的大小后，单击“效果”→“精确裁剪”→“结束编辑这些层次”菜单命令。这时我们看到整张花卉图案充满了方形表格中，如图 5-6-5 所示。

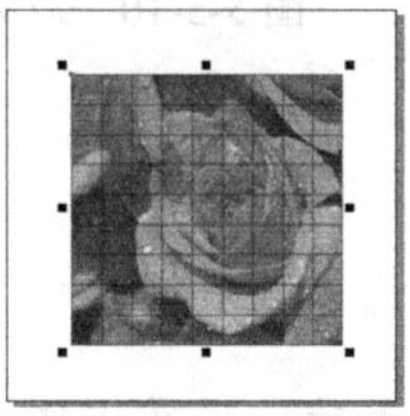

图 5-6-4　表格产生透明

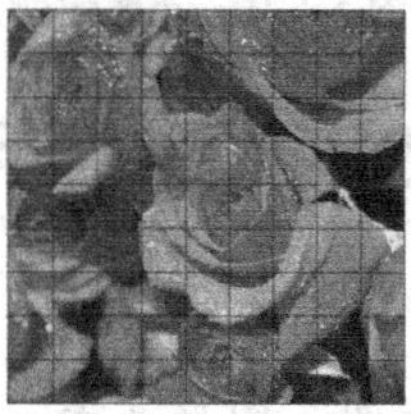

图 5-6-5　充满了方形表格

3．解散花卉图案

（1）选中方形表格，单击“排列”→“解散群组”菜单命令，来解散花卉图案。这时会看到每个表格线的交叉点上都出现了一个小白点，说明解散已经成功。

（2）选中一块或几块小方块，可以将它们移动到其他位置，如图 5-4-1 所示。这样一个方块拼图就制作完成了。

5.6.2　推拉变形与拉链变形

1．推拉变形

（1）单击工具箱中“互动式展开式工具”栏内的“变形”工具按钮，再单击其属性栏（交互式变形－推拉效果）中的“推拉”按钮，如图 5-6-6 所示。

（2）用鼠标单击要变形的对象，并在对象上拖曳，即可将对象变形，如图 5-6-7 所示。

图 5-6-6　属性栏：交互式变形-推拉效果

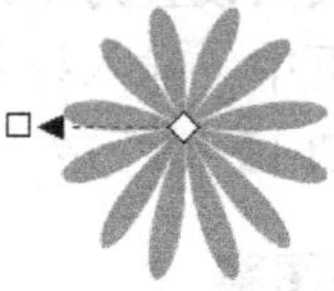

图 5-6-7　将对象变形

（3）用鼠标拖曳对象上的菱形控制柄，可以改变对象变形的中心点。拖曳对象上的方形控制柄，可以改变对象的变形量和向内或向外变形，同时属性栏中数值框内的数字也会随之发生变化。

（4）单击“中心”按钮，可使变形的中心点与对象的中心点对齐。

（5）复制变形属性：使用工具箱中的“挑选”工具，选中其他对象，再单击工具箱中“互动式展开式工具”栏内的“变形”工具按钮，然后单击属性栏中的“复制变形属性”按钮。此时鼠标指针变为黑色大箭头状，用鼠标单击变形的对象，即可将它的变形属性复制到前面选择的对象。此种复制某种效果属性的方法也适用于其他效果属性的复制。

2．拉链变形

（1）单击工具箱中“互动式展开式工具”栏内的“变形”工具按钮，再单击其属性栏中的“拉链”按钮，属性栏变为如图 5-6-8 所示。

（2）用鼠标单击要变形的对象，并在对象上拖曳，即可将对象变形，如图 5-6-9 所示。

图 5-6-8 属性栏：交互式变形-拉链效果

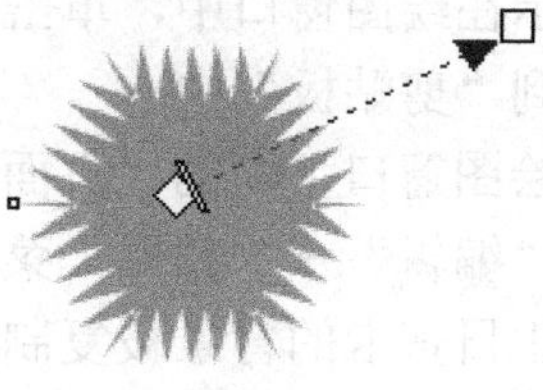

图 5-6-9 拉链变形

（3）用鼠标拖曳对象上的透镜控制柄，可以改变对象变形的齿数。同时属性栏中“拉链失真频率”数值框内的数字也会随之发生变化。

（4）单击“随机”按钮，可使变形的齿幅度随机变化。

（5）单击“平滑”按钮，可使变形的齿呈平滑状态。

（6）单击“局部”按钮，可使对象四周的变形是局部的。如果变形的中心点与对象的中心点对齐，则不会产生变形。

5.7 软包装设计——变形的控制

【案例效果】

实例“软包装设计”是爆米花袋的外包装设计，如图 5-7-1 所示，在背景上绘制了一个大的爆米花和许多小的爆米花图形，并在大的爆米花图形中放置了一个变形的“爆”字。爆米花三个字以浅黄色填充，使得整个图形淋漓尽致地表现出爆米花的声、色、形三大特征。

图 5-7-1 软包装设计

5.7.1 制作过程

1. 绘制一个大爆米花图形

（1）使用工具箱中的“文本”工具，在页面上一个“爆”字，如图 5-7-2 所示。再使用工具箱中的“交互式封套”工具 。在其属性栏中单击“预设列表”列表框右边的下拉箭头，调出“新增预设效果”下拉列表，单击其中的一种封套类型，如图 5-7-3 所示。这时“爆”字就被变形，并放入这个封套中。选中“爆”字，并将其移到拉链变形图形的中央，如图 5-7-4 所示。

（2）选中变形后的文字，将文字填充为金黄色，如图 5-7-4 所示。选中拉链变形图形，将拉链变形图形填充为白色，轮廓线填充为深灰色，如图 5-7-4 所示。

图 5-7-2 输入文字

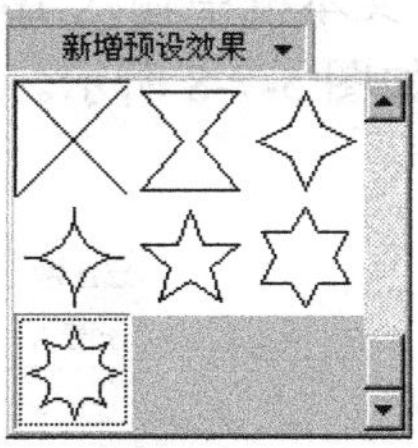

图 5-7-3 “新增预设效果”下拉列表

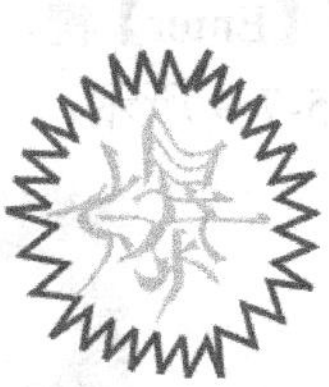

图 5-7-4 将文字填充为金黄色

2．制作“爆”字

（1）单击绘图窗口下面的“页面 2”标签，切换到第 2 页的显示内容中。这时一个生日贺卡的内容显示在绘图窗口中，单击选中背景图形。单击“编辑”→“复制”菜单命令，将所选图形复制到“剪贴板”中。

（2）单击绘图窗口下面的“页面 3”标签，切换到第 3 页的显示内容中。

（3）单击“编辑”→“粘贴”菜单命令，将“剪贴板”中的内容粘贴到当前绘图页。

（4）这时生日贺卡的背景被复制到了当前的页面域中，单击“排列”→“顺序”→“到后部”菜单命令，将所选的图形排列到最后面，如图 5-7-5 所示。

3．绘制背景

（1）单击“工具”→“对象管理器”菜单命令，调出“对象管理器”泊坞窗口。再单击该窗口左上角的“新建图层”按钮，创建一个新图层，如图 5-7-6 所示。

图 5-7-5　将所选的图形排列到最后面

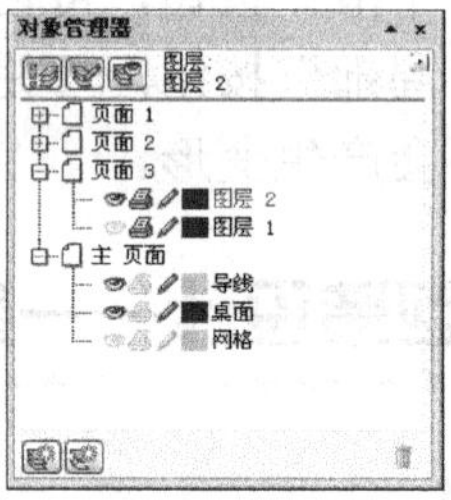

图 5-7-6　“对象管理器”泊坞窗

（2）这时看到在“页面 3”的下面出现了一个名叫“图层 2”的新图层，如图 5-7-6 所示，此后所有的对象都将绘制在它的上面。单击“页面 3”下面的“图层 2”中的“编辑”按钮，关闭这个“编辑”按钮，如图 5-7-6 所示，并冻结这个图层。

（3）单击“页面 3”下面的“图层 2”图层名，将“图层 2”设置为当前图层，如图 5-7-6 所示。并单击“对象管理器”泊坞窗口右上角的“关闭”按钮，关闭泊坞窗口。

（4）使用工具箱中的“椭圆”工具，在背景上绘制一个椭圆形。再将椭圆填充为白色，外框填充为金黄色。

（5）按下小键盘上的“+”键十次，将已绘制的椭圆在原位置复制十份。拖曳鼠标将已复制的椭圆移动到其他地方，如图 5-7-8 所示。

（6）选中这些小椭圆。然后单击“排列”→“组合”菜单命令，将选中的所有小椭圆组合成一个整体。使所有椭圆能同时接受应用在它们上面的各种操作。

（7）使用工具箱中的“交互式变形”工具，单击其属性栏中的“拉链变形”按钮和“随机变形”按钮。再在“拉链失真幅度”文本框中输入 10，在“拉链失真频率”文本框中输入 5，并按下【Enter】键，此时的属性栏如图 5-7-8 所示。这时页面上的小椭圆都变成了爆炸形状，如图 5-7-9 所示。

图 5-7-7　椭圆在原位置复制十份

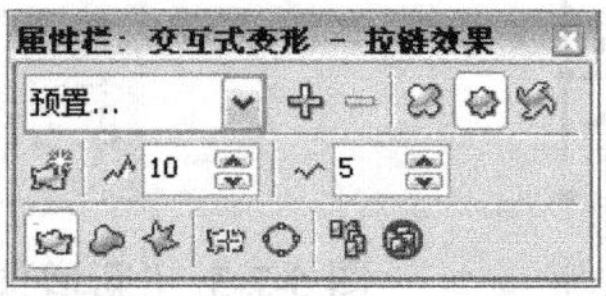

图 5-7-8　属性栏：交互式变形-拉链效果

（8）使用工具箱中的“交互式立体化”工具，单击选中的物体群的中央，拖曳出一个箭头，创造立体化效果。再单击其属性栏中的“立体化类型”按钮。在“深度”文本框中输入立体化的深度为 10，在“消失点属性”列表框中选择“灭点锁定到页面”选项。最后单击“将消失点相对于页面原点放置”按钮，此时的属性栏如图 5-7-10 所示。

图 5-7-9　小椭圆都变成了爆炸形

图 5-7-10　属性栏：交互式立体化

（9）将中心点箭头位置调整到物体群的中心，这时就出现了一个立体爆炸效果，如图 5-7-1 所示。

4．绘制其余文字

（1）在页面的下方输入“米花”二字，并拖曳控制柄将其放大，如图 5-7-1 所示。

（2）选择文字的字体为“文鼎琥珀繁”，并以“圆形渐变填色”方式将文字填充为中间是黄色，并向四周渐变成红色的填色效果，如图 5-7-1 所示。这样一个爆米花袋的外包装设计图形就制作完成了。

5.7.2　扭曲变形与变形泊坞窗的使用

1．扭曲变形

（1）单击工具箱中“互动式展开式工具”栏内的“变形”工具按钮，再单击其属性栏中的“扭曲”按钮，属性栏变为如图 5-7-11 所示。

（2）用鼠标单击要变形的对象，并在对象上拖曳，即可将对象变形，如图 5-7-12 所示。再用鼠标拖曳对象上的圆形控制柄，可以改变对象扭曲变形的扭曲角度。同时属性栏中“复加角度”数值框内的数字也会随之发生变化。

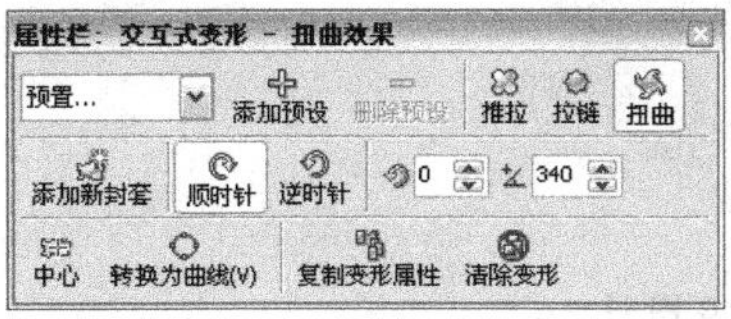

图 5-7-11　属性栏：交互式变形-扭曲效果

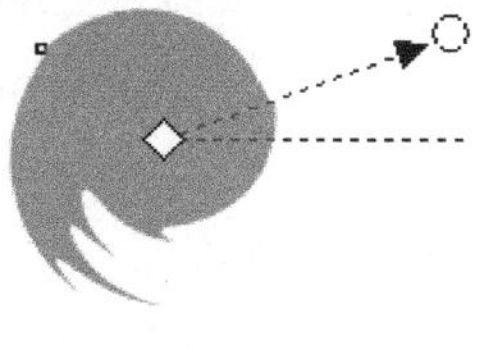

图 5-7-12　扭曲变形

（3）改变属性栏中“完全旋转”数值框内的数字，可确定旋转圈数。

（4）单击“顺时针”按钮，可使变形顺时针旋转；单击“逆时针”按钮，可使变形逆时针旋转。

2．使用变形泊坞窗

（1）单击“排列”→“变换”→“位置”菜单命令或单击“窗口”→“泊坞窗”→“变

换”→“位置”菜单命令，调出“变换”（位置）泊坞窗，如图 5-7-13 所示。

（2）单击“变换”泊坞窗内的 5 个按钮中的其他按钮，可以使“变换”方式发生变化，“变换”泊坞窗也会随之发生改变。5 个按钮的作用从左到右分别为：改变位置、旋转对象、镜射对象、缩放对象与倾斜对象。

（3）单击“比例与镜像”按钮后的“变换”泊坞窗如图 5-7-14 所示。单击该窗口内的“水平镜像”按钮，再单击“应用到再制”按钮，即可产生一个水平镜像的对象，如图 5-7-15 所示。如果单击“应用”按钮，可产生一个水平镜像的对象，但原对象消失。

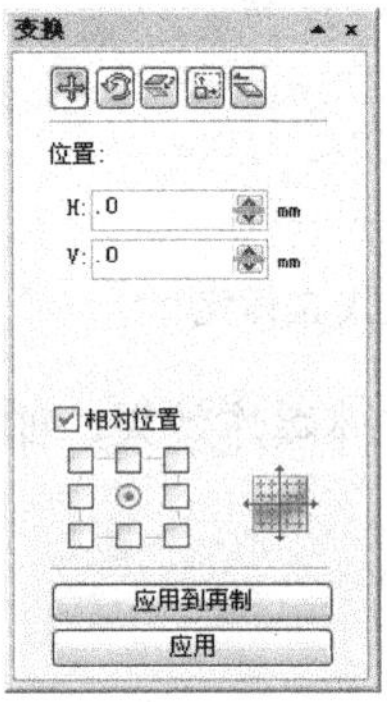

图 5-7-13 “变换”（位置）泊坞窗

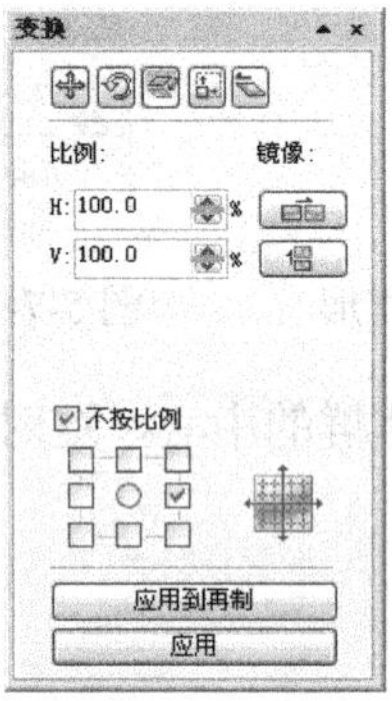

图 5-7-14 “变换”（镜像）泊坞窗

图 5-7-15 水平镜像对象

5.8 公司形象设计——应用透视

【案例效果】

实例“公司形象设计”是一张公司形象设计图形，它的背景为一个金属圆环，环中填充渐变蓝色，正中还有一个金属光泽的半圆形。前景是公司的名称，并将其立体化，形成一个由外向内的三维效果图。整个图形简洁明快，色彩对比强烈，给人一种耳目一新的感觉。

图 5-8-1 公司形象设计

5.8.1 制作过程

1. 设置页面及导入图形

（1）单击属性栏中的“横向”按钮，将页面的形状设置为横向长方形。

（2）单击“文件”→“输入”菜单命令，输入一个文件名为 Porthole.bmp 的圆形金属环图形，如图 5-8-2 所示。

图 5-8-2　导入图像

图 5-8-3　填充渐变

2．绘制背景图形

（1）沿金属环的内边缘绘制一个圆形，如图 5-8-2 所示。将所绘的圆形复制一份，并向内缩小成一个小圆，如图 5-8-2 所示。

（2）单击“填色工具”→“渐变填色对话框”菜单命令，用蓝色将大圆填充圆形渐变颜色，如图 5-8-3 所示。将小圆填充线形渐变颜色，使其成为金属效果，如图 5-8-3 所示。

（3）取消这两个圆形外框。

3．用美工刀修改图形并输入文字

（1）选中中间的小圆，单击工具箱中的“美工刀工具”按钮，单击小圆的左顶点，再单击小圆的右顶点。

（2）我们看到小圆被分成了上下两部分，删除上半部分小圆。再输入公司名称，并填充红色。

（3）单击“工具箱”中的“互动式渐变工具”→“互动式立体化工具”按钮，将文字立体化，并填充渐变颜色，如图 5-8-1 所示，这样一个公司形象就绘制完成了。

5.8.2　透视与封套的创建和编辑

1．新增透视点

（1）绘制一个图形或一个美术字图形，如图 5-8-4 所示，再使用工具箱中的“挑选”工具选中它。

（2）单击“效果”→“增加透视点”菜单命令，则选中的对象周围会出现一个矩形网格状区域，如图 5-8-5 所示。

（3）用鼠标拖曳矩形网格状区域黑色的节点，可以产生双点透视的效果，如图 5-8-6 所示。如果在拖曳时同时按住【Ctrl】键与【Shift】键，可以使对应的节点沿反方向移动相同的距离。

图 5-8-4　绘制图形和美术字

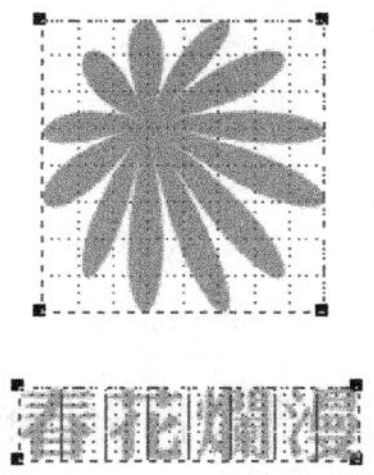

图 5-8-5　出现矩形网格状区域

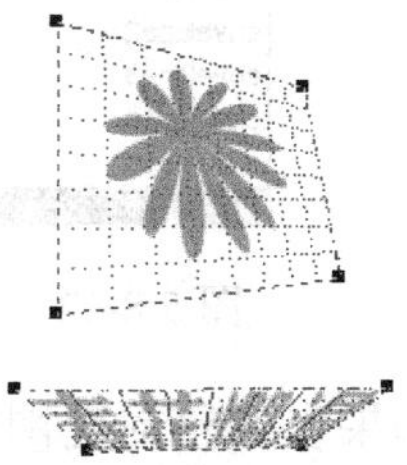

图 5-8-6　产生透视效果

2．封套

（1）绘制一个图形或一个美术字图形，如图 5-8-4 所示。使用工具箱中的“挑选”工具选中它。再单击工具箱中“互动式展开式工具”栏内的“封套”工具按钮，其属性栏如图 5-8-7 所示。此时，对象周围会出现封套网线，如图 5-8-8 所示。

图 5-8-7　属性栏：交互式封套工具

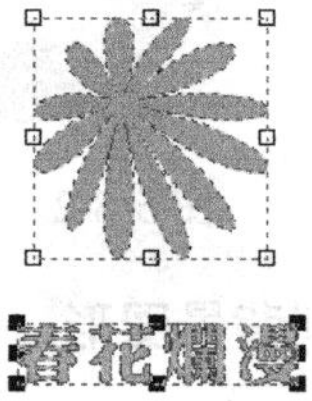

图 5-8-8　对象周围会出现封套网线

（2）用鼠标拖曳封套网线的节点，可以产生变形的效果，如图 5-8-9 所示。如果在拖曳时同时按住【Ctrl】键与【Shift】键，可以使对应的节点沿反方向移动相同的距离。如果在拖曳时按住【Ctrl】键，可以使对应的节点沿同方向移动相同的距离。

（3）单击属性栏中的“单弧”按钮后，再用鼠标拖曳封套网线的节点，可以产生变形的效果，如图 5-8-10 所示。

（4）单击属性栏的“双弧”按钮后，再用鼠标拖曳封套网线的节点，可以产生变形的效果，如图 5-8-11 所示。

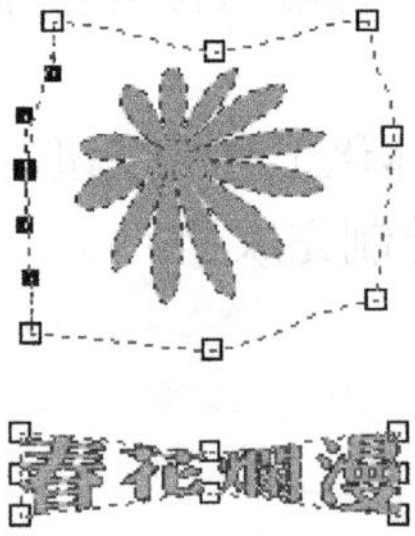

图 5-8-9　非强制变形效果

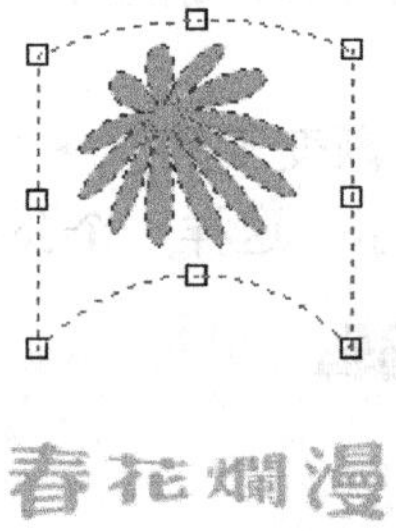

图 5-8-10　单弧变形效果

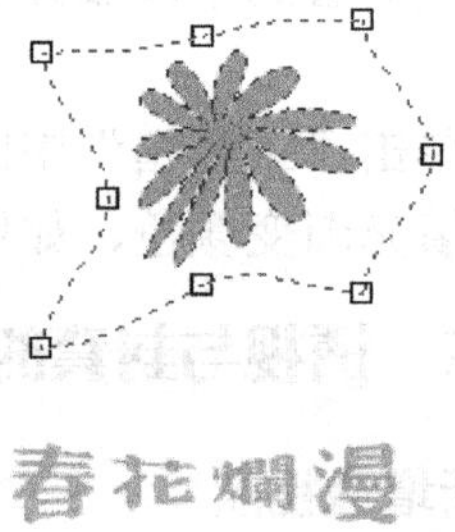

图 5-8-11　双弧变形效果

（5）单击属性栏的“非强制的”按钮后，再用鼠标拖曳封套网线的节点，可以产生变形的效果，如图 5-8-12 所示。

（6）单击“预置列表”列表框右边的箭头按钮，会调出有各种封套的样式选项。单击一种选项，即可改变封套网线的形状，如图 5-8-13 所示。

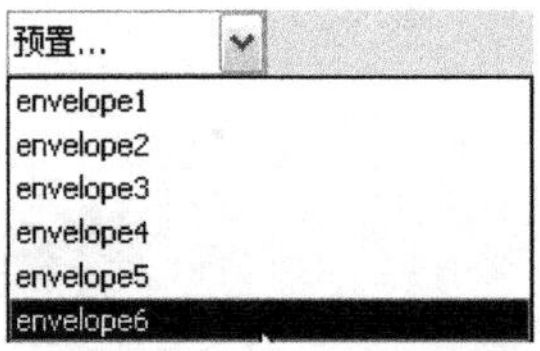

图 5-8-12　预置列表框

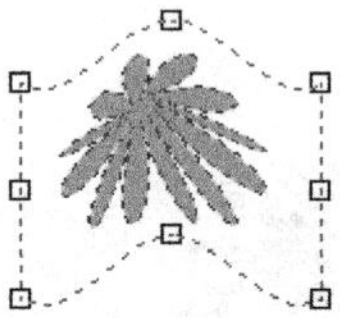

图 5-8-13　改变封套网线的形状

（7）如果在调整封套网格状区域后，需要保留这种形状图案，可以单击“添加预置”按钮，即可调出“另存为”对话框，使用该对话框即可将该封套网格图案保存。

（8）单击“保留直线”按钮，拖曳调整封套网线的节点后，对象的直线不会随着封套网线的调整而改变。

（9）选择属性栏中“映射模式”列表框中的不同选项（水平的、原始的、填塞、垂直的）后，可以限制在拖曳封套网线时，对象形状的变化方向。

5.9　立体图形——应用立体化

【案例效果】

实例“立体图形”它们具有较强的立体效果，如图 5-9-1 所示。绘制“立体图形”采用了交互式立体化、交互式填充、交互式轮廓图、渐变填充和阴影等操作。

图 5-9-1　立体图形

5.9.1　制作过程

1．制作立体球

（1）使用工具箱中的“椭圆”工具，绘制一个灰色、无轮廓线的正圆图形，如图 5-9-2 所示。

（2）使用工具箱中的“挑选”工具选中正圆图形，单击工具箱中的“渐变填充”工具按钮，调出“渐变填充方式”对话框。在该对话框的“类型”列表框中选择“射线”选项，设置“从”颜色为绿色，“到”颜色为白色，其他按照如图 5-9-3 所示进行设置。然后，单击“确定”按钮，制作的图形如图 5-9-4 所示。

（3）绘制一个椭圆，填充浅灰色，去掉椭圆形对象的轮廓线。双击椭圆形对象，调整旋转句柄使椭圆形旋转一个角度，作为立体球的阴影图形，如图 5-9-5 所示。

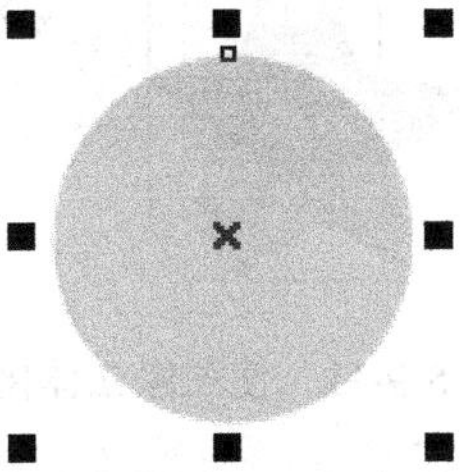

图 5-9-2　绘制正圆图形

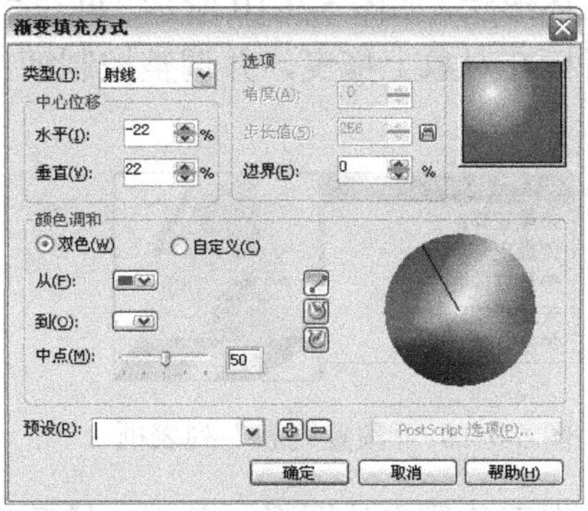

图 5-9-3　“渐变填充方式”对话框

（4）使用工具箱中的“交互式透明”工具，单击阴影图形，调整成如图 5-9-6 所示的样子。

（5）使用工具箱中的“挑选”工具，将阴影图形移到立体球的下边。单击“排列”→“顺序”→“到后部”菜单命令，将阴影图形调整到立体球的下边。

（6）选取所有图形对象，单击属性栏中“群组”按钮，把它们组成一个整体，如图 5-9-1 所示。

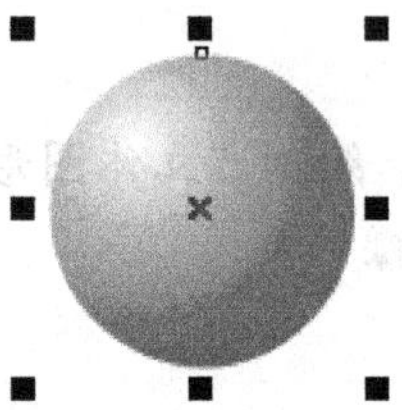

图 5-9-4　填充渐变色

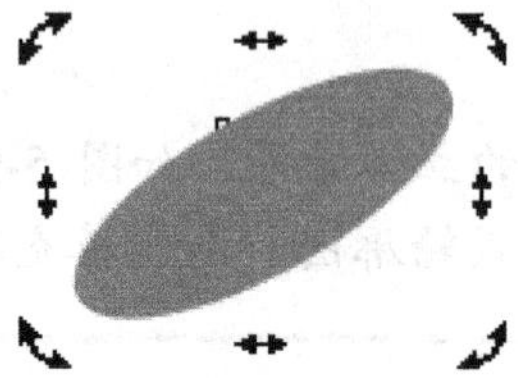

图 5-9-5　绘制椭圆并调整

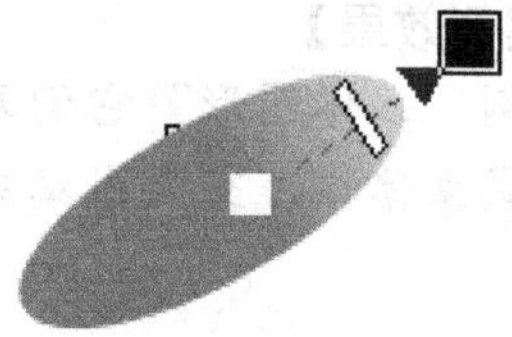

图 5-9-6　添加透明效果

2．制作立体五角星

（1）使用工具箱中的“多边形”工具，在其属性栏内，设置多边形边数为 5，单击按下“多边形”按钮。然后在绘图页面中拖曳鼠标，绘制一个正五边形，如图 5-9-7 所示。

（2）使用工具箱中的“形状”工具，用鼠标向内拖曳多边形一个边上的节点，将多边形调整成为五角星，如图 5-9-8 所示。

（3）给五角星图形填充成灰色，轮廓线为黑色，如图 5-9-9 所示。将该五角星图形复制一个。

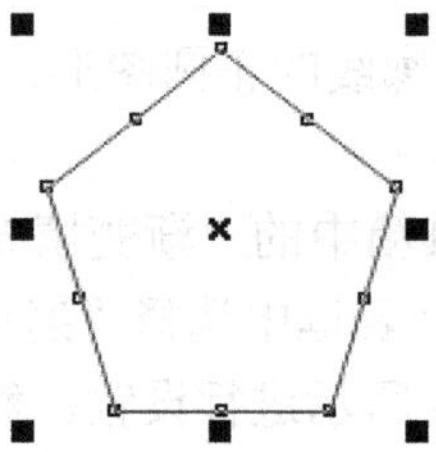

图 5-9-7　绘制正五边形

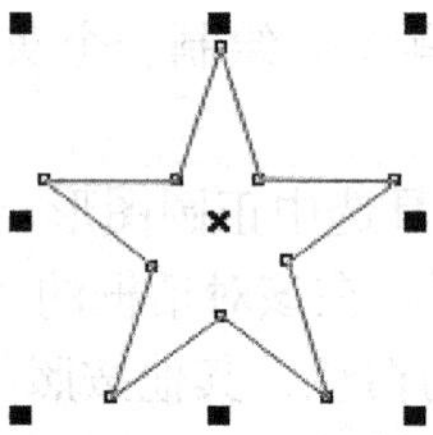

图 5-9-8　形成五角星

图 5-9-9　填充灰色

（4）使用工具箱中的“交互式立体化”工具，在其属性栏中的“预置列表”列表框中选择一种立体形状，如图 5-9-10 所示。再在“灭点属性”列表框中选择“锁到对象上的灭点”。然后，用鼠标在对象上拖曳，并调整控制柄，使图像立体化效果如图 5-9-11 所示。

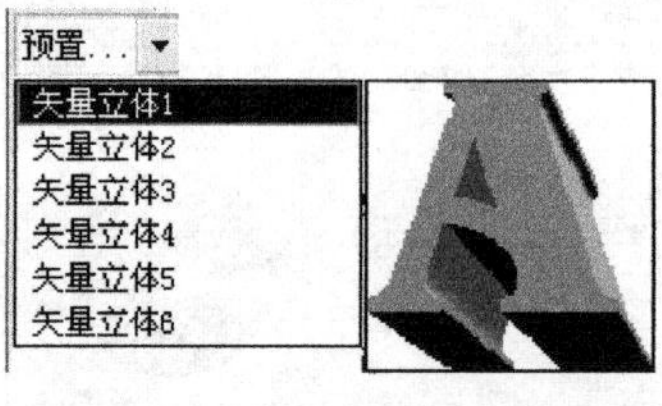

图 5-9-10　“预置列表”列表框

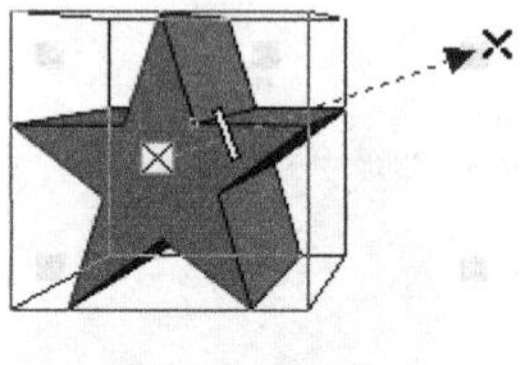

图 5-9-11　使图像立体化

（5）选中五角星立体图形，单击“排列”→“分离”菜单命令，将五角星图形与生成的形成立体的图形分离，如图 5-9-12 所示。再选中分离出的形成立体的图形，单击“排列”→

“取消群组”菜单命令，将它们分解成独立的图形，如图 5-9-13 所示。

（6）给独立的图形分别填充线性渐变色（灰色到白色）。然后将分开的立体五角星各个部分合并在一起，并组成群组，使图像立体化效果如图 5-9-1 所示。

（7）使用工具箱中的“挑选”工具，单击选中复制的五角星图形，再单击工具箱中的“封套”按钮，在属性栏中定义封套外形为平行四边形，然后编辑节点，制作出立体五边形的阴影，如图 5-9-14 所示。

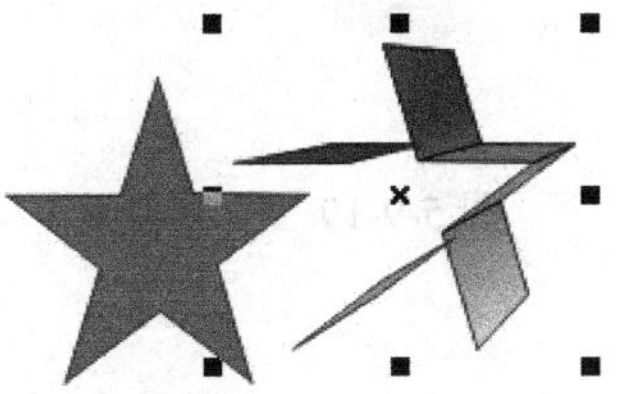

图 5-9-12　将立体图形分离

图 5-9-13　分解成独立的图形

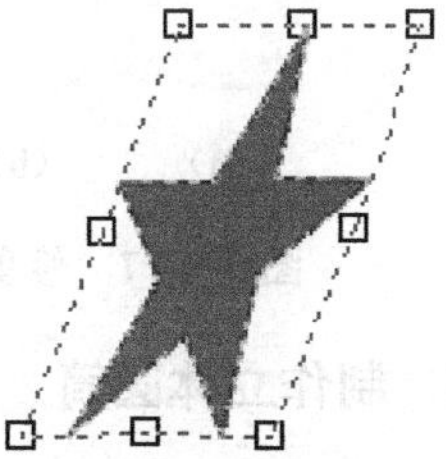

图 5-9-14　制作五边形的阴影

（8）调整立体五角星与阴影的大小、比例、位置和层次，选取所有对象，再将它们组成群组，如图 5-9-1 所示。

3．制作立体圆柱

（1）使用工具箱中的“椭圆”工具，绘制一个椭圆形，并复制一份。再使用工具箱中的“矩形”工具，绘制一个长方形，调整好各个对象的大小和比例，摆放成如图 5-9-15（c）所示的立体圆柱体的轮廓线图形。

（2）把图 5-9-15（c）上面的椭圆形对象移开，定义下面椭圆形的层次为“到前部”，如图 5-9-16（a）所示。

（3）单击椭圆形对象后，单击“排列”→“修整”→“焊接”菜单命令，调出“修整”泊坞窗，单击“焊接”按钮，鼠标指针移到长方形对象上，再单击鼠标左键，此时的图形如图 5-9-16（b）所示。

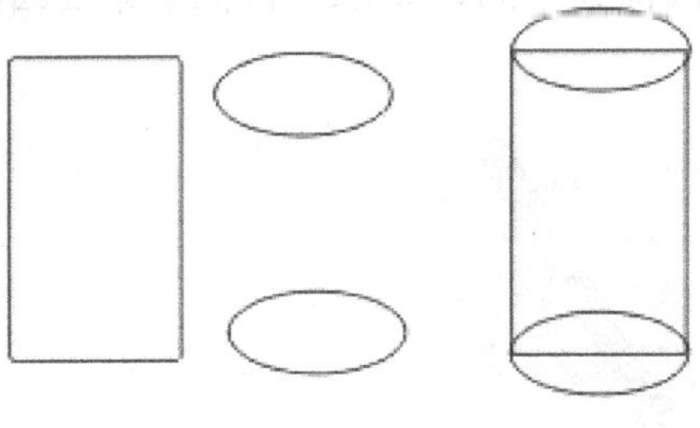

（a）　（b）　（c）

图 5-9-15　绘制矩形和椭圆形

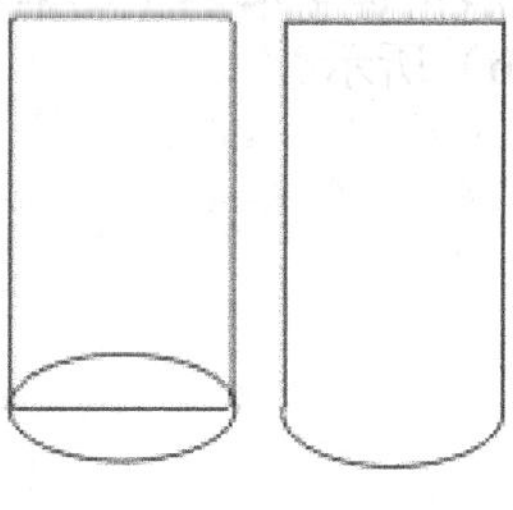

（a）　（b）

图 5-9-16　焊接图形

（4）将另外一个椭圆形对象移到图 5-9-16（b）上面，注意其层次为“到前部”，如图 5-9-17（a）所示。单击“排列”→“修整”→“修剪”菜单命令，调出“修整”泊坞窗，单击“修剪”按钮，鼠标指针移到长方形对象上，单击鼠标左键，形成的图形如图 5-9-17（b）所示。

（5）单击选中圆柱面对象，使用“渐变填充”工具，将圆柱面填充成灰黑渐变色。将顶上的椭圆形对象填充成浅灰色。最后选取所有对象，去掉所有图形的轮廓线，然后将它们组成群组，如图 5-9-18（b）所示。

（6）立体圆柱体阴影的制作过程与立体五角星阴影相同，这里不再赘述，立体圆柱体效果如图 5-9-19 所示。

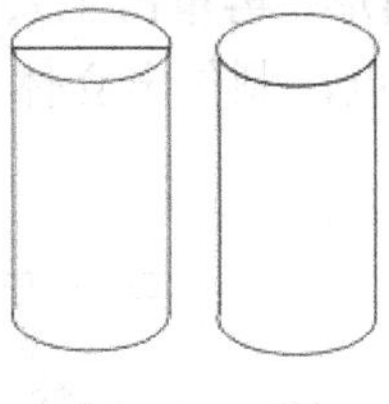
（a）　　（b）

图 5-9-17　修剪图形

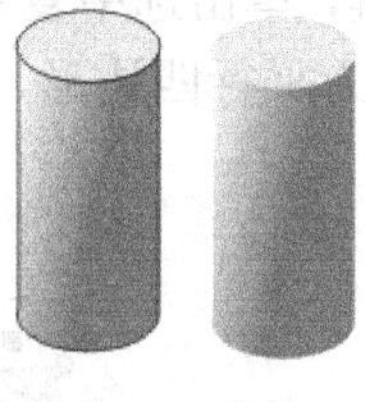
（a）　　（b）

图 5-9-18　填充渐变

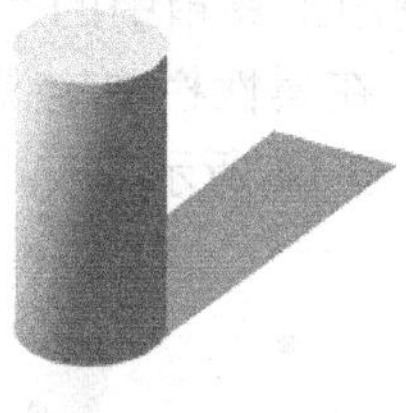

图 5-9-19　添加阴影

4．制作立体圆筒

（1）使用工具箱中的“椭圆”工具，绘制一个正圆，复制一份后，放置成如图 5-9-20（a）的样子。

（2）使用工具箱中的“交互式调和”工具，在属性栏中定义步长为 43，用鼠标在对象上拖曳，操作过程如图 5-9-20（b）所示。

（3）制作阴影的方法与前面相同。立体圆筒的最终效果如图 5-9-21 所示。

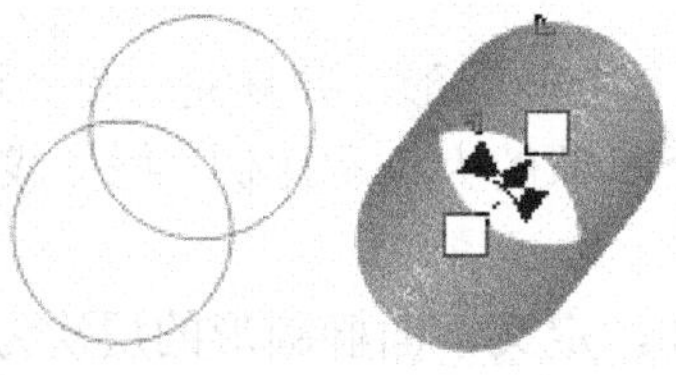
（a）　　（b）

图 5-9-20　绘制正圆并添加调和效果

图 5-9-21　添加阴影

（4）用同样的方法制作两根棍子，如图 5-9-22（a）所示。

（5）把两根棍子定义不同的层次后，移到圆筒的中间，看似一根棍子穿过圆筒，效果如图 5-9-22（b）所示。

（a）　　（b）

图 5-9-22　制作两根棍子

5．制作背景

（1）使用工具箱中的“矩形”工具，绘制一个长方形。

（2）单击使用工具箱中的“纹理填充”工具按钮，调出“底纹填充”对话框。在该对话框中选取相应的纹理图案，给长方形填充纹理，如图 5-9-23 所示。

（3）使用工具箱中的“文本”工具，输入“立体点评”文字。再使用工具箱中的“交互式立体化”工具，在文本上拖曳，制作出立体文本效果，如图 5-9-24 所示。

图 5-9-23　给长方形填充纹理

图 5-9-24　制作出立体文本效果

（4）最后，把制作的各个对象移到背景中，调整好它们的大小、比例、位置、层次，选取所有对象，单击属性栏中的“群组”按钮，把它们组成一个对象，得到如图 5-9-1 所示效果。

5.9.2　立体化的创建与编辑

1．创建立体化图形

（1）绘制一个图形并填充，如图 5-9-25 所示，再选中它。

（2）单击工具箱中“互动式展开式工具”栏内的“立体化”工具按钮，再用鼠标在对象上拖曳，即可产生立体化图形，如图 5-9-26 所示，其属性栏如图 5-9-27 所示。

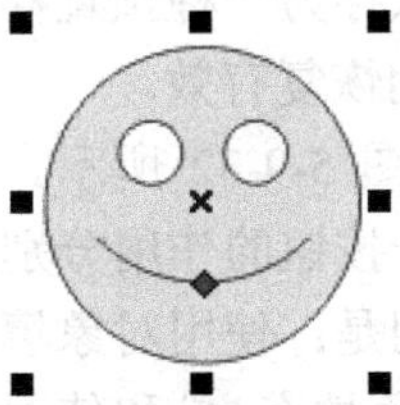

图 5-9-25　绘制图形并填充

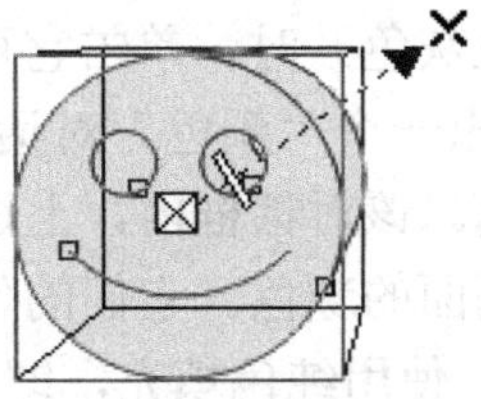

图 5-9-26　产生立体化图形

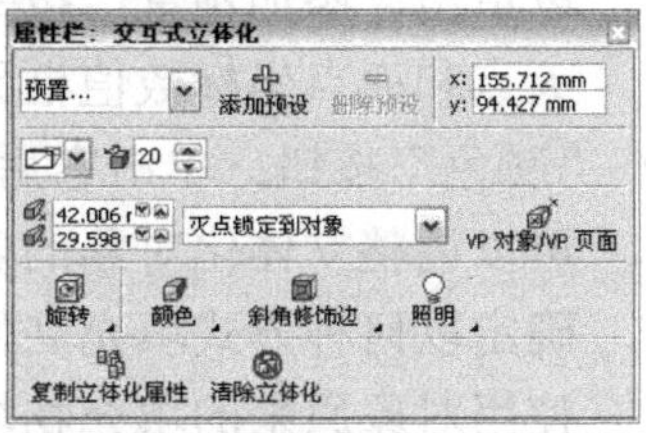

图 5-9-27　属性栏：交互式立体化

（3）单击“立体化类型”列表框右边的箭头按钮，调出立体化类型图形列表，从中可以选择一种立体化类型。

（4）拖曳长条透镜控制柄，可以改变图形立体化延伸的深度，如图 5-9-28 所示，同时属性栏中“深度”数值框中的数字也会发生变化，也可以通过改变“深度”数值框中的数字，来调整立体化的深度。

（5）单击对象，则长条透镜控制柄周围出现一个带四个箭头的圆圈，鼠标指针呈一条或两条转圈的双箭头状，如图 5-9-29 所示。鼠标指针呈两条转圈的双箭头状时，拖曳鼠标可使对象围绕长条透镜转圈和伸缩；鼠标指针呈一条转圈的双箭头状时，拖曳鼠标可以使对象围绕自身的轴线旋转。旋转后的图形如图 5-9-30 所示。

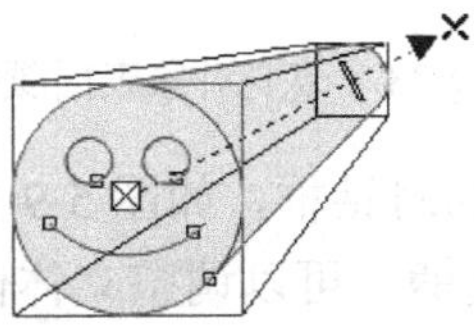

图 5-9-28　改变图形延伸的深度

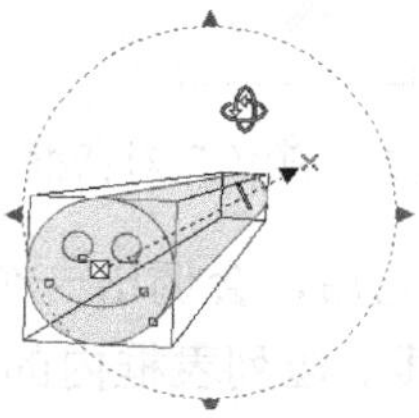

图 5-9-29　鼠标指针呈双箭头状

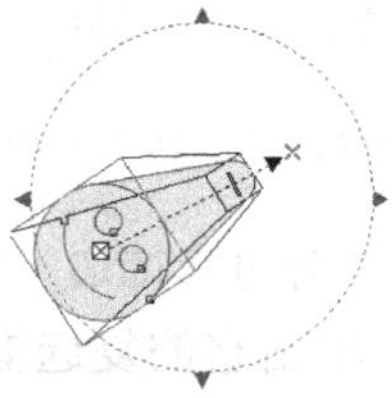

图 5-9-30　旋转后的图形

（6）绘图页中箭头所指向的“✕”符号叫灭点控制柄（也叫消失点控制柄），它指示了立体化图形的会聚点，拖曳它可以改变会聚点的位置，同时属性栏中的“灭点坐标”数值框中的数字也会发生变化。通过改变“灭点坐标”数值框中的数字，也可以调整灭点坐标。“灭点坐标”数值框右边是“灭点属性”列表框，它有四个选项，决定了灭点的锁定位置和灭点的复制。

◎ 灭点锁定到对象：灭点保持在对象的当前位置不变。
◎ 灭点锁定到页面：灭点保持在页面的当前位置不变。
◎ 复制灭点自：将灭点复制到另一个对象，产生两个相同的灭点。
◎ 共享灭点：可以与其他对象共有一个灭点。

2．交互式立体化属性栏其他控件的作用

◎ “灭点对象/灭点页面”按钮：单击按下它后，灭点坐标以页坐标形式描述，页坐标原点在绘图页的左下角。当“灭点对象”按钮抬起后，灭点坐标以对象坐标形式描述，对象坐标原点在对象上的带方框的“✕”处。
◎ “旋转”按钮：单击它后，会调出一个面板，如图 5-9-31 所示。用鼠标在圆盘上拖曳调整，可以改变对象的三维空间位置。
◎ “预置列表”列表框：可用来选择不同的立体化样式。当调整好一种立体化后，可以单击“添加预置”按钮，调出“另存为”对话框，将它保存为一种预置样式。当灭点和灭点坐标数值框无效（呈灰色）时，单击它可使它们恢复有效。
◎ “颜色”按钮：单击它后，会调出一个“颜色”对话框，如图 5-9-32 所示。使用它可以调整立体化对象的表面颜色。该对话框内，上边的三个按钮的作用分别是用来确定以何种方式填充立体图形侧面的颜色。它们的作用分别是：使用对象填充，即使用对象原来的填充物填充；使用纯色填充，即使用单色填充和使用颜色明暗变化，即使用渐变色填充。

当选择“使用纯色填充”按钮后，下边的“从”列表框均变为有效，使用它们可以确定填充的颜色。当选择“使用颜色明暗变化”按钮后，下边的“从”和“到”列表框均变为有效，使用它们可以确定渐变的两种颜色。

使用渐变颜色填充时，改变了对象表面颜色后的画面如图 5-9-33 所示。再下边的按钮是用来修饰图形边角的颜色，只有在有斜角时才有效。

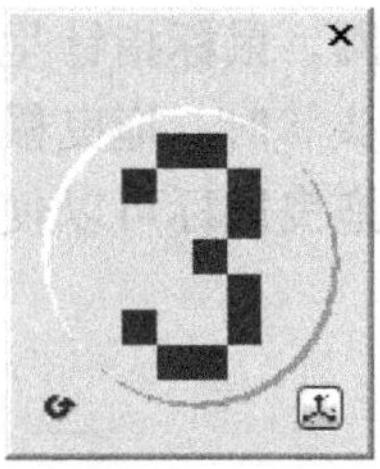
图 5-9-31 “旋转”面板

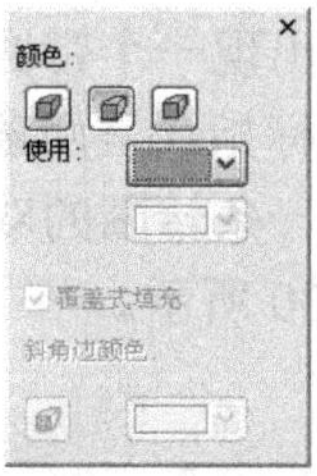

图 5-9-32 “颜色”对话框

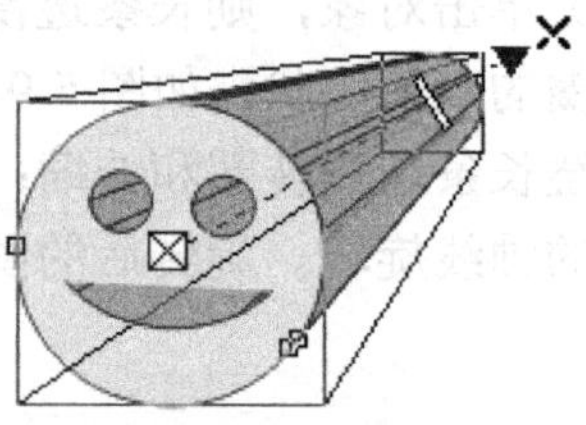
图 5-9-33 改变对象表面颜色

◎ “斜角修饰边”按钮：单击它后，会调出一个修饰斜角的对话框，如图 5-9-34 所示。单击它的复选框，再拖曳其下边列表框内的小方形控制柄，可以调整立体化对象原图形的斜角深度和角度。同时下边的两个数值框内的数字也会发生变化。修饰对象原图形的边角后的图形，如图 5-9-35 所示。修饰对象后，再选中“只显示斜角修饰边”复选框的图形，如图 5-9-36 所示。

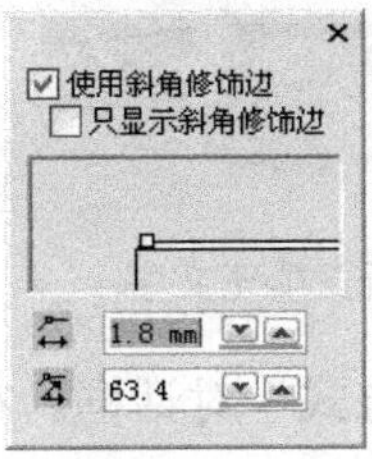

图 5-9-34　修饰斜角的对话框

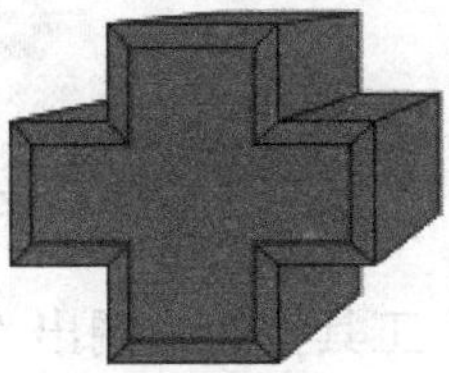

图 5-9-35　修饰边角后的图形

图 5-9-36　只显示斜角修饰边的图形

◎ “照明”按钮：单击它后，会调出一个光源的对话框，如图 5-9-37 所示，使用它可以给对象加上三个光源。

单击其中一个（例如 1 号光源）光源按钮，则光源的对话框改为如图 5-9-38 所示。用鼠标拖曳列表框内的“①”光源标记，可以改变光源位置。

用鼠标拖曳滑块，可以改变光线的强度。选择“使用全色范围”复选框，可以使光源作用于全彩范围。单击左边的灯泡图标，可以添加光源，设置 2 个光源后的对话框如图 5-9-38 所示，图形如图 5-9-39 所示。

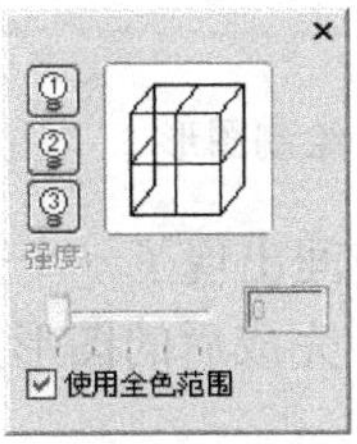

图 5-9-37　光源对话框

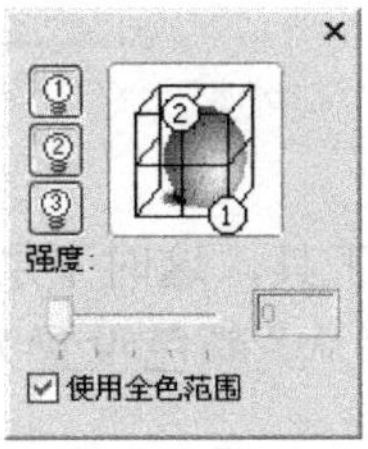

图 5-9-38　添加光源

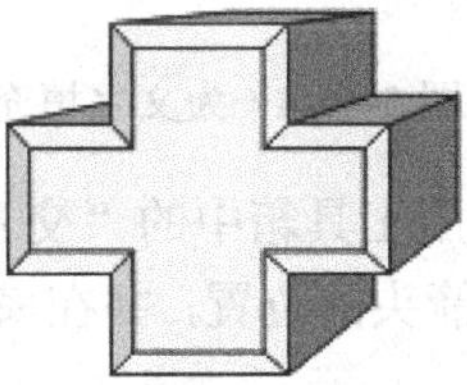

图 5-9-39　置 2 个光源后的图形

5.10　立体艺术字——应用阴影

【案例效果】

实例“立体艺术字”图形由上下两层和背景色组成，如图 5-10-1 所示。通过填充多种渐变颜色绘制出金属光泽。整个文字层次丰富，造型精致，体现出一种多层次质感。

图 5-10-1　立体艺术字

5.10.1　制作过程

1. 制作文字

（1）新建一个绘图页面，单击属性栏中的“横向”按钮，将绘图页面设置为横向。

（2）使用工具箱中的“文本”工具，在页面域中输入“字体”为方正琥珀简体、“字号”为 50 的美术字，完成后的图形如图 5-10-2 所示。

（3）单击工具箱中的“交互式填充”工具按钮，由文字的上方向下垂直拖曳，以渐变填色的方式填充文字颜色，完成后的图形如图 5-10-3 所示。

图 5-10-2 输入文字

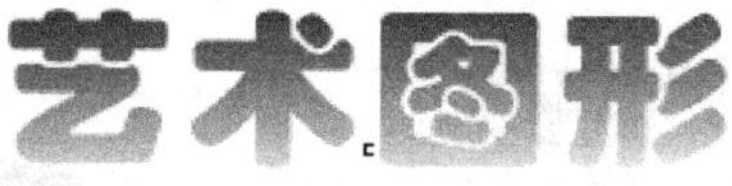

图 5-10-3 以渐变填充文字

（4）单击工具箱中的“渐变填充”工具按钮，调出“渐变填充方式”对话框。在该对话框中设置“类型”为线性、“从”的颜色设置为蓝色，单击“确定”按钮，完成对文字的渐变填充，完成后的图形如图 5-10-4 所示。

（5）使用工具箱中的“贝塞尔”工具，在文字的下半部分绘制出一个不规则的封闭曲线，完成后的图形如图 5-10-5 所示。

（6）单击“排列”→“修整”→“相交”菜单命令，这时页面中产生了一个新的图形，它就是文字下面在封闭曲线中的部分，称之为下层文字，完成后的图形如图 5-10-6 所示。

图 5-10-4 为文字填充蓝白渐变

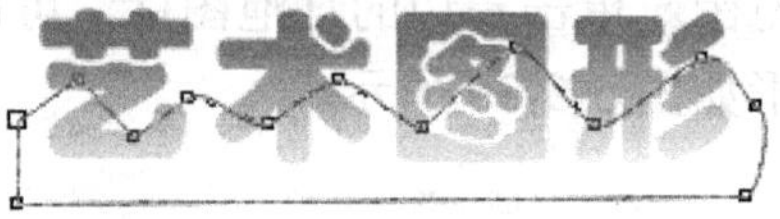

图 5-10-5 绘制图形

（7）使用工具箱中的“交互式填充”工具，这时下层文字的中间出现了一个交互式填充箭头，设置箭头的位置，并在属性栏中将“从”颜色设置为深蓝色，完成后的图形如图 5-10-7 所示。

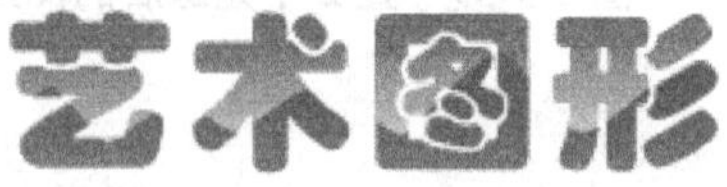

图 5-10-6 产生一个新的图形

图 5-10-7 调整渐变效果

2．制作立体效果

（1）使用工具箱中的“挑选”工具，单击选中上层文字。在属性栏中设置其“轮廓宽度”为 1.0mm，“颜色”为金黄色，完成后的图形如图 5-10-8 所示。

（2）按下小键盘上的“+”键，将选中的原文字复制一份作为背景，将其移至页面的下方，再在属性栏中设置“轮廓”为无，取消背景的外框，颜色为橙色到黄色，完成后的图形如图 5-10-9 所示。

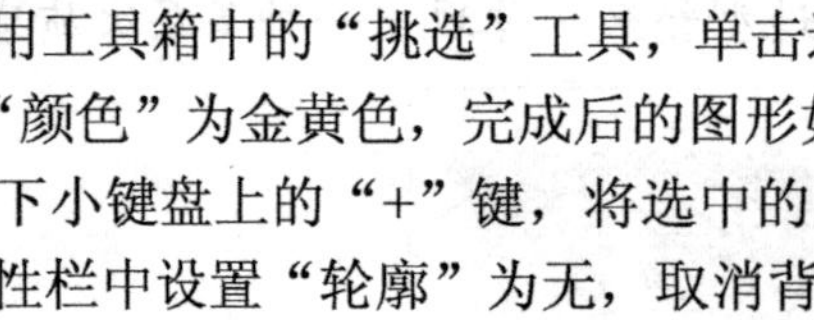

图 5-10-8 设置轮廓

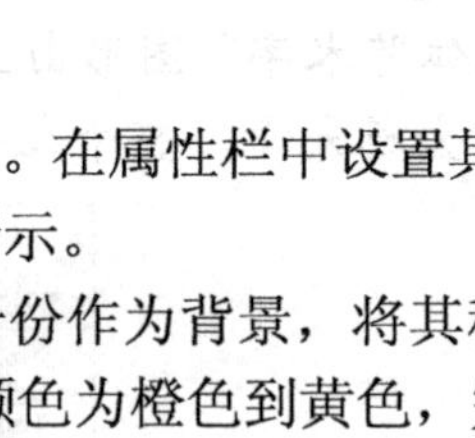

图 5-10-9 复制图形

（3）选中下面的文字。单击工具箱中的“立体化”工具按钮，再用鼠标在对象上拖曳，即可产生立体化图形，完成后的图形如图 5-10-10 所示。

（4）选中上面的文字。单击“排列”→“群组”菜单命令，将其组合成一个整体。再单击“排列”→“顺序”→“到前部”菜单命令，将文字移到立体对象的前面，如图 5-10-1 所示。

图 5-10-10 立体化图形

5.10.2 阴影的使用与调整

1．创建阴影

（1）绘制一个无边框的彩色立体小球和美工文字，如图 5-10-11 所示，再选中彩色立体小球对象。单击工具箱中“互动式展开式工具”栏内的“阴影”工具按钮，单击用鼠标在彩色立体小球上拖曳，即可产生阴影，如图 5-10-12 所示。

（2）在其属性栏的“预置列表”列表框中选择一种阴影样式，再拖曳图形中的控制柄，调整阴影的位置，最后效果如图 5-10-13 所示。此时的属性栏如图 5-10-14 所示。

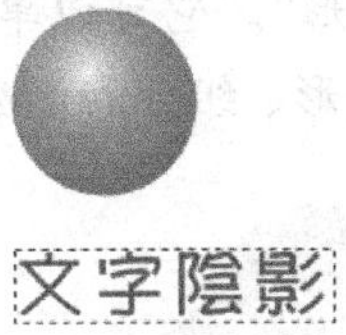

图 5-10-11 绘制小球和美工字

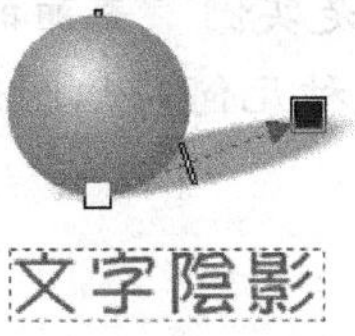

图 5-10-12 产生阴影

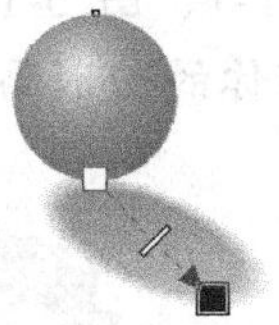

图 5-10-13 使用预置阴影

（3）用鼠标拖曳黑色方形控制柄，可以改变阴影的大小与方向，“阴影角度”数值框内的数据会随之发生变化。拖曳白色方形控制柄，可以改变阴影的起始位置。拖曳长条透镜控制柄，可以改变阴影颜色的深浅，“阴影的不透明”数值框内的数据会随之发生变化。调整后的阴影如图 5-10-15 所示。单击“排列”→“分离”菜单命令，可以将阴影分离成独立的对象。

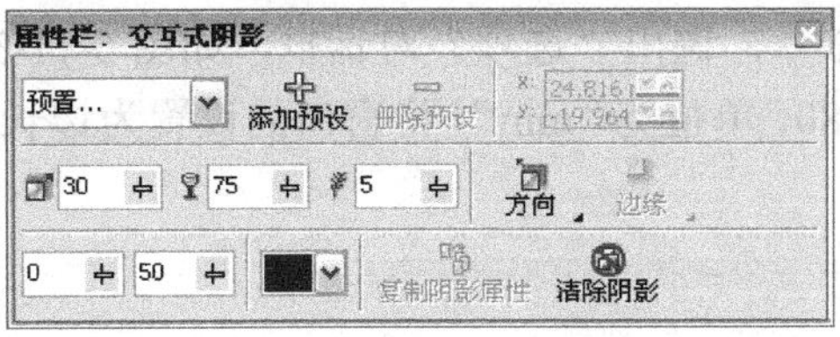

图 5-10-14 属性栏：交互式阴影

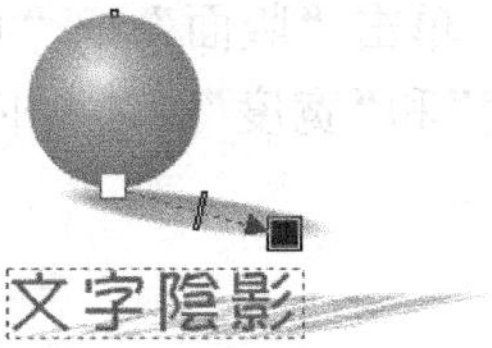

图 5-10-15 调整阴影的位置

2．交互式阴影属性栏其他控件的作用

◎ “阴影羽化”数值框：可以调整阴影边缘的模糊度。

◎ “方向”按钮：单击它可以调出一个对话框，如图 5-10-16 所示。使用它可以调整阴影边缘的羽化方向。

◎ “边缘”按钮：单击它可以调出一个对话框，如图 5-10-17 所示。使用它可以调整阴影边缘的羽化状态。

◎ “阴影淡出”带滑块的数值框：单击它并调整滑块或输入数字，可以改变阴影颜色的深浅。

◎ “阴影延展”带滑块的数值框：单击它并调整滑块或输入数字，可以改变阴影的延伸大小，如图 5-10-18 所示。它的作用与用鼠标拖曳黑色方形控制柄的作用一样。

◎ “阴影颜色”按钮：单击它可调出一个调色板，用来确定阴影的颜色。

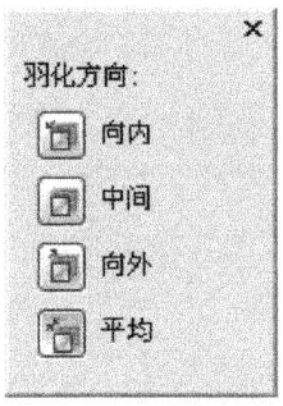

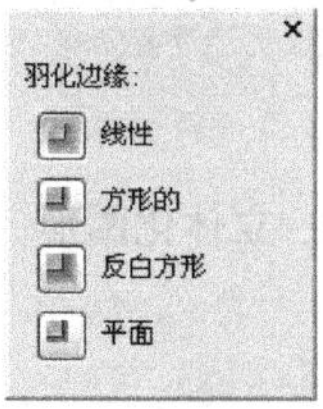

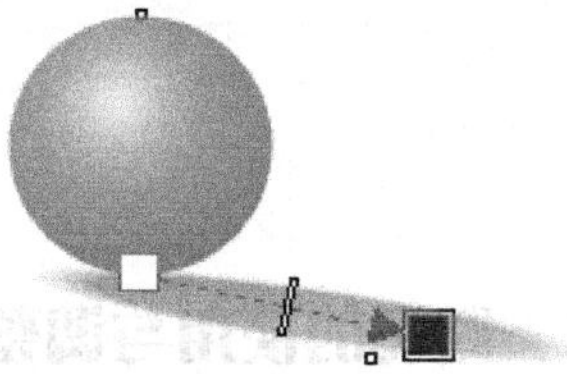

图 5-10-16 “方向”对话框　图 5-10-17 “边缘”对话框　图 5-10-18 改变阴影的延伸大小

5.11 综合实例

【综合实例 9】美丽的几何对称图形

【案例效果】

如图 5-11-1、图 5-11-2 所示的是实例“美丽的几何对称图形”。它可以单独使用或组成花边，来装饰你的图形画面。制作这种几何对称图形，需使用变形、组合和渐变等绘图技术。

图 5-11-1 几何对称图形 1

图 5-11-2 几何对称图形 2

1. 绘制 24 个同心的五边形

（1）单击“版面”→“页面设定”菜单命令，调出“选项”对话框，如图 5-11-3 所示。在“高度”和“宽度”文本框内分别输入数值 180，单位为“mm”，将窗口的设置为边长 180mm 的正方形。

图 5-11-3 “选项”（大小）对话框

（2）使用工具箱中的“多边形”工具，绘制一个五边形。

（3）单击工具箱中的“渐变填充”工具按钮。调出“渐变填色方式”对话框，在该对话框的“类型”列表框中选中“圆锥”填色类型。在“颜色调和”栏中，选中“双色”单选钮，在“从”颜色列表框中选择红色，在“到”颜色列表框中选择白色，并设置中间点的值为 51，在“中心偏移”栏中，输入“水平”偏移值为 0，“垂直”偏移值为 22。此时的“渐变填色方式”对话框如图 5-11-4 所示。然后单击“确定”按钮，完成填充后的效果如图 5-11-5 所示。

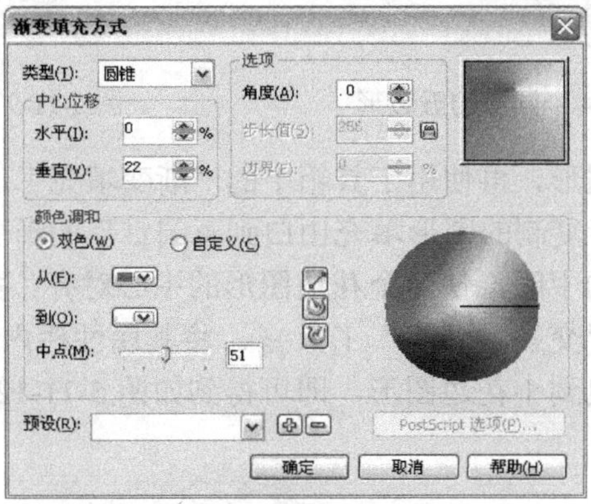

图 5-11-4 “渐变填色方式”对话框

（4）使用工具箱中的“挑选”工具，双击五边形图形。按住【Ctrl】键，同时用鼠标拖曳图形中间的“⊙”标记，使它移到图形的下边，如图 5-11-6 所示。

（5）单击“排列”→“变换”→“旋转”菜单命令，调出“变换”（旋转）对话框，如图 5-11-7 所示。在该对话框的“角度”数字文本框内输入 15.0，将图形旋转 15°。

图 5-11-5　完成填充后的效果

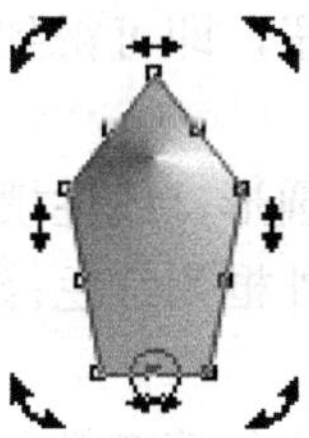

图 5-11-6　调整中心标记

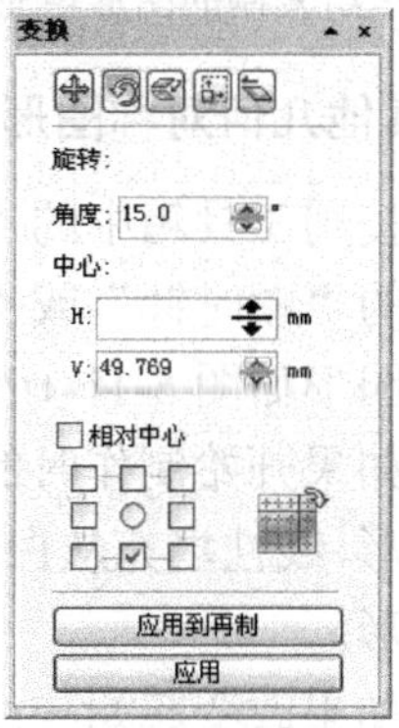

图 5-11-7 “变换”（旋转）对话框

（6）单击 23 次“应用到再制”按钮，即可产生 24 个同心的五边形，如图 5-11-8 所示，各相邻的两个五边形之间的角度为 15°。

2．生成几何对称图形

（1）使用工具箱中的“挑选”工具，再拖曳选择 24 个五边形。然后单击属性栏内的“组合”按钮。此时图 5-11-8 所示图形变为图 5-11-9 所示的花边图形。

（2）选中如图 5-11-9 所示图形，按下【Ctrl+D】组合键，复制一份图形。再将复制的图形缩小到原图的三分之一。

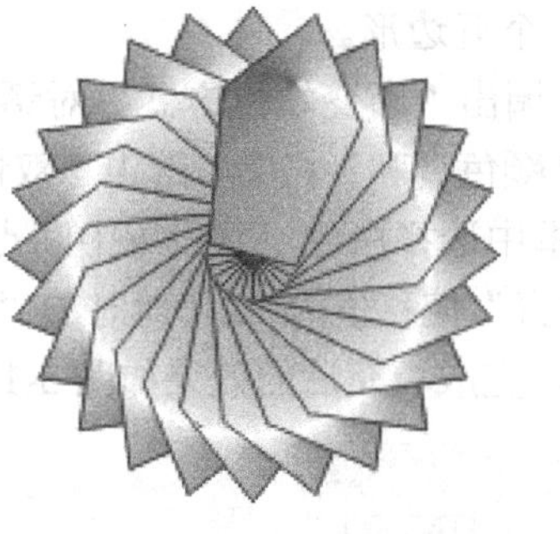

图 5-11-8　可产生 24 个同心的五边形

图 5-11-9　组合成花边

（3）单击选中复制的图形，再使用工具箱中的“渐变填充”工具按钮 。调出“渐变填色方式”对话框，利用它给复制的图形填充由白到黄圆锥形的渐变颜色，如图 5-11-10 所示。再将它拖曳到大花边图形的中间，使两个花边图形的中心对齐，如图 5-11-11 所示。

（4）使用工具箱中的“交互式调和”工具 。将其属性栏内的调和渐变层数设置为 5，再用鼠标从大花边图形拖曳到小花边图形，即可得到如图 5-11-12 所示的图形。

图 5-11-10　给复制的图形填充渐变颜色

图 5-11-11　使两个花边的中心对齐

图 5-11-12　拖曳小花边

3．其他几何对称图形

（1）使用工具箱中的“交互式调和”工具 ，再单击如图 5-11-12 所示图形。然后单击属性栏内的“顺时针”或“逆时针”按钮，即可得到效果不同的图形。单击“逆时针”按钮后获得的图形如图 5-11-1 所示。

（2）如果开始制作时的大图形为椭圆形，线性填充从蓝到白的颜色，外框为红色；小图形为椭圆形，线性填充从白到蓝的颜色，外框为红色；渐变层数为 30。则最终可获得如图 5-11-2 所示的图形。

（3）如果改变起始与终止图形的形状和填充颜色，以及填充方式，再调整渐变层数和渐变方式，可以获得许多美丽的几何对称图形。

【综合实例 10】未知的世界

【案例效果】

实例“未知的世界”是一本书的封页设计，如图 5-11-13 所示。本实例以浅蓝色植物素描作为书封页的背景，该封页上有许多海底生物，寓意着生命来自于海洋。带有明暗面的球冠组成了自近而远的问号，告诉人们，随着科学技术的发展，还有许多未知的领域需要我们去发现去探索。本实例应用了材质填色、文本输入、插入条形码、图框剪裁等工具。

图 5-11-13　书封页设计

1．绘制背景

（1）使用工具箱中的“矩形”工具，绘制一个长方形，作为书封页的外形。

（2）单击工具箱中的“纹理填充”工具按钮，调出“底纹填充”对话框。在该对话框中选取样式，同时可以在“预览”窗口中浏览所选的材质。本实例选取的材质是“样本 5”中的“植物素描 2”，如图 5-11-14 所示，单击“确定”按钮为书封页填充材质，如图 5-11-15 所示。

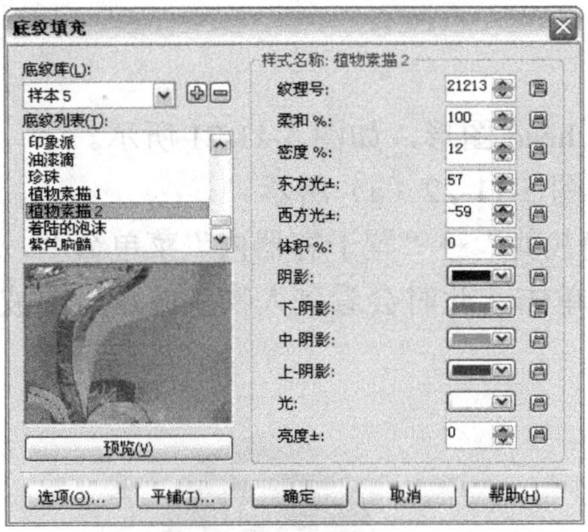

图 5-11-14　“底纹填充”对话框

图 5-11-15　书封页填充材质

2．绘制按钮

（1）使用工具箱中的“椭圆”工具，按住【Ctrl】键绘制一个正圆，同时填充成紫色。

（2）使用工具箱中的“交互式填充”工具，在其属性栏中设置“渐变填色”对正圆进行紫、白两色线性渐变填色，如图 5-11-16（a）所示。复制一份并调整填充渐变色的分界面使其更加鲜明，然后适当缩小。再单击属性栏中的“水平镜像”按钮，使该图形翻转 180°，如图 5-11-16（b）所示。

（3）将小圆图形放在大圆的上面，可以通过单击“排列”→“顺序”菜单命令来定义层次，最后组合成一个整体，带有明暗面的球冠便做好了，如图 5-11-17 所示。

（4）将球冠复制若干个，按照一定的比例缩小后排列成一个自近而远的问号，如图 5-11-18 所示。重复上述步骤，制作橘黄色的球冠，看上去像贝壳、螺丝，如图 5-11-19 所示。

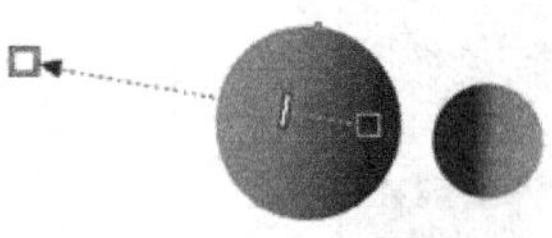
（a）　（b）

图 5-11-16　填充渐变

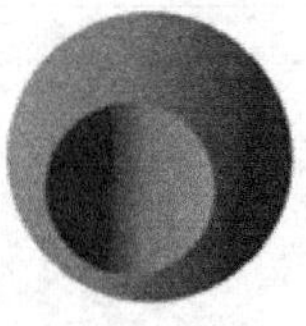

图 5-11-17　将小圆放在大圆的上面

图 5-11-18　排列成问号

（5）使用工具箱中的“文本”工具，输入书名“The　Unknow　World”，选择字体和大小，并填充深蓝色，复制一份并着蓝色作为书名的阴影，将它们放在一起。输入作者的名字“Son Mao Written”，定义其字体、字号，作为书封面、封底、侧面字，如图 5-11-20 所示。

图 5-11-19　制作橘黄色的球冠

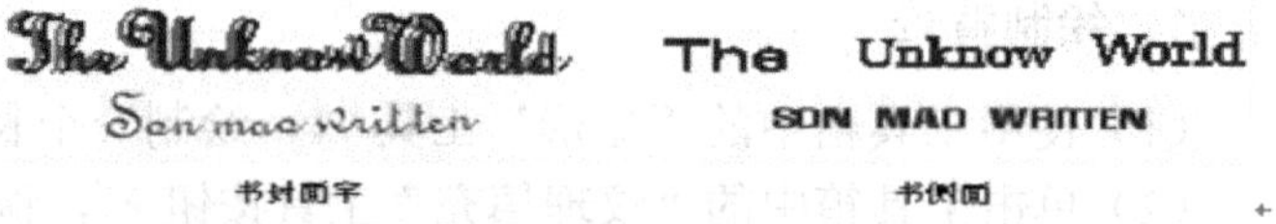

图 5-11-20　输入文字

（6）单击“编辑”→“插入条形码”菜单命令，调出“条形码向导”对话框，按照向导提示选择一种规格的条形码，将新的条形码图形插入到图文件中。

3．绘制按钮

（1）单击“文件”→“导入”菜单命令，输入 head 图形，如图 5-11-21 所示。

（2）绘制一个比输入图形稍小一点的椭圆。如图 5-11-22（a）所示。

（3）单击图 5-11-21，再单击“效果”→“精确裁剪”→“置于容器内”菜单命令，此时鼠标变成了粗黑色的剪头，将它移到椭圆形图形上单击，此时会看到人物头像点阵图被裁剪成椭圆形，并装入其中，如图 5-11-22（b）所示。

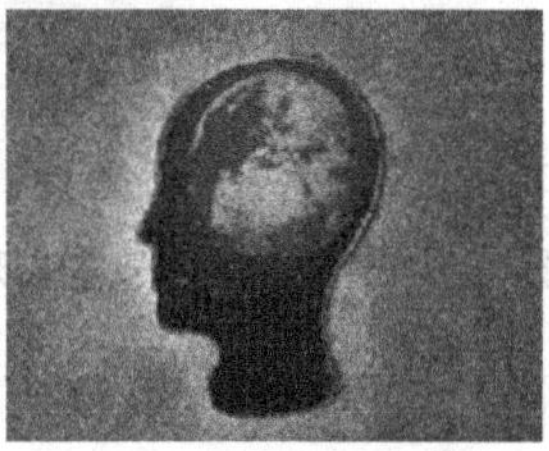

图 5-11-21　导入 head.bmp 图形

（a）　（b）

图 5-11-22　装入椭圆形中

（4）最后，将制作好的各个物件，按照图 5-11-13 的创意，合理地摆放在封面背景上。请注意各物件所在的层次顺序。再在封面上画两条侧折线，写上书的价格等。再选取所有物件，单击属性栏中的“群组”按钮，将它们组成一个整体。

练习 5

（1）绘制如图 5-12-1 所示的“扇子”图形，制作该图形主要采用了旋转变换等操作。

（2）绘制如图 5-12-2 所示的“茶杯”图形。制作该图形主要采用了交互式立体化、交互式填充、交互式轮廓图、渐变填充和阴影等操作。

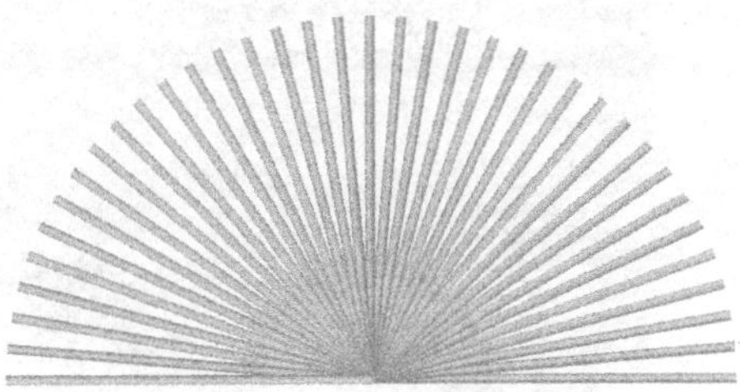

图 5-12-1 “扇子”图形

图 5-12-2 “茶杯”图形

（3）绘制如图 5-12-3 所示的“娱乐天地”图形。制作该图形主要使用了基本的矢量绘图方法，以及群组、组合、互动渐变填充、复制、透明和镜像等操作。

（4）绘制如图 5-12-4 所示的“欢庆国庆”图形。制作该图形采用矢量绘图、互动渐变和材质填充等操作技巧。

图 5-12-3 “娱乐天地”图形

图 5-12-4 “欢庆国庆”图形

（5）绘制如图 5-12-5 所示的“花形”图形。绘制多种不同的花形图形，它们是用不同的渐变色或纹理填充而成的。

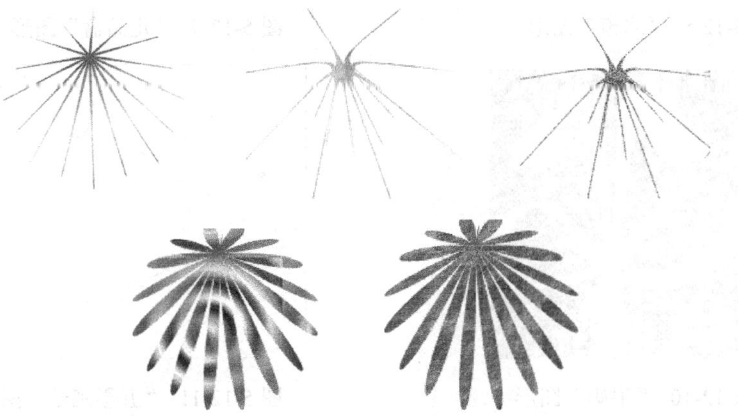

图 5-12-5 “花形”图形

（6）绘制如图 5-12-6 所示的“旭日之路”图形。在蓝天下，太阳从山脉中升起，一条马路和两旁的小树由近及远的延伸出去。绘制这幅图形，可以采用渐变填充、透视、渐变等绘图技巧。

（7）绘制如图 5-12-7 所示的“水果与饮料”图形。在蓝天下，太阳从山脉中升起，一条马路和两旁的小树由近及远的延伸出去。绘制这幅图形，可以采用渐变填充、透视、渐变等绘图技巧。

图 5-12-6 “旭日之路”图形

图 5-12-7 “水果与饮料”图形

（8）绘制如图 5-12-8 所示的“冰箱”图形。绘制该图形使用了修剪、变换和立体化等操作。

（9）绘制如图 5-12-9 所示的“礼品盒”图形。绘制该图形使用了修剪、自然笔触、变换和图像置于容器内等操作。

（10）绘制如图 5-12-10 所示的“牛奶”图形。绘制该图形使用了修剪、自然笔触、变换和渐变填充、交互式透明等操作。

（11）绘制如图 5-12-11 所示的“五彩鸽子”图形。它是由一系列调和线段，经过变换后组成五彩鸽子的身子，再用手绘工具绘制出了鸽子的头部。制作该图像使用了调和和手绘图形等操作。

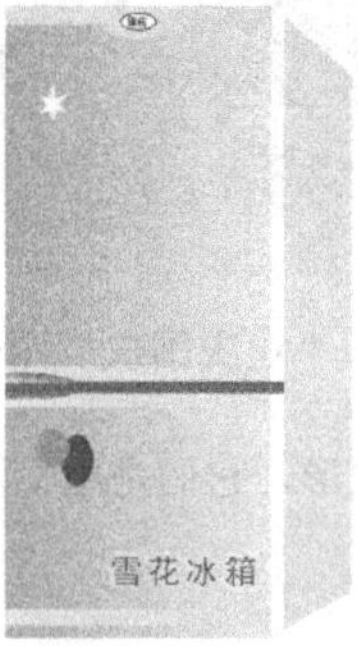

图 5-12-8 “冰箱”图形

图 5-12-9 “礼品盒”图形

图 5-12-10 “牛奶”图形

图 5-12-11 “五彩鸽子”图形

（12）绘制如图 5-12-12 所示的“新年贺卡”图形。新年贺卡的背景为象征喷薄欲出的朝阳图像，背景图像上有许多五颜六色的代表节日喜庆气氛的气球、象征全球同庆的红绿相间的彩球、两个送上了新年礼品的新年老人。文字“恭贺新禧”表示了新年贺卡的主题。全图以丰富的颜色体现出了新年佳节喜气洋洋的欢乐气氛。绘制“新年贺卡”图像，采用了页面设置、旋转变换、自然笔触、渐变填充和渐变透明等绘图的基本方法。

图 5-12-12　“新年贺卡”图形

图 5-12-13　“水果”图形

（13）绘制如图 5-12-13 所示的“水果”图形。绘制该图形使用了修剪、自然笔触、变换和渐变填充、交互式透明、调和等操作。

（14）绘制如图 5-12-14 所示的“销售海报”图形。产品销售海报图像的背景是一张大海的图案（使用纹理填充获得的），左上方有一个地球图形，一个代表成长的抽象植物。一张产品照片，海报的上方有海报的主题，围绕着产品照片。

（15）绘制如图 5-12-15 所示的“树和草坪”图形。该图形树木枝繁叶茂，草坪绿草茵茵。这种效果是使用“交互式渐变工具”来实现的。交互式渐变是达到模糊或立体的手段之一，其色彩变化样式较多。图中的草坪、树叶就是采用这种方法制作的。另外，本例还使用了形状编辑器、焊接、交互式变形等工具。

图 5-12-14　“销售海报”图形

图 5-12-15　“树和草坪”图形

第6章　位图处理与透镜使用

【导读】

中文 CorelDRAW 12 可以利用过滤器改变位图的外观，产生特殊效果。单击“位图”菜单内第五栏内的菜单命令，调出其下一级菜单，再单击菜单中的某一个菜单命令，即可调出相应的对话框，利用该对话框可进行相应的设置，以产生特殊效果的位图。

6.1　浮雕文字——使用位图

【案例效果】

实例“浮雕文字”图形四个文字呈虚幻的浮雕状，如图 6-1-1 所示。绘制这些文字图像使用了将矢量图形转换成位图的操作和位图的高斯模糊、浮雕过滤器效果处理等操作。

图 6-1-1　浮雕文字

6.1.1　制作过程

1. 导入文字

（1）设置绘图页面的高度为 30mm，宽度为 60mm，背景为一幅云图图像。

（2）使用工具箱中的“文本”工具 字，设置“字体”为华康简综艺，字号大小为 50，填充色为红色。在绘图页面中导入“浮雕效果”四个文字，如图 6-1-2 所示。

图 6-1-2　导入“浮雕效果”四个文字

（3）单击选中“浮雕效果”文字，再单击“位图”→“转换为位图”菜单命令，调出“转换为位图”对话框。在该对话框的“颜色”列表框内选择“RGB 色（24-位）”选项；再同时选中“光滑处理”、“透明背景”、“应用 ICC 预置文件”3 个复选框，如图 6-1-3 所示。然后单击“确定”按钮，即可将选中的文字转换为位图图像。

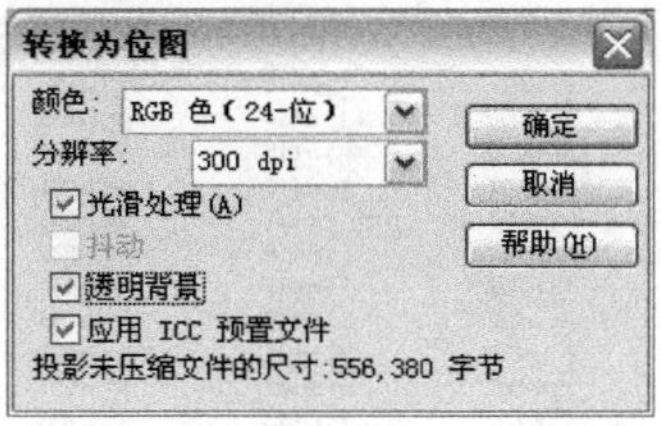

图 6-1-3 “转换为位图”对话框

2．制作浮雕效果

（1）单击“位图”→“模糊”→“高斯式模糊”菜单命令，调出“高斯式模糊”对话框。在该对话框内进行设置，设置完的“高斯式模糊”对话框如图 6-1-4 所示。

（2）单击“确定”按钮即可完成文字的模糊处理，此时的文字如图 6-1-5 所示。

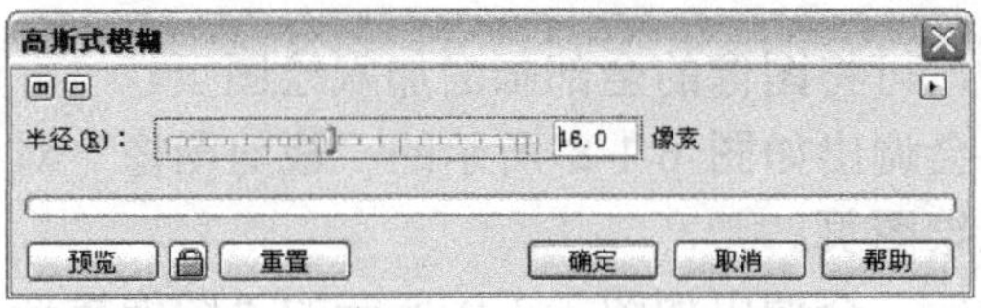

图 6-1-4 “高斯式模糊”对话框

图 6-1-5 模糊处理的文字

（3）单击“位图”→“三维效果”→“浮雕”菜单命令，调出“浮雕”对话框。在该对话框内进行设置，设置完的“浮雕”对话框如图 6-1-6 所示。单击“确定”按钮即可完成浮雕文字的制作。

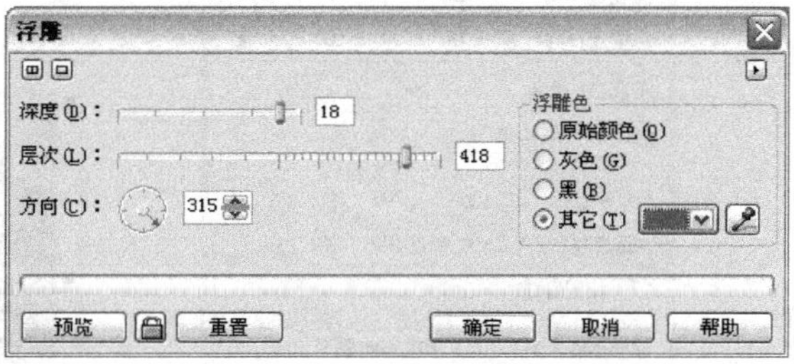

图 6-1-6 “浮雕”对话框

6.1.2 位图的导入和颜色转换

1．位图的导入

（1）单击“文件”→“导入”菜单命令，或单击常用工具箱中的“导入”按钮，调出“导入”对话框，如图 6-1-7 所示。利用它可以调出所需要的位图图像。

（2）从“文件类型”列表框内可以选择文件的类型，从“查找范围”列表框内可以选择文件的目录和文件夹，再在其下面的显示框内选择图像文件。

（3）单击选中“预览”复选框，可预览选择的图像。单击选中“外部链接位图”复选框，可将选定的图像文件链接到绘图中，以减少绘图文件的大小。

（4）“文件类型”列表框右边的列表框内有三个选项。

图 6-1-7 “导入”对话框

◎ 全图像：选此项，单击“导入”按钮后，可将图像的全部画面加入绘图页。
◎ 裁剪：选此项，单击“导入”按钮后，会调出如图 6-1-8 所示的“裁剪图像”对话框，利用它可以截取图像的一部分加入绘图页。
◎ 重新取样：选此项，单击“导入”按钮后，会调出如图 6-1-9 所示的“图像重新取样”对话框，利用它可以改变图像的分辨率，并加入绘图页。

完成各种设置后，将鼠标指针移到绘图页单击或拖曳，即可导入位图，如图 6-1-10 所示。

图 6-1-8 “裁剪图像”对话框

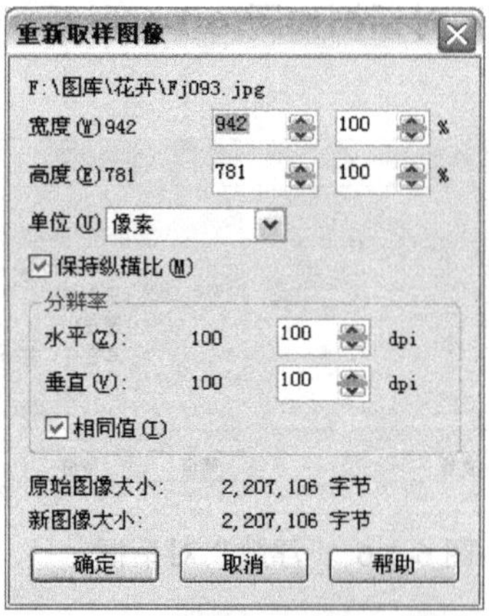

图 6-1-9 “重新取样图像”对话框

图 6-1-10 导入位图

2．位图颜色模式的转换

选中绘图页内的位图，单击“位图”→“模式”菜单命令，它的子菜单如图 6-1-11 所示。由图 6-1-9 可以看出所能转换的模式。单击某一种模式菜单命令，即可进行相应的模式转换。举例如下。

（1）转换为黑白模式：单击“黑白”菜单命令后，调出“转换为 1 位”对话框。在“转换方式”列表框内可以选择某种转换方式，转换方式不同，其对话框也会有一些变化。调整“阈值”滑块或文本框中的数据，效果如图 6-1-12 所示。对话框内的左图为原图；单击“预览”按钮后，右图为转换后的图像。

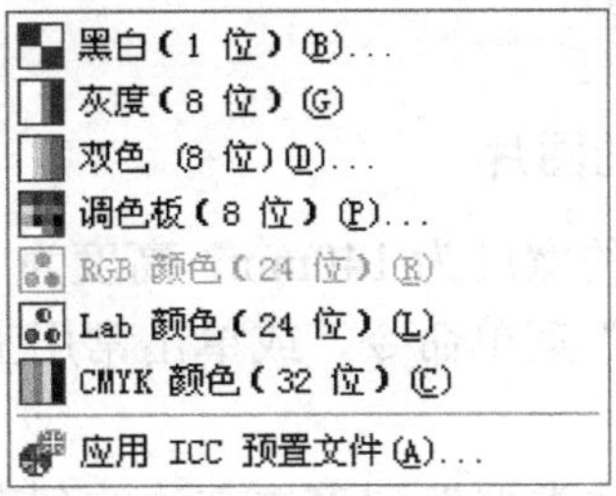

图 6-1-11　“模式”子菜单

图 6-1-12　“转换为 1 位”对话框

（2）单击“灰度”、“Lab 颜色”或“CMYK 颜色”菜单命令后，会直接转换为相应的模式。

（3）转换为双色模式：单击“双色”菜单命令后，调出“双色”对话框。在“双色”对话框的“类型”列表框内选择转换为几种墨水绘制的灰度图像，其对话框会有一些变化。用鼠标拖曳右边图形框内的线条，可以调整颜色的百分比，单击“预览”按钮可以在右边的显示框内显示其效果，如图 6-1-13 所示。单击“保存”按钮可以将调整好的墨水色调曲线保存在文件中。

（4）转换为调色板模式：单击“调色板”菜单命令后，调出“转换至调色板色”对话框，如图 6-1-14 所示。

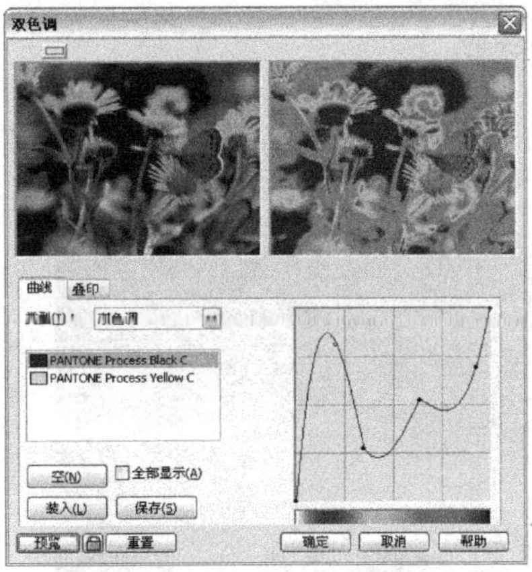

图 6-1-13　“双色调”对话框

图 6-1-14　“转换至调色板色”对话框

在“调色板”对话框的“调色板”列表框内选择调色板的类型，在“抖动”列表框内选择抖动方式选项，调整平滑化大小和抖动强度等。单击“确定”按钮即可。

6.2　风雪效果——图形的转换

【案例效果】

实例“风雪效果”图形是对文字和图像进行处理后，将照片制作成手绘风格的图片。如

图 6-2-1　风雪效果

图 6-2-1 所示，几栋小木屋静静地坐落在山脚下，仿佛传说中的世外桃源。通过制作该实例，可以掌握使用将矢量图形转换成位图的操作和位图的效果处理等操作。

6.2.1　制作过程

1. 制作手绘风格的图片

（1）设置绘图页面的宽度为 140mm，高度为 105mm。单击“文件”→“导入”菜单命令，或单击常用工具箱中的“导入”按钮，调出“导入”对话框，如图 6-2-2 所示。

（2）在“导入”对话框中选择“静懿”图片，在“文件类型”列表框右边的列表框内选择“裁剪”选项，如图 6-2-2 所示。然后单击“导入”按钮，调出“裁剪图像”对话框。

图 6-2-2 “导入”对话框

（3）在“裁剪图像”对话框中，设置好要裁剪的范围，如图 6-2-3 所示。单击“确定”按钮，将该图像导入到绘图页面中，如图 6-2-4 所示。

图 6-2-3 “裁剪图像”对话框

图 6-2-4　导入的图像

（4）使用工具箱中的“挑选”工具，选中图像。单击“位图”→“创造性”→“天气”菜单命令，调出“天气”对话框。在该对话框中选中“雾”单选钮，再设置雾的“浓度”为 22，“大小”为 4，如图 6-2-5 所示。在设置的过程中随时单击“预览”按钮，观察效果。然后单击“确定”按钮，为图像添加雾效，如图 6-2-6 所示。

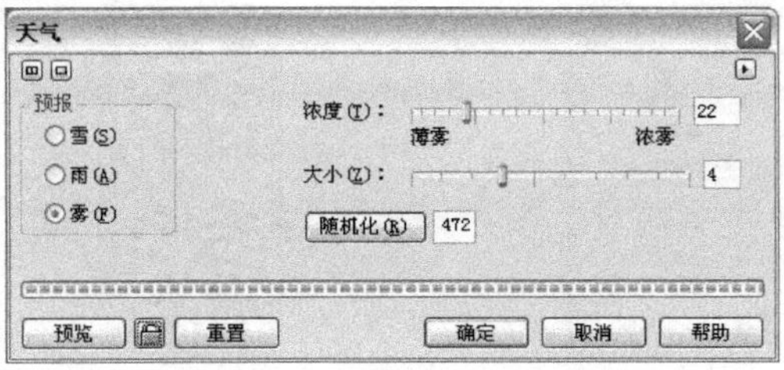

图 6-2-5 “天气”对话框

图 6-2-6 添加雾后的效果

（5）单击“位图”→“艺术笔触”→“蜡笔画”菜单命令，调出“蜡笔画”对话框。在该对话框中设置“大小”为 15、“轮廓”为 10，如图 6-2-7 所示。然后单击“确定”按钮，将图像制作成手绘效果，如图 6-2-8 所示。

图 6-2-7 “蜡笔画”对话框

图 6-2-8 添加蜡笔的效果

2. 制作文字效果

（1）使用工具箱中的“文本”工具，输入文字的“字体”为经典繁勘亭、“字号”为 72；颜色为冰蓝色、线条为白色的竖排美术字，放置在图像的右侧，完成后的图形如图 6-2-9 所示。

（2）使用工具箱中的“挑选”工具选中文字，并在其上单击鼠标右键，在调出的快捷菜单中单击“转换为曲线”菜单命令，将文字转换为曲线。然后在属性栏中设置“轮廓宽度”为 1.5mm，将文字的轮廓加宽，完成后的图形如图 6-2-10 所示。

（3）使用工具箱中的“挑选”工具选中文字，单击“位图”→“转换为位图”菜单命令，调出“转换为位图”对话框。在该对话框的“颜色”列表框内选择“RGB 色（24-位）”选项；再同时选中“光滑处理”、“透明背景”、“应用 ICC 预置文件”3 个复选框，如图 6-2-11 所示。然后单击“确定”按钮，即可将选中的文字转换为位图图像。

图 6-2-9 导入文字

图 6-2-10 将文字的轮廓加宽

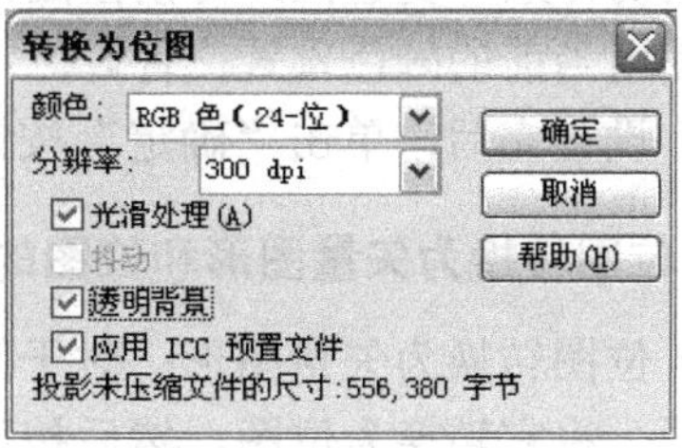

图 6-2-11 “转换为位图”对话框

（4）选中转换为位图的文字，单击“位图”→“创造性”→“天气”菜单命令，调出“天气”对话框。在该对话框中选中“雪”单选钮，再设置雪的“浓度”为 9，“大小”为 10，如图 6-2-12 所示。然后单击“确定”按钮，为文字图像添加雪的效果，如图 6-2-13 所示。

图 6-2-12 “天气”对话框

图 6-2-13 为文字图像添加雪的效果

（5）单击“位图”→“扭曲”→“风”菜单命令，调出“风”对话框。在该对话框中设置风的“浓度”为 70，“不透明度”为 60、“角度”为 67，如图 6-2-14 所示。然后单击“确定”按钮，为文字图像添加风的效果，完成整个作品的制作，如图 6-2-1 所示。

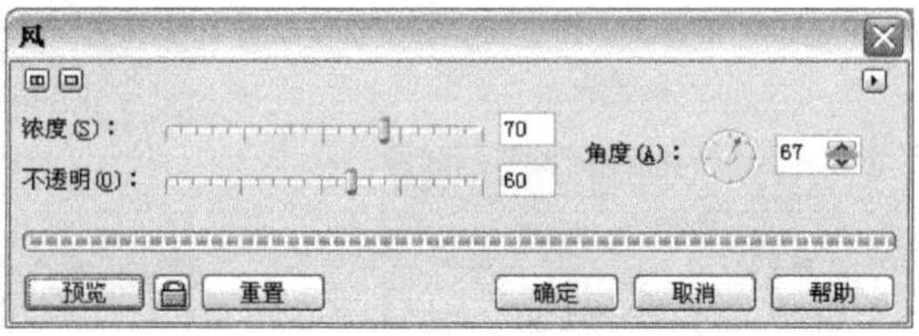

图 6-2-14 “风”对话框

6.2.2 矢量图形与位图的转换

1. 矢量图形转换为位图

（1）使用工具箱中的“挑选”工具，选中矢量图形。

（2）单击“位图”→“转换为位图”菜单命令，调出“转换为位图”对话框，如图 6-2-15 所示。

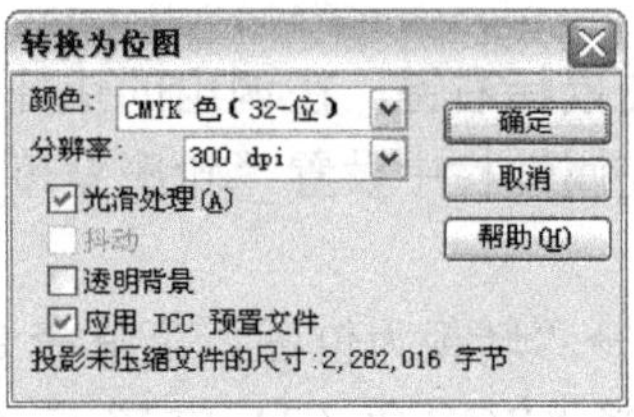

图 6-2-15 “转换为位图”对话框

（3）在“颜色”列表框内选择一种颜色模式，选择合适的颜色模式，可以减小转换中的失真。在“即分辨率”列表框内选择一种分辨率。图像的分辨率就是指位图的每英寸长度的像素点的个数。分辨率越高，位图质量越好，但所占磁盘空间就越大。

（4）选中“光滑处理”复选框，可改善颜色之间的过渡；选中“透明背景”复选框，可使位图具有一个透明的背景；选中“应用 ICC 预置文件”复选框，可使用当前的颜色预置文件。

（5）设置完后，单击“确定”按钮，即可将矢量图转换成位图。

2. 位图转换为矢量图形和位图的描绘

（1）位图转换为矢量图形：对于简单的位图可以转换为矢量图形。例如：可以绘制一个矢量图形，将它转换为位图，然后按照下述方法再将它转换为矢量图。

① 选中位图，再单击工具箱中的“手绘”或“贝塞尔”工具按钮。

② 将鼠标指针移到位图之上，单击位图，即可创建该位图的轮廓图。

③ 对轮廓图（矢量图）进行修改、填充，即可将该位图转换为矢量图。

（2）位图的描绘：使用工具箱中的“挑选”工具，选中位图。单击属性栏（位图或 OLE

对象）中的“跟踪位图”按钮，即可调出“Corel TRACE 12”软件的窗口和选中的位图，如图 6-2-16 所示。利用该对话框可以对位图进行描绘，产生特殊的效果，将原图像转换成相应的描绘图像。

图 6-2-16　“Corel TRACE 12”软件窗口

6.3　图像文字——编辑位图

【案例效果】

实例“图像文字”是一个标题，如图 6-3-1 所示为了突出它的新鲜感，将其文字部分变成透明画面，使我们可以透过文字部分看到这个背景图像。

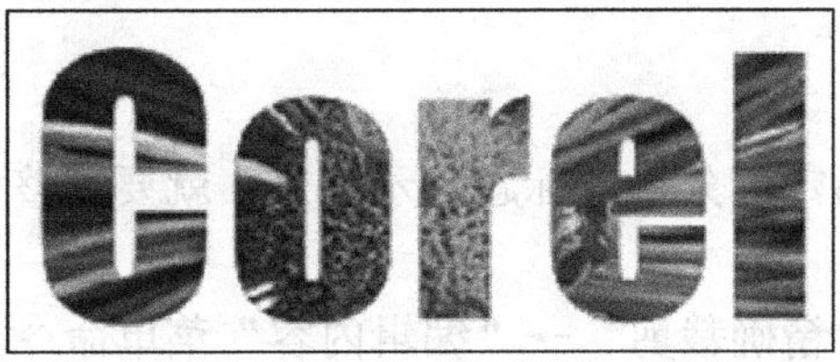

图 6-3-1　图像文字

6.3.1　制作过程

1. 导入图像

（1）单击“文件”→“导入”菜单命令，导入一幅文件名为“花卉”的图像，如图 6-3-2 所示。

（2）将导入的图形移动到画面的中间，并调整图形的大小，使其充满绘图画面，如图 6-3-2 所示。这样就完成了背景图像的导入工作。

图 6-3-2　导入一幅花卉图像

2. 制作文字效果

（1）使用工具箱中的“文本”工具，导入所需要的文字标题“Corel”，如图 6-3-3 所示。

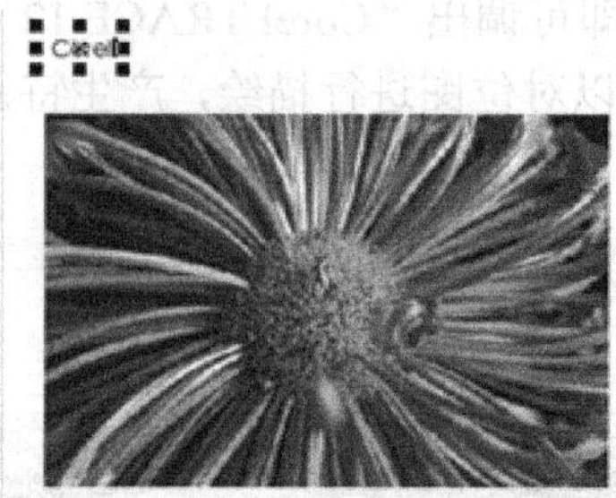

图 6-3-3　导入文字

（2）设置标题的“字体”为 Impact，大小为 200，如图 6-3-4 所示。

（3）选中图像，单击“效果”→“精确裁剪”→“置于容器内”菜单命令。这时页面中出现了一个粗箭头，移动鼠标，用粗箭头单击标题文字，如图 6-3-4 所示。这时会看到文字产生了透明效果，透过标题可以看到背景图像，如图 6-3-5 所示。

图 6-3-4　设置标题文字

图 6-3-5　文字产生透明效果

3．编辑文字效果

如果想将导入图像的指定部分通过标题显示出来，就要调整背景图形的位置，按下列步骤进行操作。

（1）单击“效果”→“精确裁剪”→“编辑内容”菜单命令，可以看到导入的背景图形在绘图区中显示出来了，如图 6-3-6 所示，并且上面还有标题文字的轮廓线，这时就可以方便地移动背景图形，并可以看到标题文字处显示出来的是哪一部分背景图形。

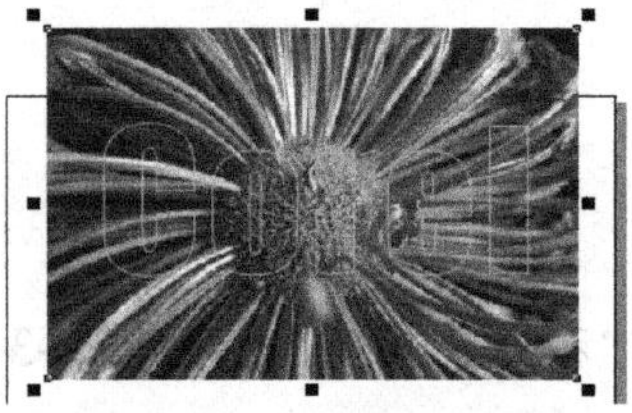

图 6-3-6　编辑内容

（2）用鼠标单击并拖曳背景图形到指定的位置，使需要的图形部分放在标题文字中，如图 6-3-6 所示。

（3）单击“效果”→“精确裁剪”→“完成编辑这一级”菜单命令。

（4）可以看到文字周围的背景图形消失了，透过标题文字可以看到了所需部分的背景图形显示出来，调整文字的位置，生成最后满意的效果，如图 6-3-1 所示。

6.3.2　位图颜色的遮罩与编辑

1．位图颜色的遮罩

（1）选中位图后，单击“位图”→“位图颜色遮罩”菜单命令，或单击属性栏中的“位图颜色遮罩”按钮，调出“位图颜色遮罩”泊坞窗，如图 6-3-7 所示。

（2）隐藏位图中的某几种颜色：单击选中“隐藏颜色”单选钮，再按下述步骤进行操作。

① 在颜色列表框内单击选中一个色条。

② 单击“颜色选择”按钮；将鼠标指针移到位图内的某处，单击鼠标左键选色。也可以单击“编辑色彩”按钮，调出“选择颜色”对话框，利用它选择相应的色彩。

③ 用鼠标拖曳“容限”滑块，调整容错度，此时会在颜色列表框内选中的色条右边显示容错度数据。

④ 在颜色列表框内选中另外一个色条，重复上述步骤。

⑤ 设置完后，单击“应用”按钮。

（3）显示位图中的某几种颜色：单击选中“显示颜色”单选钮，再按上述步骤进行。如图 6-3-8 所示给出了原图，图 6-3-9 是隐藏位图中的几种颜色后的图像。

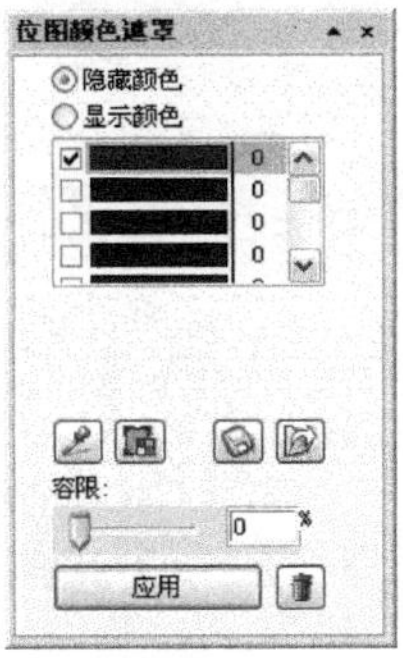

图 6-3-7 “位图颜色遮罩”泊坞窗

图 6-3-8　原图

图 6-3-9　隐藏颜色后的图像

2．位图的编辑

（1）选中位图，这时的属性栏如图 6-3-10 所示。利用它可以像其他属性栏一样，改变位图的大小与位置、旋转的角度和产生镜像等。

（2）位图的编辑：单击属性栏中的“编辑位图”按钮，或单击“位图”→“编辑位图”菜单命令，可以调出中文 Corel PHOTO-PAINT 12 配套软件和选中的位图，如图 6-3-11 所示。中文 Corel PHOTO-PAINT 12 软件是一个类似于 Photoshop 的图像处理软件，利用该软件可以对位图进行各种编辑，可以对选中的位图进行编辑加工，例如，增加图像和文字等。

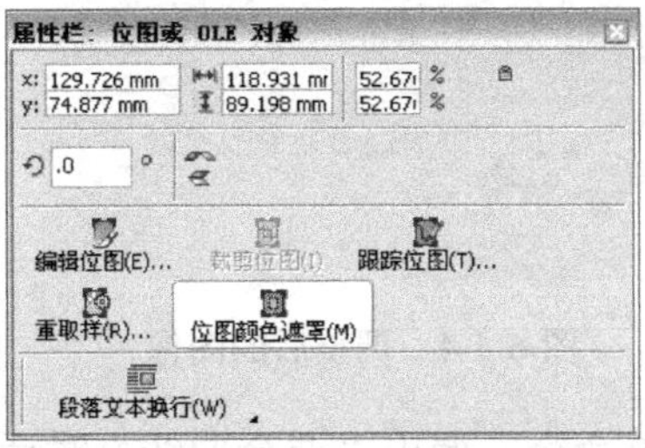

图 6-3-10　属性栏（位图或 OLE 对象）

图 6-3-11　中文 Corel PHOTO-PAINT 12 软件窗口

6.4 春夏秋冬——色彩调整

【案例效果】

实例“春夏秋冬”通过对一幅点阵图实施“色彩调整”操作，产生了春、夏、秋、冬四个季节的效果，如图 6-4-1 所示。在“效果”→“色彩调整”菜单命令中共有 13 条命令，中文 CorelDRAW 12 是一个针对矢量绘图设计的软件，它同样能用来调整点阵图的色调，使图形达到所设计的艺术效果。

图 6-4-1 春夏秋冬

6.4.1 制作过程

1. 制作春天、夏天和秋天效果

（1）单击“文件”→“导入”菜单命令，导入一个文件名为“沙漠”的图像，如图 6-4-2 所示。再将该图像复制 3 个，平均排列在一起，如图 6-4-1 所示。

图 6-4-2 导入“沙漠”的图像

（2）选中左下角的“沙漠”图像，再单击“效果”→“色彩调整”→“伽玛值”菜单命令，调出“伽玛值”对话框，如图 6-4-3 所示。该对话框的主要功能是用来调整图像对比不足时用的，伽玛值越大，图像对比度就越弱。由于图 6-4-2 的色彩比较浓烈，因此调整伽玛值为 1.96，单击“预览”按钮，即可看到整个图像的对比均减弱了。调整图像对比度不仅是明暗，整个图像的色调对比也减弱了，效果如图 6-4-4 所示。

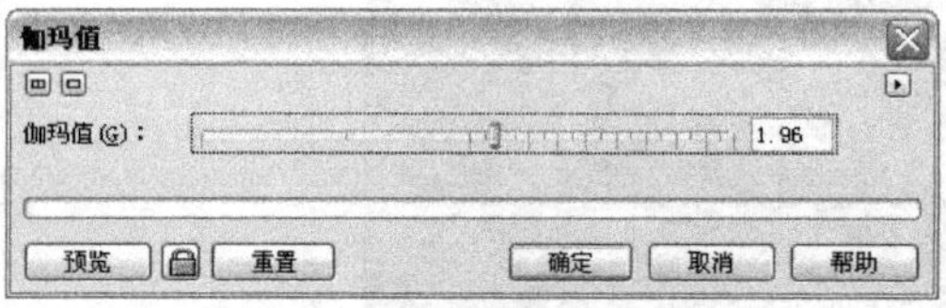

图 6-4-3 “伽玛值”对话框

图 6-4-4 调整后的图像

（3）单击“效果”→“色彩调整”→“调合曲线”菜单命令，调出“调合曲线”对话框，如图 6-4-5 所示。在该对话框中首先定义色频为绿色、伽玛值为 2，这时出现一条绿色曲线；

再单击选中“全部显示”复选框，出现一条蓝色直线。单击“平滑曲线”按钮。定义第二条色频线为“RGB 色频”、伽玛值为 1，出现一条白色直线，调整其直线 X=131、Y=55。最后单击“确定”按钮，效果如图 6-4-6 所示。

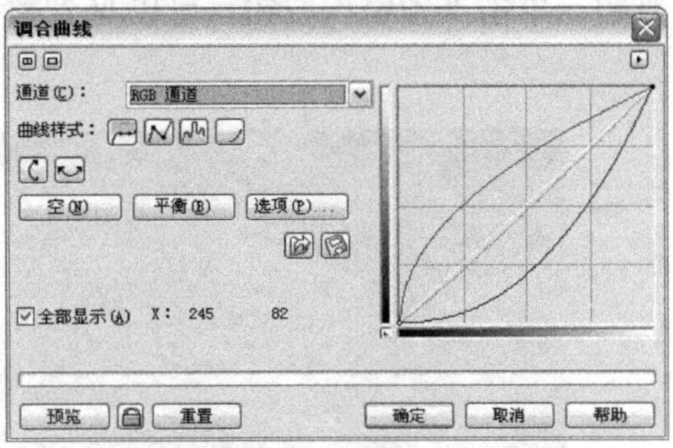

图 6-4-5 “调和曲线”对话框

图 6-4-6　调整曲线后的效果

（4）单击选中图 6-4-2 中右下角的“沙漠”图像，单击“效果”→“色彩调整”→“亮度/对比度/强度”菜单命令，调出“亮度/对比度/强度”对话框。在该对话框中设置的各项参数使图像的亮度、对比度、强度都得到增强，使图像产生沙漠夏季那种烈日炎炎、无边无垠的景色，其参数设置如图 6-4-7 所示。单击“确定”按钮，效果如图 6-4-8 所示。

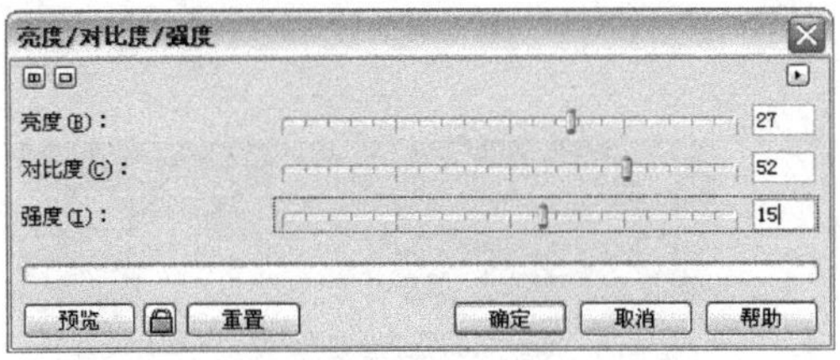

图 6-4-7 “亮度/对比度/强度”对话框

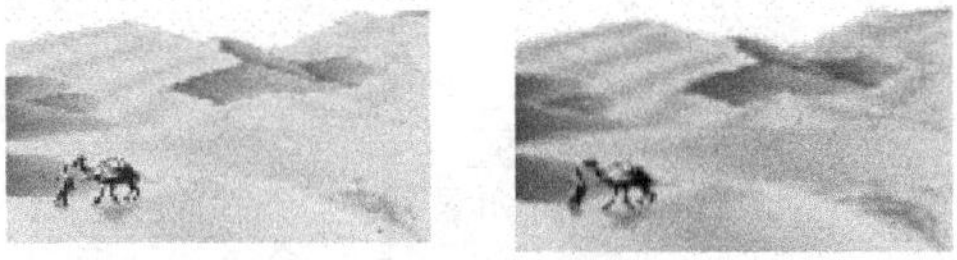

图 6-4-8　调整亮度/对比度/强度后的效果

（5）单击选中图 6-4-2 中左上角的“沙漠”图像，再单击“效果”→“色彩调整”→“颜色平衡”菜单命令，调出“颜色平衡”对话框，如图 6-4-9 所示。为了营造出秋季天高气爽、金灿灿的氛围，将“品−绿”和“黄−蓝”设定为−38、−85，单击“确定”按钮，关闭该对话框，执行后的效果如图 6-4-10 所示。

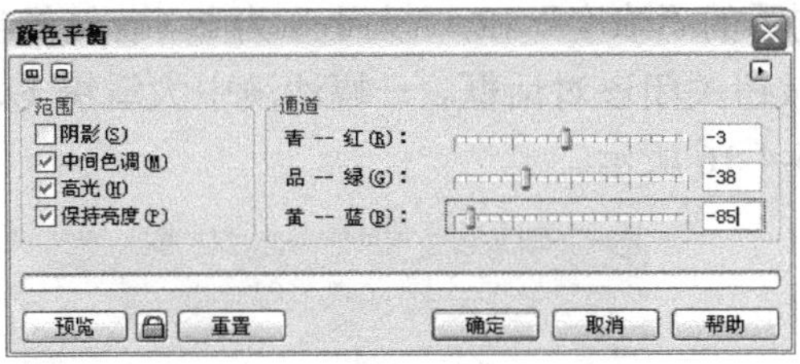

图 6-4-9 “色彩平衡”对话框

图 6-4-10　调整色彩平衡后的效果

2．制作冬天效果

（1）单击选中图 6-4-2 中右上角的“沙漠”图像，再单击“效果”→“变换”→“反显”菜单命令，该命令的主要功能是使点阵图变成负像。执行“反转”后可以见到点阵图被反显成负像，即黑色变成白色，白色变成黑色，其他颜色都变成了它的补色，效果如图 6-4-11

所示。

（2）单击“效果”→“变换”→“极色化”菜单命令，调出“极色化”对话框。“极色化”命令主要功能是设定所要的色调阶数，即表示每个色调只以设定的阶数来表现。根据需要我们定义色调层次为 26，作为冬景的色彩级数，单击“预览”按钮，可以见到整个点阵图的色调表现得更为丰富了，如图 6-4-12 所示。

图 6-4-11 颜色变成了它的补色

图 6-4-12 色调表现得更为丰富

（3）图 6-4-12 作为冬景显然过于寒冷使人感到压抑。现在对其进行“调合曲线”的方法加以改善。单击选中图 6-4-2 中的冬景图像。单击“效果”→“色彩调整”→“调合曲线”菜单命令，调出“调合曲线”对话框，参数设置如图 6-4-13 所示，效果如图 6-4-14 所示。

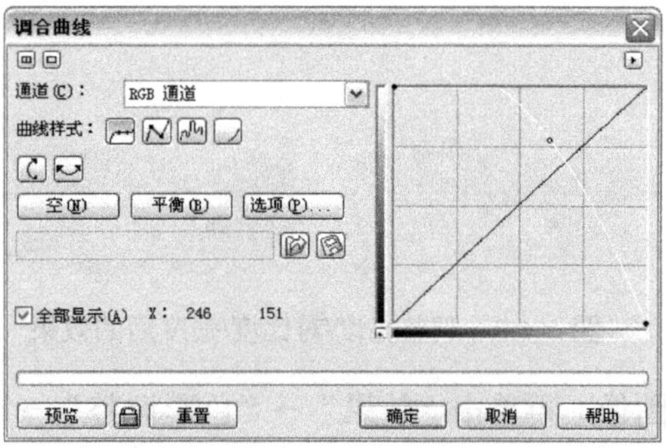

图 6-4-13 “调和曲线”对话框

图 6-4-14 调整曲线后的效果

（4）单击“位图”→“创造性”→“天气”菜单命令，调出“天气”对话框，如图 6-4-15 所示。在该对话框中选中“雪”单选钮，再设制雪的“浓度”12，“大小”为 2（若气候参数预测为雨还会有雨点方向参数），单击“确定”按钮关闭该对话框。一幅沙漠中大雪纷飞、冰天雪地、寒风凛冽的冬景跃然而出，效果如图 6-4-16 所示。

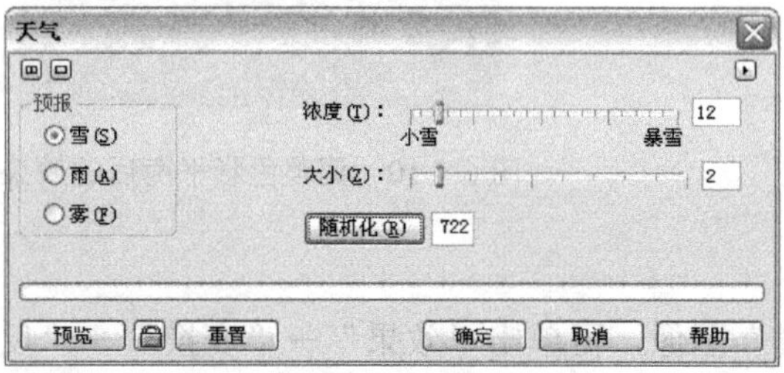

图 6-4-15 “天气”对话框

图 6-4-16 添加雪花后的效果

（5）单击“位图”→“创造性”→“虚光”菜单命令，调出“虚光”对话框，如图 6-4-17 所示。定义虚光的“颜色”是白色、“形状”为椭圆形、调整“偏移”量为 94、“褪色”程度为 30，单击“确定”按钮关闭对话框，得到冬景的最终效果，如图 6-4-18 所示。

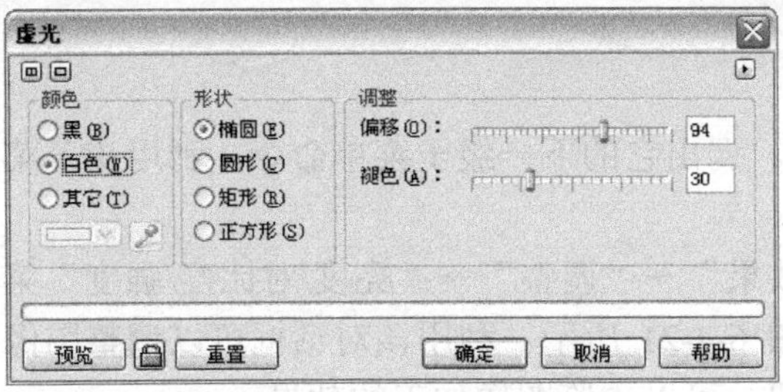

图 6-4-17　“虚光”对话框

图 6-4-18　得到冬景的最终效果

（6）使用工具箱中的“文本”工具 字，分别导入春、夏、秋、冬四个字，放到对应点阵图的角上。将制作好的四幅点阵图调整比例后组合成一个整体，如图 6-4-19 所示。

图 6-4-19　导入文字

3．制作文字效果

（1）使用工具箱中的“文本”工具 字，导入美术字“COREL DRAW 9”。再将其复制一份，将复制的美术字放大些。单击“排列”→“顺序排列”→“到后部”菜单命令，再选取这两个对象，单击“交互式填充工具”按钮，在其属性栏中设置渐变步长为 20，拖曳文字图形，得到具有立体效果的美术字，如图 6-4-20（a）所示。

（2）使用工具箱中的“文本”工具 字，导入美术字“色彩调整效果”，在其属性栏中设置“字体”为隶书，“字号”为 90，填充成紫红色后去掉外框线，使该美术字旋转一个角度如图 6-4-20（b）所示。

（a）

（b）

图 6-4-20　制作文字效果

（3）调整图形的各个部分的大小和比例后，将它们组成一个整体。至此，完成整个图 6-4-1 的创作。

6.4.2 位图的色彩调整与取样

1. 调整位图的色彩

（1）单击“效果”→“调整”菜单命令，调出它的下一级子菜单命令，利用该子菜单中的菜单命令可以进行图像色彩的各种调整。

（2）亮度/对比度/强度的调整：单击“效果”→“调整”→“亮度/对比度/强度”菜单命令，调出“亮度/对比度/强度”对话框，如图 6-4-21 所示。利用该对话框可以调整图像的亮度/对比度/强度。单击左下角的“眼睛”按钮，可以预览图像加工的效果。

（3）颜色通道的调整：单击“效果”→“调整”→“通道混合器”菜单命令，调出“通道混合器”对话框，如图 6-4-22 所示。利用该对话框可以调整图像的色彩平衡。

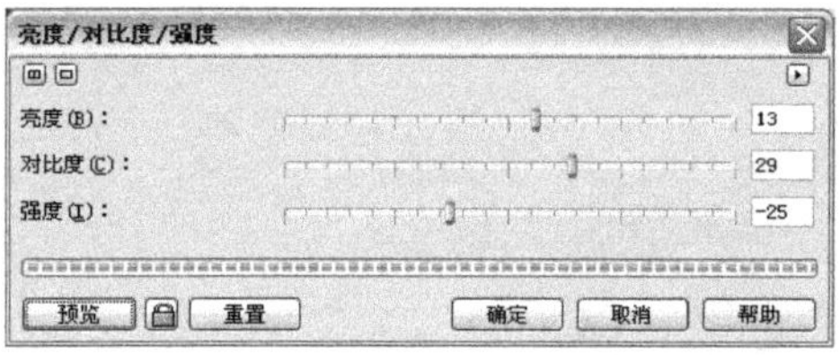

图 6-4-21 “亮度/对比度/强度”对话框

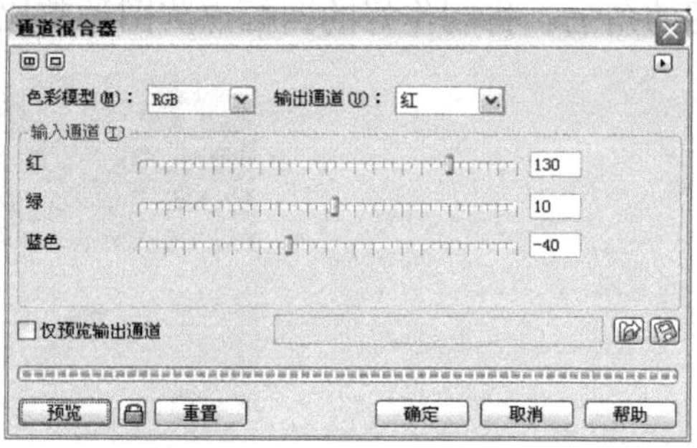

图 6-4-22 “通道混合器”对话框

（4）伽玛值的调整：单击“效果”→“调整”→“伽玛值”菜单命令，调出“伽玛值”对话框，如图 6-4-23 所示。利用该对话框可以调整图像色彩的伽玛值。伽玛值的改变会影响图像中的所有值，但主要影响中间的色调，调整它可以改进低对比度图像的细节部分。

（5）色调、饱和度和亮度的调整：单击“效果”→“调整”→“色度/饱和度/光度”菜单命令，调出“色度/饱和度/光度”对话框，如图 6-4-24 所示。利用该对话框可以调整图像色彩的色调、饱和度和亮度。

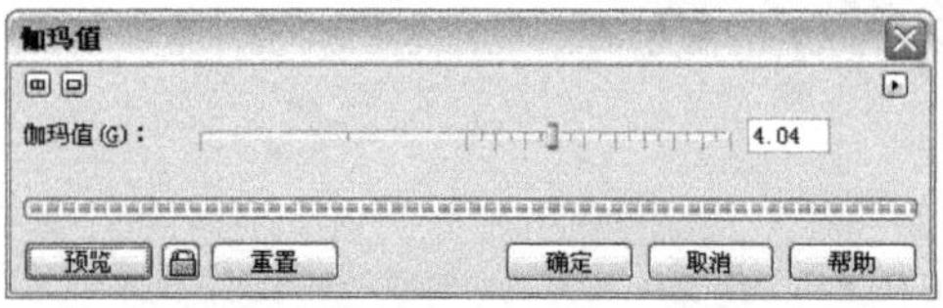

图 6-4-23 “伽玛值”对话框

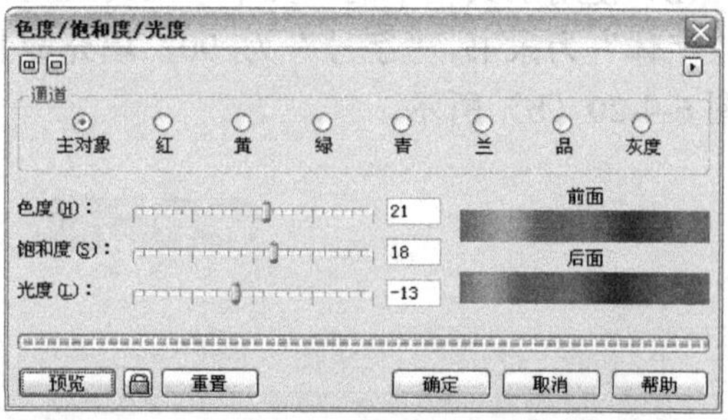

图 6-4-24 “色度/饱和度/光度”对话框

（6）局部等化调整：单击“效果”→“调整”→“局部平衡”菜单命令，调出“局部平衡”对话框，如图 6-4-25 所示。利用该对话框可以进行图像的局部等化调整，以产生一些特殊的效果。单击 按钮后，可同时调整“宽度”和“高度”的数值。按钮抬起后，可以分别调整“宽度”和“高度”的数值。

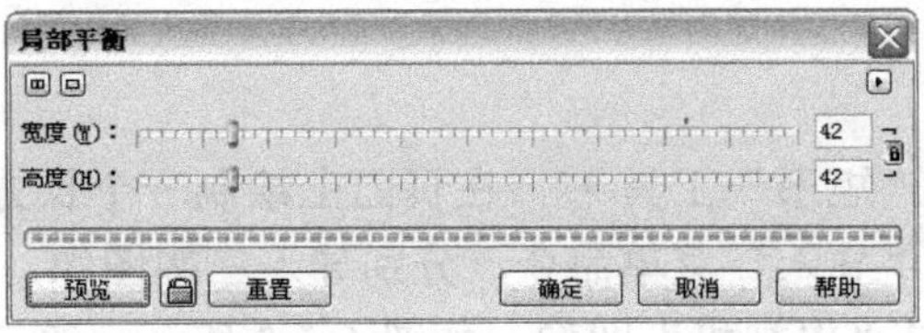

图 6-4-25 “局部平衡”对话框

（7）曲线调整：单击“效果”→“调整”→“调合曲线”菜单命令，调出“调合曲线”对话框，如图 6-4-26 所示。利用该对话框可以进行图像色调曲线的调整，以产生一些特殊的效果。

2．位图取样

选中位图，单击属性栏中的“重新取样”按钮，调出“重新取样”对话框，如图 6-4-27 所示。利用该对话框可以调整图像的大小与清晰度。

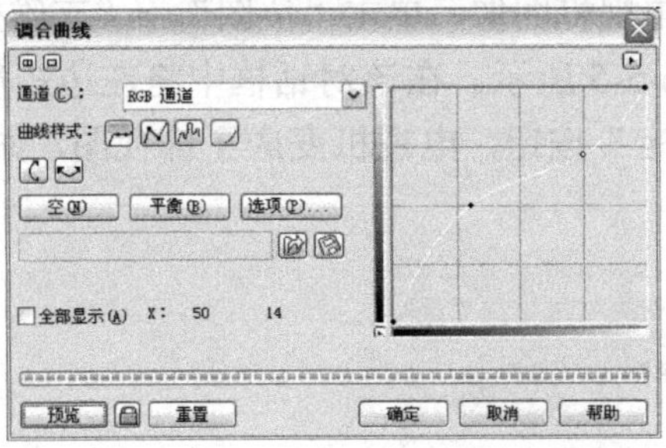

图 6-4-26 “调合曲线”对话框

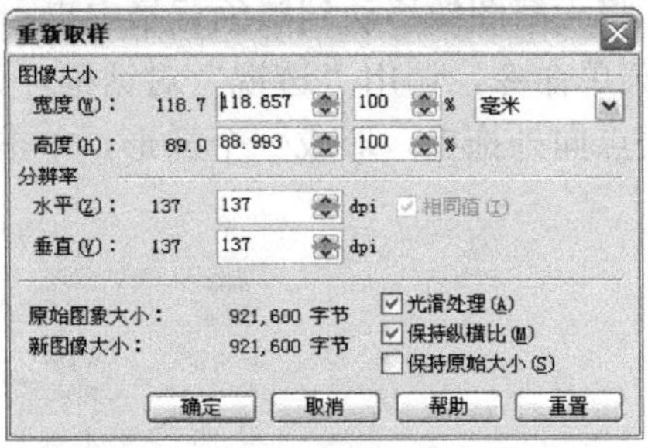

图 6-4-27 “重新取样”对话框

6.5　电视机广告——应用滤镜

【案例效果】

实例“电视机广告”分为背景、中景、前景和文字四部分。如图 6-5-1 所示，背景为一张大海的图像，中景为一台电视机，前景为一座桥和一个站在桥上的人。全图以仰视的角度充分体现出了“想更远，就要站在更高处。康佳彩霸与您登上视觉更高峰”这一广告词的内涵。

图 6-5-1　电视机广告

6.5.1 制作过程

1. 制作电视效果

（1）使用工具箱中的“矩形”工具，在页面上绘制一个长方形的背景，并填充黑色。

（2）单击“文件”→“导入”菜单命令，分别导入三幅图像，第一幅是“大海”图像，如图 6-5-2 所示。第二幅是“电视机”图像，如图 6-5-3 所示。第三幅是一个“男人”图像，如图 6-5-4 所示。

图 6-5-2 “大海”图像

图 6-5-3 “电视机”图像

图 6-5-4 “男人”图像

（3）将大海图像移动到黑色背景中央。选中电视机图像，单击“位图”→“三维效果”→“透视”菜单命令，调出“透视”对话框，如图 6-5-5 所示。在该对话框中将左边矩形底边上的两个顶点向外拖曳，形成一个梯形，单击“确定”按钮，电视机变成了仰视图，如图 6-5-6 所示。

图 6-5-5 “透视”对话框

（4）绘制一个矩形，单击“效果”→“添加透视点”菜单命令，将矩形调整为梯形，并覆盖电视页面。复制一个大海图像，然后单击“效果”→“精确裁剪”→“置于容器内”菜单命令，将复制的大海图像填充到梯形中。

（5）单击工具箱中的“无轮廓”按钮，取消梯形外框，如图 6-5-7 所示。

图 6-5-6 电视机变成了仰视图

图 6-5-7 将复制的大海图像填充到梯形中

2. 制作其他效果

（1）使用工具箱中的“手绘”工具，在页面中绘制一个天桥图形，如图 6-5-8 所示。并为其填充渐变颜色。

（2）将“男人”图像缩小并放在天桥上形成前景，如图 6-5-8 所示。

图 6-5-8　绘制一个天桥图形并放置人物

（3）使用工具箱中的“文本”工具，在页面上输入广告词。再使用工具箱中的“交互式立体化”工具，将文字立体化，如图 6-5-9 所示。

（4）将所绘图形和文字拖曳到背景图形中，组成一幅电视机广告画，如图 6-5-1 所示。

图 6-5-9　文字立体化

6.5.2　位图的模糊、旋转与工艺效果

1. 三维旋转

（1）单击“位图”→“三维效果”→“三维旋转”菜单命令，调出“三维旋转”对话框，如图 6-5-10 所示。

（2）在图 6-5-10 所示的对话框内左边的图像框中，用鼠标拖曳立体正方形，以产生三维旋转的设置，也可以修改图像框右边数字栏内的数据。

（3）设置完后，单击“预览”按钮，可以看到位图的三维旋转效果。认为效果理想后，可单击“确定”按钮，即可完成位图的三维旋转特效处理，如图 6-5-11 所示。

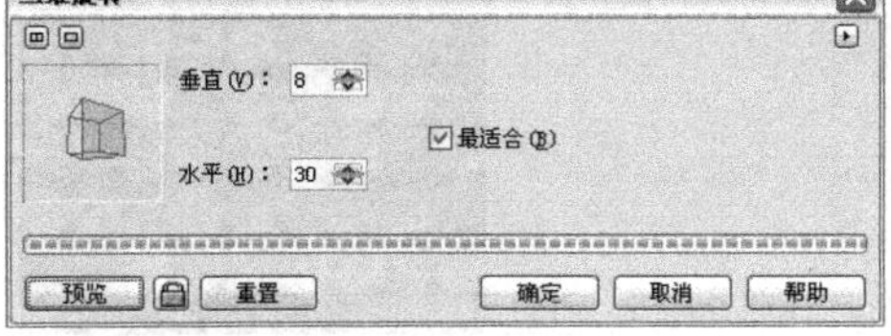

图 6-5-10　“三维旋转”对话框

图 6-5-11　完成位图的三维旋转

2. 卷页

（1）单击“位图”→“三维效果”→“卷页”菜单命令，调出“卷页”对话框，如图 6-5-12 所示。

（2）在“卷页”对话框内左边的按钮“定向”栏内，选择卷页的方向。

（3）在“卷页”对话框内“纸张”栏内可以选择卷页图像的背面是否透明。在“颜色”栏内可以选择卷页图像卷边和背景图像的颜色。

（4）在“卷页”对话框内“宽度”和“高度”栏内，用鼠标拖曳滑块，或修改其右边数值框内的数字，以改变卷页的形状与大小，产生卷页效果后的图像如图 6-5-13 所示。

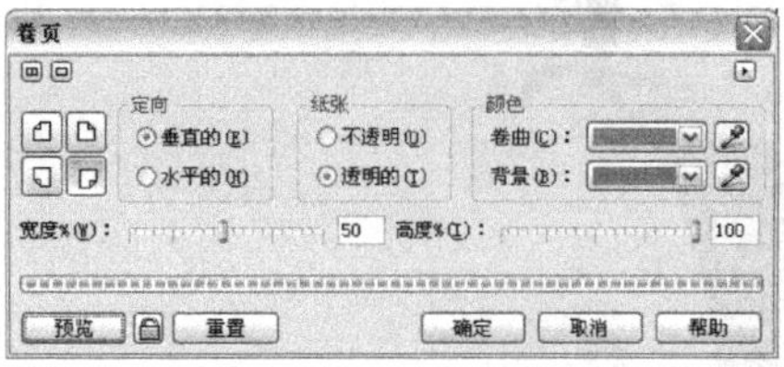

图 6-5-12 “卷页”对话框

图 6-5-13　产生卷页效果

3．高斯模糊

（1）单击“位图”→“模糊”→“高斯式模糊”菜单命令，调出“高斯式模糊”对话框，如图 6-5-14 所示。

（2）在“高斯式模糊”对话框内，用鼠标拖曳决定半径的滑块或修改数值框内的数字。产生高斯模糊效果后的图像，如图 6-5-15 所示。

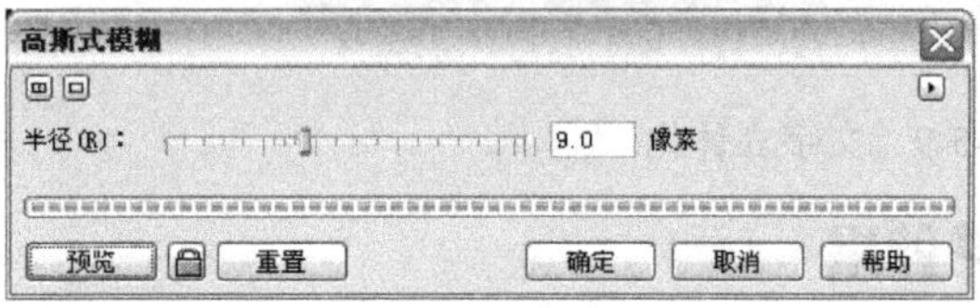

图 6-5-14 “高斯式模糊”对话框

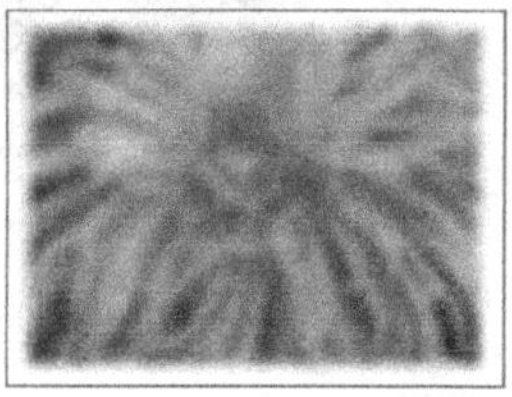

图 6-5-15　产生高斯式模糊效果

4．工艺效果

（1）单击“位图”→“创造性”→“工艺”菜单命令，调出“工艺”对话框，如图 6-5-16 所示。

（2）在“工艺”对话框内，在“样式”列表框中选择“瓷砖”选项，再用鼠标拖曳调整决定大小、亮度等的滑块或修改相应数字框内的数字，用鼠标拖曳调整旋转的角度或修改相应数字框内的数字。最终产生大理石工艺效果后的图像如图 6-5-17 所示。

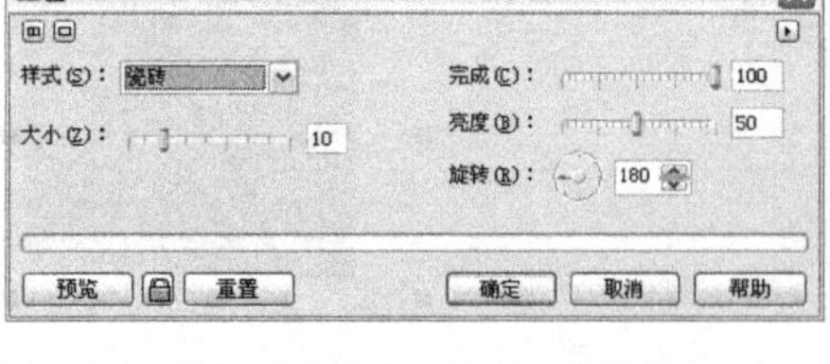

图 6-5-16 “工艺”对话框

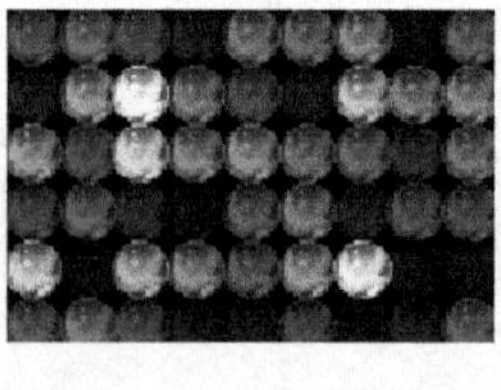

图 6-5-17　产生瓷砖效果

6.6　合成位图与加工位图——其他滤镜效果

【案例效果】

如图 6-6-1 所示，实例“合成位图与加工位图”由两幅位图图像合成，再对合成后的图像进行卷页加工后获得的。该图像的加工使用了位图图像的色彩遮罩技术和位图图像卷页加工技术。对图像还可以进行其他方式的加工，从而可获得不同的效果。

图 6-6-1　合成位图与加工位图

6.6.1　制作过程

1．导入位图

（1）单击“文件”→“导入”菜单命令，调出“导入”对话框，选择大象图像文件，单击“确定”按钮。然后用鼠标在绘图页内拖曳，即可显示出一幅大象图像，如图 6-1-2 所示。

（2）单击“文件”→“导入”菜单命令，调出“导入”对话框，选择一幅小天使图像，单击“确定”按钮。然后用鼠标在绘图页内拖曳，即可显示出一幅小天使图像，如图 6-6-2 右上角图所示。

图 6-6-2　导入大象图像和小天使图像

2．合成位图像

（1）单击选中小天使图像，再单击“位图”→“位图颜色遮罩”菜单命令，调出“位图色彩遮罩”对话框，如图 6-6-3 所示。

（2）单击“位图颜色遮罩”泊坞窗口内的“隐藏颜色”单选钮，单击“颜色选取”按钮。将鼠标指针（吸管状）移到小天使图像的白色空白处，单击鼠标左键。这时“位图颜色遮罩”泊坞窗口内第一个色条的颜色变为白色，如图 6-6-4 所示。

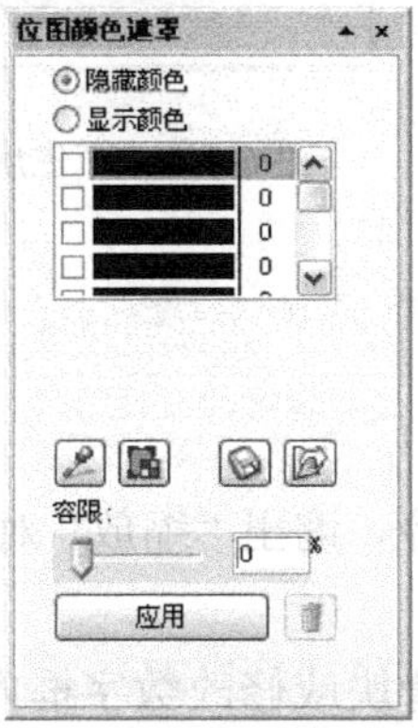

图 6-6-3 “位图颜色遮罩”对话框

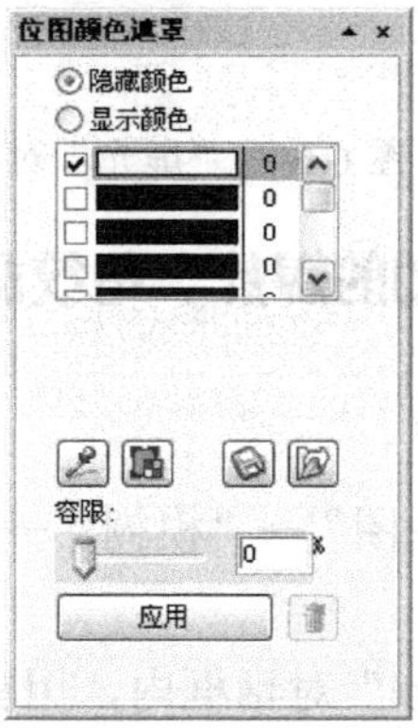

图 6-6-4　窗口内第一个色条的颜色变为白色

（3）单击“位图颜色遮罩”泊坞窗口内的“应用”按钮，可以看到图 6-6-2 中的小天使图像的白色空白处变为透明，透出其背景的风景图像，如图 6-6-5 所示。

图 6-6-5 透出其背景的风景图像

（4）按住【Shift】键，单击两个图像，选中它们。再单击“排列”→“群组”菜单命令，将它们组成群组。

3．加工位图图像后生成卷页效果

图 6-6-6 “卷页”对话框

（1）选中群组后的位图，单击“位图”→“三维效果”→“卷页”菜单命令，调出“卷页”对话框，如图 6-6-6 所示。

（2）在“卷页”对话框内，单击“右下角卷页”按钮，调整卷页的宽度与高度，单击选中“透明度”单选钮，最后单击“确定”按钮，即可获得如图 6-6-6 所示卷页图像。

4．加工位图图像后生成虚光效果

（1）选中群组后的位图，单击“位图”→“创造性”→“虚光”菜单命令，调出“虚光”对话框，如图 6-6-6 所示。

（2）使用“虚光”对话框内的默认项。单击“确定”按钮即可使图 6-6-7 产生图 6-6-8 所示的效果。

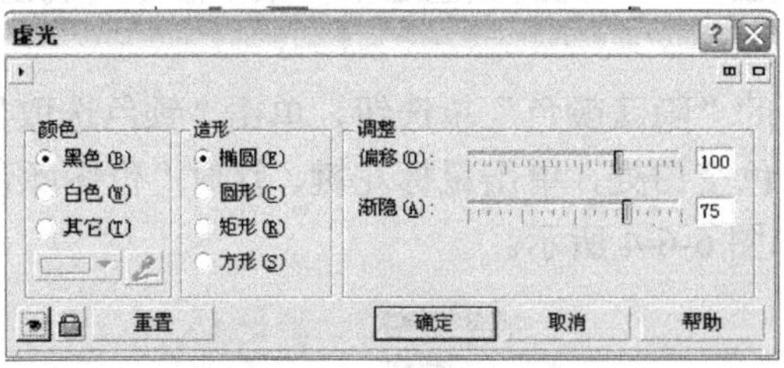

图 6-6-7 “虚光”对话框

图 6-6-8 产生虚光效果

6.6.2 位图的爆炸、龟纹和风效果

1．爆炸效果

（1）单击“位图”→“模糊”→“缩放效果”菜单命令，调出“缩放”对话框，如图 6-6-9 所示。

（2）在“缩放”对话框内，用鼠标拖曳决定半径的滑块或修改数字框内的数字，产生缩放模糊效果后的图像如图 6-6-10 所示。

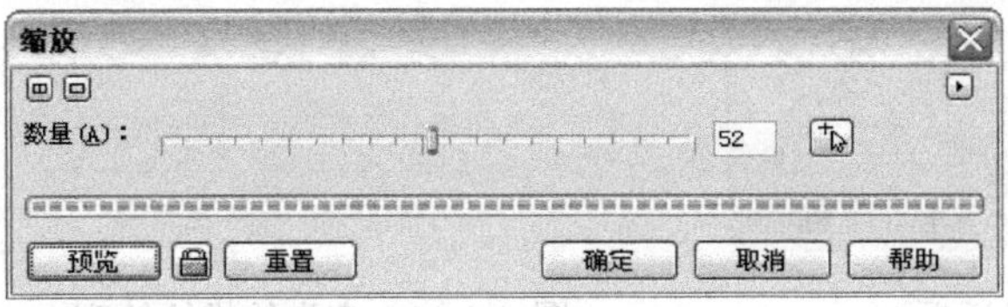

图 6-6-9 “缩放”对话框

图 6-6-10　产生缩放模糊效果

2．龟纹

（1）单击“位图”→“变换”→“龟纹”菜单命令，调出“龟纹”对话框，如图 6-6-11 所示。

（2）利用“龟纹”对话框，调整主波纹的周期和幅度，如果选择了“垂直波纹”复选框，则还需调整其幅度，再考虑是否需要波纹变形和调整波纹角度。在改变数据时，右边显示框内的波形会随之变化，产生波纹效果后的图像如图 6-6-12 所示。

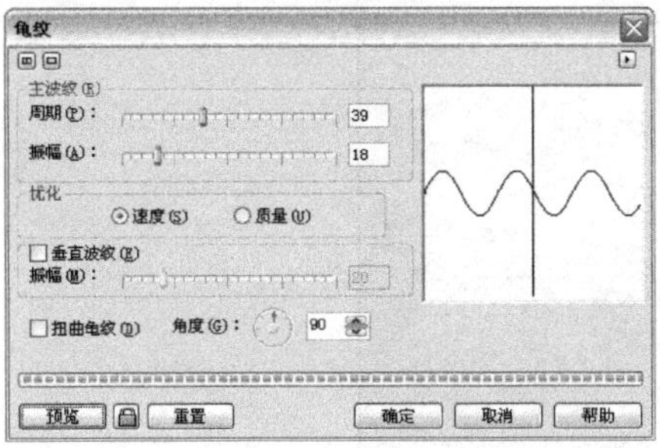

图 6-6-11 “龟纹”对话框

图 6-6-12　产生波纹效果

3．风效果

（1）单击“位图”→“变换”→“风”菜单命令，调出“风”对话框，如图 6-6-13 所示。

（2）利用“风”对话框，再用鼠标拖曳调整决定强度和不透明度的滑块或修改相应数字框内的数字，产生风效果后的图像如图 6-6-14 所示。

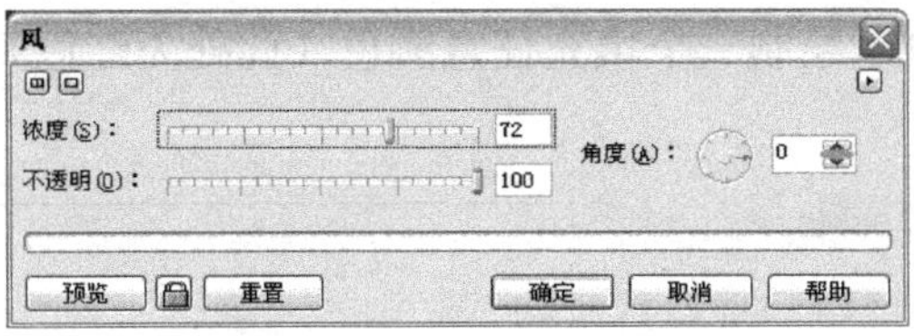

图 6-6-13 “风”对话框

图 6-6-14　产生风效果

4．轮廓图

（1）单击“位图”→“轮廓图”→“跟踪轮廓”菜单命令，调出“跟踪轮廓”对话框，如图 6-6-15 所示。

（2）在“描绘轮廓图”对话框内，选择边缘类型和调整变化程度，产生的描绘轮廓图图像如图 6-6-16 所示。

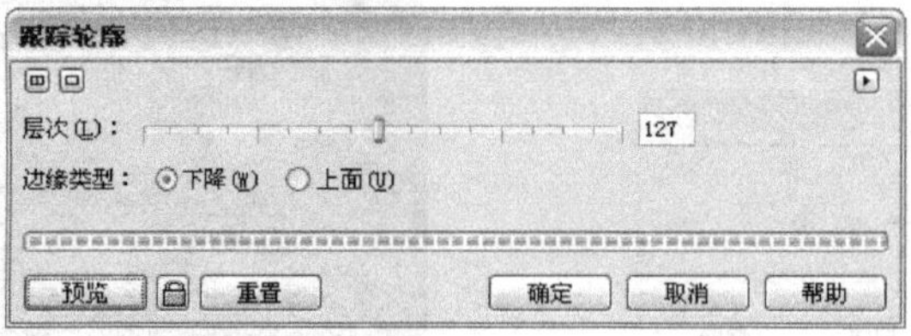

图 6-6-15 “跟踪轮廓”对话框

图 6-6-16 产生的描绘轮廓

6.7 日月同辉——应用外挂式过滤器

【案例效果】

实例“日月同辉”画面中展现的是一片被落日染成红色的荒原，一直延伸到远处的地平线。如图 6-7-1 所示，天空中高高漂浮着一层层淡淡的云彩，太阳正在缓缓落下，月亮已经升起，形成日月同辉的景观。在这个实例中，主要使用了纹理填充、矢量图形转换成位图、位图的效果处理等操作，天空图像是使用 KPT6 外挂滤镜来实现的。

图 6-7-1 日月同辉

6.7.1 制作过程

1．制作大地

（1）单击“布局”→“页面设置”菜单命令，调出“选项”（大小）对话框。按照如图 6-7-2 所示进行设置，然后单击“确定”按钮，设置页面为宽度为 100mm、高度为 80mm。

（2）使用工具箱中的“矩形”工具 □，绘制一个填充任意颜色（此处为红色）的矩形，如图 6-7-3 所示。

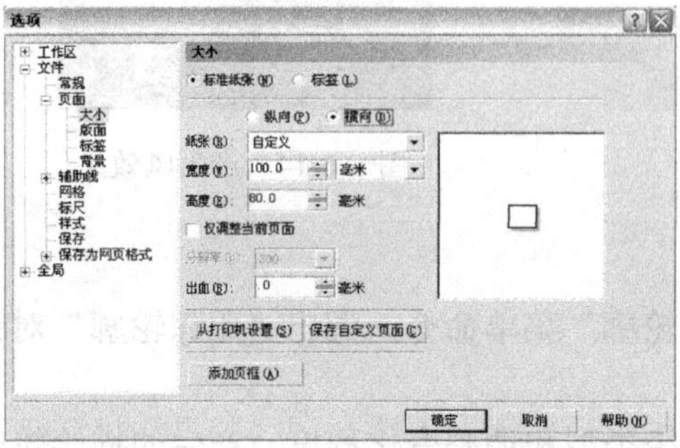

图 6-7-2 “选项”（大小）对话框

图 6-7-3 绘制矩形

（3）单击使用工具箱中的“纹理填充”工具按钮 ，调出“底纹填充”对话框。在该对话框中参照如图 6-7-4 所示的参数进行设置。再单击“平铺”按钮，调出“平铺”对话框，按照如图 6-7-5 所示的参数进行设置。然后，当即“确定”按钮，返回“底纹填充”对话框中。

图 6-7-4 “底纹填充”对话框

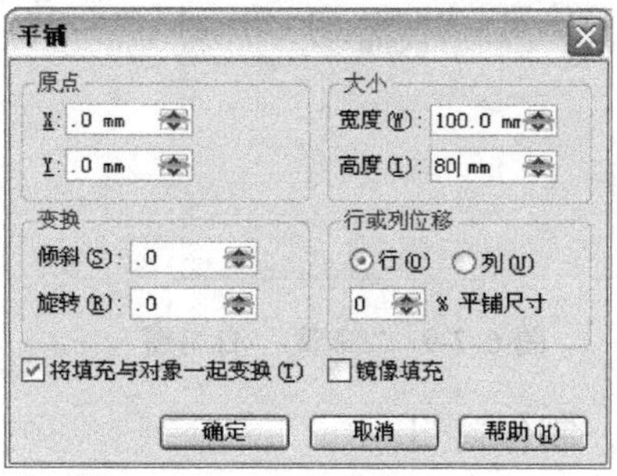

图 6-7-5 “平铺”对话框

（4）单击“底纹填充”对话框中的“确定”按钮，即可将红色矩形图形填充一种土地的纹理，如图 6-7-6 所示，然后删除矩形的轮廓线。

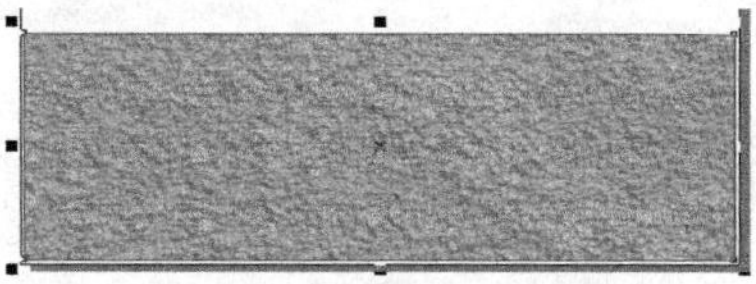

图 6-7-6　填充土地的纹理

（5）使用工具箱中的“挑选”工具 ，单击选中大地图像。单击“效果”→“添加透视点”菜单命令，再按住【Shift+Ctrl】组合键，同时用鼠标水平拖曳大地图像左下角的控制柄，将图形调整成如图 6-7-7 所示的样子。

图 6-7-7　添加透视效果

（6）使用工具箱中的“矩形”工具 ，绘制一个矩形，如图 6-7-8 所示。

图 6-7-8　绘制一个矩形

（7）单击“窗口”→“泊坞窗”→“修整”菜单命令，调出“修整”泊坞窗口，按照如图 6-7-9 所示进行设置。然后，单击“修整”泊坞窗口中的“修剪”按钮，再单击大地图像，即可将矩形中的大地图像删除，如图 6-7-10 所示。

（8）将矩形图形移到大地图像的右边。然后，按照上述方法，将大地图像右边切除。最后将矩形图形删除。

上述操作的目的是为了使大地形成由近及远的效果，此时页面图像如图 6-7-11 所示。

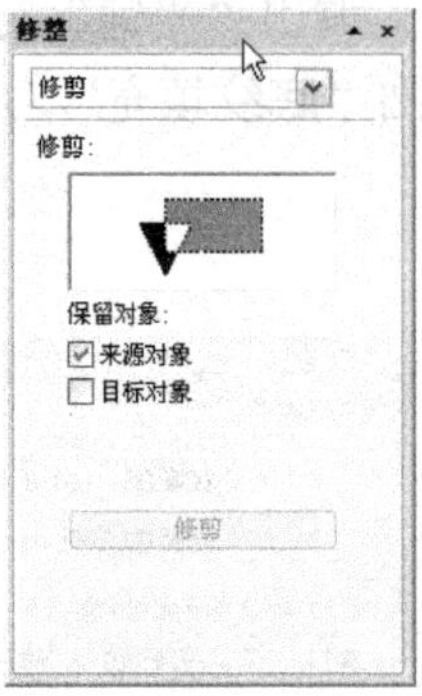

图 6-7-9 “修整”泊坞窗

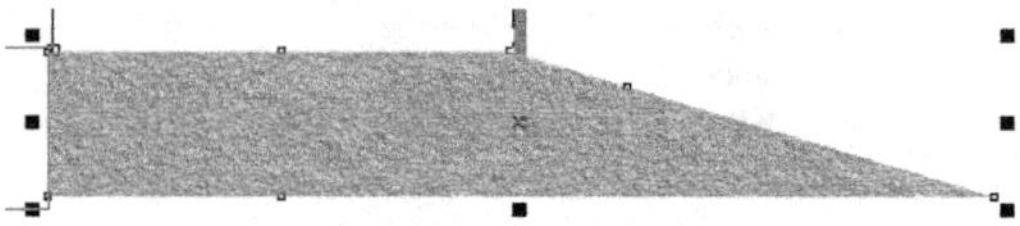

图 6-7-10　将矩形中的大地图像删除

2．制作落日

（1）使用工具箱中的“矩形”工具，在大地图像的上边绘制一个填充色为任意颜色的无轮廓线矩形，如图 6-7-12 所示。

图 6-7-11　将大地图像右边删除

图 6-7-12　绘制矩形

（2）使用工具箱中的“挑选”工具，单击选中矩形，再单击“位图”→“转换为位图”菜单命令，调出“转换成位图”对话框。在该对话框的“颜色”列表框内选择“RGB 颜色（24 位）”选项，如图 6-7-13 所示。然后单击“确定”按钮，即可将选中的矩形转换成位图图像。

（3）单击“位图”→“外挂式过滤器”→“KPT6”→“KPT SkyEffects”菜单命令，调出 KPT 6 外挂滤镜中的“KPT SkyEffects”对话框，如图 6-7-14 所示。这是一个可以设计可以有太阳、月亮和彩虹的天空图像的滤镜。

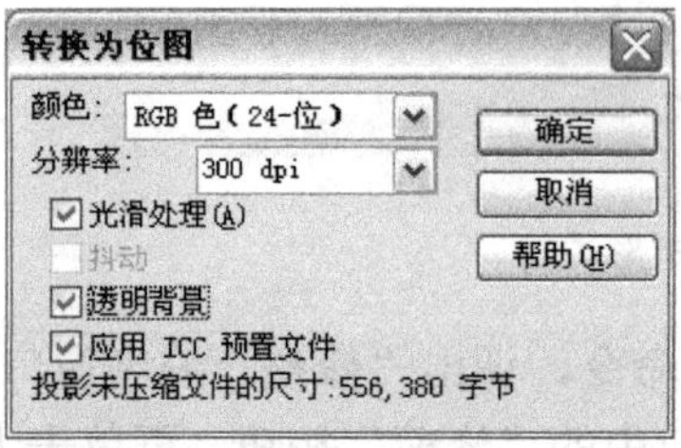

图 6-7-13 “转换成位图”对话框

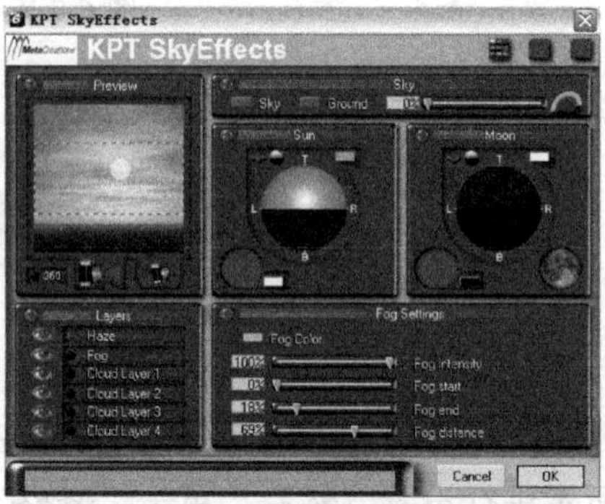

图 6-7-14 “KPT SkyEffects”对话框

（4）单击“KPT SkyEffects”对话框上边的图标按钮，可以调出“Presets”对话框，如图 6-7-15 所示，利用该对话框可以选择天空的类型。

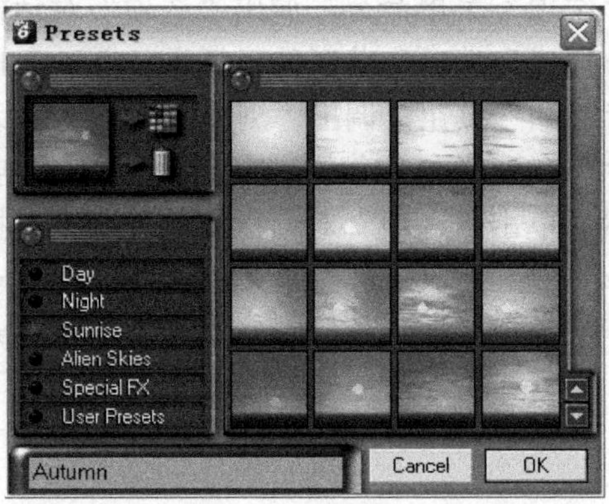

图 6-7-15 “Presets”对话框

（5）在“KPT SkyEffects”对话框中，将鼠标指针移到一些图像之上，如果在该对话框的下边提示栏中有相应的提示信息出现，即说明此时拖曳鼠标就可以进行相应的调整。例如：将鼠标指针移到“Sun”栏内的圆形图像之上时，提示栏中会显示“Set Sun Position（HH：MM，X）”提示信息，此时拖曳鼠标可以调整太阳的位置；将鼠标指针移到“Sun”栏内的圆形图像之上时，提示栏中会显示“Set moon Position（HH：MM，X）”提示信息，此时拖曳鼠标可以调整月亮的位置。

可以调整的内容有：“Camera Focal”（相机焦距的），“Sun Position”（太阳位置），“Sky Color”（天空颜色），“Sun Color”（太阳颜色），“Aura Sun Color”（太阳光晕颜色），“moon Position”（月亮位置），“moon Color”（月亮颜色），

在“KPT SkyEffects”对话框中进行调整，最后效果如图 6-7-16 所示。单击“OK”按钮，即可获得如图 6-7-1 所示的图像。

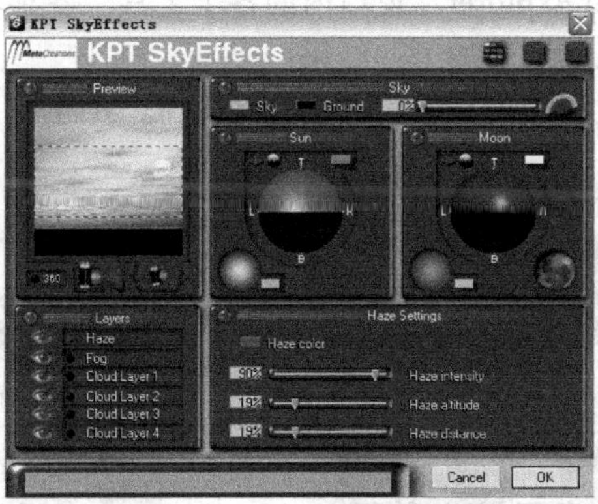

图 6-7-16 调整参数

6.7.2 外挂式过滤器的使用与编辑

1. 加入和删除外挂式过滤器

过滤器是一类加工图像程序的统称。中文 CorelDRAW 12 自己带有许多过滤器，还可以通过外部加入新的过滤器，使用外挂式过滤器，可以获得各种特效的图像。

（1）将外挂式过滤器进行安装或复制。

（2）单击“工具”→“选项”菜单命令，调出“选项”对话框。在“选项”对话框左边的列表框内，单击选中“外挂式”选项，此时的对话框如图 6-7-17 所示。

（3）单击对话框内的“添加”按钮，调出“浏览文件夹”对话框，如图 6-7-18 所示。选择外挂式过滤器安装的文件夹，再单击“确定”按钮，即可将选定的文件夹名称填入“选项”对话框右边的显示框内。然后单击“选项”对话框内的“确定”按钮。

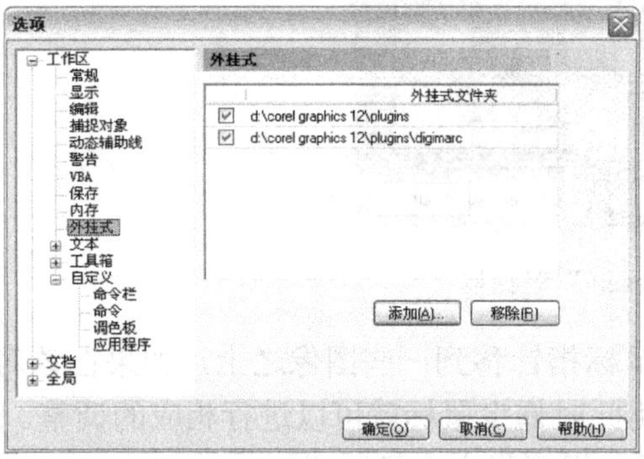

图 6-7-17 “选项”（外挂式）对话框

图 6-7-18 “浏览文件夹”对话框

（4）如果要删除外挂式过滤器，可在“选项”对话框内选择此外挂式过滤器所在的文件夹的名称（单击选中文件夹名称左边的复选框），再单击“删除”按钮即可。

2. 使用外挂式过滤器

外挂式过滤器的类型不一样，其使用方法也会不一样，但一般操作起来均很简单、方便。

（1）单击“位图”→“外挂式过滤器”→“KPT3”→“KPT Texture Explorer”菜单命令，调出“KPT Texture Explorer”窗口，如图 6-7-19 所示。

（2）利用“KPT Texture Explorer”窗口内的各个工具，各菜单的菜单命令进行加工。在它的中间显示框内会及时地显示出加工的结果。

（3）单击“确定”按钮，即可完成图像的特效加工，加工结果如图 6-7-20 所示。

图 6-7-19 “KPT Texture Explorer”窗口

图 6-7-20 完成图像的特效加工

6.8 放大镜——应用透镜

【案例效果】

如图 6-8-1 所示，实例“放大镜”图形上面有文字、底图和一个放大镜，其中最后一个文字在放大镜内被放大了。放大镜上面有高光并且显示出淡蓝色的镜片，整个场景栩栩如生。通过制作该实例，可以掌握透镜的使用、特效的处理等操作。

图 6-8-1　放大镜

6.8.1　制作过程

1．制作文字

（1）设置绘图页面的宽度为 275mm，高度为 200mm。单击“文件”→“导入”菜单命令，或单击常用工具箱中的“导入”按钮，调出“导入”对话框，在该对话框中选择“小可爱”图片。单击“导入”按钮，将该图像导入到绘图页面中，如图 6-8-2 所示。

图 6-8-2　导入的图像

（2）使用工具箱中的“文本”工具，导入文字的“字体”为经典繁圆艺，“字号”为 100；“颜色”为橙色的美术字，放置在图像的左上角。

（3）使用工具箱中的“文本”工具，选中文字。单击属性栏中的“格式化文本”按钮，调出“格式化文本”（字符）对话框。在该对话框中设置“字距调整范围”为 30，将文字的字距拉大，如图 6-8-3 所示，完成后的图形如图 6-8-4 所示。

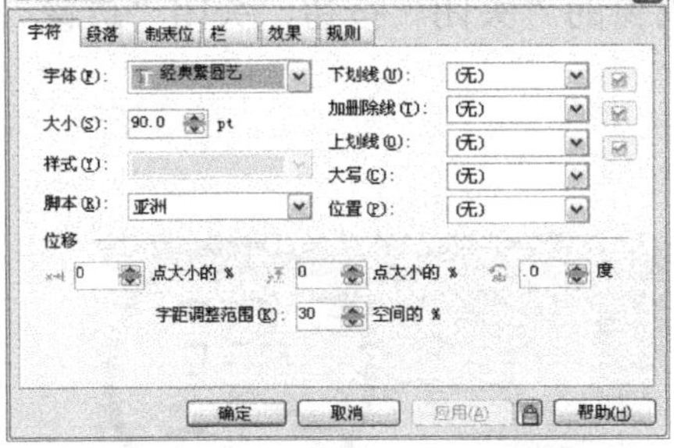

图 6-8-3　“格式化文本”（字符）对话框

图 6-8-4　导入文字

（4）按下小键盘上的“加号”键，将文字复制一份。选中复制的文字拖曳到原文字的左下方，单击调色板中的黑色色块，将复制的文字填充成黑色，形成带的阴影的立体字，完成后的图形如图 6-8-5 所示。

图 6-8-5　复制文字

2．制作放大镜

（1）使用工具箱中的“椭圆”工具，在适当位置绘制一个正圆作为放大镜，完成后的图形如图 6-8-6 所示。

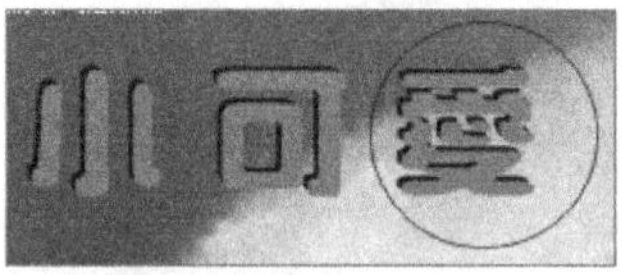

图 6-8-6　绘制正圆

（2）单击工具箱中的“画笔”工具按钮，调出“轮廓笔”对话框。在该对话框中，设置轮廓“宽度”为 3.0mm，保持其他设置不变，如图 6-8-7 所示。单击“确定”按钮，完成后的图形如图 6-8-8 所示。

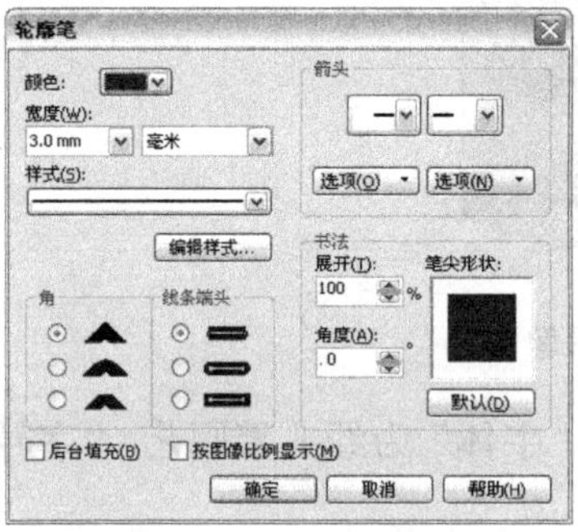

图 6-8-7　“轮廓笔”对话框

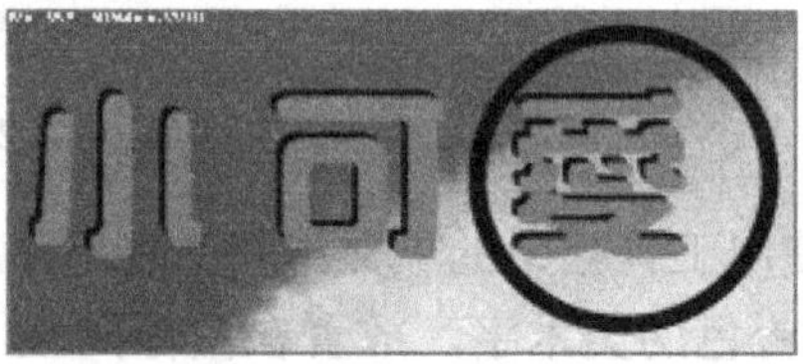

图 6-8-8　加粗轮廓

（3）单击“效果”→“透镜”菜单命令，调出“透镜”泊坞窗，在“透镜”泊坞窗中的下拉列表框中选中“放大”选项，设置“数量”为 1.6，如图 6-8-9 所示。单击“应用”按钮，放大的效果如图 6-8-10 所示。单击“透镜”泊坞窗的“关闭”按钮，关闭“透镜”泊坞窗。

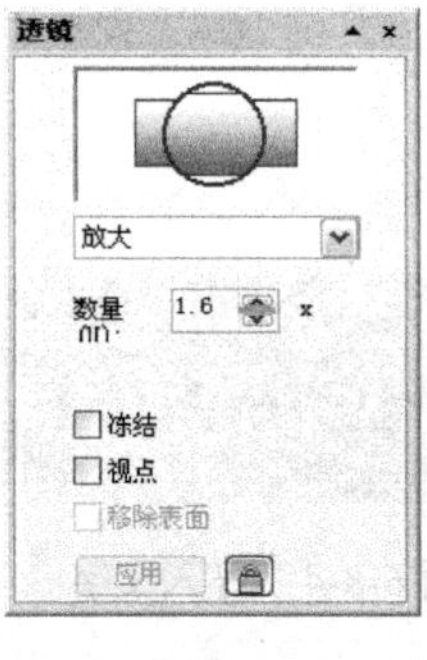

图 6-8-9　“透镜”泊坞窗

图 6-8-10　放大的效果

（4）使用工具箱中的“矩形”工具，绘制一个矩形，为其内部填充灰色。在属性栏中设置矩形的“旋转角度”为 20°，再移到放大镜的右下角，作为放大镜的杆，完成后的图形如图 6-8-11 所示。

（5）再次使用工具箱中的“矩形”工具，绘制矩形，为其内部填充黑色。在属性栏中设置矩形 4 个角的“边角圆滑度”都为 60。在属性栏中设置矩形的“旋转角度”为 20°，移到放大镜杆的右下角，作为放大镜的把，完成后的图形如图 6-8-12 所示。

（6）使用工具箱中的“椭圆”工具，绘制一个正圆形，为其填充浅蓝色，作为放大镜的镜片，完成后的图形如图 6-8-13 所示。

图 6-8-11　绘制放大镜的杆

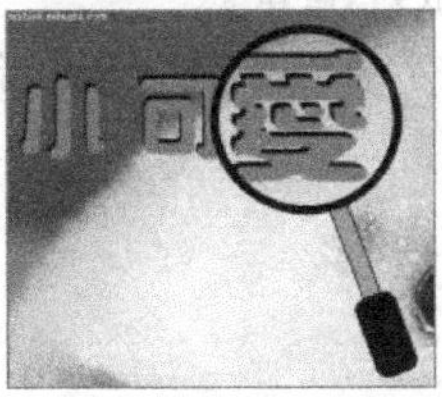

图 6-8-12　绘制放大镜的把

图 6-8-13　绘制镜片

（7）使用工具箱中的“交互式透明”工具，从镜片的中央向外拖曳鼠标，拉出一条箭头。在属性栏中将其设置为“射线”渐变透明，使镜片产生射线透明效果，效果完成后的图形如图 6-8-14 所示。

（8）使用工具箱中的“手绘”工具，绘制一个三角形，完成后的图形如图 6-8-15 所示。

（9）使用工具箱中的“形状”工具，将三角形调整成水滴形状。再使用工具箱中的“椭圆”工具，在水滴的下方绘制一个正圆形，完成后的图形如图 6-8-16 所示。

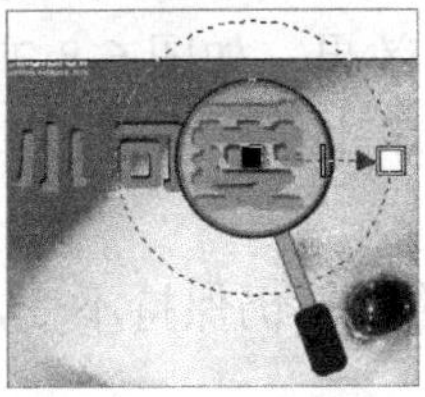

图 6-8-14　使镜片产生射线透明效果

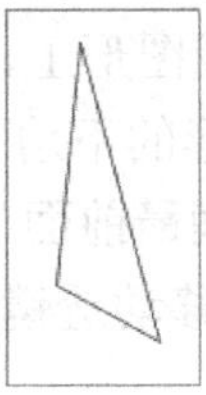

图 6-8-15　绘制三角形

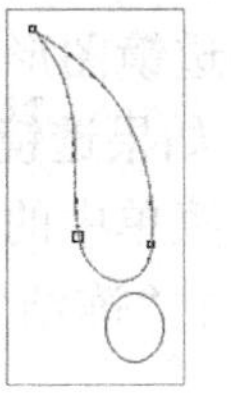

图 6-8-16　调整三角形

（10）同时选中这两个对象，将其移动到镜头的右上方，调整其大小，单击调色板中的白色色块，用白色填充这两个对象，完成后的图形如图 6-8-17 所示。

（11）用鼠标右键，单击调色板中的“无”色块，取消所选图形的轮廓。再使用工具箱中的“交互式透明度”工具，从右上方向左下方拖曳出一个箭头。在属性栏中将其设置为“线性”渐变透明效果，使水滴图形产生线性透明效果，完成后的图形如图 6-8-18 所示。完成整个作品的制作，如图 6-8-1 所示。

图 6-8-17　移动水滴图形

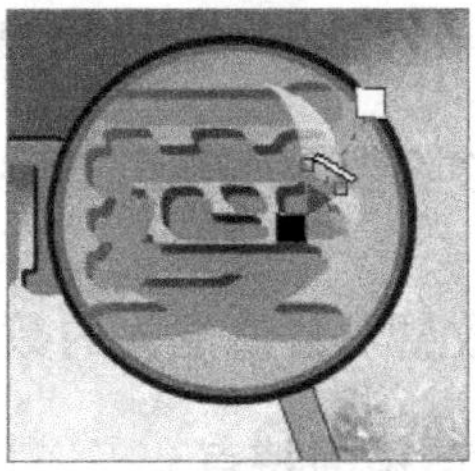

图 6-8-18　产生透明效果

6.8.2　透镜的创建与编辑

使用透镜可以使图像产生各种丰富的效果。透镜可以应用于许多图形和位图，但不能应用于已经应用了立体化、轮廓线或渐变的对象。

1. 创建透镜

（1）导入一个位图图像和绘制一个心形图形，再绘制一个椭圆形，作为透镜，如图 6-8-19 所示。为创建透镜和观看透镜效果做好准备。

（2）选中透镜图形，单击“效果”→“透镜”菜单命令，调出“透镜”泊坞窗，如图 6-8-20 所示。

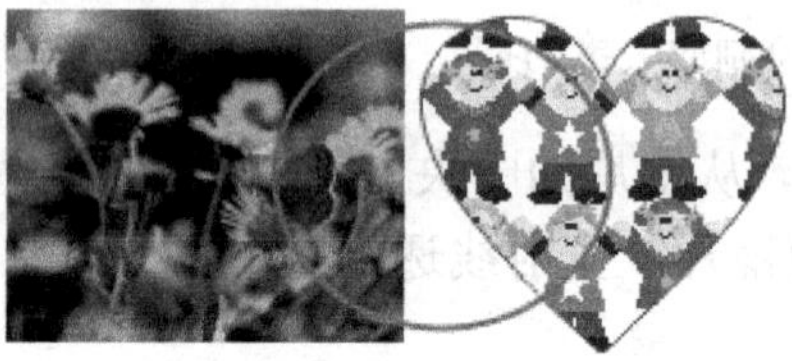

图 6-8-19　绘制图形

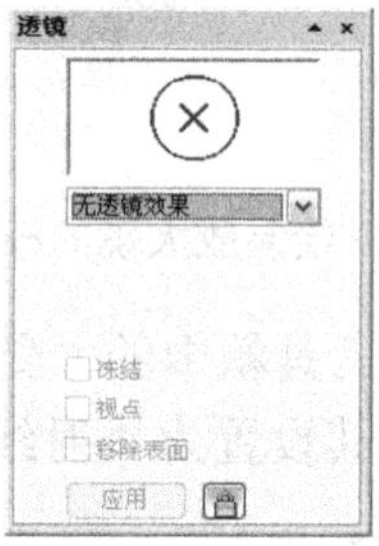

图 6-8-20 “透镜”泊坞窗

（3）在“透镜”泊坞窗内选择一种透镜，然后设置相应的参数。保持选中作为透镜的图形，然后单击“应用”按钮，即可将选中的图形（绘制的椭圆图形）设置为透镜。

（4）将透镜图形移到其他图像或图形上，即可看到透镜的效果，如图 6-8-21 所示（选择放大透镜）。如果透镜图形在其他图形的下边。则在透镜图形上单击鼠标右键，调出快捷菜单，再单击快捷菜单中的“排列”→“到最前面”菜单命令。

（5）选中“冻结”复选框，可使移动透镜位置后，透镜内的图形仍保持不变，如图 6-8-22 所示。

（6）选中“视点”复选框后，“视点”复选框右边会增加一个“编辑”按钮，单击它会在复选框上出现两个数值框，利用它们可以改变视角的位置。另外，还可以通过鼠标拖曳绘图页内新出现的，表示视点的“×”标记。这样，可从不同角度观察透镜下的对象。

图 6-8-21　看到透镜的效果

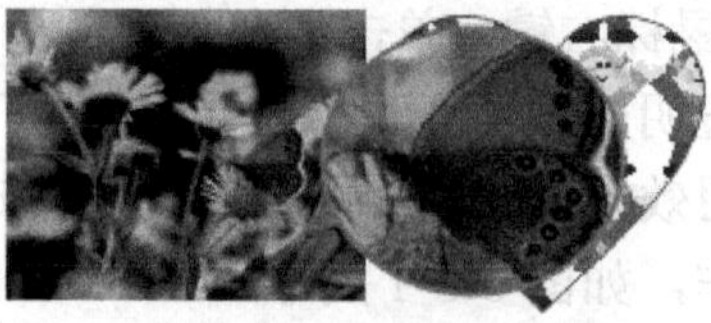

图 6-8-22　透镜内的图形保持不变

（7）选中“移除表面”复选框后，透镜下的对象会发生变化，而对象外的空白处不会发生变化。

（8）改变“数量”数值框内的数据，可以改变透镜的大小。

2. 几种类型透镜的特点

（1）使明亮：选择该选项后，调整比率，可使透镜内的图像变亮或变暗，如图 6-8-23 所示。

（2）颜色添加：选择该选项后，单击“颜色”按钮，调出颜色调板，选择颜色，再调整色饱和度比率，可给透镜内的图像添加选定的颜色，如图 6-8-24 所示。

图 6-8-23　使透镜内的图像变亮

图 6-8-24　给透镜内的图像添加选定的颜色

（3）颜色限制：选择该选项后，单击“颜色”按钮，调出颜色调板，选择颜色，再调整比率。即可获得类似于照相机所加的滤光镜效果，好像通过有色透镜观察图像一样。加入黄色透镜，视角在图形的上边一点，效果图如图 6-8-25 所示。

（4）自定义彩色图：选择该选项后，将滤光镜的颜色设置为两种颜色间的颜色，效果如图 6-8-26 所示。

图 6-8-25　颜色限制透镜效果

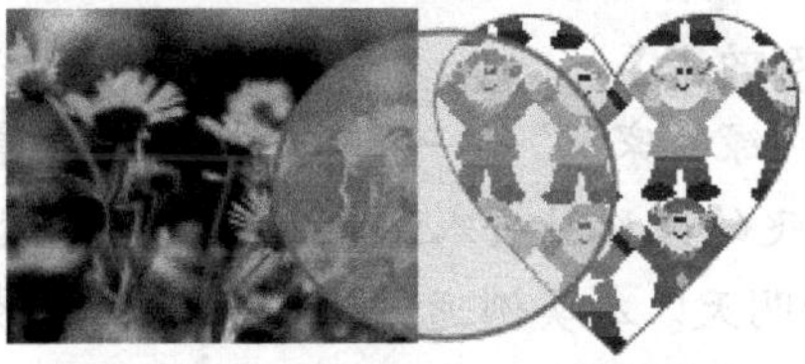

图 6-8-26　自定义彩色图透镜效果

（5）鱼眼：选择该选项后，再调整比率，可使透镜下图像呈鱼眼效果，如图 6-8-27 所示。

（6）热图：选择该选项后，再调整比率，可使透镜下的图形随调色板的颜色发生变化，如图 6-8-28 所示。

图 6-8-27　鱼眼透镜效果

图 6-8-28　热图透镜效果

（7）反显：选择该选项后，可使透镜下图像呈负片效果，如图 6-8-29 所示。

（8）放大：选择该选项后，再调整数量，可使透镜下的图形按指定的倍数放大，如图 6-8-30 所示。

图 6-8-29　反显透镜效果

图 6-8-30　放大透镜效果

（9）透明度：选择该选项后，再调整比率和颜色，可使透镜下图像呈半透明效果，如图 6-8-31 所示。

（10）线框：选择该选项后，再调整轮廓和填充颜色，可使透镜下的图形呈线框，如图 6-8-32 所示。

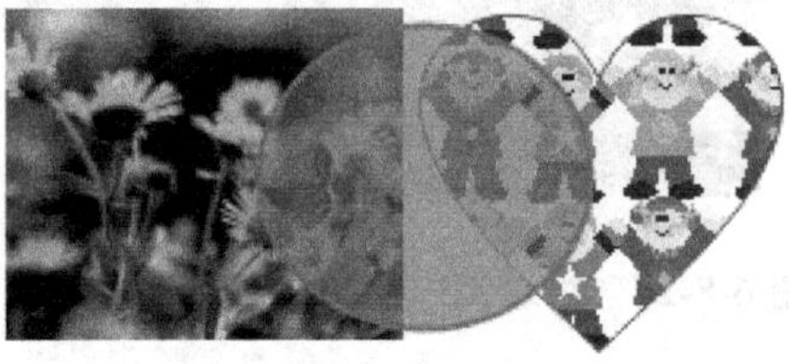

图 6-8-31 透明度透镜效果

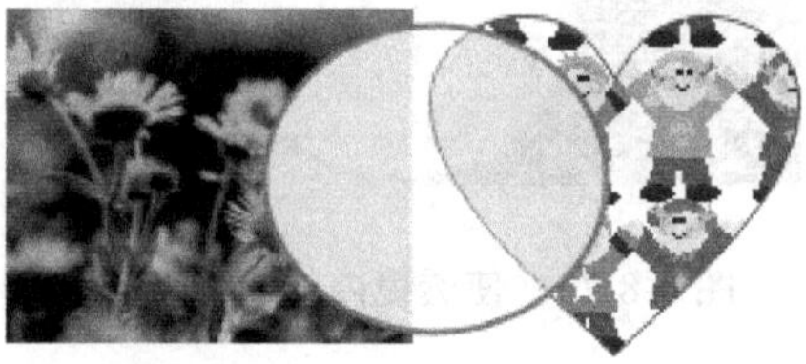

图 6-8-32 线框透镜效果

6.9 综合实例

【综合实例 11】绿色家园

【案例效果】

实例“绿色家园”是一幅生机盎然的风景画，如图 6-9-1 所示，远飞的大雁捎去人们期盼的捷报，无边的草原象征着美好的明天。本实例通过运用修剪、打散、材质填充等制作过程，特别是使用渐变填充方法制作背景，使画面清晰、明快，达到了很好的艺术效果。

图 6-9-1 绿色家园

1. 制作松树和毡房

（1）使用工具箱中的“贝塞尔”工具，绘制一条封闭的曲线，作为大雁的雏形。

（2）使用工具箱中的“形状”工具，编辑曲线节点成如图 6-9-2 所示的形状，再复制九份，调整好大小、比例后，按照人字形由远及近地排开，如图 6-9-3 所示。

图 6-9-2 绘制大雁

图 6-9-3 按照人字形由远及近地排开

（3）使用工具箱中的“矩形”工具，绘制一个矩形。单击选中该图形，单击“排列”→“转换成曲线”菜单命令，将矩形转换为曲线对象。

（4）使用工具箱中的“形状”工具，选中矩形上的某个节点，删除该节点，使矩形变为三角形，如图 6-9-4 所示。再复制两份，分别调整它们的节点，制作三种形状的正三角形，作为松树冠的外轮廓。

（5）单击选中三角形图形，单击工具箱中的“纹理填充”按钮工具，调出“底纹填充”对话框，如图 6-9-5 所示。在该对话框的样式库中选择三种以绿色图案为主色调、明亮不同的材质图，分别填充到三个三角形图形中，如图 6-9-6 所示。

（6）使用工具箱中的“矩形”工具，画一个长方形作为松树的树干，再填充成深棕色后，复制两份。把松树树冠与树干合理地摆放，分别选取各个图形，再“群组”成一个图形，完成效果如图 6-9-7 所示。

（7）使用工具箱中的“椭圆”工具 ，画一个椭圆形，再复制几份。按照上面介绍的方法，在材质库中选取不同的图样，分别填充到椭圆形图形中，摆放如图 6-9-8 所示的样子，并“群组”成一个图形。

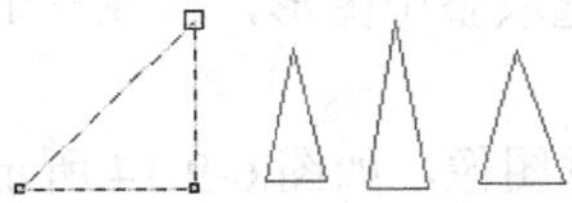

图 6-9-4　制作三种形状的正三角形

图 6-9-5　“底纹填充”对话框

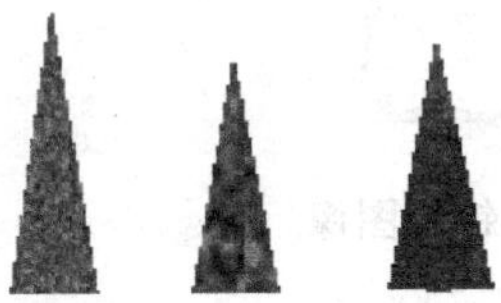

图 6-9-6　填充松树

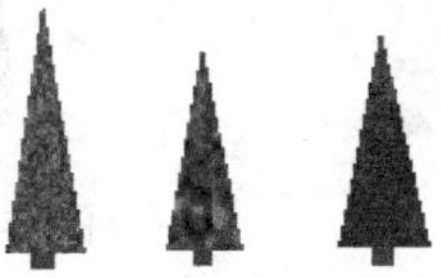

图 6-9-7　绘制树干

图 6-9-8　绘制毡房

2．制作背景

（1）使用工具箱中的“贝塞尔”工具 ，手绘一条曲线，使用工具箱中的“形状”工具 ，编辑曲线成如图 6-9-9 所示形状。再使用工具箱中的“矩形”工具 ，画一个长方形，再把曲线放到长方形上。

（2）选中曲线图形，单击“排列”→“修整”→“修剪”菜单命令，单击“保留目标图形”和“其他图形”复选框，再单击“修剪”按钮，鼠标指针移到长方形图形的边线上，单击鼠标左键。

（3）单击“排列”→“拆分”菜单命令，把图形拆开，去掉上半部分，再将下半部分填充成土绿色。使用工具箱中的“交互式填充”工具 ，在其属性栏中单击“线形渐层填充”按钮，再在调色板中单击嫩绿色色块，拖曳到填充手柄上释放，开始颜色混合填充，操作过程如图 6-9-10 所示。

（4）单击长方形图形（即刚才保留的“其他图形”），制作群山背景，方法同上，填充过程如图 6-9-11 所示。

（5）制作夕阳背景，单击矩形图形，用浅黄色与深红色进行互动式线形渐层填充，如图 6-9-12 所示，注意填充手柄要拖曳得很远才能出现图示的效果。

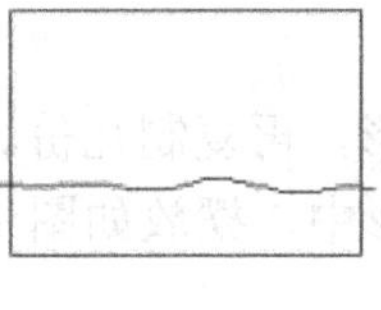

图 6-9-9　绘制矩形与曲线

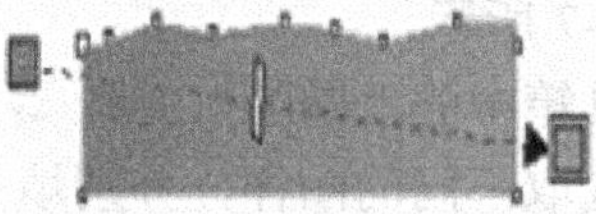

图 6-9-10　填充渐变

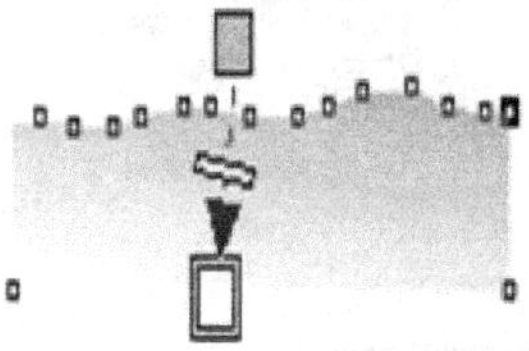

图 6-9-11　填充紫色渐变

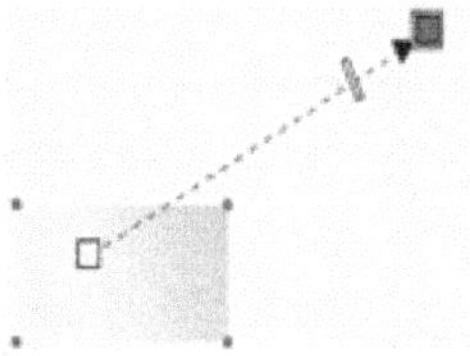

图 6-9-12　填充黄色到红色的渐变

（6）将三块背景图形叠放在一起，定义好层次后，再选取整个图形，合成一个整体，背景效果如图 6-9-13 所示。

（7）单击“文件”→“导入”菜单命令，导入一个镜框图像，如图 6-9-14 所示。再移动到适当的位置。

图 6-9-13

图 6-9-14　导入一个镜框图像

3. 绘制河流

（1）使用工具箱中的“矩形”工具，绘制一个细长的长方形，按下【Ctrl+Q】组合键，将其转换为曲线对象。使用工具箱中的“形状”工具，编辑其节点，将它调整成如图 6-9-15 所示的形状，再填充浅灰色，移到背景合适的位置上。

图 6-9-15　绘制矩形曲线

（2）最后，将大雁、毡房移到背景上，再将三种样式的松树各复制若干个，也移到背景上。请注意在构成松树林时，松树的摆放要有疏密及远近的视觉效果。还要对画面做些修饰，如勾画出山脉的走向等等，将整个图形放入镜框中，结束制作。

【综合实例 12】游园会海报

【案例效果】

如图 6-9-16 所示，实例“游园会海报”分为背景、中景、前景和文字四部分。背景为一轮喷薄欲出的朝阳图像，中景为一组气球和游园会会徽，前景为一座桥和金色的波浪，中间有举办地“朝阳公园”、游园会名称以及举办时间。全图以丰富的色彩体现出了新春佳节喜气洋洋的欢乐气氛。

图 6-9-16　游园会海报

1．绘制背景

（1）在页面上绘制一个条形矩形，取消外框，并填充金黄与白色相间的渐变颜色。

（2）将左上角标尺中的原点移到矩形左边的中点上，单击“排列”→“变形”菜单命令，调出“变形”泊坞窗口。

（3）单击“旋转”标签，将“旋转角度”设置为 5°，中心点坐标设置为（0，0）。单击“应用到再制”按钮，复制一系列旋转的矩形，形成阳光图形，如图 6-9-17 所示。

（4）绘制一个充满绘图区域的矩形，再复制两个矩形，一个填充金黄色并由四周向底边中心进行透明，另一个填充白色并由底边中心向四周进行透明。

（5）单击“效果”→“图框精确裁剪”→“置于容器内”菜单命令，将阳光图形和两个透明矩形置于第一个矩形内，形成背景，如图 6-9-18 所示。

图 6-9-17　阳光图形

图 6-9-18　形成背景

2．绘制装饰图形

（1）使用工具箱中的“手绘”工具，绘制一个绿色图案作为会徽的底图，如图 6-9-19 所示。

（2）使用工具箱中的“手绘”工具和椭圆工具，绘制一组带小旗的红色风车，如图 6-9-20 所示。将风车移到底图上，形成游园会会徽，如图 6-9-21 所示。

图 6-9-19　绘制会徽

图 6-9-20　绘制红色风车

图 6-9-21　将风车移到底图上

（3）在页面上绘制一组五彩气球。使用工具箱中的“交互式透明”工具，绘制气球的高光点，如图 6-9-22 所示。

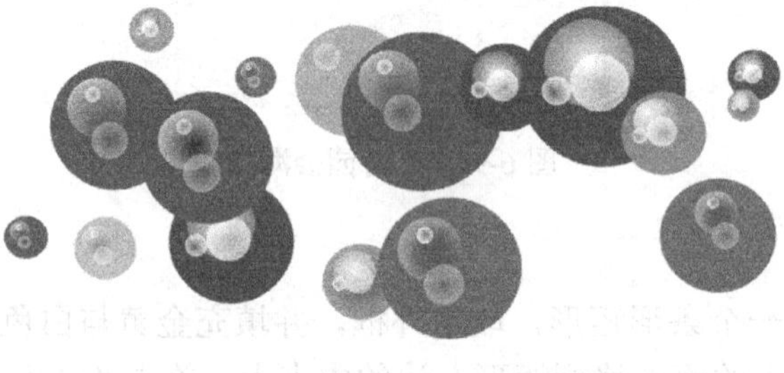

图 6-9-22　绘制一组五彩气球

（4）使用工具箱中的“椭圆”工具，绘制一个椭圆，然后使用工具箱中的“交互式立体化”工具，将椭圆变成一个圆柱。将圆柱体填充红色，并取消外框。复制两个圆柱体，移动到左边，并调整大小。

（5）使用工具箱中的“手绘”工具，绘制四条绿色的桥索。绘制一条封闭的曲线，并填充黑白相间的渐变颜色，作为桥面。绘制两条封闭的曲线，并填充褐白相间的渐变颜色，作为金色波浪，如图 6-9-23 所示。

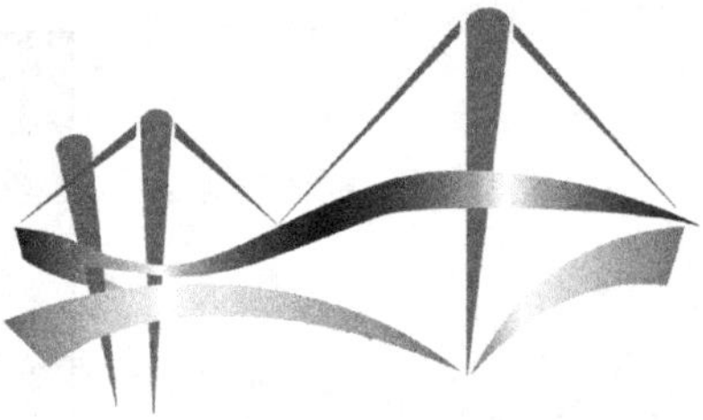

图 6-9-23　绘制圆柱和四条绿色的桥索

3．制作文字效果

（1）首先输入公园名称文本，并将其填充成金黄色。使再用工具箱中的“交互式立体化”工具，将该文本立体化，并在其属性栏中的“修饰斜角”选项卡中选中“仅显示修饰斜角”复选框。

（2）单击“排列”→“拆分”菜单命令，将文字与立体部分拆分，并创建阴影。用同样的方法制作欢乐游园会这几个立体字，并创建向外阴影，如图 6-9-24 所示。

（3）输入英文广告词，加黑色外框，并以金黄与白色渐变方式填充颜色，如图 6-9-24 所示。

（4）输入日期，加黑色外框并填充白色，如图 6-9-24 所示。这样文字就导入完成了。

图 6-9-24　制作文字效果

（5）将所绘图形及文字移到背景上，并调整其大小和位置，形成游园海报。

【综合实例 13】蛋糕包装画

【案例效果】

实例“蛋糕包装画”的背景由一片郁郁葱葱的草原和两头奶牛组成，如图 6-9-25 所示。上边有圆弧形的蛋糕英文名称及醒目的“曼可顿”商标，中间写明了蛋糕的风味及名称，下边标注有蛋糕的净含量。整个画面清新、自然，使人联想到浓郁的奶油味和诱人的香草气息，使人食欲大振。

图 6-9-25　蛋糕包装画

1. 制作商标

（1）使用工具箱中的“手绘”工具，绘制一条红色的水平线，并在其上面绘制一些蓝色城市。

（2）导入中文商标，其名称为“曼可顿”，并将其填充为红色，如图 6-9-26 所示。

（3）输入红色的“American Style”文字，并将其填充为圆弧状。

（4）使用工具箱中的“矩形”工具，绘制一个圆角矩形，将其填充为红色。在其下方制作一个蓝色阴影，并导入白色的英文商标，如图 6-9-26 所示。

（5）单击“文本”→“插入字符”菜单命令，调出“插入字符”对话框，如图 6-9-27 所示。在该对话框中导入三个星号，并将其填充为白色。其中一个放到中文文字中间，其余两个放在英文商标的两侧。

（6）使用工具箱中的“手绘”工具，绘制一白色的底边，如图 6-9-26 所示。这样一个“曼可顿”商标就制作完成了。

图 6-9-26　绘制图形和导入商标

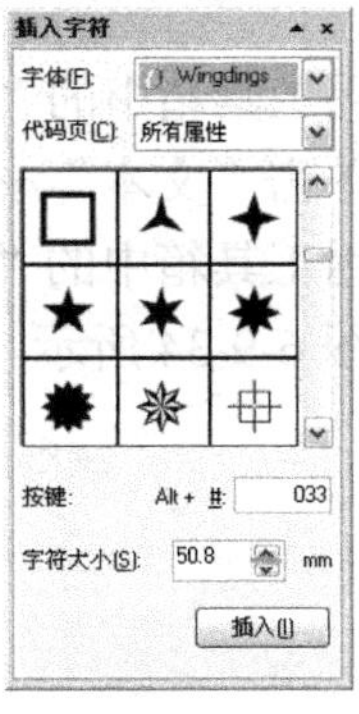

图 6-9-27　“插入字符”对话框

2．制作文字效果

（1）使用工具箱中的“文本”工具 字，分别输入“加州风味鲜”、“牛奶香草”文字。然后使用“交互式轮廓图”工具，创建文字的外框，如图 6-9-28 所示。

（2）单击“排列”→“拆分”菜单命令，将文字与其外框拆分，并移开文字。

（3）选取外框图形，单击“排列”→“修整”→“焊接”菜单命令，将外框焊接在一起。

（4）将焊接后的外框填充为由绿色向黄色的渐变颜色效果，再取消外框线，如图 6-9-29 所示。

图 6-9-28　创建文字的外框

图 6-9-29　填充渐变色

（5）将文字移回原处，填充为白色，并取消其外框。将“鲜”字填充黄色，并创建其阴影，如图 6-9-30 所示。使用同样的方法制作带金黄色外框的“蛋糕”二字，并创建阴影，如图 6-9-31 所示。

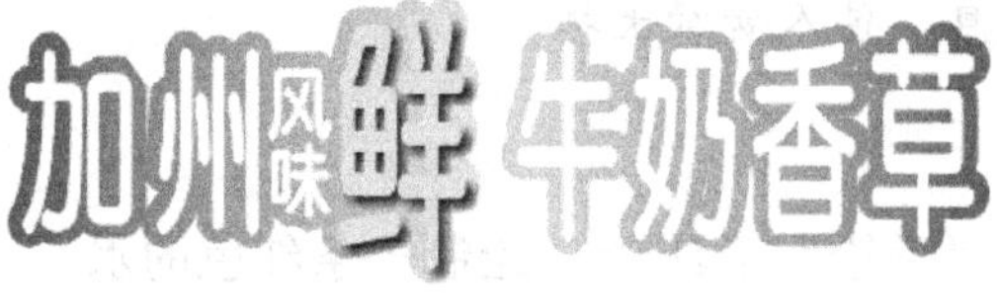

图 6-9-30　将“鲜”字填充黄色

（6）使用工具箱中的“矩形”工具，绘制一个金黄色矩形。再使用工具箱中的“文本”工具，在矩形的上面输入英文“FRESH”，将金黄色矩形和其上面的英文单词旋转 30°，完成后的效果如图 6-9-32 所示。

图 6-9-31　制作金黄色外框的“蛋糕”二字

图 6-9-32　将矩形英文单词旋转 30°

（7）使用工具箱中的“文本”工具 字，输入如图 6-9-33 所示的文字，再绘制一个圆弧。选中文字，单击“文本”→“使文本适合路径”菜单命令，使文字沿圆弧分布。

（8）使用工具箱中的“挑选”工具，选中圆弧，将其删除，将文字填充金黄色，并取消外框，如图 6-9-34 所示。

图 6-9-33　使文字沿圆弧分布

图 6-9-34　将文字填充金黄色

3．制作背景

（1）绘制一个绿色的圆，并在其中间绘制两个金黄色的圆环，如图 6-9-25 所示。

（2）单击“文件”→“导入”菜单命令，分别导入 3 幅图像。如图 6-9-35、6-9-36、6-9-37 所示的“草原”图形、“奶牛”图形、“小牛”图形。

图 6-9-35　“草原”图形

图 6-9-36　“奶牛”图形

图 6-9-37　“小牛”图形

（3）将两幅奶牛的图形移动到草原上，并调整其大小。

（4）在草原图形上方绘制一个绿色的矩形，并单击“排列”→“群组”菜单命令，将此矩形和三张图形组成一个整体，形成背景。

（5）单击“效果”→“精确裁剪”→“置于容器内”菜单命令，将背景置于小圆环内，如图 6-9-25 所示。

（6）将所绘图形和文字移动到背景上，并调整其大小和位置，并在下方导入蛋糕的净含量，这样一个蛋糕包装画就制作完成了。

【综合实例 14】宣传手册

【案例效果】

实例“宣传手册”是一张音响宣传手册，如图 6-9-38 所示，它分为正面和背面两部分。正面是公司形象设计，背景由蓝天、城市和飞机组成，上面有公司的标志和品牌名称。整个画面表现了超音品质这样一个主题。背面为厂家简介和产品简介等，并展现了音响产品的照片。

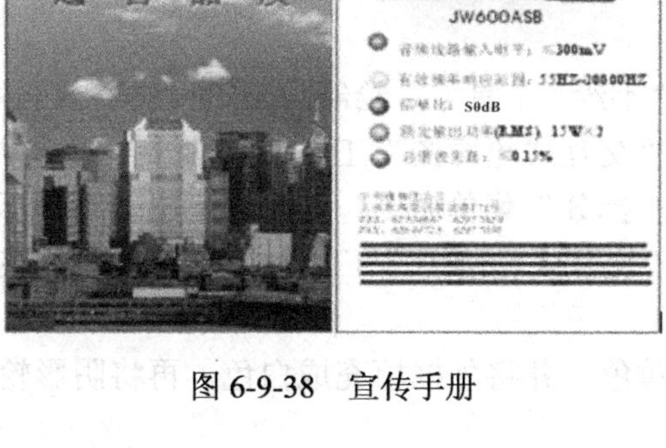

图 6-9-38　宣传手册

1. 制作背景

（1）使用工具箱中的“矩形”工具，在页面上绘制一个宽度为 95mm，高度为 21mm 的长方形背景。

（2）单击“文件”→“导入”菜单命令，导入两幅图像：如图 6-9-39 所示的“蓝天”图像。如图 6-9-40 所示的“城市”图像。

图 6-9-39 “蓝天”图像

图 6-9-40 “城市”图像

（3）使用工具箱中的“矩形”工具，在页面上绘制一个矩形，并取消其外框。

（4）使用工具箱中的“交互式透明”工具，从上向下作透明操作，并填充白色。

（5）单击“效果”→“精确裁剪”→“置于容器内”菜单命令，将两幅图像和一个透明矩形填充到长方形的背景中。

（6）单击“效果”→“精确裁剪”→“编辑内容”菜单命令，调整裁剪图像的大小和位置，如图 6-9-41 所示。

（7）单击“效果”→“精确裁剪”→“结束编辑此层次”菜单命令，显示裁剪效果，如图 6-9-42 所示。

图 6-9-41 调整裁剪图像的大小和位置

图 6-9-42 显示裁剪效果

2. 制作飞机

（1）使用工具箱中的“手绘”工具，绘制一个喷气式飞机的外轮廓，如图 6-9-43 所示。

（2）使用工具箱中的“交互式轮廓图”工具，复制一个向内缩小的飞机轮廓图。

（3）单击“排列”→“拆分”菜单命令，将两个飞机轮廓图拆分。

（4）使用工具箱中的“交互式轮廓图”工具，调整缩小的飞机轮廓，使之成为飞机的阴影轮廓。

（5）将外轮廓填充金黄色，并将外框填充成白色。再将阴影轮廓填充黑色，并移动到外轮廓上，形成喷气式飞机图形，如图 6-9-44 所示。

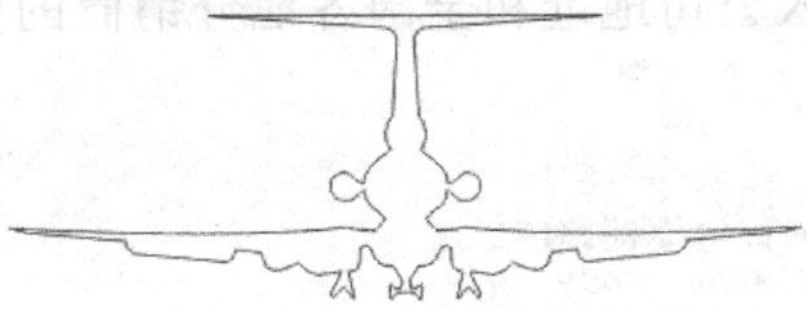

图 6-9-43　绘制飞机的外轮廓

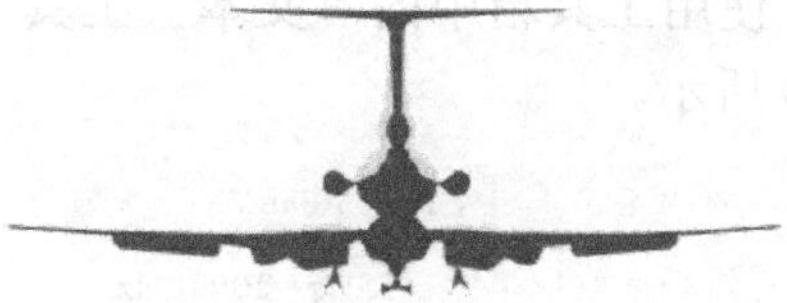

图 6-9-44　形成喷气式飞机图形

3．制作文字

（1）在页面上绘制一个商标图案，取消外框并填充红色。

（2）使用工具箱中的“文本”工具 字，分别以两种字体和大小导入公司名称和商标名称，如图 6-9-45 所示。

（3）使用工具箱中的“文本”工具 字，输入主题文字，并填充红色。制作一个黄色的阴影，如图 6-9-46 所示。

图 6-9-45　绘制商标图案

图 6-9-46　输入主题文字

（4）将所绘图形和文字进行移动，最后组成宣传手册的正面，如图 6-9-38 所示。

4．制作折页效果

（1）单击“版面”→“插入页面”菜单命令，插入一个新的页面。

（2）使用工具箱中的“矩形”工具，在页面上绘制一个宽度为 95mm，高度为 21mm 的长方形背景。

（3）使用工具箱中的“文本”工具 字，输入公司简介，如图 6-9-47 所示。

（4）单击“文件”→“导入”菜单命令，导入一个音响图像，如图 6-9-48 所示，文件名为 D8。

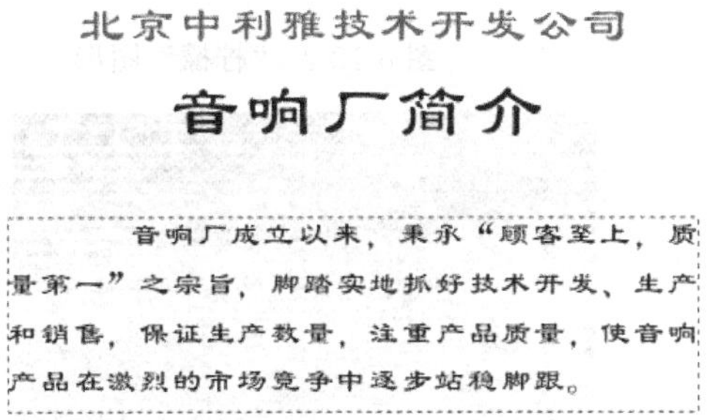

图 6-9-47　输入公司简介

图 6-9-48　导入音响图像

（5）使用工具箱中的椭圆工具，在页面上绘制五个彩色的按钮。使用工具箱中的“文本”

工具 字，在其后面输入音响的性能参数，如图 6-9-49 所示。

（6）使用工具箱中的“文本”工具 字，输入公司地址和全国各地分销商的电话，如图 6-9-50 所示。

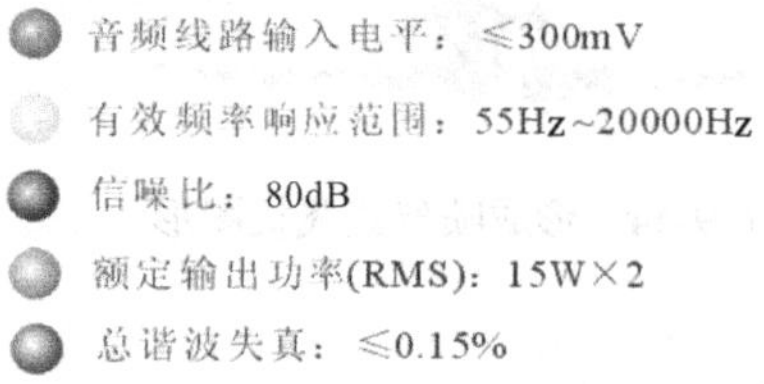

图 6-9-49 输入音响的性能参数

图 6-9-50 输入公司地址

（7）将所绘图形和文字进行移动，最后组成宣传手册的背面，如图 6-9-38 所示，这样整个宣传手册就绘制完成了。

练习 6

（1）绘制如图 6-10-1 所示的“天涯美术”图形。

（2）绘制如图 6-10-2 所示的“柠檬”图形。

（3）绘制如图 6-10-3 所示的“吉祥动物”图形。

（4）绘制如图 6-10-4 所示的“准时飞行”广告图形。

（5）使用 KPT6 外挂滤镜等制作一幅图 6-10-5 所示的“大漠落日”图形。画面中展现的是一片被落日染成红色的荒原，一直延伸到远处的地平线。天空中高高漂浮着一层淡淡的云彩，紫红色的太阳正在缓缓落下。

（6）使用 KPT6 的“KPTLENSFLARE”滤镜，将图 6-10-6 所示的风景图像进行加入光照效果的处理，加工成如图 6-10-7 所示的“镜头光晕”图形。

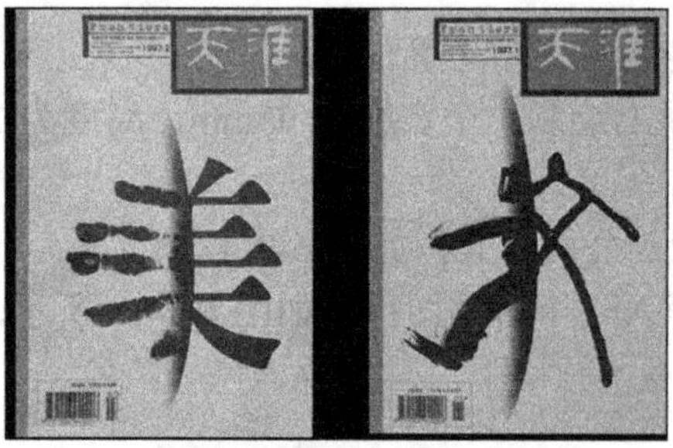

图 6-10-1 “天涯美术”图形

图 6-10-2 “柠檬”图形

图 6-10-3 “吉祥动物”图形

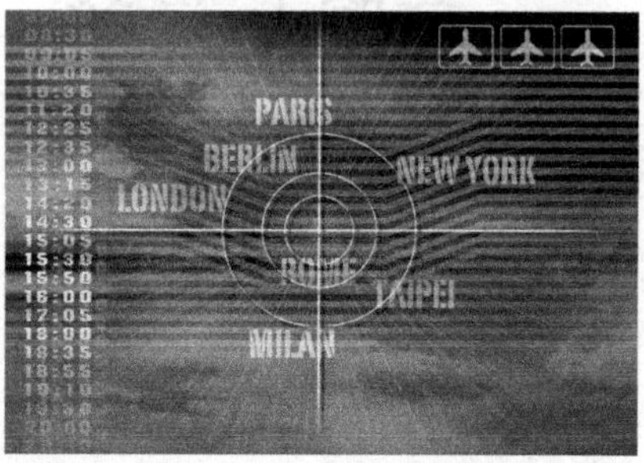

图 6-10-4 “准时飞行”广告图形

图 6-10-5 “大漠落日”图形

图 6-10-6　原图

图 6-10-7 “镜头光晕”图形

第 7 章 综合应用

7.1 服饰与美容网页设计——设置 Web 页面

【案例效果】

实例“服饰与美容网页设计”主要使用文字和因特网对象制作的，如图 7-1-7，图 7-1-2 所示。插入的玫瑰图形作为装饰，放大文字的行距调整版面效果，使整个版面构图简洁、大方。通过制作该实例，可以掌握各种网页版式的设计、因特网对象的使用等操作方法及中文 CorelDRAW 12 与 Dreamweaver MX 2004 软件的配合应用。

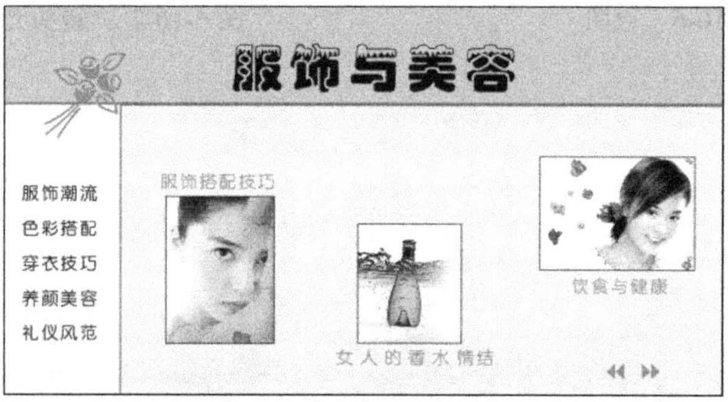

图 7-1-1 服饰与美容网页 1

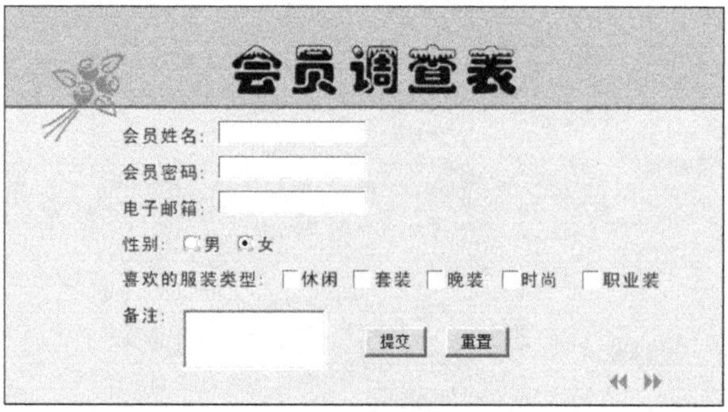

图 7-1-2 服饰与美容网页 2

7.1.1 制作过程

1. 绘制页面 1

（1）使用工具箱中的“挑选”工具，单击属性栏中的“纸张类型”下拉列表框，再在调出的下拉列表中单击“网页（760×420）”选项，将绘图页面设置为宽度为 760 像素，高度为 420 像素，在 800×600 分辨率显示下正好为一屏显示。此时的属性栏如图 7-1-3 所示。

图 7-1-3　属性栏（无选择状态）

（2）使用工具箱中的“矩形”工具，在页面中绘制 3 个矩形并移动到适当的位置。再为上面的矩形填充“灰蓝色”、为下面左侧的矩形填充“白色”、为下面右侧的矩形填充“米黄色”，完成后的图形如图 7-1-4 所示。

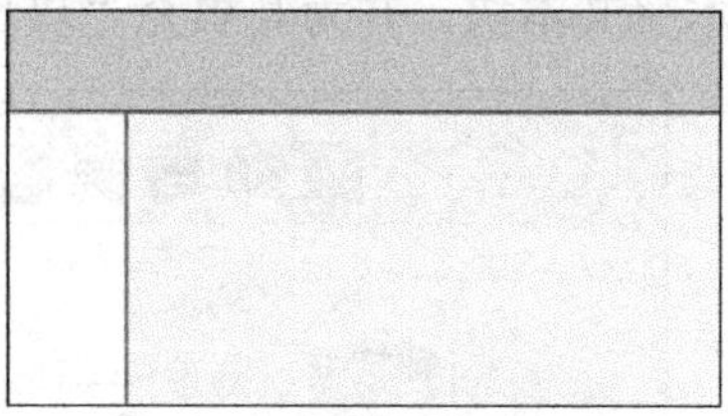

图 7-1-4　绘制矩形

（3）单击“文本”→“插入字符”菜单命令，调出“插入字符”泊坞窗。在该泊坞窗的“代码页”下拉列表框中单击“所有属性”选项，在“字体”下拉列表框中单击“Webdings”选项，此时的“插入字符”泊坞窗如图 7-1-5 所示。

（4）在“插入字符”泊坞窗中单击选择图形，单击“插入”按钮，将该图形插入到绘图页面中，并为其填充“玫瑰红色”，取消轮廓线。然后使用工具箱中的“挑选”工具，将该图形缩小并移动到页面的左侧。完成后的图形如图 7-1-6 所示。

（5）使用工具箱中的“文本”工具，再在属性栏中设置文字的“字体”为汉仪雪峰体简、“字号”为 42，输入“服饰与美容”5 个美术字并为其填充“黑色”，作为标题文字。完成后的图形如图 7-1-7 所示。

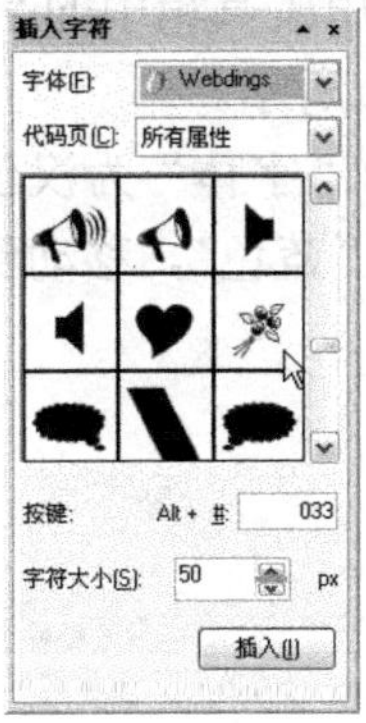

图 7-1-5 “插入字符”泊坞窗

图 7-1-6　插入字符图形

图 7-1-7　输入文字

（6）单击“文件”→“导入”菜单命令，或单击常用工具箱中的“导入”按钮，调出“导入”对话框。在该对话框中同时选中“人物 1”、“人物 2”和“香水”文件，如图 7-1-8 所示。然后单击“导入”按钮，在页面中单击 3 次，即可将选择的 3 幅图像导入到绘图页面中。

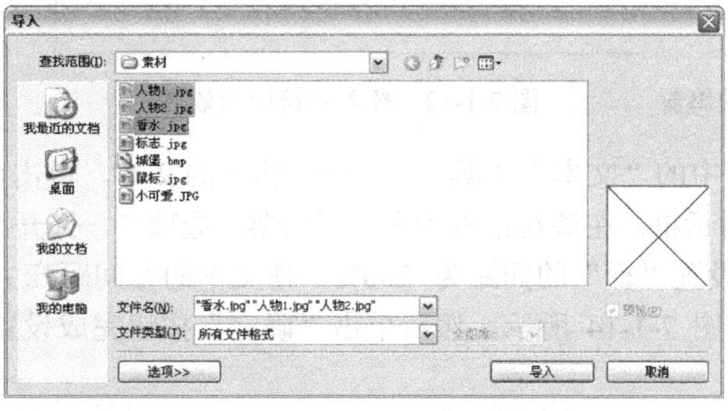

图 7-1-8 “导入”对话框

（7）使用工具箱中的“挑选”工具 ，将导入的 3 幅图像分别进行缩放，并移动到适当的位置，完成后的效果如图 7-1-9 所示。

（8）使用工具箱中的“文本”工具 ，再在属性栏中设置文字的“字体”为汉仪中圆简、“字号”为 14，分别输入“服饰搭配技巧”、“女人的香水情结”和“饮食与健康”3 个美术字文本块，并为其填充“玫瑰红色”，移动到适当的位置。完成后的图形如图 7-1-10 所示。

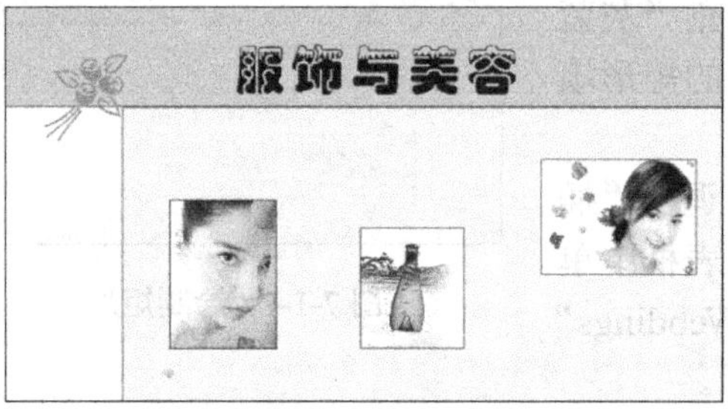

图 7-1-9　缩放并移动 3 幅图像

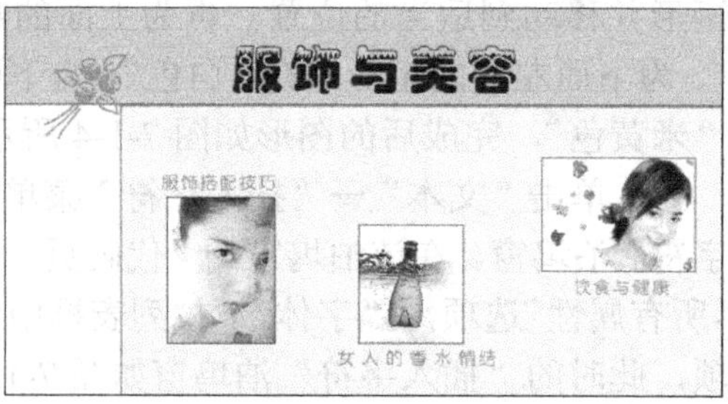

图 7-1-10　输入 3 个美术字文本块

（9）单击“文本”→“插入字符”菜单命令，调出“插入字符”泊坞窗。在该泊坞窗的“代码页”下拉列表框中单击“所有属性”选项，在“字体”下拉列表框中单击“Webdings”选项，此时的“插入字符”泊坞窗如图 7-1-11 所示。

（10）在“插入字符”泊坞窗中单击分别选择 ◀◀ 和 ▶▶ 图形，单击“插入”按钮，将这 2 个图形插入到绘图页面中，并为其填充“玫瑰红色”，取消轮廓线。再使用工具箱中的“挑选”工具，将该图形缩小并移动到页面的左下角。完成后的图形如图 7-1-12 所示。

（11）使用工具箱中的“文本”工具 ，再在属性栏中设置文字的“字体”为汉仪中圆简、“字号”为 14，分别输入如图 7-1-13 所示的 5 行文字。再为其填充“蓝色”，移动到适当的位置。

图 7-1-11　“插入字符”泊坞窗

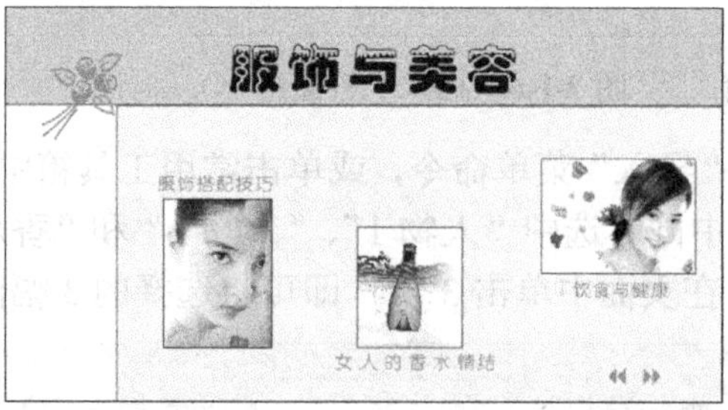

图 7-1-12　插入字符后的效果

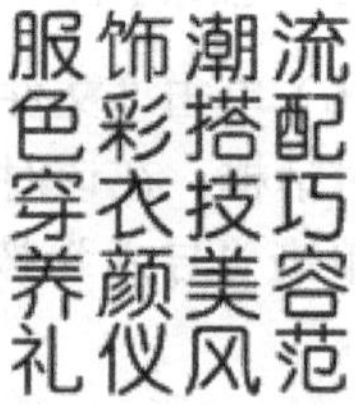

图 7-1-13　输入文字

（12）使用工具箱中的“文本”工具 ，选中输入的文本，单击属性栏中的 F 按钮，调出“格式化文本”对话框。在该对话框中单击“段落”选项卡，打开“格式化文本”（段落）对话框的设置内容，设置“行”的间距为 200%，使文本的行间距变大，此时的“格式化文本”（段落）对话框如图 7-1-14 所示。然后单击“确定”按钮完成设置。格式化后的文本效果如图 7-1-15 所示。

图 7-1-14 “格式化文本”（段落）对话框

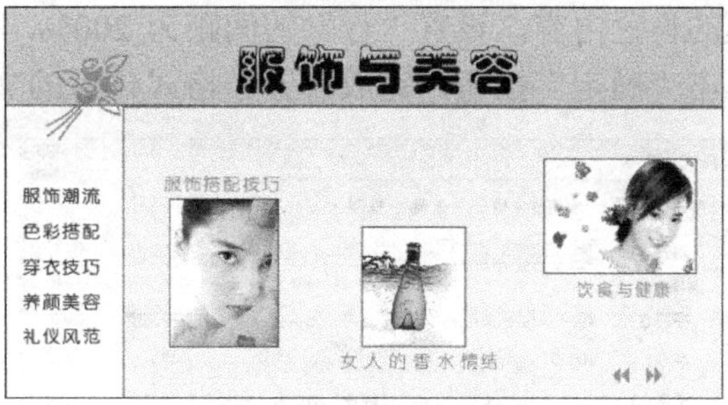

图 7-1-15 格式化后的文本效果

2．绘制页面 2

（1）选中 1 页面中的所有对象，按下【Ctrl+C】组合键，将其复制在剪贴板中。再单击“版面”→“插入页”菜单命令，调出“插入页面”对话框。在该对话框中设置“插入”的页为 1 页、在页 1 的“后面”，如图 7-1-16 所示。然后，单击“确定”按钮，即可在页 1 的后面插入 1 张页面。此时在绘图窗口下边的页计数器中，显示出总的页数，及当前所在页面。

（2）单击页计数器中的“页面 2”按钮，将绘图页面，转换到第 2 页。再按下【Ctrl+V】组合键，将页面 1 中的对象粘贴在页面 2 中。然后，将多余的对象删除，完成后的效果如图 7-1-17 所示。

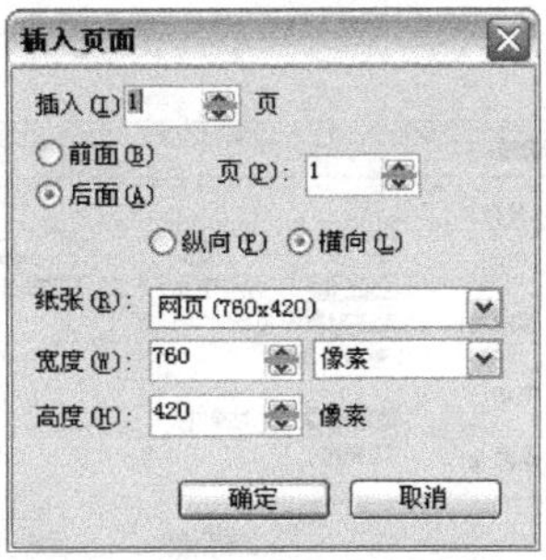

图 7-1-16 “插入页面”对话框

图 7-1-17 将多余的对象删除

（3）使用工具箱中的“挑选”工具，将黄色的矩形调整为和页面等宽，再为其内部填充“5%的黑色”。再使用工具箱中的“文本”工具 字，选中“服饰与美容”文本，将其更改为“会员调查表”5 个文字，完成后的效果如图 7-1-18 所示。

（4）使用工具箱中的“文本”工具 字，在属性栏中设置文字的“字体”为黑体、“字号”为 14，输入图 7-1-19 所示的读者信息美术字并为其填充“黑色”。

图 7-1-18 调整矩形与更改文字

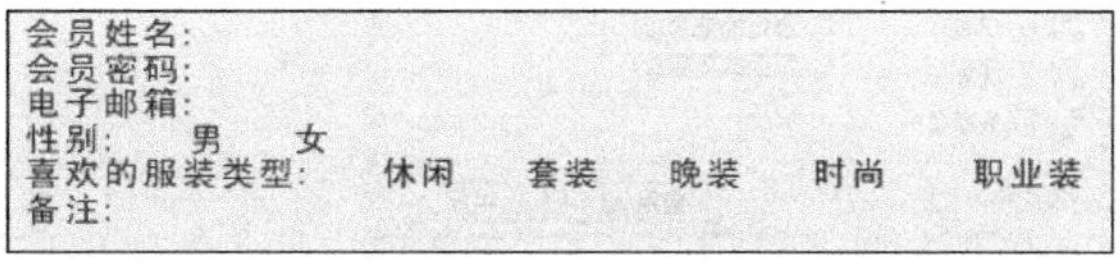

图 7-1-19 输入美术字

（5）使用“文字”工具选中作为读者信息的文字，单击属性栏中的 按钮，调出“格式化文本”对话框。再在该对话框中单击“段落”选项卡，打开“格式化文本”（段落）对话框的设置内容，设置“行”的间距为 200%，使文本的行间距变大，如图 7-1-20 所示。然后单击“确定”按钮，完成设置。格式化后的文本效果如图 7-1-21 所示。

图 7-1-20　“格式化文本”（段落）对话框

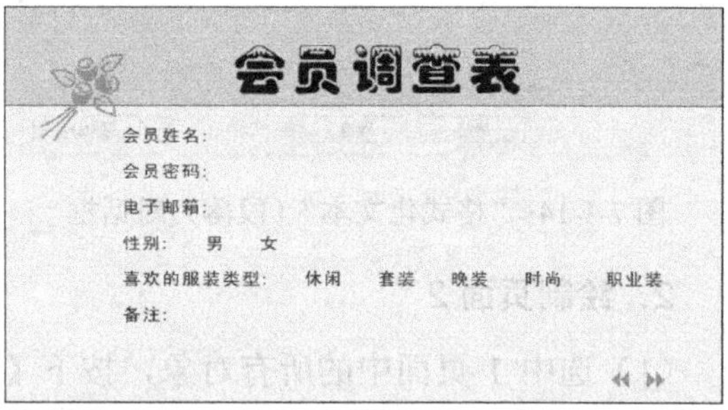

图 7-1-21　格式化后的文本效果

（6）单击“编辑”→“插入因特网对象”→“文本编辑区”菜单命令，在“会员姓名”的后面插入 1 个文本编辑区对象。然后将其选中，移动并复制 2 个，完成后的图形如图 7-1-22 所示。

（7）使用工具箱中的“挑选”工具 ，同时选中 3 个“文本编辑区”对象，单击属性栏中的 按钮，调出“对齐与分布”（对齐）对话框，如图 7-1-23 所示。

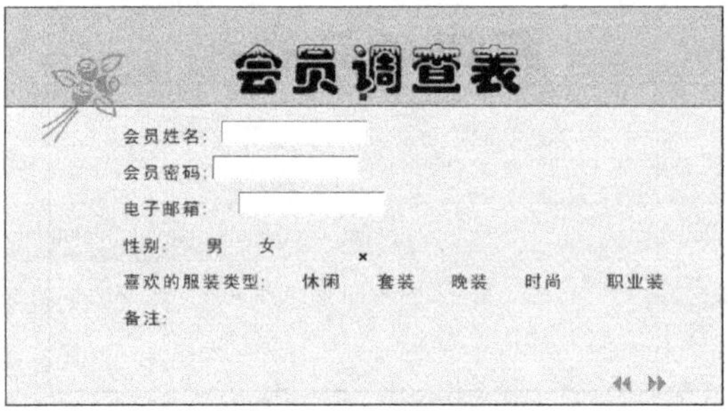

图 7-1-22　插入文本编辑区

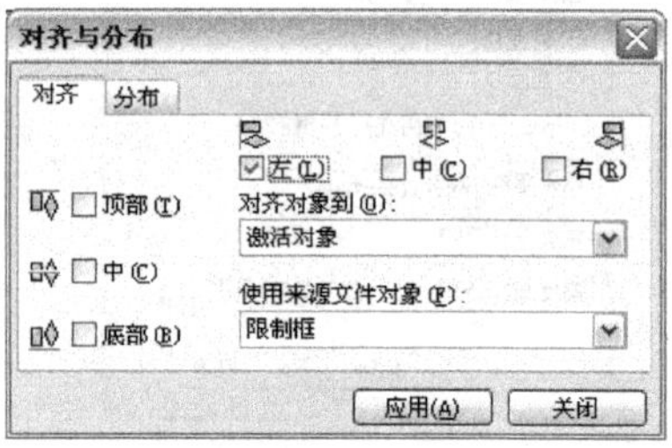

图 7-1-23　“对齐与分布”（对齐）对话框

（8）单击选中“对齐与分布”（对齐）对话框内的“左对齐”复选框，如图 7-1-23 所示。单击“应用”按钮，即可按左对齐方式对齐对象；然后单击“分布”选项卡，在打开的“对齐与分布”（分布）对话框中，单击选中“垂直间距”复选框，如图 7-1-24 所示。单击“应用”按钮，即可按间距方式平均分布对象。对齐与分布后的对象如图 7-1-25 所示。

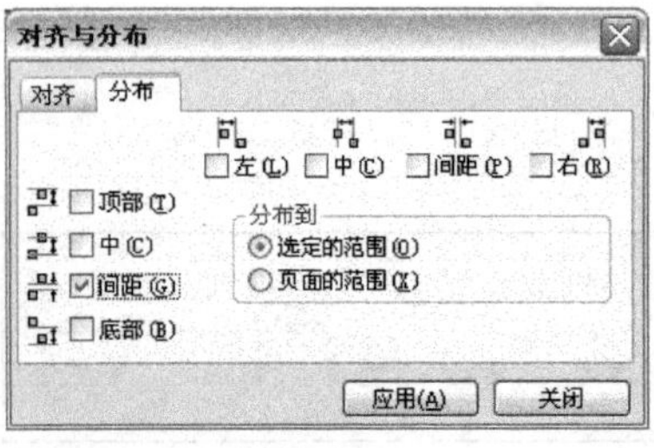

图 7-1-24　“对齐与分布”（分布）对话框

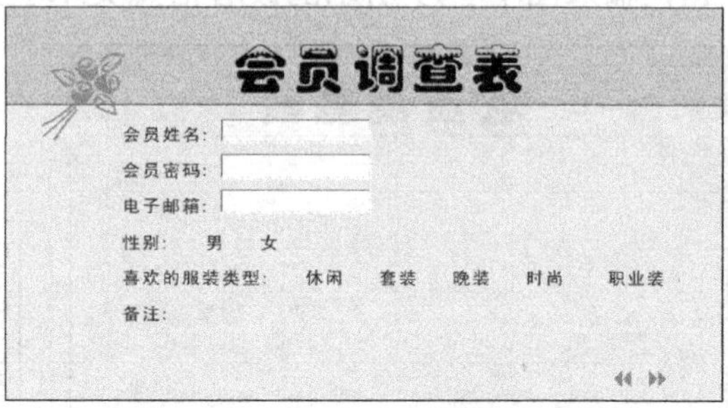

图 7-1-25　对齐与分布后的对象

（9）单击“编辑”→“插入因特网对象”→“单选按钮”菜单命令，在文字“男”和“女”的前面各插入 1 个单选按钮对象。然后选中“女”前面的单选按钮，并在其上单击鼠标右键，在调出的快捷菜单中单击“属性管理器”菜单命令，调出“对象属性”泊坞窗，如图 7-1-26 所示。

（10）由于单选按钮在选择时，只能选中其中的一个，所以要在“对象属性”泊坞窗中取消其中一个的选择状态。在该泊坞窗中单击 ☑ 按钮，打开单选按钮的属性设置窗口，单击取消“选取默认值”复选框，然后单击“应用”按钮，即可取消单选按钮的选择状态，此时的“对象属性”泊坞窗如图 7-1-26 所示。完成设置后的图形如图 7-1-27 所示。

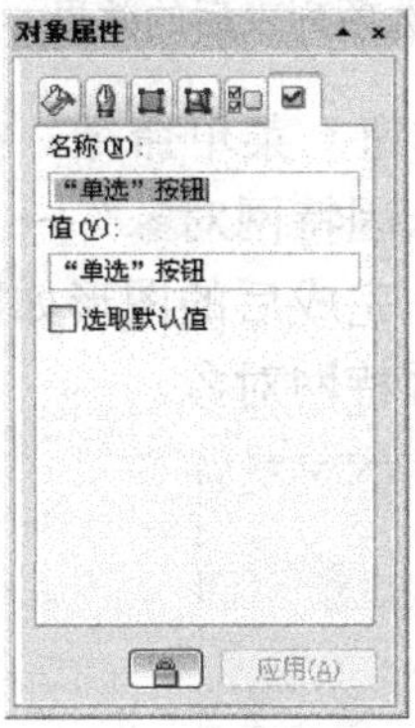

图 7-1-26 “对象属性”泊坞窗

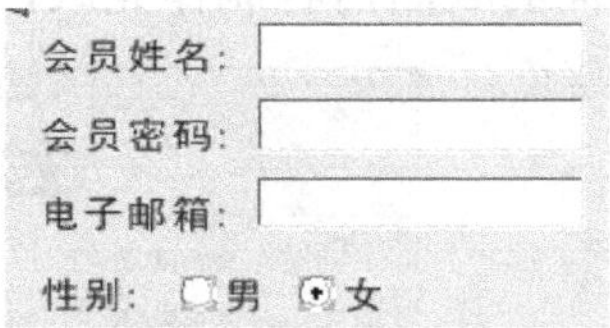

图 7-1-27　插入单选按钮后的效果

（11）单击“编辑”→“插入因特网对象”→“复选框”菜单命令，在文字“休闲”的前面插入 1 个复选框对象。再在“对象属性”泊坞窗中单击 ☑ 按钮，打开复选框的属性设置窗口，单击取消“选取默认值”复选框，单击“应用”按钮，即可取消复选框的选择状态，此时的“对象属性”泊坞窗如图 7-1-28 所示。然后使用工具箱中“挑选”工具，将复选框移动并复制 4 个，完成后的图形如图 7-1-29 所示。

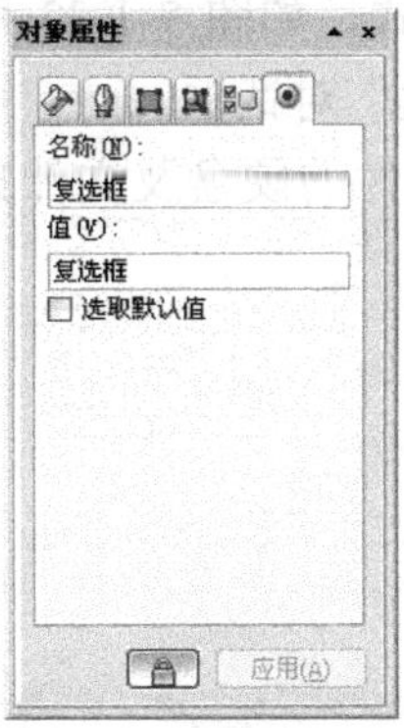

图 7-1-28 “对象属性”泊坞窗

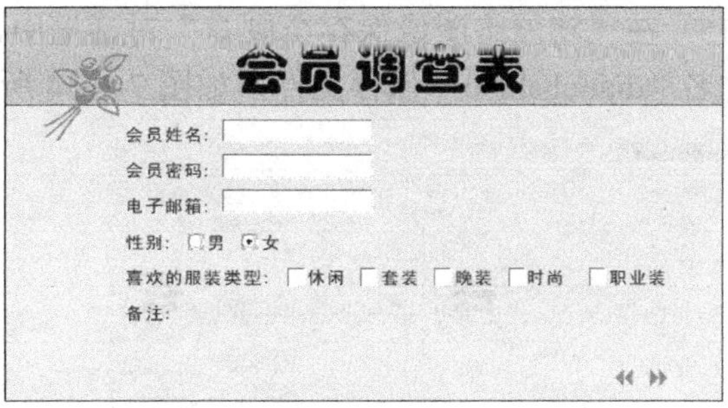

图 7-1-29　插入复选框后的效果

（12）单击“编辑”→“插入因特网对象”→“选项列表”菜单命令，在文字“备注”的后面插入 1 个选项列表对象。再在“对象属性”泊坞窗中单击 ☑ 按钮，打开选项列表的属性设置窗口，单击选中“选项列表”单选钮和“允许多项选择”复选框，再设置“可见行”为 3 行，然后单击“应用”按钮，即可完成选项列表的设置，此时的“对象属性”泊坞窗如图 7-1-30 所示。完成后的图形如图 7-1-31 所示。

图 7-1-30 “对象属性”泊坞窗

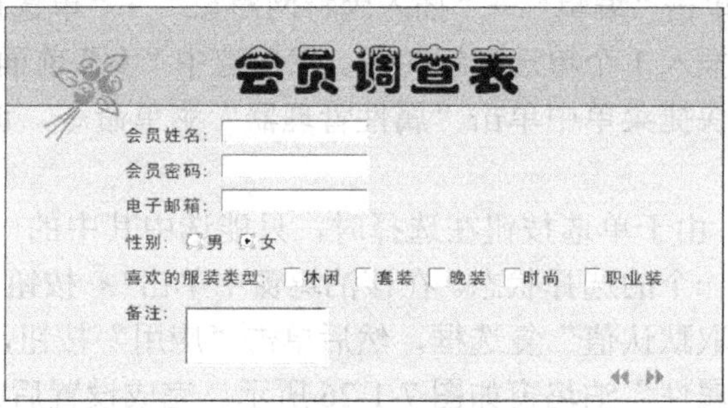

图 7-1-31 插入选项列表后的效果

（13）单击“编辑”→“插入因特网对象”→“提交按钮”菜单命令，在“选项列表”的右下角插入 1 个提交按钮对象。再单击“编辑”→“插入因特网对象”→“重置按钮”菜单命令，在“选项列表”的右下角插入 1 个重置按钮对象，完成后的图形如图 7-1-32 所示。此时整个网页页面的版面内容制作完成，下面将其输出为因特网对象。

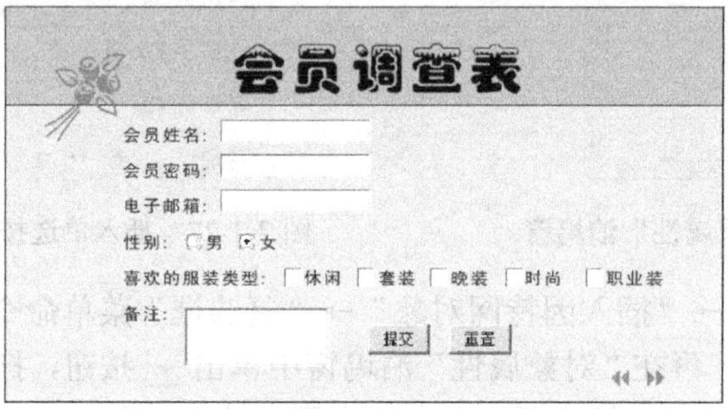

图 7-1-32 插入提交和重置按钮

（14）单击“文件”→“发布 Web”→“Web 图像优化程序”菜单命令，调出“网络图像优化器”对话框。在该对话框中设置优化图像的格式为“GIF”格式，如图 7-1-33 所示。再单击“确定”按钮，关闭该对话框并调出“将网络图像保存至硬盘”对话框。

（15）在“将网络图像保存至硬盘”对话框中，选择需要保存文件的硬盘及文件夹，再以文件名“diaochabiao”保存文件，如图 7-1-34 所示。

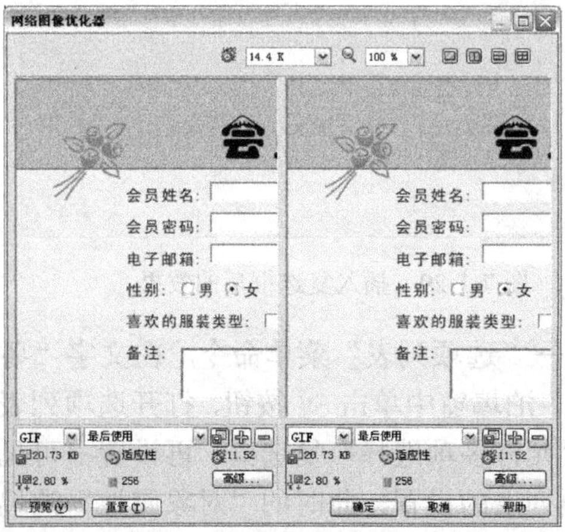

图 7-1-33 “网络图像优化器”对话框

图 7-1-34 “将网络图像保存至硬盘”对话框

（16）将绘图页面切换到“页面 1”，用步骤（14）~（15）的方法，将页面 1 以文件名“fushi”保存在相同的文件夹中。图标注意，由于网络中有时无法正常显示出以中文名称命名的文件，所以，在此应将所有的文件以英文或数字名称进行保存，以免定义站点后出现错误。

3. 定义站点

（1）启动 Dreamweaver MX 2004 软件后，单击“站点”→“管理站点”菜单命令，调出“管理站点”对话框，如图 7-1-35 所示。如果是第 1 次创建站点，则其列表框中没有站点的名字。

（2）单击“管理站点”对话框中的“新建”按钮，调出“新建”快捷菜单，如图 7-1-36 所示。单击该快捷菜单中的“站点”菜单命令，调出“站点定义为”（高级）对话框（单击“高级”标签），单击高级对话框内“分类”栏中的“本地信息”选项，如图 7-1-37 所示。

（3）在“站点名称”文本框内输入站点的名称“我的站点”。在“本地根文件夹”文本框内输入站点在本主机硬盘上的存储位置，即保存页面 1 和页面 2 图形的文件夹名称（E:\书稿\电子\CorelDRAW\作品），如图 7-1-37 所示。

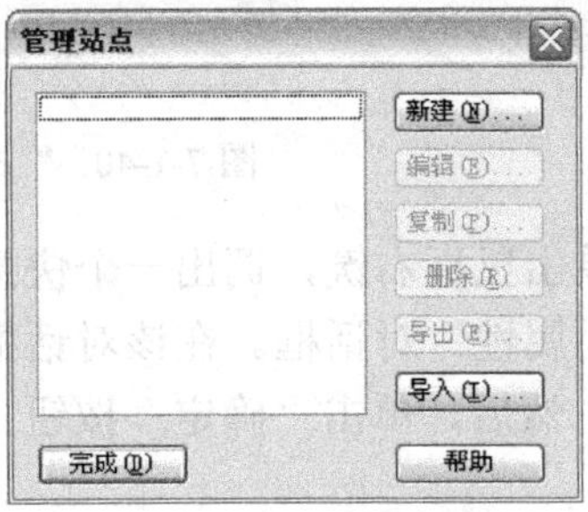

图 7-1-35 “管理站点”对话框

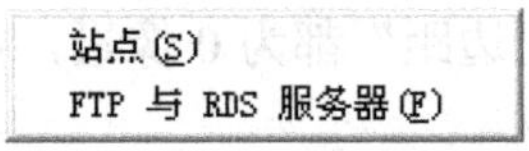

图 7-1-36 “新建”快捷菜单

（4）在“默认图像文件夹”文本框内输入保存网页中图像的默认文件夹的路径和文件夹名称（E:\书稿\电子\CorelDRAW\作品\Image）。再选中“启用缓存”复选框后，可加速链接的更新速度。当硬盘容量足够大时可选中它，如图 7-1-37 所示。然后，单击“确定”按钮后，返回“管理站点”对话框。

（5）在“管理站点”对话框左边的列表框中列出刚创建的站点名称，如图 7-1-38 所示。单击“完成”按钮，返回 Dreamweaver MX 2004 主窗口。

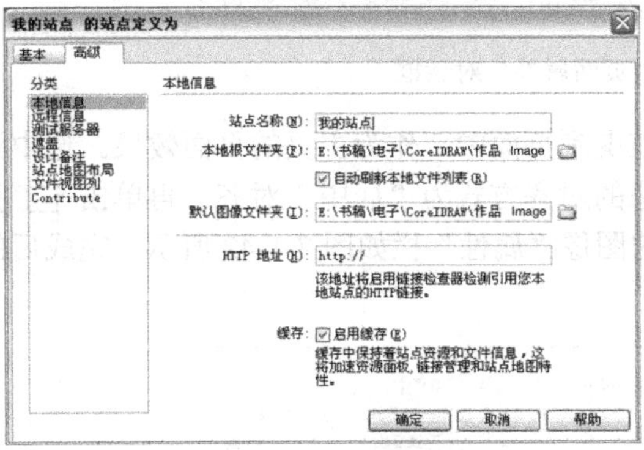

图 7-1-37 “站点定义为”（高级）对话框

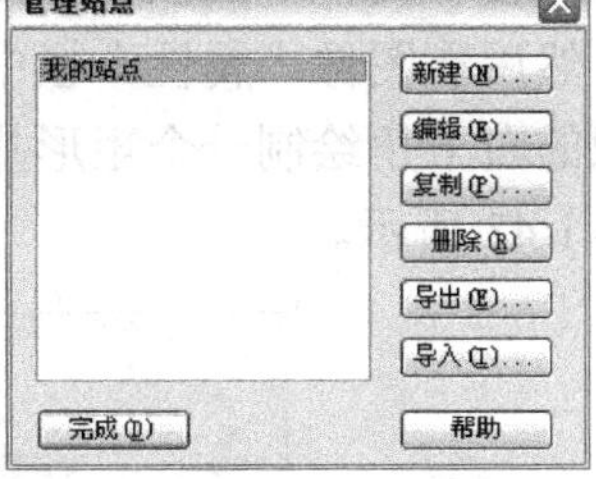

图 7-1-38 “管理站点”对话框

（6）单击“文件”→“新建”菜单命令，调出“新建文档”对话框。在该对话框中选中“基本页”选项，如图 7-1-39 所示。然后，单击“创建”按钮，即可创建一个基本页面。

（7）单击“文件”→“保存”菜单命令，调出“另存为”对话框。在该对话框中以文件名“INDEX”保存文件。此时，在“文件”面板显示出新建并保存后的文件名称，如图 7-1-40 所示。

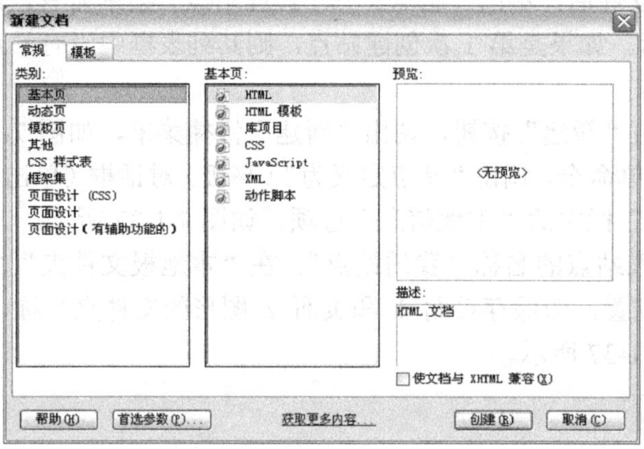

图 7-1-39 “新建文档”对话框

图 7-1-40 “文件”面板

（8）将鼠标指针移到网页文档窗口的空白处，单击鼠标右键，调出一个快捷菜单。再单击快捷菜单内的“页面属性”菜单命令，调出“页面属性”对话框。在该对话框中设置“左边距”和“上边距”都为 0 像素，如图 7-1-41 所示。然后，单击“确定”按钮，完成页面背景的设置。

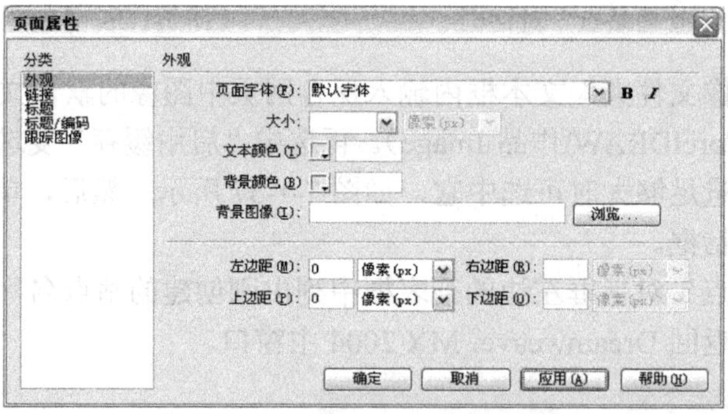

图 7-1-41 “页面属性”对话框

（9）在“文件”面板将“fushi”文件拖曳到页面中，作为主页的页面效果。选中该图像文件，然后在图像“属性”栏中，设置图像的对齐方式为“居中”对齐。再单击 按钮，在图像的右下角绘制一个矩形热区。此时的图像“属性”栏如图 7-1-42 所示。完成后的效果如图 7-1-43 所示。

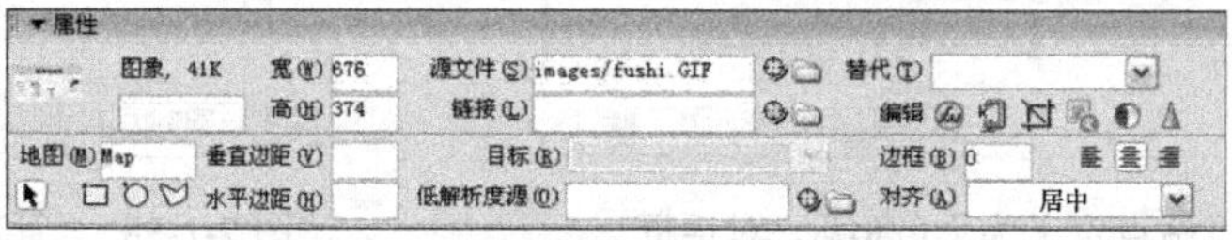

图 7-1-42 图像的“属性”栏

（10）单击“属性”面板中“链接”栏中的文件夹按钮 ，调出“选择文件”对话框。在该对话框选择要链接的 HTML 文件“diaochabiao”，如图 7-1-44 所示。然后单击“确定”按钮，即可为矩形热区添加一个链接对象。

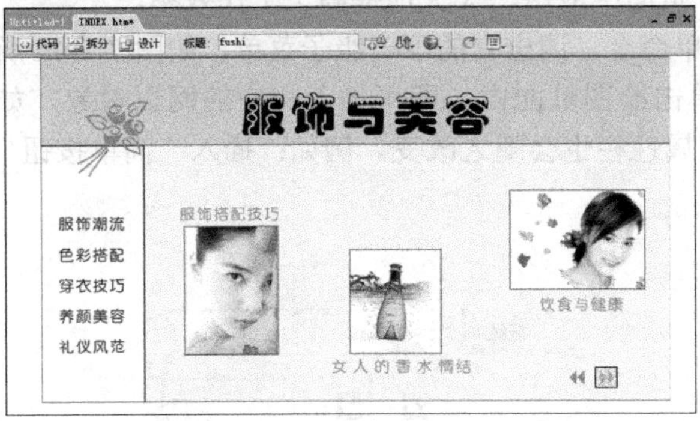

图 7-1-43　绘制一个矩形热区

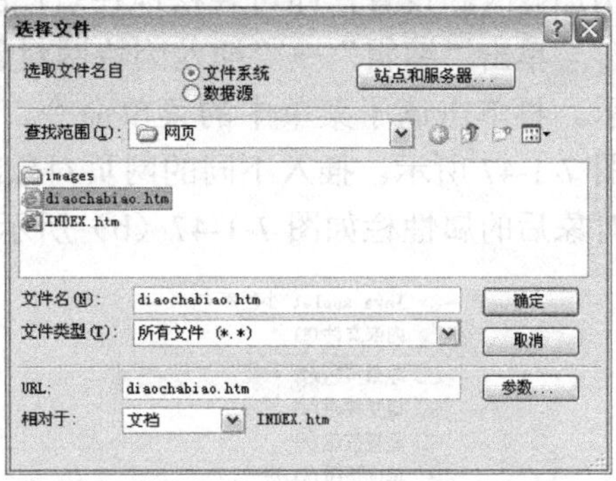

图 7-1-44　“选择文件”对话框

（11）再新建一个文件名为“diaochabiao”的文件，使用步骤（8）~（10）的方法，将该对象链接到“INDEX”上，并将其保存完成整个网页的制作。

（12）按下【F12】键，即可打开“IE 浏览器”观看到该网页发布后的效果。

7.1.2　Web 页面的设置与插入因特网对象

1．设置页面

在制作 Web 页面之前，首先要设置一个适合于浏览器显示的页面大小，设置页面的操作方法如下。

（1）单击“版面”→“页面设置”命令，调出“选项”（大小）对话框。在该对话框的在“纸张”列选框中，可以选择预置的页面大小，例如，“网页（600×300）”、“网页（760×420）”、“Web 标题（468×60）”等，如图 1-7-45 所示。

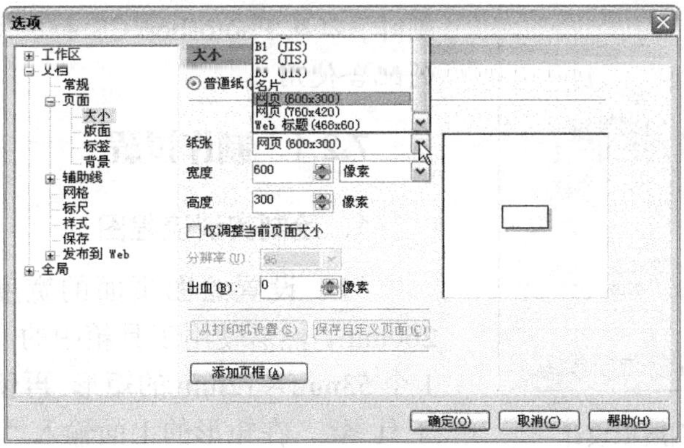

图 7-1-45　“选项”（大小）对话框

（2）还可以在“宽度”和“高度”数值框中，自定义页面的大小和度量单位，例如，设置页面的宽度为 600、高度为 300、度量单位为“像素”。

（3）单击“保存自定义页面”按钮，可以在打开的“自定义页面类型”对话框中输入需要保存的文件名称，将其保存到“纸张”列表中，供以后调用。

2．插入因特网对象

在中文 CorelDRAW 12 中，预置了许多 Web 页面中常见的一些标准控件。选用这些控件，稍加修改和设置，即可轻松地在自己的 Web 页面中应用，大大地提高了工作效率。

单击“编辑”→“插入因特网对象”菜单命令，调出它的下一级子菜单，如图 7-1-46 所示。再单击该子菜单中的菜单命令，然后单击绘图页面内，即可插入相应的网页对象，如图 7-1-47 所示。插入不同的网页对象时，其属性栏也会随之改变。例如：插入“简单按钮”对象后的属性栏如图 7-1-47（b）所示。

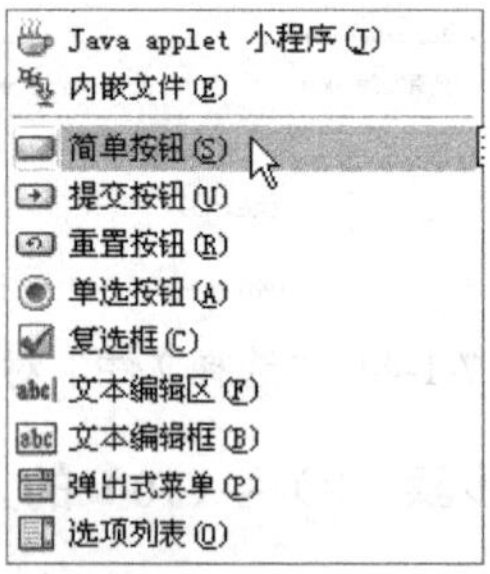

图 7-1-46 “插入因特网对象”菜单命令

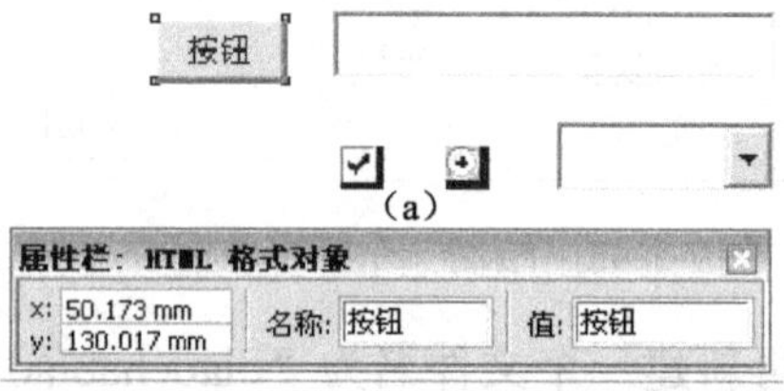

（a）

（b）

图 7-1-47 插入相应的网页对象

7.2 秘书实训展板设计——添加印刷元素

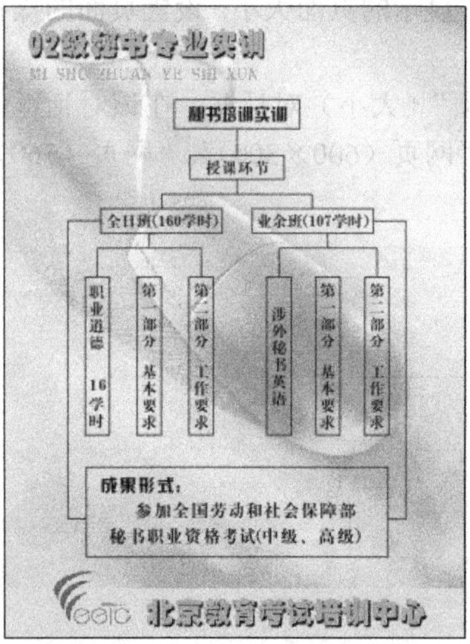

图 7-2-1 秘书实训展板设计

【案例效果】

实例“秘书实训展板设计”图形是考试中心针对其秘书专业，实训流程及学时的宣传栏，如图 7-2-1 所示该实例制作的实际大小为 720mm×820mm，用于喷绘输出。在本例的制作过程中，将其按比例缩小，方便读者练习。通过制作该实例，可以掌握宣传栏的制作，以及 Photoshop CS 和中文 CorelDRAW 12 软件的配合使用。

7.2.1 制作过程

1．绘制实训流程图

（1）设置绘图页面的宽度为 190mm，高度为 260mm。然后使用工具箱中的“矩形”工具，绘制 1 个 53mm×12mm 的矩形。再使用工具箱中的“文本”工具，在矩形的上面输入“字体”为汉仪菱心体、“字号”为 20 点的“秘书培训实训”6 个美术字，完成后的图形如图 7-2-2 所示。

（2）同时选中矩形和其上的文本对象，单击属性栏中的按钮，调出“对齐与分布”（对齐）对话框。在该对话框中选中垂直和水平方向的“中”复选框，如图 7-2-3 所示。然后单击“应用”按钮，即可将文本与矩形以水平和垂直方向的中心对齐。完成后的图形如图 7-2-4 所示。

（3）使用工具箱中的“挑选”工具，同时选中对齐后的矩形与文本对象，单击“排列”→“群组”菜单命令，将选择的对象组合成一个整体。

图 7-2-2 绘制矩形与文本

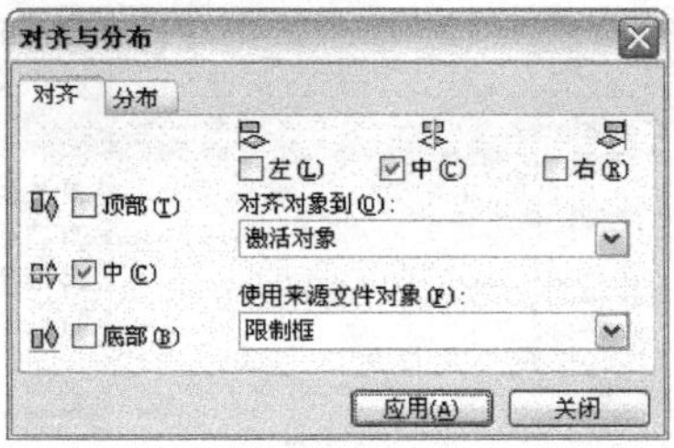

图 7-2-3 “对齐与分布”（对齐）对话框

图 7-2-4 对齐后的 2 个对象

（4）使用工具箱中的“矩形”和“文本”工具，先绘制一个 40mm×10mm 的矩形，再在其上输入“字体”为汉仪大宋简、“字号”为 18 的“授课环节”4 个美术字。然后将其水平与垂直中心对齐，并组合成一个整体。完成后的图形如图 7-2-5 所示。

（5）使用工具箱中的“矩形”和“文本”工具，先绘制 2 个 50mm×10mm 的矩形。再在左面的矩形上输入“字体”为汉仪大宋简、“字号”为 18 的“全日班（160 学时）”9 个美术字，在右侧的矩形上在输入“字体”为汉仪大宋简、“字号”为 18 的“业余班（107 学时）”9 个美术字。然后分别将其水平与垂直中心对齐，并组合成一个整体。完成后的图形如图 7-2-6 所示。

图 7-2-5 绘制授课环节

图 7-2-6 绘制学时

（6）使用工具箱中的“矩形”工具，先绘制 6 个 10mm×65mm 的矩形。再使用工具箱中的“文本”工具，单击属性栏中的按钮，将文本输入方式设置为“垂直排文”方式。在矩形中分别输入如图 7-2-7 所示的美术字，其“字体”为汉仪大宋简、“字号”为 18。然后分别将其水平与垂直中心对齐，并组合成一个整体。

（7）使用工具箱中的“矩形”工具，先绘制 1 个 125mm×37mm 的矩形。再使用工具箱中的“文本”工具，单击属性栏中的按钮，将文本输入方式设置为“水平排文”方式。在矩形中分别输入如图 7-2-8 所示的美术字，其中“成果形式”的“字体”为汉仪菱心体、“字号”为 20；其他文本的“字体”为汉仪大宋简、“字号”为 20。然后将其水平与垂直中心对齐，并组合成一个整体。

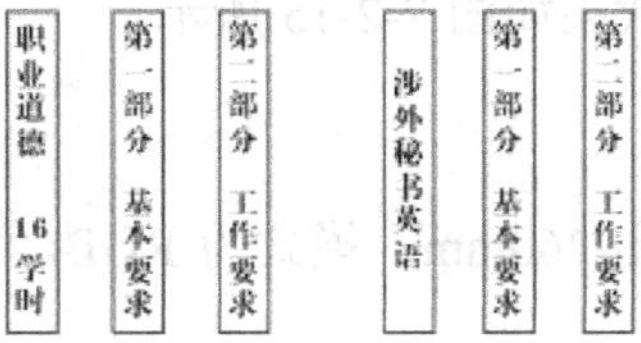

图 7-2-7 输入学习内容

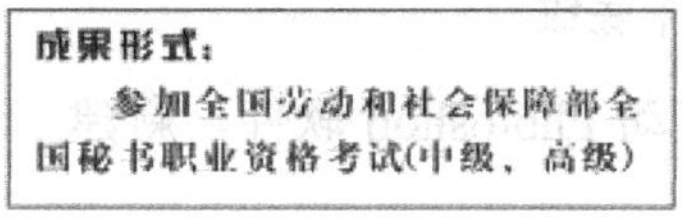

图 7-2-8 输入成果形式

（8）使用工具箱中的“挑选”工具，同时选中页面中所有的矩形，然后单击属性栏中的按钮，调出“对齐与分布”（对齐）对话框。在该对话框中选中垂直方向的“中”复选框，如图 7-2-9 所示。再单击“分布”选项卡，打开“对齐与分布”（分布）对话框的设置内容，选中垂直方向的“间距”复选框，如图 7-2-10 所示。然后单击“应用”按钮，即可将矩形以垂直方向的中心对齐并等间距分布。完成后的图形如图 7-2-11 所示。

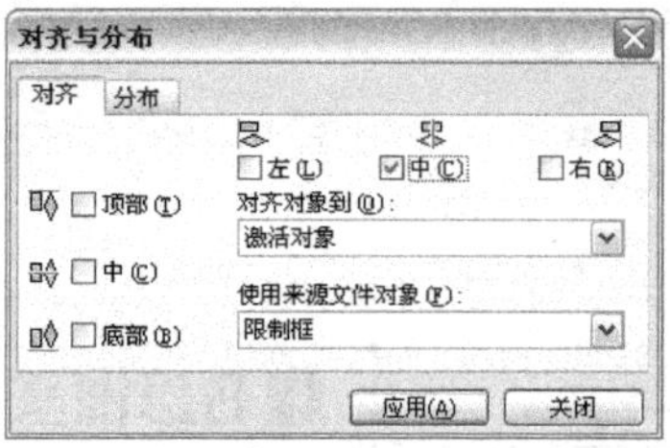

图 7-2-9 “对齐与分布”（对齐）对话框

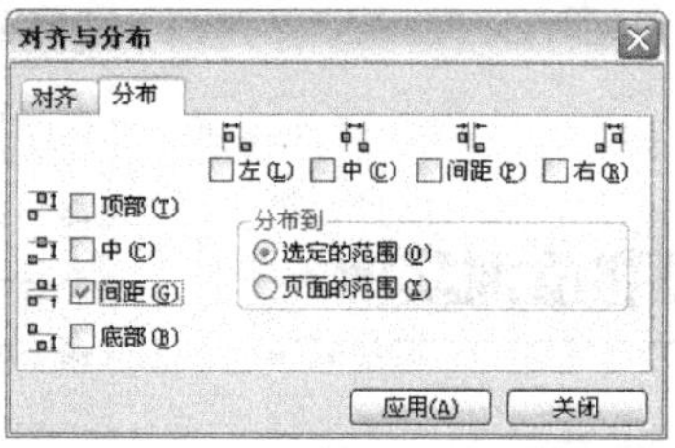

图 7-2-10 “对齐与分布”（分布）对话框

（9）使用工具箱中的“挑选”工具，同时选中对齐后的矩形对象，单击“排列”→“群组”菜单命令，将选择的对象组合成一个整体。

（10）单击“工具”→“选项”菜单命令，调出“选项”对话框。在该对话框左侧的目录栏中单击选中“工作区”中的“捕捉对象”选项。再在右侧按照图 7-2-12 所示进行设置，打开对象捕捉的显示。

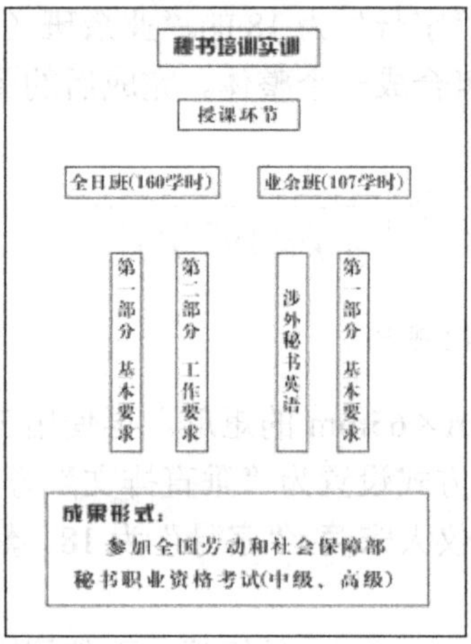

图 7-2-11 对齐与分布后的对象

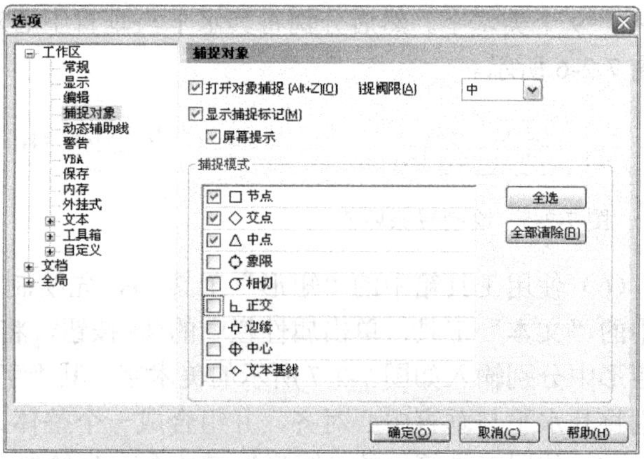

图 7-2-12 “选项”（捕捉对象）对话框

（11）使用工具箱中的“多点线”工具，以中点捕捉的方式绘制第 1 条直线。完成后的图形如图 7-2-13 所示。

（12）再次使用工具箱中的“多点线”工具，以中点捕捉的方式绘制其他连接线。完成后的图形如图 7-2-14 所示。完成整个图形绘制后的效果如图 7-2-15 所示。

2．制作底纹

（1）启动 Photoshop 软件。新建一个宽 170mm、高 260mm，模式为 RGB，背景为白色的画布。

（2）设置前景色为灰蓝色，按下【Alt+Delete】组合键，将背景图层填充为灰蓝色，效果如图 7-2-16 所示。

（3）打开一幅“鼠标”图像，如图 7-2-17 所示。再使用工具箱中的“移动”工具，将鼠标图像剪切并粘贴到新建文件中。此时“图层”调板中会生成一个名称为“图层 1”的新图层，其内容是剪切的鼠标图像。

图 7-2-13　绘制直线

图 7-2-14　绘制其他连接线

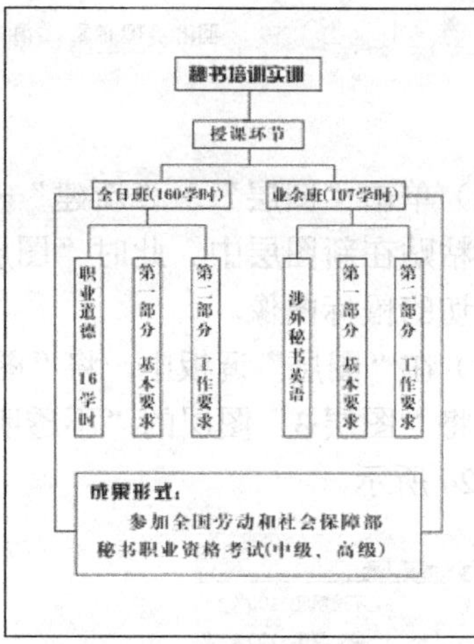

图 7-2-15　完成整个图形绘制

图 7-2-16　将背景图层填充为灰蓝色

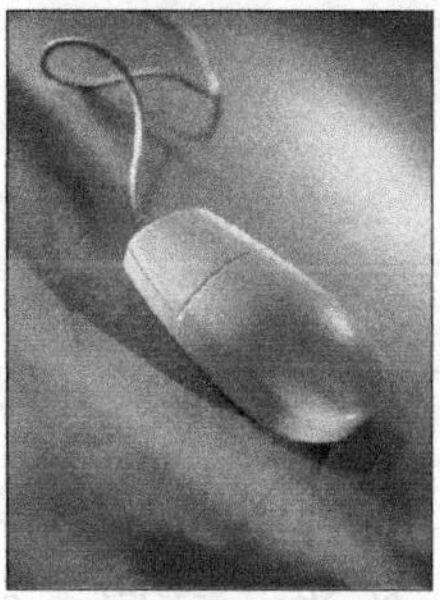

图 7-2-17　打开一幅“鼠标”图像

（4）由于鼠标图像较大，单击“编辑”→“自由变换”菜单命令，将鼠标图像缩小为适当大小，再移动到如图 7-2-18 所示的位置。

（5）使用工具箱中的“矩形选区”工具，在画布的底部绘制一个矩形选区，按下【Delete】键，将“图层 1”图层底部的图像删除，显示出“背景层”的蓝灰色，如图 7-2-19 所示。

（6）将“图层 1”图层设置为“柔光”模式。复制“图层 1”图层为“图层 2”图层，此时的图像效果如图 7-2-20 所示。

（7）将“图层 2”图层的混合模式设置为“正常”模式。再使用工具箱中的“磁性套索”工具，在其选项栏中设置“羽化”为 10 像素、“频率”为 100，其他为默认值，此时的选项栏如图 7-2-21 所示。然后在鼠标周围制作选区，将鼠标图像选中。

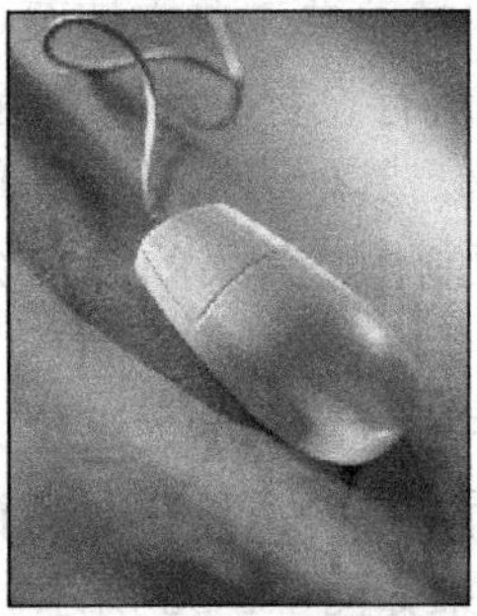

图 7-2-18　缩小并移动图像

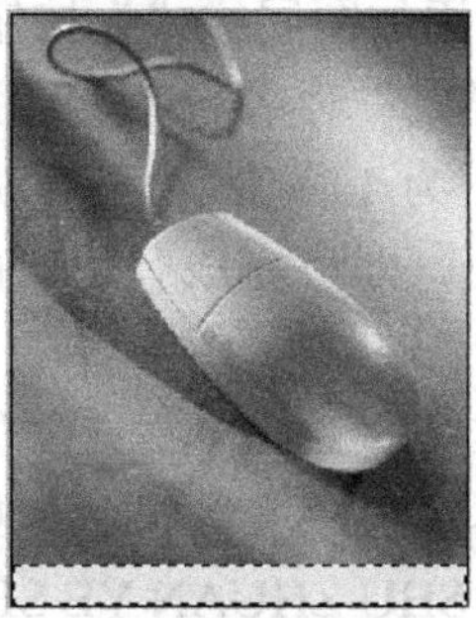

图 7-2-19　将底部的图像删除

图 7-2-20　设置为“柔光”模式

图 7-2-21　选项栏

（8）单击“图层”→“新建”→“通过剪切的图层”菜单命令，将选区内的鼠标图像，剪切并粘贴在新图层中。此时“图层”调板中会生成一个名称为“图层 3”的新图层，其内容是剪切的鼠标图像。

（9）在“图层”调板中，将“图层 2”图层的混合模式设置为“柔光”模式，如图 7-2-22 所示；将“图层 3”图层的“不透明度”设置为 50%，如图 7-2-23 所示。此时的图像效果如图 7-2-24 所示。

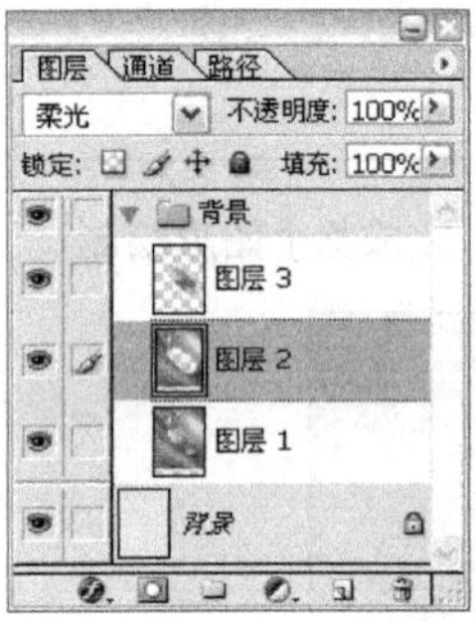

图 7-2-22　“图层 2”图层的设置

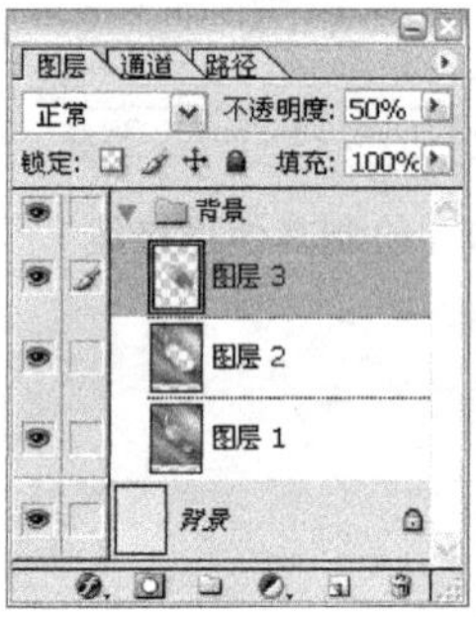

图 7-2-23　“图层 3”图层的设置

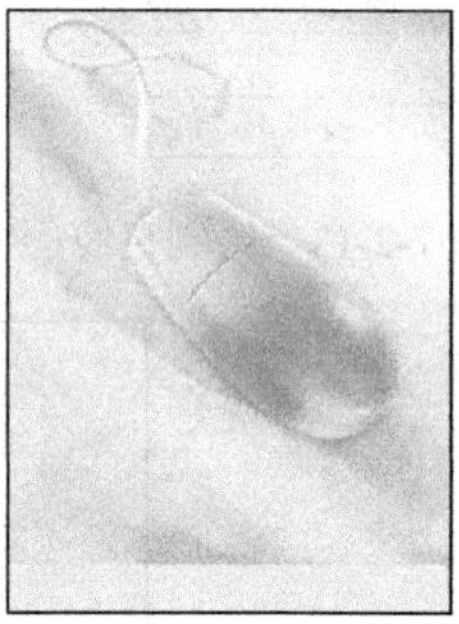

图 7-2-24　设置模式后的图像

（10）使用工具箱中的“横排文字”工具 T，在“字符”调板中设置“字体”为汉仪方叠体简、“字号”为 34、“字距”为 75、颜色为橙色，如图 7-2-25 所示。然后，在画布窗口的左上角单击，输入文字“02 级秘书专业实训”，效果如图 7-2-26 所示。

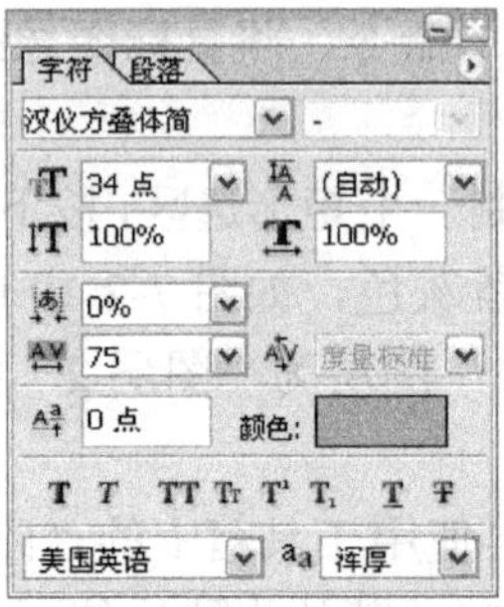

图 7-2-25　“字符”调板

图 7-2-26　输入文字

（11）单击“图层”调板内的“添加图层样式”按钮，调出快捷菜单，单击该菜单中的“投影”菜单命令，调出“图层样式”对话框。按照图 7-2-27 所示进行设置，其中“距离”为 3 像素、“扩展”为 1%、“大小”为 1 像素、“不透明度”为 100%，其他为默认值。单击“图层样式”对话框中的“好”按钮，即可完成有阴影的立体文字的制作，效果如图 7-2-28 所示。

（12）使用工具箱中的“横排文字”工具 T，在“字符”调板中设置字体为“汉仪大宋简”、“字号”为 20、“字距”为 10、“颜色”为橙色，如图 7-2-29 所示。然后，在画布窗口的左上角单击，输入拼音文字“MI SHU ZHUAN YE SHI XUN”，效果如图 7-2-30 所示。

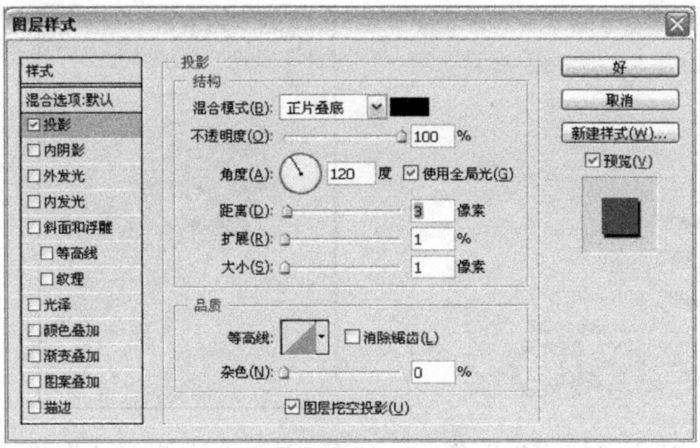

图 7-2-27 “图层样式”（投影）对话框

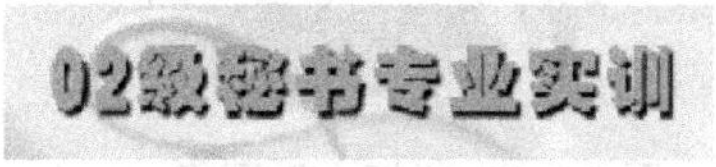

图 7-2-28　有阴影的立体文字的制作

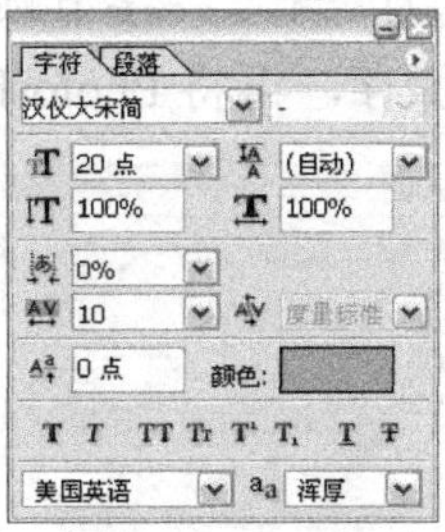

图 7-2-29 “字符”调板

图 7-2-30　输入拼音文字

（13）使用工具箱中的“横排文字”工具 T，在“字符”调板中设置“字体”为汉仪方叠体简、“字号”为 34、“字距”为 50、“颜色”为橙色。然后，在画布窗口的右下角单击，输入文字“北京教育考试培训中心”，效果如图 7-2-31 所示。

（14）单击“图层”调板内的“添加图层样式”按钮，调出快捷菜单，单击该菜单中的“投影”菜单命令，调出“图层样式”对话框。按照图 7-2-27 所示进行设置，其中“距离”为 3 像素、“扩展”为 1%、“大小”为 1 像素、“不透明度”为 100%，其他为默认值。单击“图层样式”对话框中的“好”按钮，即可完成有阴影的立体文字的制作，效果如图 7-2-32 所示。

图 7-2-31　输入右下角的文字

图 7-2-32　添加投影效果

（15）打开一幅“标志”图像，如图 7-2-33 所示。使用工具箱中的“魔棒”工具，设置容差为 32。单击选中白色部分的图像，再单击“选择”→“反选”菜单命令，将标志图像选中，如图 7-2-34 所示。再使用工具箱中的“移动”工具，将标志图像剪切并粘贴到新建文件中。此时“图层”调板中会生成一个名称为“图层 4”的新图层，其内是剪切的鼠标图像。完成后的效果如图 7-2-35 所示。

（16）单击“编辑”→“自由变换”菜单命令，将标志图像缩小为适当大小，再移动到如图 7-2-36 所示的位置。至此，展板底纹制作完成。

（17）单击“文件”→“存储为”菜单命令，调出“存储为”对话框。在该对话框中设置“文件名”为“展板底纹”、“格式”为 TIFF 格式，然后单击“保存”按钮，又调出“TIFF 选项”对话框。

图 7-2-33　“标志”图像

图 7-2-34　选中“标志”图像

图 7-2-35　粘贴标志图像

（18）在“TIFF 选项”对话框中，设置“图像压缩”方式为“无”、“字节顺序”为“IBM PC”，如图 7-2-37 所示。然后单击“好”按钮，完成文件的保存，再将 Photoshop 关闭。

图 7-2-36　缩小并移动标志

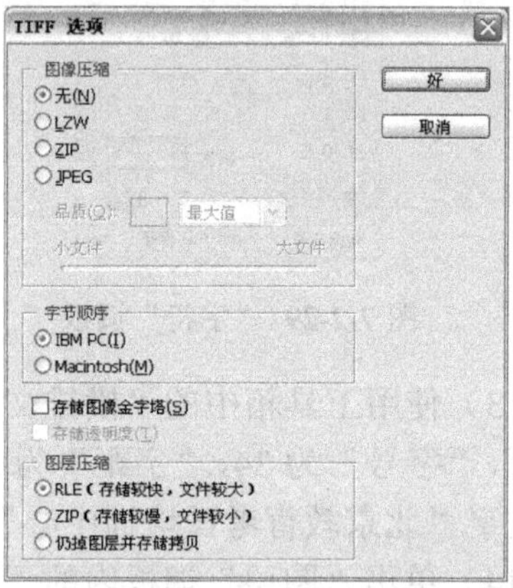

图 7-2-37　“TIFF 选项”对话框

3．合成效果

（1）启动中文 CorelDRAW 12 软件，打开制作的“秘书实训流程图”，将所有的对象成组。

（2）单击“文件”→“导入”菜单命令，调出“导入”对话框。在该对话框中单击选择刚保存的“展板底纹”文件，然后单击“导入”按钮，再在页面中单击，即可将该文件导入到页面中，效果如图 7-2-38 所示。

图 7-2-38　“导入”对话框

（3）由于导入的文件在最上层，将下面的流程图遮盖住，所以，在导入的底纹对象上单击鼠标右键，在调出的快捷菜单中单击“顺序”→“到后部”菜单命令，如图 7-2-39 所示。将其放置在其他对象的底部，效果如图 7-2-40 所示。

（4）此时，在页面中可看到，流程图的位置不太理想。使用工具箱中的“挑选”工具，选中流程图，将其移动到页面中间的位置，完成整个展板的制作，效果如图 7-2-1 所示。

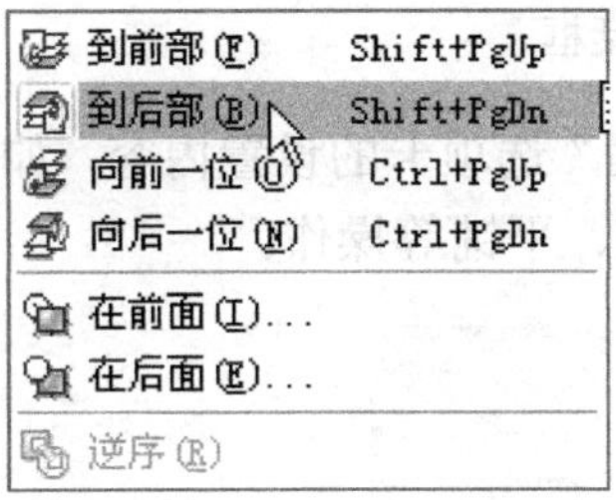

图 7-2-39 “顺序”菜单命令

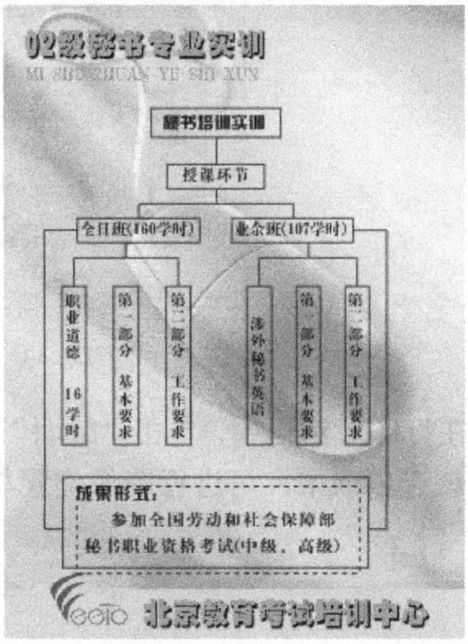

图 7-2-40　将底纹放置在其他对象的底部

7.2.2　打印设置与预览

1. 设置打印选项

单击“文件”→“打印设置”菜单命令，可以调出“打印设置”对话框，如图 7-2-41 所示。利用该对话框的“名称”列表框，选择打印机。单击“打印设置”对话框中的“属性”按钮，调出“文档属性”对话框，该对话框以本机上打印机的名称及文档属性为对话框名。在该对话框中可进行有关打印属性的设置，如图 7-2-42 所示。

（1）单击“文件”→“打印”菜单命令，调出“打印”对话框，利用该对话框，可以进行打印参数的设置。

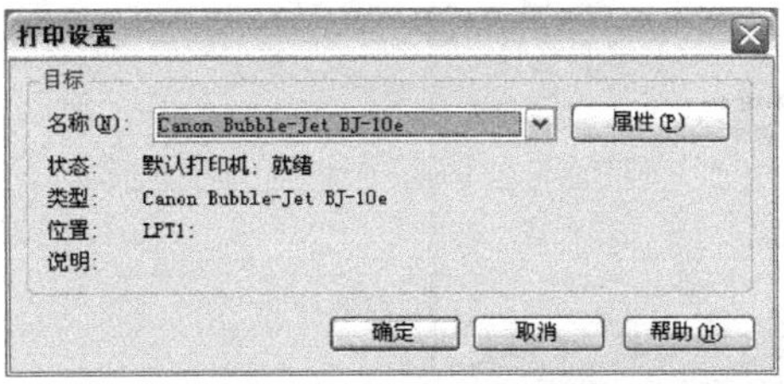

图 7-2-41 “打印设置”对话框

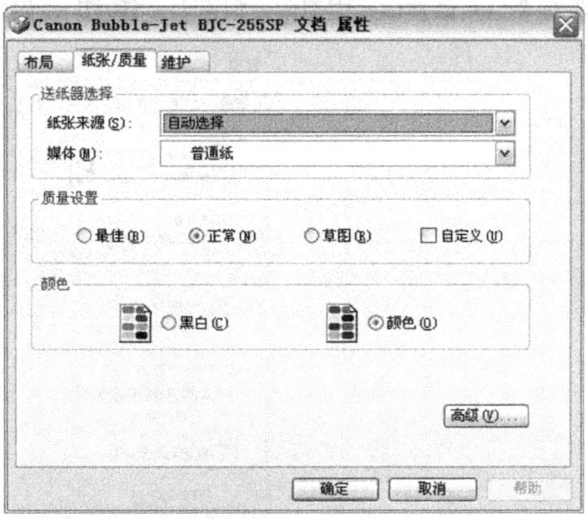

图 7-2-42 “文档属性”对话框

（2）在打印对话框中，单击“常规”标签，打开“常规”选项卡的设置内容，如图 7-2-43 所示。在该选项卡中，可进行选择打印机、设置打印范围、打印份数等操作。

图 7-2-43 “打印”（常规）对话框

（3）在打印对话框中，单击“版面”标签，打开“版面”选项卡的设置内容，如图 7-2-44 所示。在该选项卡中，可进行图像位置与大小、出血限制、平铺等操作。

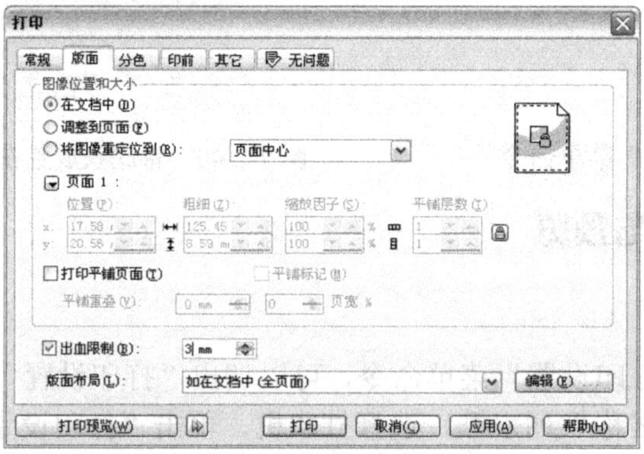

图 7-2-44 “打印”（版面）对话框

（4）在打印对话框中，单击“印前”标签，打开“印前”选项卡的设置内容，如图 7-2-45 所示。在该选项卡中，可进行纸张与胶片、打印标记的选择、裁剪、折叠标记的添加等操作。完成各种设置后，单击“打印”按钮，即可打印图形文件。

图 7-2-45 “打印”（印前）对话框

2. 预览打印与打印

单击“文件”→“打印预览”菜单命令，即可调出中文 CorelDRAW 12 的打印预览界面。利用它可进行打印的相关设置，例如，为页面添加裁剪标记、颜色校准栏和套准标记等对象。为图形添加输出标记后的预览效果，如图 7-2-46 所示。

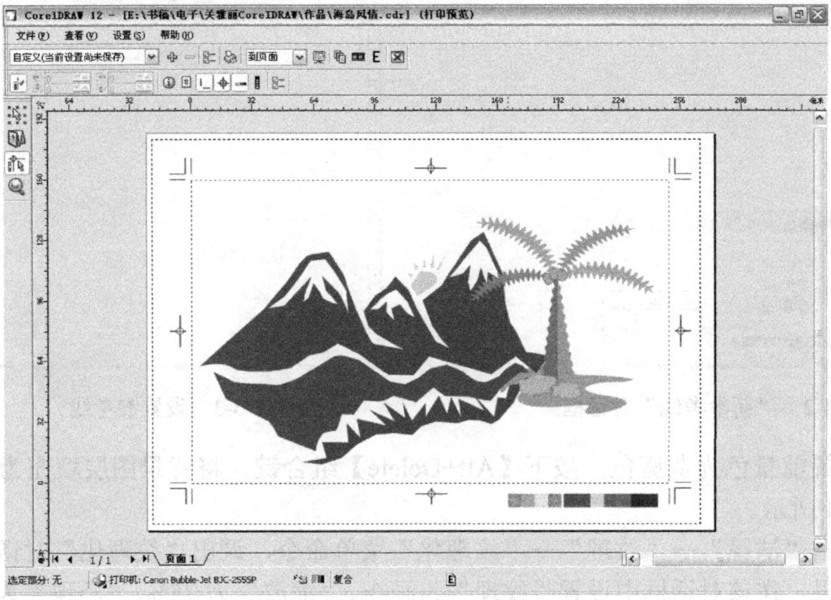

图 7-2-46 打印预览界面

7.3 光盘装帧设计——设计对象的规格

【案例效果】

实例“光盘装帧设计”图形是在音像、出版、IT 等商业领域，经常在设计工作中遇到的项目。在设计时，首先光盘的盘面设计要与主题贴近，例如，为书制作光盘，光盘的风格最好与书的封面风格一致。除了要与主题贴近外，设计盘面还需要考虑的一个重要的因素——光盘本身的形状。这就要求我们从圆形角度去思考问题，一切构思都要结合圆形来实现。制作的“光盘装帧设计”实例的显示效果如图 7-3-1 所示。

7.3.1 制作过程

1. 制作光盘效果

（1）启动 Photoshop 软件。新建一个宽度为 117mm、高度为 117mm，模式为 RGB，分辨率为 300 像素/英寸，背景为白色的画布的文件。

（2）按下【Ctrl+R】组合键在画布窗口中显示出标尺。然后标尺中单击鼠标右键，调出单位设置快捷菜单。在该菜单中将绘图单位设置为“mm”。

（3）单击“视图”→“新参考线”菜单命令，调出

图 7-3-1 光盘装帧设计

“新参考线”对话框。在该对话框中垂直参考线为“58.5mm”，如图 7-3-2 所示。然后，单击“好”按钮，即可在页面的中心创建一条参考线。用同样的方法再设置水平参考线为“58.5mm”，完成后的效果如图 7-3-3 所示。

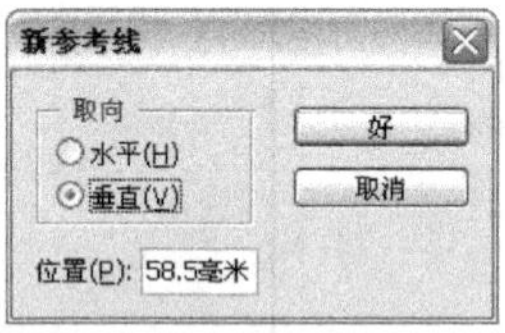

图 7-3-2 “新参考线”对话框

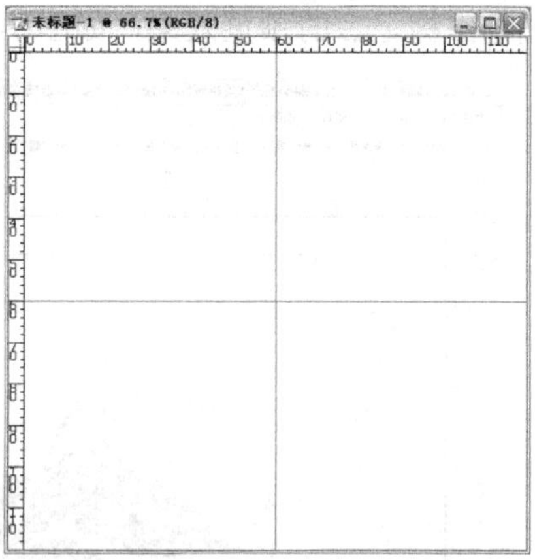

图 7-3-3 设置参考线

（4）设置前景色为灰蓝色，按下【Alt+Delete】组合键，将背景图层填充为灰蓝色，效果如图 7-2-4 所示。

（5）单击“滤镜”→“纹理”→“纹理化”菜单命令，调出“纹理化”对话框，为背景添加纹理效果。在该对话框中设置“纹理”为画布、“缩放”为 75%、“凸现”为 2、“光照”方向为右上，如图 7-3-5 所示。然后，单击“好”按钮，即可为背景画布添加纹理效果，如图 7-3-7 所示。

（6）在“图层”调板中新建一个名称为“图层 1”的新图层。使用工具箱中的“椭圆选框”工具，在其选项栏中设置样式为“固定大小”，“宽度”为 70mm、“高度”为 70mm，其他为默认值，此时的选项栏如图 7-3-6 所示。然后在画布中单击，即可创建一个合适的选区，作为光盘上的装饰圆。再将其移动到画布的中心，并填充“桃黄色”，如图 7-3-8 所示。

图 7-3-4 填充颜色

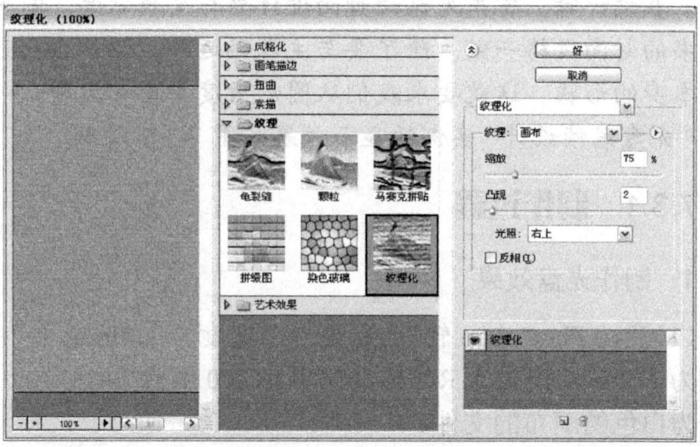

图 7-3-5 “纹理化”对话框

图 7-3-6 椭圆选框工具的选项栏

图 7-3-7　为背景画布添加纹理效果

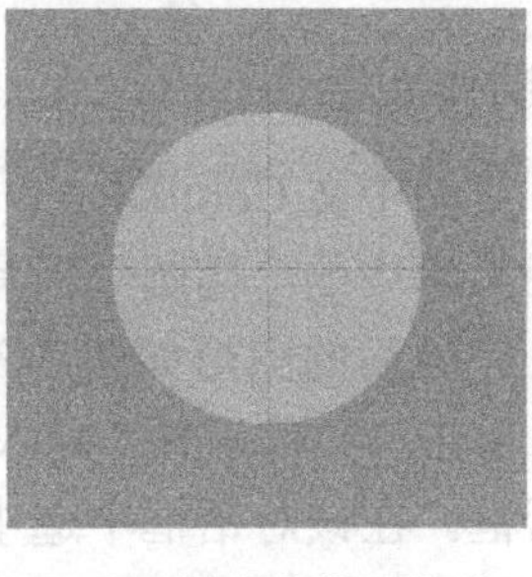

图 7-3-8　创建装饰圆的选区

（7）使用上述办法，再创建一个半径为 35mm 的正圆选区，分别在“图层 1”图层和“背景”图层中按下【Delete】键，将选区内的对象删除，制作出光盘的内径效果，如图 7-3-9 所示。

（8）打开一幅“鸳鸯”图像，如图 7-3-10 所示。按下【Ctrl+A】组合键，全选该图像，按下【Ctrl+C】组合键将其复制在剪切板中。

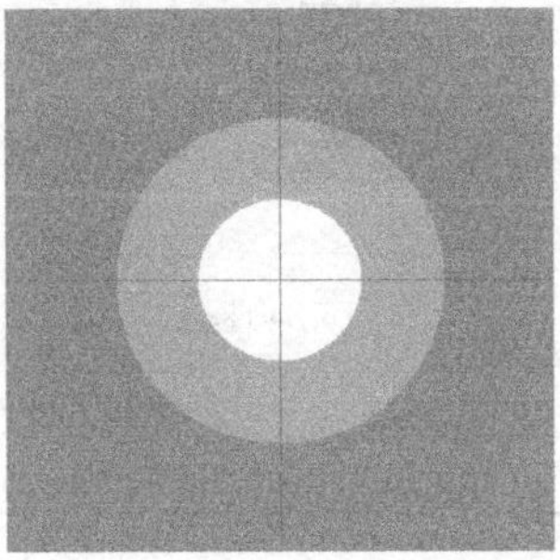

图 7-3-9　制作出光盘的内径效果

图 7-3-10　打开的“鸳鸯”图像

（9）按下【Ctrl】键的同时，单击“图层 1”图层，调出该图层中对象的选区。然后，单击“编辑”→“粘贴入”菜单命令，即可将该图像粘贴在选区中。此时“图层”调板中会生成一个名称为“图层 2”的新图层，其内是复制的鸳鸯图像。

（10）由于鸳鸯图像较大，单击“编辑”→“自由变换”菜单命令，将鸳鸯图像缩小为适当大小，再移动到如图 7-3-11 所示的位置。

（11）将“图层 2”图层的混合模式设置为“线性加深”模式，此时的“图层”调板如图 7-3-12 所示。图像效果如图 7-3-13 所示。完成光盘效果图的制作。

图 7-3-11　将鸳鸯图像缩小

图 7-3-12 “图层”调板

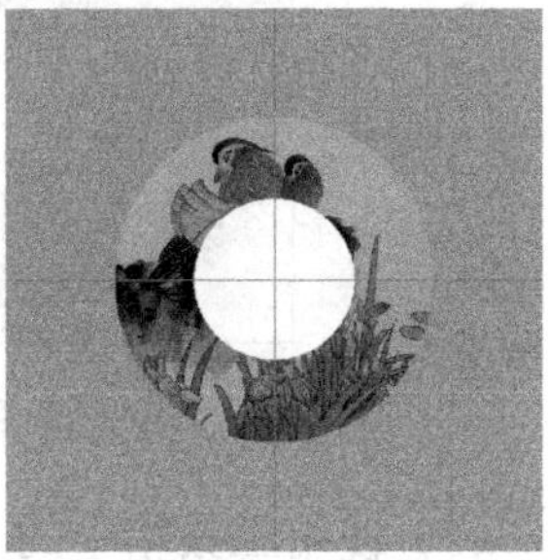

图 7-3-13　设置混合模式后的效果

（12）单击“文件”→“保存”菜单命令，调出“存储为”对话框。将文件以“光盘.tif”的文件名和格式保存。

2. 制作文字

（1）启动中文 CorelDRAW 12 软件，设置绘图页面的宽度为 117mm，高度为 117mm。然后使用工具箱中的“椭圆”工具，绘制 1 个 117mm×117mm 的椭圆轮廓线，作为光盘的外圆图形，完成后的图形如图 7-3-14 所示。

（2）单击“文件”→“导入”菜单命令，或单击常用工具箱中的“导入”按钮，调出“导入”对话框。在该对话框中选中刚保存的“光盘.tif”文件，如图 7-3-15 所示。然后单击“导入”按钮，再在页面中单击 3 次，即可将选择的 3 幅图像导入到绘图页面中。

图 7-3-14　绘制外圆图形

图 7-3-15　“导入”对话框

（3）使用工具箱中的“挑选”工具，选中光盘图像，单击“效果”→“精确裁剪”→“置于容器内”菜单命令，这时鼠标指针呈黑色大箭头状，将它移到椭圆的边线处，单击鼠标左键，则将光盘图像镶嵌到椭圆内，如图 7-3-16 所示。

（4）使用工具箱中的“椭圆”工具，分别绘制 1 个 35mm×35mm 和 1 个 70 mm×70mm 的椭圆轮廓线，作为光盘的内圆图形中的 2 条装饰线，并移动到适当的位置，完成后的图形如图 7-3-17 所示。

图 7-3-16　将光盘图像镶嵌到椭圆内

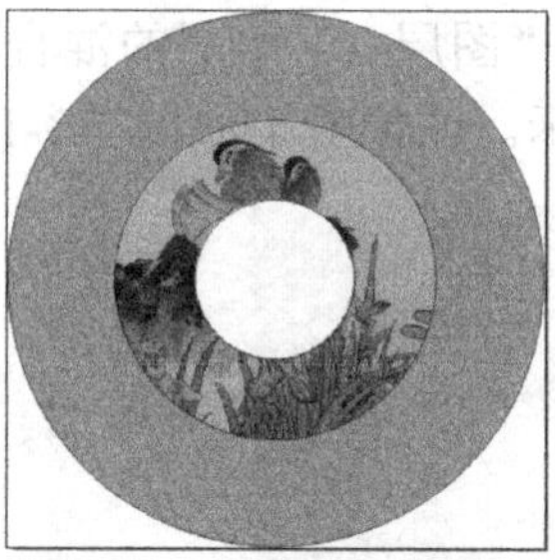

图 7-3-17　绘制 2 条装饰线

（5）使用工具箱中的“文本”工具，在绘图页中输入“字体”为隶书、“字号”为 30 磅的“工笔花鸟精粹”美工字。单击选中它，再单击调色板内的白色色块，给“工笔花鸟精粹”美工字填充白色，如图 7-3-18 所示。

（6）使用工具箱中的“矩形”工具，在文字的下面绘制一个长条矩形，并为其内部填充“蓝紫色”、取消轮廓线。再使用工具箱中的“文本”工具，上面输入“字体”为 Comic Sans MS、“字号”为 12 磅的拼音美工字。单击“Z”和“H”两个字母，为其填充黄色，其他填充白色，如图 7-3-19 所示。

图 7-3-18　输入文字

图 7-3-19　绘制矩形和输入拼音文字

（7）使用工具箱中的“椭圆”工具，绘制一个弧形图形，作为文字环绕的路径，完成后的效果如图 7-3-20 所示。再使用工具箱中的“文本”工具，上面输入“字体”为华文行楷、“字号”为 14 磅的一行美工字，再为其填充白色。

（8）使用工具箱中的“挑选”工具，选中文字。然后，单击“文字”→“使文本适合路径”菜单命令，这时鼠标指针呈黑色大箭头状，将它移到刚刚画的弧形边线处，单击鼠标左键，则将美工字沿弧形边的外部呈弧形分布，如图 7-3-21 所示。

图 7-3-20　绘制弧形图形

图 7-3-21　美工字沿弧形边的外部呈弧形分布

（9）使用工具箱中的“挑选”工具，选中弧形轮廓线，在调色板的 ⊠ 按钮上单击鼠标右键，隐藏弧线的显示，如图 7-3-22 所示。

3．制作条形码

（1）单击“编辑”→“插入条形码”菜单命令，调出“条码向导”对话框。在该对话框中根据要求在“从下列行业标准格式中选择一个”列表框中选择“EAN-13”（中国标准）选项。再在“输入 12 个数字”文本框中输入条形码的编码，如图 7-3-23 所示。然后单击“下一步”按钮，又调出“条码向导”的分辨率设置对话框。

（2）在“条码向导”的分辨率设置对话框中，根据需要对分辨率进行设置，如图 7-3-24 所示。然后单击“下一步”按钮，又调出“条码向导”的属性设置对话框。

图 7-3-22　隐藏弧线的显示

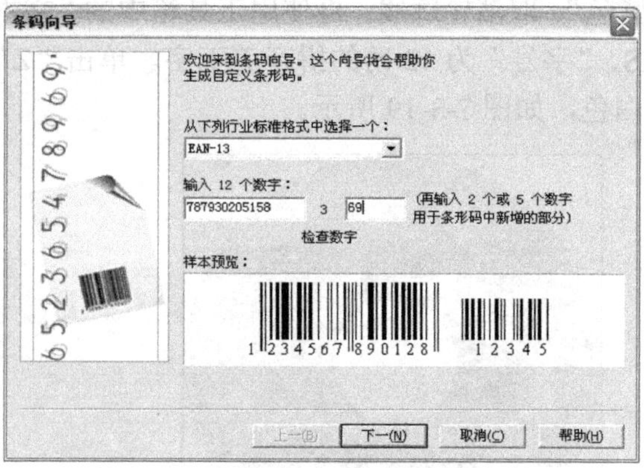

图 7-3-23　“条码向导”对话框

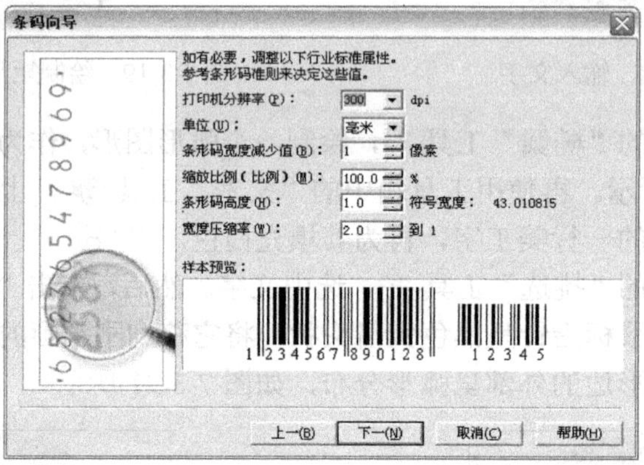

图 7-3-24　“条码向导”的分辨率设置对话框

（3）在“条码向导”的属性设置对话框中，根据需要对属性进行设置，如图 7-3-25 所示。然后单击“完成”按钮，制作出标准的条形码图形，如图 7-3-26 所示。

（4）使用工具箱中的“挑选”工具，将条形码缩小并移动到光盘的下面，完成整个光盘的制作，如图 7-3-1 所示。

图 7-3-25　“条码向导”的属性设置对话框

图 7-3-26　制作出标准的条形码图形

4．准备输出

这样，一个标准的盘面设计工作就完成了。但是，如果要拿去出片，还需要给文件加上基准圆，基准圆是盘面印刷时套准用的，如果胶片上没有基准圆，则无法进行盘面印刷。相当于其他纸质印刷品出片时的角线，出片公司一般会为盘面加上基准圆。在中文 CorelDRAW 12 中，用户可以很方便地在“打印”对话框中，对图形添加上印刷的角线和基准圆。其方法如下。

（1）单击“文件”→“打印”菜单命令，调出“打印”对话框。在该对话框的“常规”选项卡中，参照图 7-3-27 所示进行设置。再单击“属性”按钮，调出“AGFA-AccuSet v52.3 文档属性”对话框。该对话框会根据用户安装的打印机，有所不同。

（2）在“AGFA-AccuSet v52.3 文档属性”对话框中，如图 7-3-28 所示。单击“高级”按钮，调出“AGFA-AccuSet v52.3 高级选项”对话框。在该对话框中单击“编辑自定义页面”按钮，如图 7-3-29 所示，调出“PostScript 自定义页面大小定义”对话框。

（3）在“PostScript 自定义页面大小定义”对话框中，设置页面的“宽度”为 123mm、“高度”为 123mm，为页面的上、下、左、右各留出 3mm 的出血，如图 7-3-30 所示。然后，单击“确定”按钮，返回“打印”对话框中。

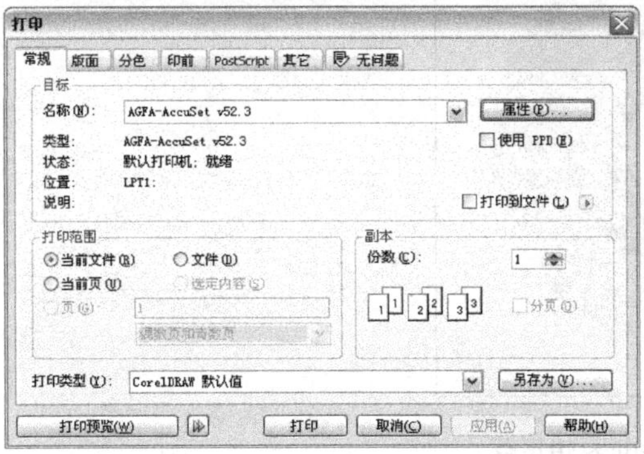

图 7-3-27 “打印”（常规）对话框

图 7-3-28 “AGFA-AccuSet v52.3 文档属性”对话框

图 7-3-29 “AGFA-AccuSet v52.3 高级选项”对话框

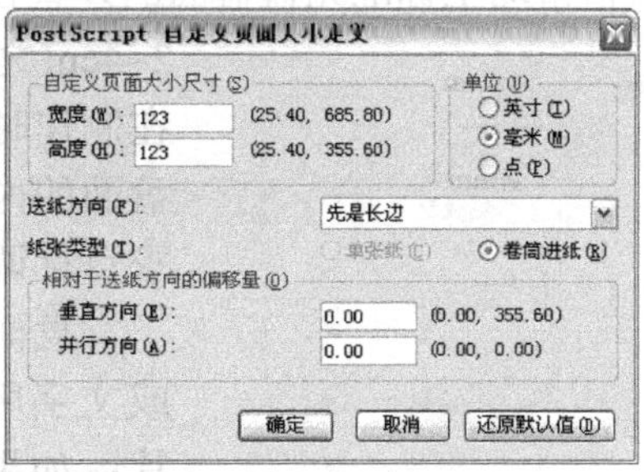

图 7-3-30 “PostScript 自定义页面大小定义”对话框

（4）在“打印”对话框的“版面”选项卡中，参照图 7-3-31 所示进行设置，为图形添加出血的参照值。在“打印”对话框的“印前”选项卡中，参照图 7-3-32 所示进行设置，为图形添加打印标记。

（5）完成所有的设置后，单击“打印”对话框中的“打印预览”按钮，即可观看到为图形添加上基准圆和角线后的效果，如图 7-3-33 所示。

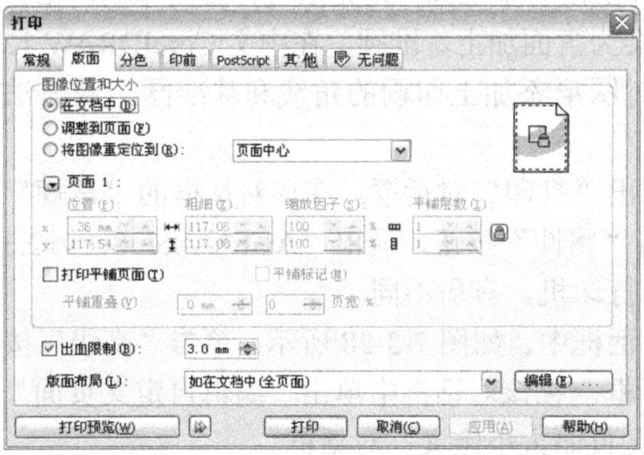

图 7-3-31　“打印”（版面）对话框

图 7-3-32　“打印”（印前）对话框

图 7-3-33　添加基准圆和角线

7.3.2　光盘的规格与条形码的使用

1．设计对象规格

目前市场上标准光盘盘面的外直径一般为 11.7cm，最大不超过 11.8cm，内圆直径范围在 2~4cm 之间，如图 7-3-34 所示。在某些情况下，客户也会要求在制作时把图铺满整个光盘盘面，即内直径设为 1.5cm。对于盘面的内、外径的设置，你可以在以上的范围内，根据设计需求自行调整。

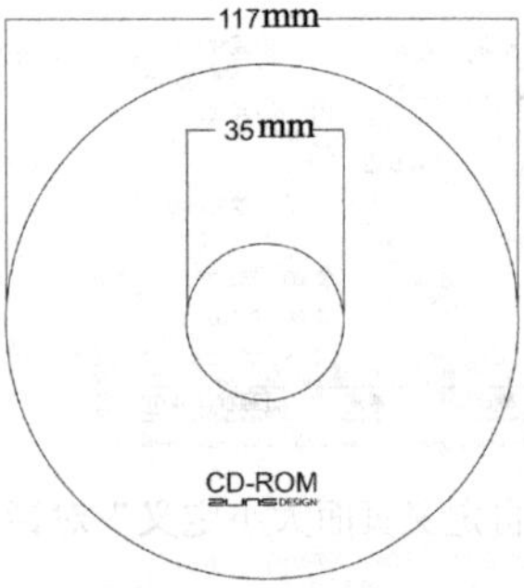

图 7-3-34　标准光盘规格

盘面底图可以用 Photoshop 设计，如果非图形文字较少或文字所用字号较大，可以直接在 Photoshop 中设好版式出片；如果需要排较多的文字（特别是小字）和环绕字，则需要完成设计稿后在矢量图形软件，或其他排版软件中进行排版。例如：Illustrator、Pagemaker、CorelDraw、FreeHand 等软件。

2．插入条形码

（1）单击“编辑”→“插入条形码”菜单命令，调出“条码向导”对话框，如图 7-3-35 所示。

（2）根据要求在列表框中选择一个选项，例如，选择“EAN-13（中国标准）”选项，此时的“条码向导”对话框会发生变化，按照要求进行设置，如图 7-3-36 所示。

（3）单击“下一（N）”按钮，调出下一个“条码向导”对话框并进行设置，如图 7-3-37 所示。然后，再单击“下一（N）”按钮，“条码向导”对话框又变为如图 7-3-38 所示。

（4）按要求进行设置，然后“完成”按钮，即可完成条形码的制作。制作的条形码如图 7-3-39 所示。

3．插入对象

（1）单击“编辑”→“插入对象”菜单命令，调出“插入新对象”对话框，如图 7-3-40 所示。该对话框是选择了“新建”单选项后的“插入新对象”对话框。

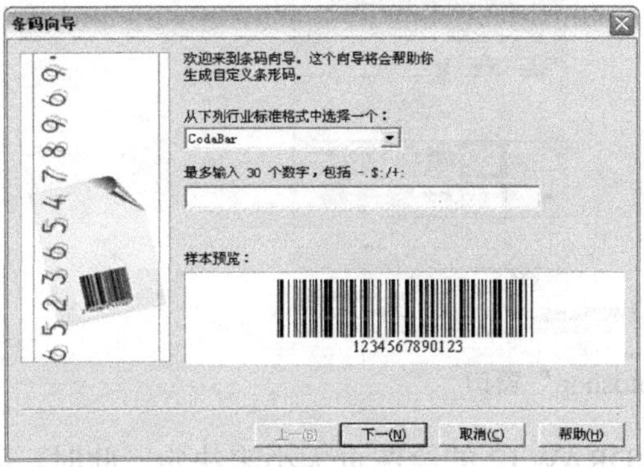

图 7-3-35　“条码向导”对话框

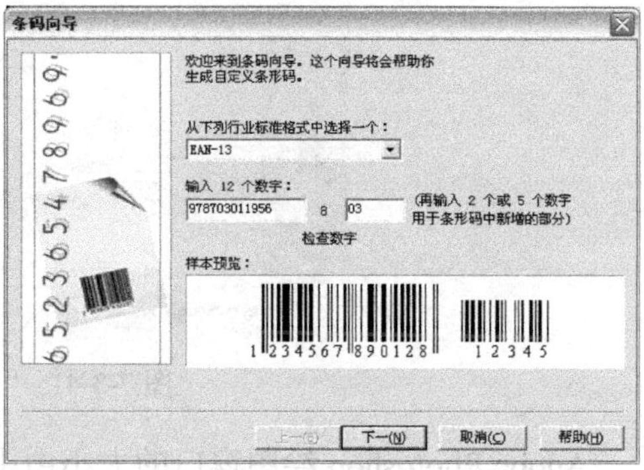

图 7-3-36　选择标准

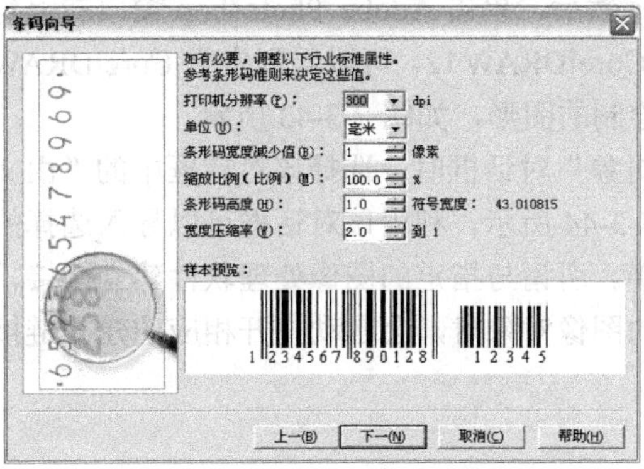

图 7-3-37　调整条形码的标准属性

图 7-3-38　调整条形码中文的属性

图 7-3-39　制作的条形码

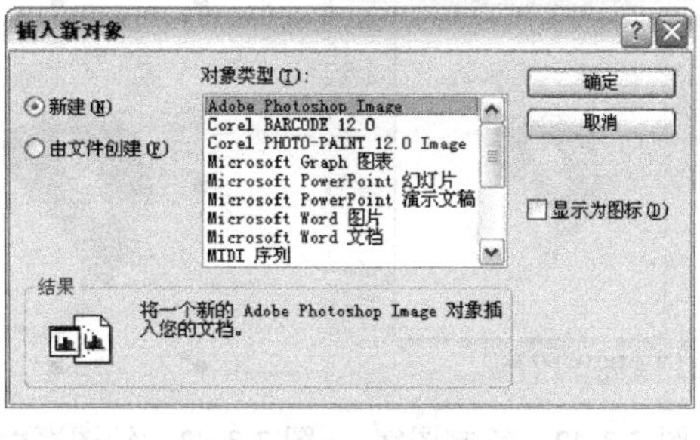

图 7-3-40　“插入新对象”对话框

（2）单击“对象类型”列表框中的一个选项，例如，单击选中 Adobe Photoshop Image 选项。然后，单击“确定”按钮，即可调出相应的软件窗口，此处调出了 Adobe Photoshop 窗口，如图 7-3-41 所示。

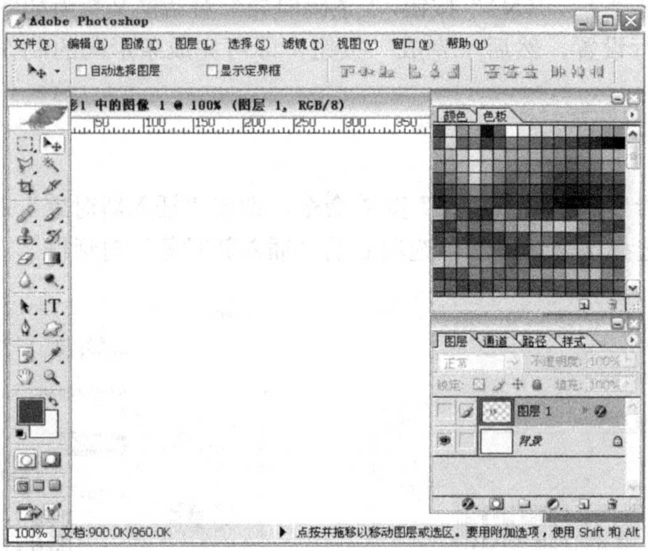

图 7-3-41 “Adobe Photoshop”窗口

Adobe Photoshop 绘图窗口的大小由中文 CorelDRAW 12 的绘图页大小来决定。此时，可以在 Adobe Photoshop 窗口之中作一个画面，也可以打开一个以前设计好的画面。例如，绘制一个填充有五彩颜色的图案，如图 7-3-42 所示。然后，单击 Adobe Photoshop 窗口右上角的“×”按钮，关闭 Adobe Photoshop 并回到中文 CorelDRAW 12。可以看到中文 CorelDRAW 12 的绘图页面中已经有了在 Adobe Photoshop 中绘制的图形，如图 7-3-43 所示。

（3）如果在出现如图 7-3-40 所示的“插入新对象”对话框时，选择该对话框中的“由文件创建”单选项，则“插入新对象”对话框如图 7-3-44 所示。利用该对话框可以导入选择的图像，而且还可以与指定的图像处理软件建立链接。所谓与指定的图像处理软件建立链接，就是当在中文 CorelDRAW 12 中用鼠标双击导入的图像对象时，会自动打开相应的建立链接的图像处理软件，并在该软件中打开该图像。

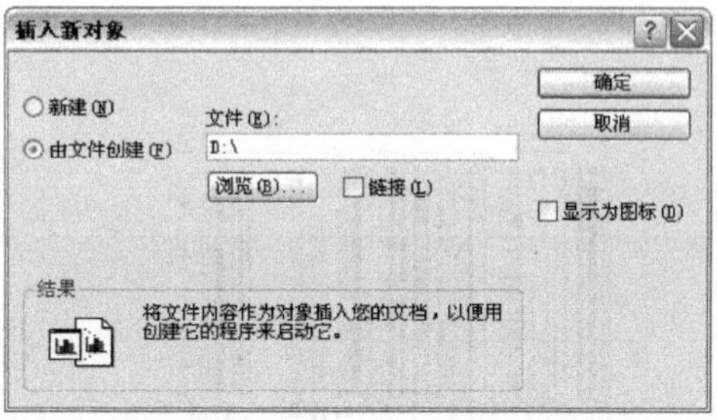

图 7-3-42 绘制图案　图 7-3-43 绘图页面中显示的图形　图 7-3-44 “插入新对象”对话框

练习 7

（1）参照本章所学的知识，绘制如图 7-4-1 所示的“天涯美术”图形。

（2）参照本章所学的知识，绘制如图 7-4-2 所示的“网络调查问卷”图形。

（3）参照本章所学的知识，绘制如图 7-4-3 所示的“吉祥动物”图形。

（4）参照本章所学的知识，绘制如图 7-4-4 所示的“准时飞行”广告图形。

（5）参照本章所学的知识，绘制如图 7-4-5 所示的“音乐欣赏宣传画”广告图形。

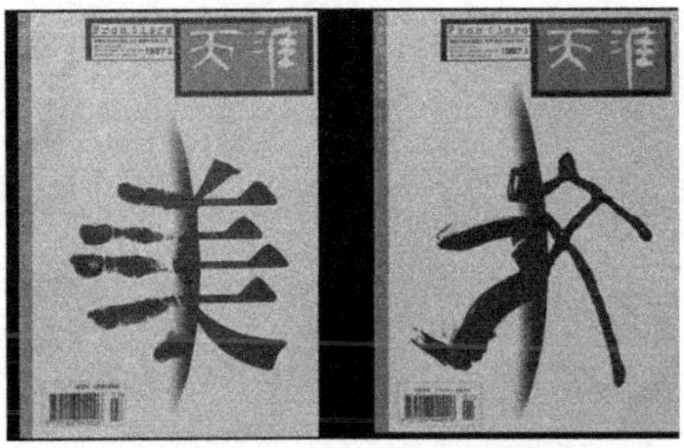

图 7-4-1 “天涯美术”图形

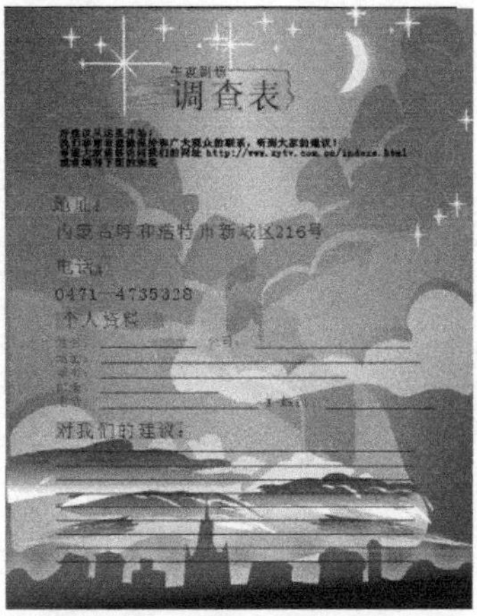

图 7-4-2 “网络调查问卷”图形

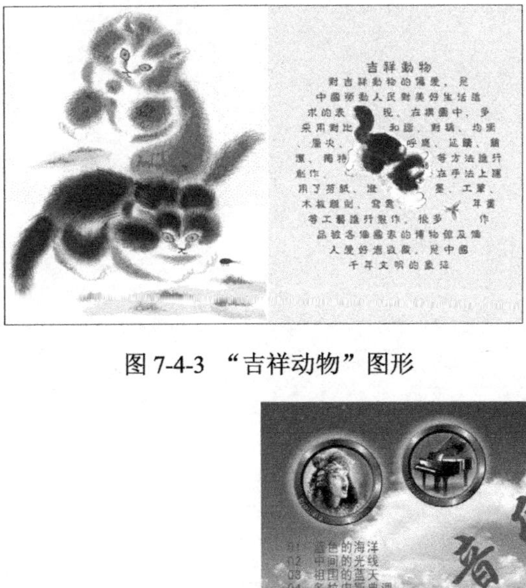

图 7-4-3 “吉祥动物”图形

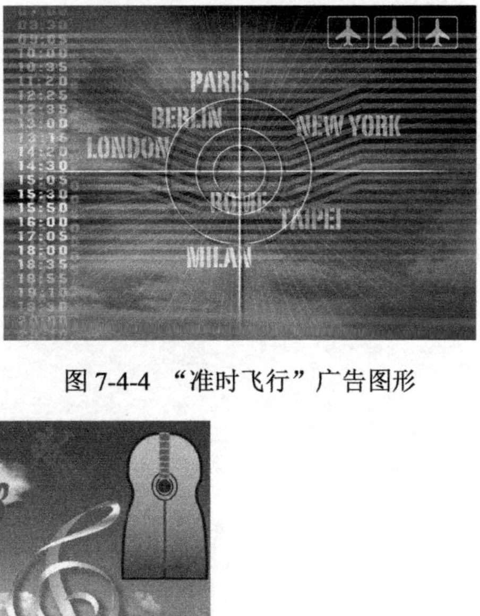

图 7-4-4 “准时飞行”广告图形

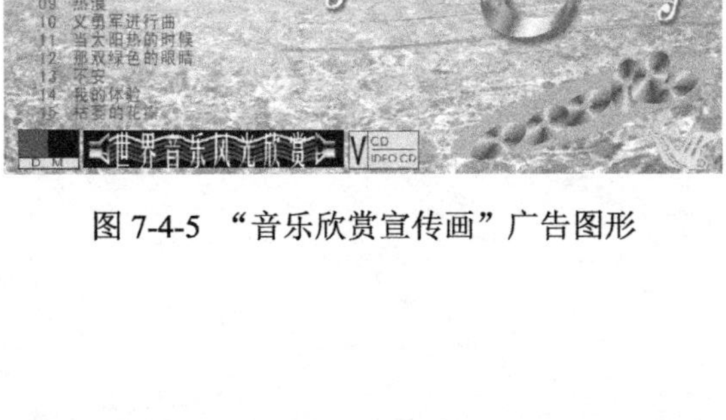

图 7-4-5 “音乐欣赏宣传画”广告图形

反侵权盗版声明